VINTAGE

AUTOMATIC-UHREN AUS DER SCHWEIZ

IMPRESSUM

HEEL Verlag GmbH
Gut Pottscheidt
53639 Königswinter
Telefon 022239230-0
Telefax 02223 923026
info@heel-verlag.de
www.heel-verlag.de

Bei dem vorliegenden Buch handelt es sich um einen veränderten und korrigierten Reprint von 1992 mit jetzt fast durchgehend farbigen Abbildungen.

Herausgeber der Neuauflage: Michael Stern, Berlin

Digitalisierung, Layout und Satz: © Michael Stern, Berlin

Verantwortlich für den Inhalt: Heinz Hampel

Titelgestaltung: Axel Mertens, HEEL Verlag, Königswinter

Umschlagabbildungen: www.uhren-muser.de

HINWEIS DES VERLAGES
Die erste Auflage des Buches „Automatic Armbanduhren aus der Schweiz“ ist 1992 weitgehend mit schwarzweißen Fotos im Callwey Verlag, München, erschienen. Der Herausgeber war seinerzeit Christian Pfeiffer-Belli, der vielen durch sein Kürzel CPB noch in guter Erinnerung ist. Nach nunmehr 31 Jahren liegt hier nun eine neue, diesmal meist farbig bebilderte Ausgabe vor. Bedingt durch die heutigen Möglichkeiten digitaler Bildbearbeitung konnten die Darstellungen der Uhren wesentlich verbessert werden. Der Schwerpunkt lag dabei auf der klaren Darstellung der Uhrwerke. Da es sich bei den analogen Originaldias um Tageslichtaufnahmen handelte, besteht zwischen den drei Darstellungen der Uhr nicht immer Farbgleichheit, besonders bei den Goldtönen. Das Auktionshaus Muser hat einige Fotos von Patek Philipp-Uhren beigetragen und auch der Herausgeber hat ein paar Darstellungen ergänzt.

Printed in Czech Republic

ISBN: 978-3-96664-920-9

HEINZ HAMPEL

VINTAGE

AUTOMATIC-UHREN AUS DER SCHWEIZ

HEEL

Inhaltsverzeichnis

Vorwort

Die mechanische Armbanduhr verdrängt seit Beginn der achtziger Jahre die bis dahin dominierende Taschenuhr aus der Gunst des Kleinuhr-Sammlers. Die Sammelwürdigkeit dieses auch wieder zunehmend getragenen Gebrauchsgegenstandes hängt unmittelbar mit der Marktüberflutung durch die fernöstlichen Quarzuhren zusammen. Dies bedeutet auch eine Aufwertung der bis dahin weitgehend unbeachteten mikromechanischen Spitzentechnologie, die sich besonders eindrucksvoll in der Entwicklung der automatischen Uhr widerspiegelt.

Während die handaufgezogene Armbanduhr im Prinzip nur eine verkleinerte Ausgabe der Taschenuhr darstellt, kann dagegen die automatische als eigenständige Neuschöpfung dieses Jahrhunderts betrachtet werden. Ihre Entwicklung ist fast ausschließlich das Verdienst der Schweizer Uhrenindustrie, die über einen Zeitraum von 50 Jahren an der Vervollkommnung dieses erfolgreichen Exportartikels gearbeitet hat. Die Beschränkung auf die schweizer Automatic-Produktion bedeutet daher keine wesentliche Einengung der thematischen Vielfalt. Aus nachvollziehbaren Gründen stößt aber auch heute noch die Zurkenntnisnahme des Selbstaufzuges auf gewisse Schwierigkeiten. Denn äußerlich unterscheidet sich die automatische nur durch den Zifferblatt-Aufdruck von der nichtautomatischen Uhr. Die wesentlichen Unterscheidungsmerkmale können erst über zwei Maßnahmen vermittelt werden: Wenn nämlich beim täglichen Tragen das lästige Aufziehen von Hand entfallen kann und wenn nach dem Öffnen des Gehäuses der Selbstaufzugs-Mechanismus als dominierende Baugruppe des Uhrwerks auffällt.

Bei der fast schon unüberschaubaren Vielfalt des Angebots auf Uhrenbörsen und Auktionen ist das Sammeln von Automatics neben dem der populären Chronographen ein weiteres gut abgrenzbares Gebiet, das für den technisch Interessierten überaus reizvoll sein kann und darüber hinaus den Vorteil eines größeren Reichtums an Varianten bietet.

In diesem Buch werden rund 200 Automatics durch jeweils drei Fotos dokumentiert. Diese Auswahl repräsentiert annähernd 85 % aller unterschiedlichen Werkskonstruktionen Schweizer Provenienz, während die restlichen zumindest tabellarisch erfaßt sind.

Jedes der 52 Firmenkapitel beginnt mit einer zusammenfassenden Betrachtung der internen Kaliber-Entwicklung. Besonderes Augenmerk galt hierbei den Hintergrundinformationen, z.B. über die Zusammenarbeit der verschiedenen Unternehmen. Anschließend sind alle Firmenkaliber tabellarisch aufgelistet und die abgebildeten in Form eines technischen Steckbriefes detailliert beschrieben.

Vorangestellt ist dem Bildkatalog neben einer Zusammenstellung der frühen Automatics auch ein firmenübergreifender, entwicklungsgeschichtlicher Überblick des Zeitraumes von 1929 bis 1978. Im Anhang werden neben der Technik des Selbstaufzuges und des eigentlichen Uhrwerks auch wichtige Fachbegriffe erläutert.

Dem Sammler wird damit die Möglichkeit gegeben, seine eigene Uhr entweder durch optischen Vergleich mit den Abbildungen oder über deren Kaliber-Bezeichnung mit Hilfe der Tabellen zeitlich und technisch einzuordnen.

Da die meisten der aufgeführten Uhrenfabriken heute nicht mehr existieren, war es nicht immer möglich, entsprechendes Informationsmaterial zu erhalten. So fehlen oft technische Angaben oder sie sind nicht vollständig, was leider auch für die Datierung der Markteinführung zahlreicher Kaliber gilt. Selbst die Hersteller-Zuordnung der Fremdwerke, die zwischenzeitlich von vielen Manufakturen unter eigener Kennzeichnung verwendet wurden, ließ sich nicht immer eindeutig vornehmen.

An dieser Stelle möchte ich all denen danken, die mir großzügig ihre Uhren, Fotos oder sonstigen Unterlagen überlassen haben, und ihnen versichern, daß dieses Buch ohne ihre Unterstützung nur ein Torso geblieben wäre.

Es sind dies, in alphabetischer Reihenfolge aufgeführt:

Audemars Piguet, Le Brassus; Dr. A.L. Benz, Bern; Volkhard Cremer, Berlin; Wolfgang Hirschfeld, Berlin; Jaeger LeCoultre, Le Sentier; Hans Kocher, Biel; Prinz Kretzulesco, Berlin; Joachim Ortel, Berlin; Piaget, Côte-aux-Fées; Frederic Piguet, Le Brassus; Edmund Pusl, München; Axel Schneider, München; Vacheron Constantin, Genf; Peter Winkler, Berlin und Christian Pfeiffer-Belli, zuständiger Chefredakteur im Callwey-Verlag.

Nicht vergessen möchte ich meine Frau Norma und meine Kinder, deren Geduld bei der Realisierung dieses Buches oft überstrapaziert wurde – ihnen gilt daher auch mein besonderer Dank.

Zur Geschichte der automatischen Armbanduhr

Nachdem zu Beginn des Ersten Weltkrieges die allgemeine Verbreitung der Armbanduhr einsetzte, war Anfang der zwanziger Jahre auch die Zeit reif für eine Neubelebung der Idee von der selbstaufziehenden Uhr.

Die Vorstellung, ein «Perpetuum mobile» durch den Einbau einer automatischen Aufzugsvorrichtung in eine Taschenuhr zu

A-L. Perrelet (1729-1826) ist der Erfinder des automatischen Aufzugs in der tragbaren Uhr.

erhalten, verwirklichte 1770 als erster Abraham-Louis Perrelet d. Ä. (1729-1826). Aber auch die nachfolgenden Bemühungen z.T. von berühmten Uhrmachern, die Betriebssicherheit des automatischen Aufzugs zu verbessern, scheiterten hauptsächlich daran, daß die in der Tasche dicht am Körper getragene Uhr nur im geringen Ausmaß bewegt wird. Da aber heftige Stöße wiederum einen nachteiligen Einfluß auf die Genauigkeit haben können, versuchte sogar die Uhrmacherschaft selbst, die Popularisierung der Armbanduhr zu bremsen. Argumentationshilfe erhielt sie dabei durch anfängliche Fertigungsprobleme des kleinen Uhrwerks, das öfters von ihnen nachgebessert werden mußte.

Aber gerade die Position der Uhr am Handgelenk, die ja ursprünglich nur wegen

John Harwood (1881-1960) gilt als der Initiator der industriell hergestellten automatischen Armbanduhr.

ihrer bequemen Ablesbarkeit gewählt wurde, bietet ausnahmsweise einen entscheidenden Vorteil für den Selbstaufzug, nämlich den der Bewegungsgarantie.

Im Jahre 1924 meldet der englische Uhrmacher John Harwood eine Armbanduhr mit automatischem Hammer-Aufzug in der Schweiz zum Patent an. Es handelt sich dabei um ein Aufzugsprinzip, das in Zusammenarbeit mit den Schweizer Firmen Anton Schild S.A. und Fortis S.A. in Grenchen bis zur Serienreife weiterentwickelt wird und erstmals 1929 auf den Markt kommt.

Obwohl schon 1922 Léon Leroy in Paris Armbanduhren mit Selbstaufzug für Sir David Salomons in wenigen Einzelstücken fertigte, wird Harwood als der eigentliche Erfinder der «Automatic» betrachtet, wie die automatische Armbanduhr vereinfachend

Hans Wilsdorf (1881-1960) entwickelte als Firmenchef des Rolex-Unternehmens die erste automatische Armbanduhr mit einem Rotoraufzug.

genannt wird. Nur er bot eine Konzeption an, die von vornherein auf eine spätere Serienproduktion abzielt und markierte damit den Startpunkt der weiteren Entwicklung bis zur Gebrauchsuhr.

Während die folgenden Konstruktionen dieser Zeit mit ihren aus heutiger Sicht schon skurril anmutenden Aufzugsmechanismen von der damals modischen Rechteckform geprägt werden, bildet die von Hans Wilsdorf entwickelte Rolex- «Perpe-

Verlauf der Antriebskräfte bei Armbanduhren mit Hand- und automatischem Aufzug: Während bei der handaufgezogenen Uhr die Kraftabgabe an das Uhrwerksgetriebe in der Nacht stark abnimmt (im linken Bild), ist der Kräfteverlauf bei der tagsüber ständig nachspannenden Automatic deutlich ausgeglichener, was sich besonders nachts günstig auf die Gangleistung auswirkt (im rechten Bild).

tual» aus dem Jahre 1931 eine Ausnahme. Möglicherweise greift Wilsdorf dabei auf die Erfindung von Perrelet zurück, als er in einem runden Gehäuse die erste seriell hergestellte Rotor-Automatic vorstellt.

Das Rundgehäuse bietet gegenüber den anderen Formen so entscheidende Vorteile wie eine bessere Abdichtung gegen das Eindringen von Wasser und Staub, optimale Raumausnutzung durch die vom Rotor bestimmte Werksform, die produktionstechnisch einfachere Massenherstellung und auch ein übersichtlicheres Zifferblatt.

Die in der Rolex «Oyster-Perpetual» realisierte Kombination von effektivem Selbstaufzug, Präzisionsuhrwerk und wasserdichtem Gehäuse kann aus heutiger Sicht als die Konstruktion gelten, an deren Standard sich alle späteren Entwicklungen messen lassen müssen. Der automatischen Armbanduhr muß zu diesem Zeitpunkt schon das Prädikat der optimal tragbaren Uhr zuerkannt werden:

Die Genauigkeit des Uhrwerks wird durch die gleichbleibende Energieabgabe der Antriebsfeder, die mit Hilfe des wirkungsvollen Rotor-Aufzugs ständig nachgespannt wird, so verbessert, wie sie von keiner vergleichbaren handaufgezogenen Uhr erreicht werden kann. Gleichmäßiges Tragen am Handgelenk tagsüber vorausgesetzt, bedarf es keiner besonderen Wartung; es braucht nicht von Hand aufgezogen zu werden, seine Gangreserve reicht weit über die nächtliche Ruhephase hinaus und gewährleistet, eingeschalt in ein wasser- und staubdichtes Gehäuse, den störungsfreien Betrieb über Jahre hinaus.

Natürlich lassen sich alle in der «Oyster-Perpetual» verwirklichten Ansprüche zu damaliger Zeit noch nicht in einem eleganten Gehäuse unterbringen. Dagegen sprachen aber viele der parallel entwickelten Automatics mit ihren relativ flachen Rechteck-Gehäusen sogar die Damenwelt an.

Die vielfältigen Neukonstruktionen der Jahre um 1930 können der besseren Übersicht wegen nach ihrer Aufzugsart eingeteilt werden. Neben dem erstmals in der «Harwood» vorgestellten Hammer-Aufzug und dem in der «Perpetual» von Rolex verwendeten Rotor kommen noch der sogenannte Rüttel-Aufzug in der «Rolls» und der «Wig-Wag», der Hebel-Aufzug in der «Autorist» und der Wyler-Automatic, sowie der Pendel-Aufzug in der «Perpetual» der Firma Frey & Co. und der Bulova-Automatic zur Anwendung.

Besonders die drei letztgenannten führen in eine entwicklungstechnische Sackgasse. Jedoch ist das Gehäuse- und Werks-Design dieser frühen Automatics sehr reizvoll und entwicklungstechnisch interessant.

Es ist daher nach der Rolex-Entwicklung schon erstaunlich, daß noch in den vierziger Jahren der Pendel-Aufzug von der Firma Buren mit einer im Werk versenkt arbeitenden, beidseitig wirksamen Schwungmasse perfektioniert wird. Ähnliches gilt für den Rüttel-Aufzug in der Pierce-Automatic mit einem auf Stangen geführten Gleitgewicht.

Obwohl also mit der «Perpetual» der Firma Rolex die Entwicklungsrichtung der Automatic vorgezeichnet schien, nutzt in den dreißiger Jahren keine weitere Manufaktur den Rotor, sondern favorisiert den von Harwood eingeführten Hammer-Aufzug. Die Gründe für diese Entscheidung sind u.a. in der stabileren Lagerung der Hammer-Schwungmasse und dem flacheren sowie einfacheren Getriebeaufbau zu finden. Zudem stellte die Firma E. Meylan aus La Chaux-de-Fonds schon 1931 eine Werkskonstruktion vor, deren Automatik-Baugruppe sich als selbständige Einheit ohne Schraubverbindungen vom eigentlichen Uhrwerk trennen ließ und damit die Reparaturfreundlichkeit dieses Aufzugstyps weiter verbesserte.

Gründe gab es viele, die immer häufiger zu Reklamationen durch Automatic-Besitzer führten. Unter den bewegungsärmeren Bedingungen des technischen Alltags häuften sich die Reklamationen von Automatic-Besitzern, deren Uhr für sie unverständlicher Weise stehen blieb. Die einen verbessern die Aufzugsleistung durch Ausnutzung auch der zweiten Bewegungsrichtung des Hammers wie z.B. in der Revue-Automatic der Firma Thommen in Waldenburg aus dem Jahre 1948; die anderen ermöglichen eine bessere Kontrolle des Funktionszustandes ihrer Automatic mit der Anzeige der Gangreserve auf dem Zifferblatt, erstmalig 1948 realisiert in der in großen Stückzahlen hergestellten «Powermatic» der Firma Jaeger LeCoultre und der «Autographic» der Firma Zodiac. Hierbei ist aber anzumerken, daß schon die Firma Breguet 1933 eine Platinuhr an Sir Percival David verkaufte, die als Einzelanfertigung mit einer solchen, von den Schiffschronometern her bekannten Gangreserve-Anzeige, versehen war.

Auf Drängen der Käufer und Uhrmacher finden sich nun in den vierziger Jahren alle Automatic-Hersteller bereit, wieder den von Harwood als überflüssig betrachteten Handaufzug einzuführen. Denn bisher ließen sich über die Krone bis auf Ausnahmen nur die Zeiger stellen, was z.B. nach längerer Krankheit oder der Reparatur ein zeitaufwendiges Schütteln zum Ingangsetzen der Uhr erforderlich machte. Aber noch 1955 preist Jaeger LeCoultre die «Futurematic» als «erste Vollautomatic» mit dem Hinweis auf das Fehlen des Handaufzugs an. Es handelt sich aber hier um eine sehr wirkungsvoll über beide Bewegungsrichtungen aufziehende Hammer-Automatic, die erstmalig nach Perrelet (1770) zum Schutz gegen Überspannung die Schwungmasse blockiert, wobei dieser Vorgang über den Anzeige-Mechanismus der Gangreserve geregelt wird.

Nach 1931, dem Vorstellungsjahr der Rolex-Perpetual, wird nur in wenigen Entwicklungsabteilungen an der Vervollkommnung dieser Aufzugsart weitergearbeitet. Hier ist an erster Stelle die Rohwerkefabrik Felsa der Ebauches S.A. in Grenchen zu nennen, die mit ihrem 1942 zur Produktionsreife entwickelten «Bidynator»-Kaliber erstmalig beide Drehrichtungen des Rotors zum Aufziehen nutzt. Mit diesem, nach modernsten produktionstechnischen Gesichtspunkten konzipierten Werk, sind nun zahlreiche Etablisseure, also Hersteller von sog. Markenuhren, in die Lage versetzt, preiswerte und aufzugssichere Automatics anzubieten und damit der etablierten Hammer-Automatic Konkurrenz zu machen.

Die maßgebliche Fortentwicklung der Automatic wird nun nicht mehr von einzelnen Erfindern oder kleinen Firmen betrieben, sondern es setzt eine intensive systematische Forschungstätigkeit in den Entwicklungsabteilungen, besonders der großen Rohwerke-Hersteller der Ebauches S.A., wie AS, Eta und Felsa ein.

Deren Anstrengungen richten sich jetzt auf wichtige Einzelverbesserungen. So entwickelt die Firma Eta/Eterna für die Rotorlagerung eines Damenkalibers 1948 das Miniatur-Kugellager und ein verlustarmes Wechsler-Getriebe zur Nutzung beider Drehrichtungen. Mit Hilfe neuer Übertragungswege im eigentlichen Uhrwerk, erstmalig durch die Firma Zenith 1948 in ihrer Hammer-Automatic vorgestellt, die unter den Fachbegriffen «direkte» Zentralsekunde und außermittig verlagertes Minutenrad zusammenzufassen sind und gleichfalls durch die Firma Eta, der Einsatz von besonders dünnen Zahnrädern aus Beryllium (1956), läßt sich nicht nur die Übertragungsgüte des Getriebes erhöhen, sondern auch dessen Bauhöhe wesentlich vermindern.

Der erstmals 1945 von der Firma Longines vorgestellte Exzenter-Aufzug stellt eine Alternative zu dem «Bidynator»-Aufzug dar. Auch hier zieht der Rotor über beide Drehrichtungen auf, wobei das Automaticgetriebe einfach und robust konstruiert werden kann. Die Automatic-Konstruktion der Firma IWC von 1950 arbeitet ebenfalls mit diesem, wenn auch verbesserten Aufzugsgetriebe.

Bis zum Beginn der fünfziger Jahre liegt das Preisniveau der Automatic um ca. 100% über dem einer gleichwertigen Uhr mit Handaufzug. Die Schweizer Manufakturen, von denen besonders Jaeger LeCoultre, Longines und Rolex erwähnt werden sollen, exportierten vorwiegend für den amerikanischen Markt, da im Nachkriegs-Europa die entsprechende Kaufkraft fehlte.

Rationellere Fertigungsverfahren, wie die Fließband- und automatische Herstellung, schlagen sich Mitte der fünfziger Jahre entsprechend auf das Preisniveau nieder und bewirken zusammen mit dem einsetzenden wirtschaftlichen Aufschwung, daß die Automatic von breiteren Bevölkerungskreisen als Gebrauchsuhr gekauft wird.

In wesentlichen Aspekten kann die Automatic Ende der fünfziger Jahre als ausgereift gelten. Sogar in Detailbereichen sind fast alle Lösungsalternativen «durchgespielt», wobei besonders auf die zahlreichen Klinkenrad- und Freilauf-Patente hinzuweisen ist. Aber Fortschritte auf dem Gebiet der elektrischen Armbanduhr, wie die «Accutron» von 1959 eindringlich bestätigt, bringen die Automatic-Hersteller in eine gewisse Beweisnot und zwingen sie zu weiteren Anstrengungen, die sich schwerpunktsmäßig auf drei Entwicklungsbereiche erstrecken. Sie betreffen die Verbesserung der Gangleistung, die Reduzierung der Werkshöhe und das Komplettieren der Automatic mit Zusatzeinrichtungen wie den Wecker oder Chronographen.

So lassen sich durch Verdopplung der Unruh-Schwingungszahl, die in Etappen von 18.000 auf 36.000 pro Stunde über Jahre erfolgt, die Gangleistungen dieser Schnellschwinger so verbessern, daß schon Uhren der mittleren Preisklasse mit einem Chronometer-Zertifikat ausgeliefert werden. Exemplarisch soll hier der «Gyromatic-HF-Chronometer» der Firma Girard Perregaux von 1966 angeführt werden. Die erfolgreiche Teilnahme an den offiziellen Chronometer-Wettbewerben der Observatorien von Genf und Neuenburg bedeutet daher bald keinen herausragenden werbewirksamen Leistungsbeweis mehr für die jeweilige Manufaktur.

Außerordentlichen Ehrgeiz entwickeln die Automatic-Fabrikanten auch bei der Bauhöhen-Verminderung ihrer Kaliber.

Im folgenden sollen nur die bemerkenswertesten Konstruktionen chronologisch erwähnt werden, wobei zum Höhenvergleich die Zenith-Hammer-Automatic als die flachste Uhr der vierziger Jahre mit 4,9 mm dienen soll.

So stellt die Firma Buren 1957 ihre «Super-Slender» mit dem ins Werk versenkten kleinen «Planeten»-Rotor vor, zeitgleich mit einer fast identischen Entwicklung, dem «Microtor»-Kaliber der Firma Universal. Während diese Werke Bauhöhen von 4,2 bzw. 4,1 mm mit Zentralsekunde aufweisen, bringt Piaget 1959 das mit 2,3 mm extrem flache Kaliber 12 P ebenfalls mit einem kleinen Rotor, hier aber aus Gold, heraus. Man kann diesen Rekord zwei Jahrzehnte lang halten.

Im selben Jahr geht der Rohwerke-Hersteller FHF aus Fontainemelon einen ganz anderen Weg, indem er bei seinem «Fontomatic»-Kaliber den auf einem Kugellager-Ring laufenden achslosen Rotor in die Peripherie legt und den freibleibenden Innenraum für die Unterbringung des Automatic-Getriebes nutzt.

Auch die Firma Eterna spricht 1962 von einem Rekord, denn ihre mit einem auffallend großen Rotorkugellager ausgestattete «Eterna-Matic 3000» mißt mit Datumsanzeige und Zentralsekunde nur 3,6 mm Höhe.

Ein mit den gleichen Zusatzeinrichtungen ausgestattetes, aber für Audemars Piguet und Vacheron Constantin reserviertes Kaliber kann von Jaeger LeCoultre 1967 auf eine Bauhöhe von 3,4 mm gedrückt werden – ohne diesen Zusatz ist es sogar nur 2,45 mm hoch. Charakteristisches Bauteil ist der durch periphere Rubinrollen abgestützte Zentralrotor aus Gold.

An die Grenze des überhaupt Machbaren stößt die Entwicklung der Fa. Bouchet-Lassale S.A. des Jahres 1978 mit dem Kaliber 2000, dessen Bauhöhe nur noch 2,08 mm beträgt (ohne Sekundenanzeige!). Erst durch die Entwicklung spezieller Miniatur-Kugellager war es überhaupt möglich, auf die bisher übliche zweite Platine zur sicheren Lagerung der Räderwellen zu verzichten und alle Zahnräder nur noch einseitig, also «fliegend» zu lagern, wozu insgesamt 18 Kugellager pro Werk erforderlich sind. Diese absolute Spitzenleistung der mikromechanischen Hochtechnologie ließ sich nur durch intensive Kooperation der verschiedensten schweizer Spezialbetriebe realisieren und kann als der letzte Leistungsbeweis der Schweizer Uhrenindustrie in Hinblick auf die Quarzuhr-Technologie gelten.

Nachdem also in den sechziger Jahren über die verschiedenen Getriebevarianten die Kaliberdicke auf die Hälfte reduziert werden konnte, lag es nahe, den automatischen Aufzug auch in bisher schon klobig ausfallende Armband-Wecker und -Chronographen einzubauen. Nicht zufällig fallen daher die Premieren von gleich drei dieser Uhren auf das Jahr 1969.

Erstmalig gelingt es der Firma Zenith, im «El Primero» den normalen Chronographen-Mechanismus mit einem Schnellschwinger und dem automatischen Aufzug zu kombinieren, ohne daß die Bauhöhe einschließlich des Datums die 6,5 mm übersteigt.

Ließ sich diese Höhe nur mit einem komplexen Werksaufbau verwirklichen, wird in der «Chronomatic», einer Konkurrenzentwicklung der Firmengemeinschaft von Breitling, Buren und Hamilton sowie Heuer-Leonidas, mit der sogenannten Sandwich-Bauweise eine richtungsweisende Technik vorgestellt. Diese besteht im Übereinanderstapeln von zwei oder mehreren kompletten Baueinheiten, die auch Module genannt werden. Die «Chronomatic» setzt sich z.B. aus dem weiterentwickelten Planetenrotor-Modul der Firma Buren und einem von der Firma Dubois-Depraz neu entworfenen Chronographen-Modul zusammen. Das Werk fällt dadurch mit 7,7 mm etwas dicker aus.

Bei der dritten Neuvorstellung handelt es sich um die «Memomatic» der Firma Omega, ein Armbandwecker, bei dem erstmals das Läutwerk zusammen mit dem Uhrwerk automatisch aufgezogen wird und dessen Weckzeit sich minutengenau einstellen läßt. Im ersten Automatic-Wecker, der «Memovox» von Jaeger LeCoultre aus dem Jahre 1956, mußte dieses noch separat von Hand aufgezogen werden.

Es müssen aber auch Entwicklungen einzelner Schweizer Manufakturen berücksichtigt werden, die in dieser schon von der Konkurrenz zur Quarzuhr bestimmten Zeit neue Getriebe-Anordnungen mit dem Ziel erproben, das Automatic-Werk zu vereinfachen, verschleiß- und verlustärmer zu gestalten oder speziell deren Übertragungseigenschaften zu verbessern.

Die «Zenitissimo», ein automatisches Kaliber für Damenuhren der Firma Zenith aus dem Jahre 1967, ist dafür ein interessantes Beispiel. Der Rotor gibt hier seine Energie unter Umgehung des Federhauses direkt über ein winziges Planeten-Ausgleichsgetriebe an das eigentliche Uhrwerk ab. Die Antriebsfeder springt nur ein, wenn der Rotor steht oder zu wenig Energie liefert.

Die Firma Longines beschreitet in dem 1975 vorgestellten Doppel-Federhaus-Kaliber einen anderen Weg. Beide Federhäuser sind funktionell hintereinandergeschaltet und können über die Erhöhung ihrer Umlaufszahl die Antriebsenergie gleichförmiger an das Uhrwerk abgeben.

Dagegen arbeiten die beiden Federhäuser in der schon 1968 von Favre-Leuba entwickelten «Duomatic» parallel, also gleichzeitig zusammen auf ein Zwischenrad.

Ab 1975 hat die Automatic kaum noch eine Chance, gegen die übermächtige Konkurrenz der preiswerten und dazu noch genaueren Quarzuhr zu bestehen. Viele Uhrenbetriebe müssen schließen, ihre Fachkräfte suchen sich neue Beschäftigungsbereiche. Für die Nachwuchsförderung besteht dementsprechend kein weiteres Interesse.

Als in den achtziger Jahren die Nachfrage nach der mit einem individuellen Image verbundenen mechanischen Armbanduhr wieder zunimmt, sind nur wenige Firmen in der Lage, auf alte Werkbestände zurückgreifen zu können.

Neuentwicklungen betreffen fast ausschließlich den Bereich der komplizierten Zusatzwerke wie den sogenannten ewigen Kalender, den Chronographen und die Schlagwerkskonstruktionen. Als Antriebsaggregat dient bei diesen in der «Sandwich»-Bauweise komponierten Uhren meist ein zugekauftes automatisches Einheitswerk.

Als Ausnahme kann der Rohwerke-Hersteller Frederic Piguet S.A. aus Le Brassus gelten, der gerade in letzter Zeit außerordentlich innovativ hochwertige automatische Kaliber entwickelte.

Frühe Automatics

Zu den frühen Automaticuhren zählen alle Entwicklungen der ersten Experimentalphase von 1929 bis 1935, deren vielfältige Konstruktionen sich in folgende Aufzugsarten einordnen lassen:

Hammer-Aufzug:	Harwood, Glycine,
Rüttel-Aufzug:	Rolls, Bucherer-Bulova, Wig-Wag,
Pendel-Aufzug:	Perpetual, Mars-Bulova,
Hebel-Aufzug:	Wyler, Autorist/Universe,
Rotor-Aufzug:	Rolex (s.u. spez. Firmen-Kapitel!).

Zur Harwood-Automatic

Die Idee zu dieser ersten in Serie hergestellten Automatic hatte John Harwood, Sohn eines englischen Uhrmachers, als Frontsoldat im Ersten Weltkrieg. Unter den extremen Bedingungen des Stellungskrieges im Schützengraben blieb seine Armbanduhr nicht selten stehen. Waren nicht wie so oft eindringender Staub oder Wasser dafür die Ursache, so war es beim nächsten Mal das vergessene Aufziehen von Hand. Das Konzept war also klar – es mußte eine sich selbständig aufziehende Armbanduhr sein, die durch Weglassen der nicht mehr erforderlichen Aufzugskrone problemloser abgedichtet werden konnte. Ein drehbarer Gehäusering (Drehlunette) diente zum Zeigerstellen. Jedoch ließ sich letztendlich das Abdichtungsproblem damit auch nicht besser beherrschen.

Als Schwungmasse arbeitet ein auf beiden Seiten des Uhrwerks gelagerter Hammer, der nur in einer Richtung aufzieht und dessen Anschlag durch federnde Puffer gedämpft wird. Die am Hammer befindliche Friktionskupplung zum Schutz gegen automatisches Überspannen der Antriebsfeder soll das Unruhprellen verhindern.

Harwood arbeitete mit seinem Partner Harry Cutts bis 1923 an der Vervollkommnung dieser Konstruktion und meldete sie im selben Jahr in der Schweiz zum Patent an, das 1924 unter der Nummer 106583 registriert wurde. Bei seinem zweiten Besuch in der Schweiz stellte er u.a. Ernst Schild den fertigen Prototyp seiner Automatic vor. E. Schild als Direktor der Rohwerkefabrik Anton Schild S.A. (AS) leitete daraufhin die bis 1929 dauernden Produktionsvorbereitungen ein.

Das von AS produzierte Rohwerk wurde dann von der ebenfalls in Grenchen ansässigen Firma Fortis fertiggestellt (terminiert). Der Kontakt zum Fortis-Direktor Walter Vogt ließ sich einfach bewerkstelligen, denn E. Schild war auch Aktionär der Fortis S.A. Auf der Baseler Messe konnte die Harwood-Automatic auf dem Fortis-Stand 1929 erstmals gezeigt werden.

Bei der vertraglichen Regelung hatte sich Harwood das Recht vorbehalten, auch an andere Interessenten Hersteller-Lizenzen vergeben zu können: So produzierte die Schweizer Firma Blancpain für den französischen Markt und später die ebenfalls in der Schweiz ansässige Firma Selza Watch Uhren mit diesem Kaliber, während sie in den USA auch von der Firma Perpetual Selfwinding Watch Company vertrieben wurden.

Letztendlich waren mehrere Gründe für den wirtschaftlichen Mißerfolg dieser ersten Automatic verantwortlich: Da wären einmal die relativ komplizierte und damit produktionstechnisch teure Konstruktion, die geringe Gangreserve von nur 12 Stunden ohne die Möglichkeit, über die Aufzugskrone nachspannen zu können – und die 1931 einsetzende Weltwirtschaftskrise zu nennen.

Zur Rolls-Automatic

Die Firma Léon Hatot S.A. in Paris erteilte für den Zeitraum von 1930 bis 1934 der Schweizer Manufaktur Blancpain in Villeret die Lizenz zur Produktion ihrer Rüttel-Automatic. Bei dieser Konstruktion gleitet das gesamte Uhrwerk auf Kugeln in einem Rahmen hin und her, wobei nur in einer Richtung aufgezogen wird. Das Anprellen am Gehäuse wird durch Blattfedern gedämpft. Der gesamte Mechanismus ist in einem glatten, rechteckigen Scharniergehäuse untergebracht, das geöffnet werden muß, um zum Zeigerstellen an die verdeckte seitliche Rändelscheibe zu gelangen.

Nach diesem Hatot-Patent wurden Rüttel-Automatics in drei Kalibergrößen gebaut. Als nachteilig ist der geringe Wirkungsgrad des Selbstaufzugs bei fehlender Möglichkeit des Nachspannens über eine Aufzugskrone und das irritierende Mitbewegen des Zifferblattes (3 mm Hub!) anzumerken.

Zur Glycine-Automatic

Die Firma E. Meylan S.A. (E.M.S.A.) in La Chaux-de-Fonds erhielt 1930 und 1931 Patente auf eine Hammer-Aufzugskonstruktion. Es handelt sich hier um eine als Kaliber 35 bezeichnete komplette Automatic-Einheit, die als Ring mit U-förmigem Profil ausgebildet ist und in die von vorn erprobte Basisuhrwerke von 8 ¾ ''' Durchmesser eingesetzt werden können. Dabei verwendete EMSA meist ihr Kaliber 20 mit exzentrischer oder das Kaliber 43 mit Zentral-Sekunde. Obwohl bei beiden Basiskalibern der Einbau des Handaufzugs-Mechanismus vorbereitet ist, wurden sie jedoch meist ohne diesen geliefert; die Krone dient also nur zum Zeigerstellen. Beide Baugruppen lassen sich ohne Schrauben miteinander verbinden und sind somit vorbildlich wartungsfreundlich gestaltet.

Die Bewegung des einseitig aufziehenden Hammers wird von federnden Puffern begrenzt, wie sie von der «Harwood» bekannt sind. Bei Vollaufzug wird das gefürchtete Unruhprellen durch eine sogenannte Federhaus-Stellung verhindert, die auch gleichzeitig für eine gewisse Federvorspannung sorgt, so daß sich die Uhr schon nach wenigen Armbewegungen in Gang setzen läßt.

Da bei erreichtem Vollaufzug die Hammerbewegung nicht unterbunden ist, sorgt ein als federnde Kupplung ausgebildetes Rad für den Schutz vor Getriebeüberlastung.

Zur Wig-Wag-Automatic

Unter den beiden Marken «Mars» und «Aster» stellte die in Biel sitzende Firma La Champagne S.A. Louis Müller & Cie. ebenfalls eine Rüttel-Automatic vor, die unter dem einprägsamen Namen «Wig-Wag» bekannt ist. Das Schweizer Patent wurde darauf am 11. März 1931 unter der Nummer 153875 erteilt.

Das gesamte Uhrwerk bewegt sich hier als Schwungmasse an zwei seitlich ausschwenkenden Hebeln in einem Gehäuserahmen hin und her und nutzt dabei nur eine Richtung zum Aufzug.

Als Basisuhrwerk wird ein komplettes rundes Handaufzugs-Kaliber von vorn in das auch das Automatic-Getriebe enthaltende Rüttelgewicht eingesetzt. Die Aufzugs- und Stellkrone liegt verdeckt unter einer aufklappbaren Rahmenlunette.

Zur Wyler-Automatic

Die Firma Wyler S.A. in La Chaux-de-Fonds ließ sich 1931 ihre Selbstaufzugs-Konstruktion unter der Nummer 158881 in der Schweiz patentieren. Es handelt sich hier um einen Hebel-Aufzug, wobei durch Zug am Armband der federnd abstehende Doppelboden an das Gehäuse anklappt und dabei über einen Stift im Boden und ein Gestänge im Gehäuseinneren das Federhaus aufzieht. Der Aufzug erfolgt also weniger durch schlenkernde Armbewegungen, sondern vorwiegend durch Umfangsveränderungen des Handgelenks. Um eine ausreichende Gangreserve zu erhalten, mußte die Uhr mehrmals gegen das Handgelenk gedrückt werden. Die Rändelscheibe am Gehäuseboden dient nur zum Zeigerstellen.

Zur Autorist-Automatic

Auch diese Automatic mit Hebel-Aufzug wurde ebenso wie die erste Hammer-Automatic auf Anregung von John Harwood in Zusammenarbeit der Rohwerkefabrik A. Schild S.A. und der Firma Fortis S.A. entwickelt und 1931 vorgestellt.

Hierbei werden die am Armband auftretenden Zugkräfte über einen beweglichen unteren Bandanstoß ins Innere der Uhr übertragen und führen dort mit Hilfe eines aufwendigen Hebelsystems zum Aufzug. Als Überspannschutz dient ein federnder Hebel. Um auch die geringste Hebelbewegung ausnutzen zu können, ist das Sperrad als zahnlose glatte Scheibe ausgebildet, das mit Hilfe von Keilklinken fortgeschaltet wird.

Voraussetzung für den sicheren Aufzug ist ein unelastisches und festanliegendes Armband, das aber jeglichen Tragekomfort vermissen läßt. Die seitliche Krone dient nur zum Zeigerstellen.

Diese Hebel-Automatic wurde in zwei Größen hergestellt: Unter der Kaliber-Nr. 796 als «Autorist» oder «Universe» auf dem größeren AS-Formwerk Cal 624 unter Weglassung der Handaufzugs-Einrichtung und als Damenmodell «Universe» auf dem AS-Formwerk Cal 475.

Zur Bucherer-Automatic

Für die Firma Bulova Watch Co. registrierte das Schweizer Patentamt 1933 unter der Nummer 169089 einen weiteren Rüttel-Aufzug. Nach diesem Prinzip wurde die Bucherer-Automatic gebaut, deren Produzent sich bisher nicht feststellen ließ (Bucherer ist ein schweizer Uhren- und Schmuckgeschäft!)

Bei dieser Konstruktion wirkt das Uhrwerk mit dem Gehäuse zusammen als Schwungmasse und bewegt sich an Parallelogramm-Hebeln über einem Metallrahmen hin und her, an dem auch das Armband befestigt wird. Über die obere der beiden Hebelwellen wird die Rüttelbewegung ins Gehäuseinnere geleitet und via Schaltklinke und -rad zum Aufziehen genutzt.

Als besonders nachteilig stellt sich beim Tragen dieser Automatic die Bewegungsbehinderung durch die Ärmelmanschette heraus, so daß sich oft keine ausreichende Gangreserve aufbauen läßt. Da ein Handaufzug über die Krone nicht möglich ist, bleibt die Uhr öfters stehen. Zum Zeigerstellen muß das Gehäuseoberteil aufgeklappt werden, um an die verdeckte Rändelscheibe zu gelangen.

Zur Perpetual-Automatic

Diese von der Firma Perpetual Selfwinding Watch Co. in New York vertriebene Automatic wurde in Biel von der Firma Frey & Co. ca. 1935 hergestellt und arbeitet mit einem einseitig wirksamen Pendelaufzug. Als Basiswerk dient ein kleines Formwerk ohne Handaufzugsgetriebe, das von der Automatic-Baugruppe rahmenförmig umgeben ist. Als Überspannschutz-Vorrichtung ist die federnd am Pendel gelagerte Aufzugsklinke vorgesehen, die bei Vollaufzug elastisch ausweichen kann. Der Pendelausschlag wird ungedämpft durch Stifte begrenzt und verursacht beim Aufziehen ein lautes Klicken. Bei einigen Modellen befindet sich die Zeigerstell-Krone auf der linken Seite bei der ›9‹.

Zur Aster-Automatic

Es handelt sich hier um eine von Bulova entwickelte Pendel-Automatic, die 1933 unter der Schweizer Patent-Nr. 166843 registriert wurde. Die gleichfalls in Biel ansässige Firma La Champagne Ls. Müller & Cie. stellte die Uhr unter ihrem Markennamen «Aster» als Kaliber 28-20 und für Bulova als Kaliber 13 AP her.

Eine plattenförmige Schwungmasse pendelt über einem speziell entwickelten Formwerk, in das das Automatic-Getriebe integriert ist und zieht mit Hilfe einer Exzenter-Klinke in einer Richtung wirkend auf. Der Handaufzugsmechanismus wird selbständig abgekoppelt und verringert somit die Reibungsverluste bei automatischem Betrieb.

Charakteristisch bei dieser Uhr ist das Hilfszifferblatt für die exzentrische Sekunde unter der ›12‹.

Harwood

Weltweit erste Serien-Automatic nach Harwood um 1930, von den Firmen AS und Fortis hergestellt und an die US-Firma Selfwinding Watch C., New York, geliefert.

Verchromtes Metallgehäuse mit Edelstahl-Druckboden. Gerändelte Drehlünette zum Zeigerstellen. Der rote Punkt im Zifferblatt-Fenster über der «6» zeigt an, daß die äußere Stellmechanik vom Zeigerwerk abgekoppelt ist und das Uhrwerk nicht abbremst. Ohne Handaufzug.

Beidseitig des Werks gelagerte Hammer-Schwungmasse mit Stoßfängern, einseitig aufziehend über eine Hammerklinke aufs zentral gelagerte Aufzugsrad, Überspannschutz in Form einer Rutschkupplung am Hammer.

Aufgeschnittene bimetallische Schraubenunruh, Flachspirale, ohne Stoßsicherung.

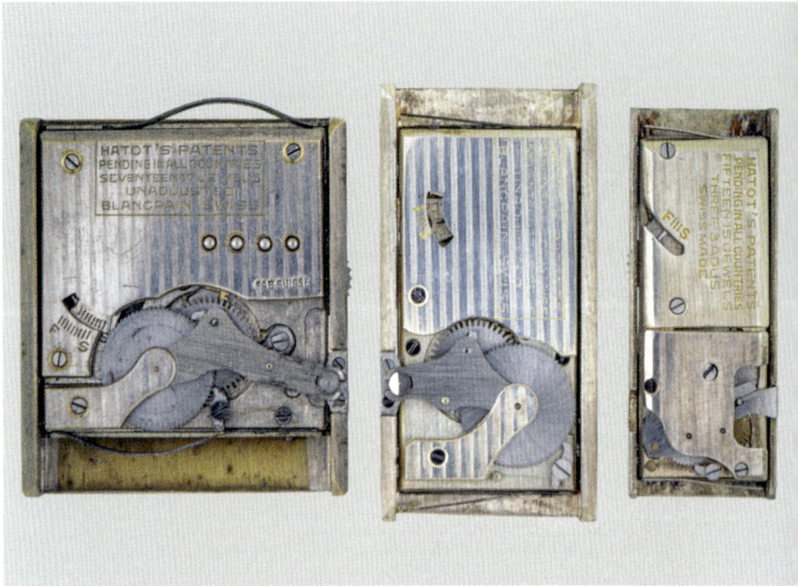

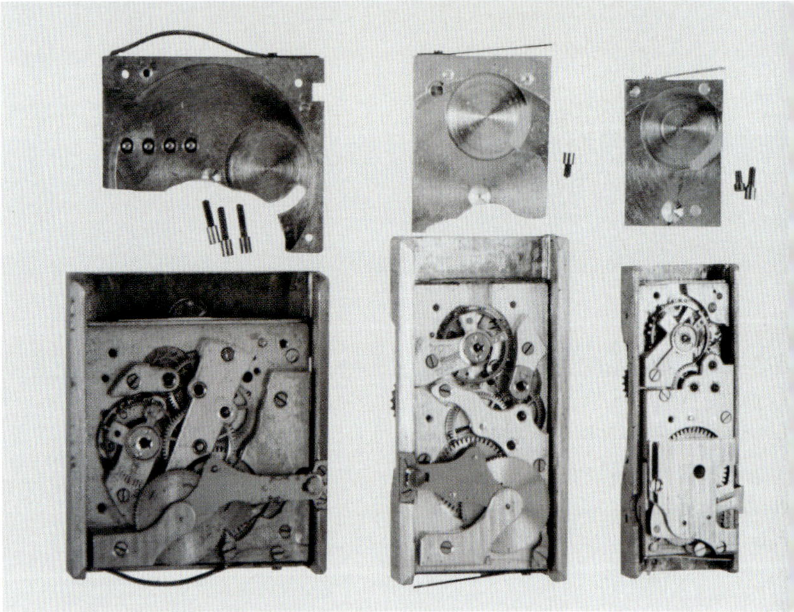

Rolls

Rüttel-Automatics «Rolls» der Firma Blancpain zwischen 1930 und 1934 nach einem Hatot-Patent als Herren-, Medium- und Damenmodell. Verchromte Metallgehäuse mit Klapplünette und verdeckter Rändelscheibe (nur zum Zeigerstellen!).

Das gesamte Uhrwerk einschließlich Zusatzgewicht dient als Schwungmasse und gleitet geradlinig auf 4 Kugeln in einem U-förmigen Rahmen hin und her (4 Ersatzkugeln nachträglich in das Zusatzgewicht der Herren-Rolls gepreßt). Der Aufzug erfolgt nur in einer Richtung.

Aufgeschnittene bimetallische Schraubenunruh, Flachspirale, ohne Stoßsicherung.

Glycine
Mittelgroße Automatic der Firma Glycine um 1935.
Unabhängige Automatik-Einheit in Form einer ringförmigen Baugruppe (Cal 35).
Edelstahl-Gehäuse mit Schraubboden. Roséfarbenes Zifferblatt. Krone nur zum Zeigerstellen. Hammer mit Stoßfängern (im U-förmigen Außenring), einseitig über ein Getriebe vom Harwood-Typ aufziehend.
Nickel-Schraubenunruh, Flachspirale, Shock-Resist-Stoßsicherung.

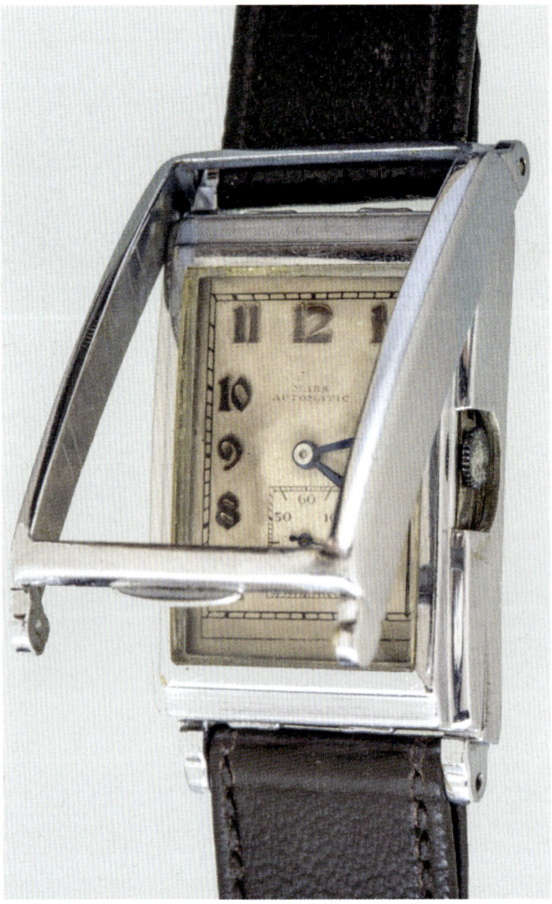

Mars / Wig-Wag

Rüttel-Automatic der Marke «Mars» von 1931, auch unter dem Namen «Wig-Wag» bekannt, hergestellt von der Firma La Champagne S. A. Louis Müller & Cie. Verchromtes rechteckiges Gehäuse mit Klapplünette und verdeckter Aufzugskrone.

Das komplette Werk bewegt sich geradlinig in einem Rüttelgestell hin und her, wobei es durch 2 seitliche Parallelogramm-Hebel geführt wird (bei 7^{00} und 11^{00} erkennbar). Das Automatik-Getriebe ist im tonneauförmigen Schwungmassen-Gewicht untergebracht (bei 1^{00}). Aufgeschnittene bimetallische Schraubenunruh, Flachspirale, ohne Stoßsicherung.

Wyler

Frühe Automatic mit Hebel-Aufzug von 1931. Rechteckiges verchromtes Metallgehäuse; über die Rändelscheibe auf der Bodenseite lassen sich nur die Zeiger stellen, eine Möglichkeit zum Handaufzug besteht nur durch wiederholtes Andrücken des Klappbodens.

Der Aufzug erfolgt indirekt durch Umfangsveränderungen des Handgelenks, wobei der Doppelboden gegen das Gehäuse geklappt wird. Dessen Bewegung drückt einen Stift durch den inneren Gehäuseboden auf einen Winkelhebel im Uhrwerk (in der großen Bohrung neben dem Aufzugsrad), dessen Spitze (links daneben erkennbar) über ein Hebelsystem das Aufzugsrad stoßend dreht. Aufgeschnittene bimetallische Schraubenunruh, Flachspirale, patent. Stoßsicherungssystem «Wyler» mit elastischen Unruhschenkeln und Unruhkäfig.

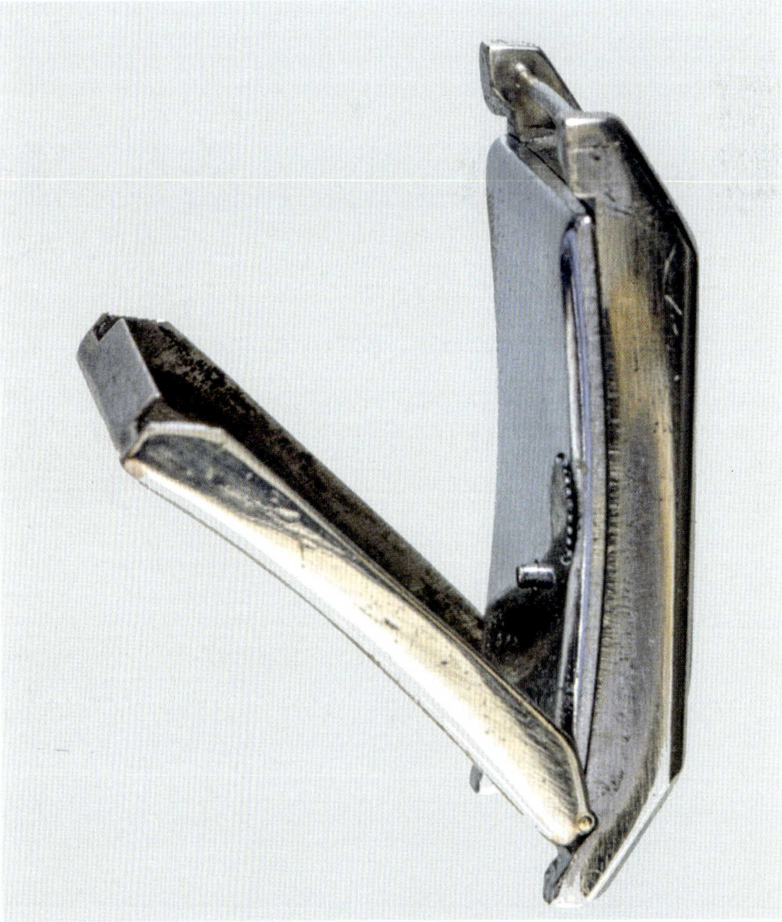

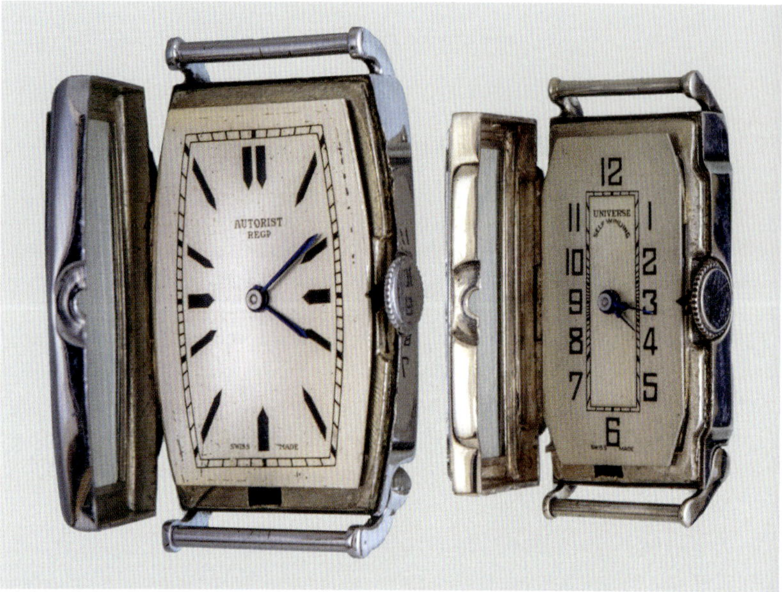

Kaliber-Steckbriefe

Harwood-Automatic

D = 24,5 mm (10 ½'''), H = 6,05 mm, 15 Steine
Basiswerk: D = 19,5 mm (9 ¾'''), H = 3,3 mm

AUTOMATIK-BAUGRUPPE aufs Basiswerk geschraubt. Hammerlagerung beiderseits des Werks, Drehwinkel von 130°, Anschlag durch federnde Puffer gedämpft, Aufzug in einer Richtung über Klinke am Hammer, zentral gelagertes Aufzugsrad, 2 Reduktionsräder, davon das erste mit Sperrklinke, aufs Sperrad. Überspannschutz durch Rutschkupplung zwischen der am Hammer befestigten Friktionsfeder und der zentralgelagerten Platte mit der Aufzugsklinke.

BASISUHRWERK: 2-schenklige aufgeschnittene Schraubenunruh aus Bimetall, Flachspirale, 18.000 Halbschw./Std., ohne Stoßsicherung. Zeigerstellung über Drehlunette mit Zahnkranz auf das Stellritzel, ohne Handaufzug. Gangreserve von 12 Std.

Autorist / Universe
Hebel-Automatics der Marken «Autorist» und «Universe» um 1932 (Fa. Fortis, Rohwerk von AS).
Tonneauförmiges verchromtes bzw. rechteckiges Silbergehäuse mit seitlichem Scharnier. Flachkrone nur zum Zeigerstellen. Der Zug am Armband wird über den beweglichen unteren Bandanstoß aufs Uhrwerk übertragen und zum Aufziehen genutzt.
Geschlossene Schraubenunruh, Flachspirale, ohne Stoßsicherung.

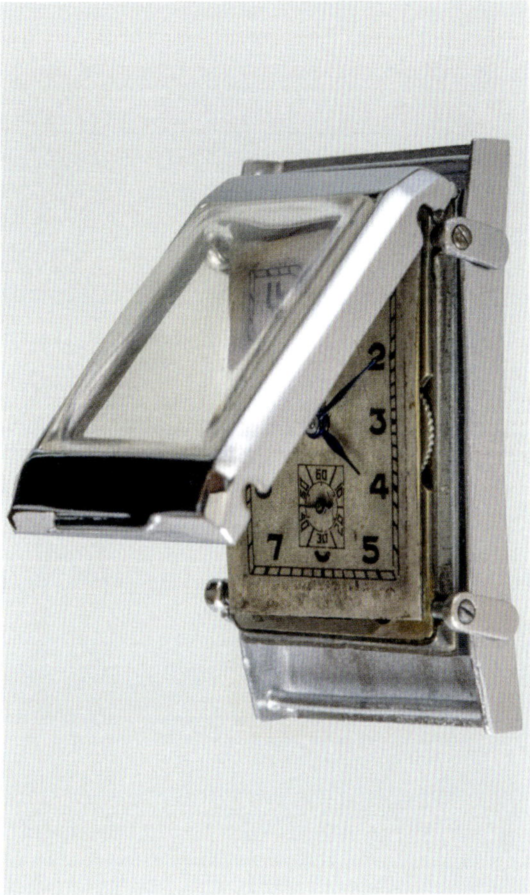

Bucherer-Bulova-Patent

Rüttel-Automatic der Marke «Bucherer» nach einem Bulova-Patent von 1933 (Hersteller unbekannt).
Rechteckiges verchromtes Gehäuse mit aufklappbarem Glasrand und verdeckter Rändelschraube, die nur der Zeigerstellung dient.
Die gesamte Uhr (Uhrwerk und Gehäuse) rüttelt als Schwungmasse an einer Armbandplatine, wobei sie über Parallelogramm-Hebel geführt wird. Der Aufzug erfolgt über die obere Hebelwelle (auf der Frontansicht).
Geschlossene Schraubenunruh, Flachspirale, ohne Stoßsicherung (Gehäuse nachverchromt).

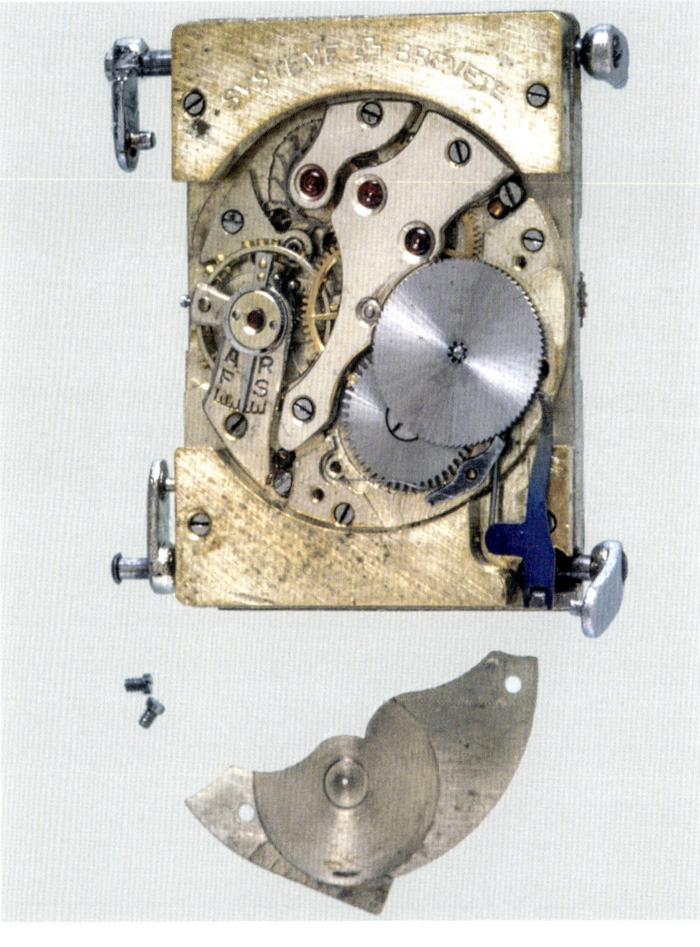

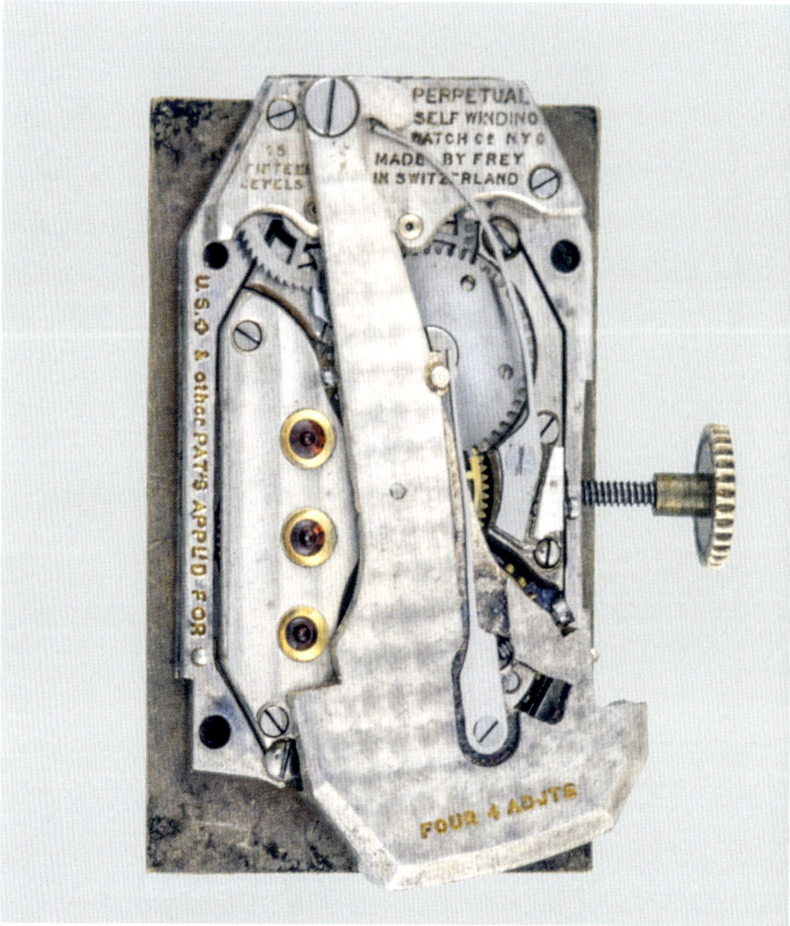

Perpetual

Pendel-Automatic der Marke «Perpetual» um 1935 mit einem Werk der Firma Frey & Co, Biel, reserviert für die Firma Perpetual Selfwinding Watch Co., New York. Rechteckiges vergoldetes Gehäuse mit Krone (nur zum Zeigerstellen) bei der «9».

Die Automatic-Baugruppe ist U-förmig um das Basisformwerk angeordnet, das Pendel ist mit einer Bleieinlage beschwert und zieht einseitig über ein Getriebe vom Harwood-Typ auf.

Geschlossene Schraubenunruh, Flachspirale, ohne Stoßsicherung.

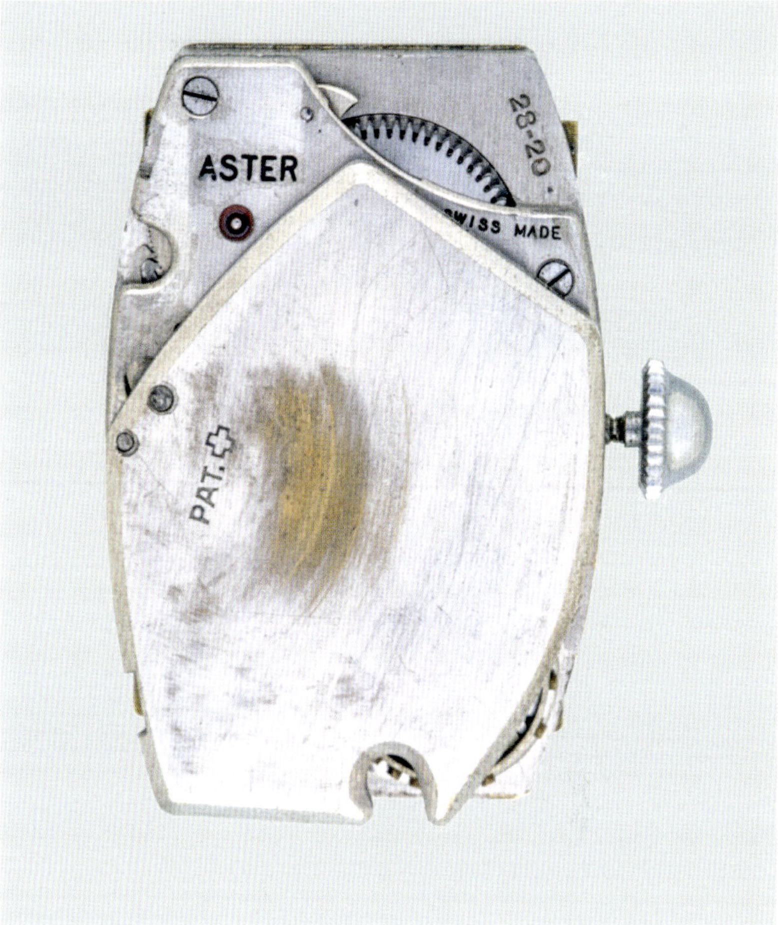

Aster-Bulova-Patent

Pendel-Automatic der Marke «Aster» nach einem Bulova-Patent von 1933 (wurde aber auch von Bulova selbst herausgebracht), hergestellt von La Champagne Louis Müller & Cie., Biel.

Rechteckiges verchromtes Staybrite-Gehäuse, kleine Sekunde bei der «12».

Flachpendel mit Bleieinlage, erste Uhr mit ins Werk integriertem Automatic-Getriebe, Abkopplung des Handaufzugsmechanismus. Geschlossene Schraubenunruh, Flachspirale, ohne Stoßsicherung, Seitenanker.

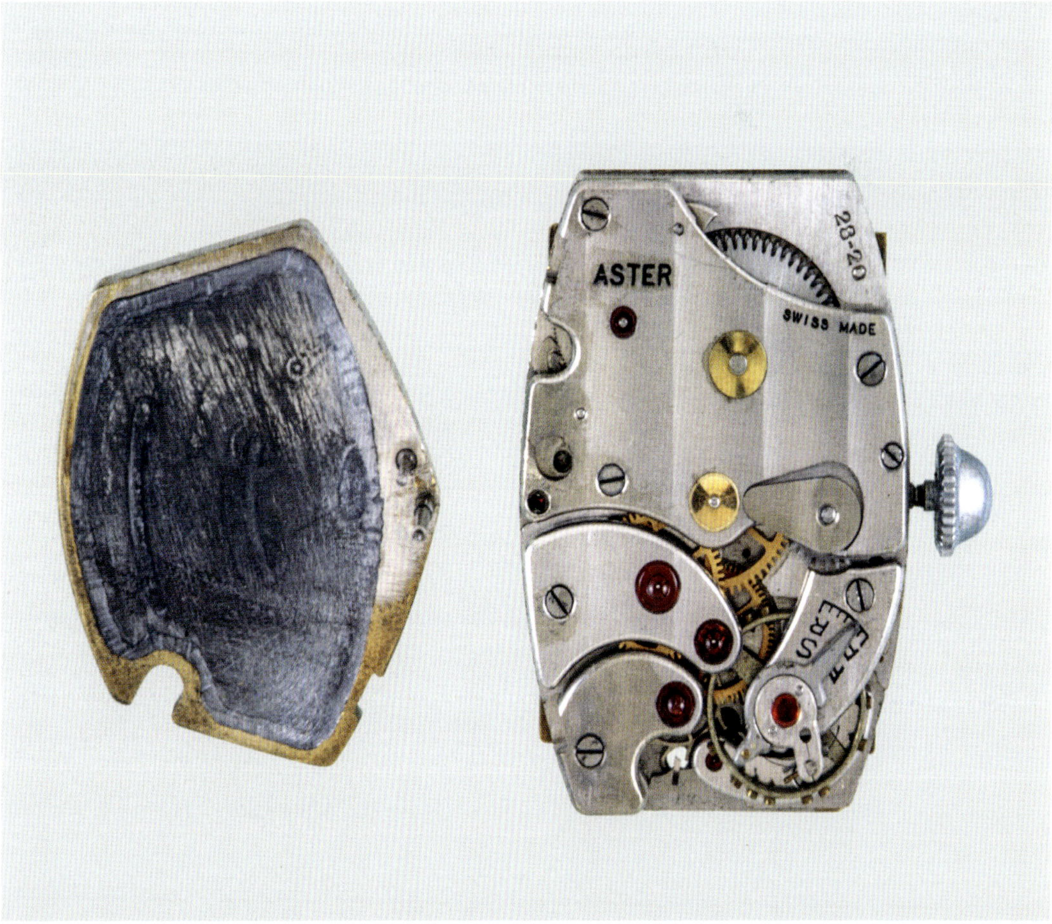

Rolls-Automatic

Großes Modell:

AUTOMATIK-BAUGRUPPE aufs Basiswerk geschraubt. Aufzug in einer Gleitrichtung über einen Klinkenhebel, der am feststehenden Rahmen drehbar gelagert ist, ein kombiniertes Aufzugs- und Reduktionsrad aufs Sperrrad. Kugelgelagerte Schlittenführung des als Schwungmasse wirkenden Uhrwerks mit Zusatzgewicht, Anschlagdämpfung durch Blattfedern (Hubweg = 3 mm).

BASISUHRWERK: 2-schenklige aufgeschnittene Schraubenunruh aus Bimetall, Flachspirale, 18.000 Halbschw./Std., ohne Stoßsicherung, exzentrische Sekunde, ohne Handaufzug, Zeigerstellung über Rändelschraube.

Mittlere Ausführung: Abmessg.: 30 x 17 mm, H = 6,8 mm, 17 Steine

(ohne Rahmen: 24,5 x 12,5 mm, H = 5,5 mm)

Siehe große Ausführung der Rolls, jedoch ohne Sekunde.

Kleines Modell:

Siehe großes Modell der Rolls, jedoch mit einem zweiten Reduktionsrad, einer Ankerausführung mit seitl. Gabel, ohne Sekunde.

Glycine-Automatic

D = 26,0 mm (11 ½ '''), H = 5,8 mm, 18 Steine

(Basisuhrwerk Cal 20 mit D = 8 ¾ ''')

AUTOMATIK-BAUGRUPPE als unabhängige ringförmige Einheit (Cal 35) ohne Schraubverbindung ans Basisuhrwerk gekoppelt. Zentralgelagerter Hammer auf je 2 eingepreßten Kugeln oben und unten im Inneren des U-förmigen Außenringes gleitend und durch federnde Puffer begrenzt, Aufzug in einer Richtung über Klinke am Hammer, zentralgelagertes Aufzugsrad, 2 Reduktionsräder aufs Sperrad, Federkupplung im ersten Reduktionsrad zur Getriebeschonung bei Vollaufzug, Federhausstellung zum Schutz gegen Unruhprellen und zur Anlaufhilfe durch Federvorspannung.

BASISUHRWERK: 2-schenklige Schraubenunruh aus Nickel, Flachspirale, 18.000 Halbschw./Std., Shock-Resist-Stoßsicherung, Goldanker, Ankerrad zwischen Decksteinen, exzentrische Sekunde, ohne Handaufzug, Zeigerstellkrone, Gangreserve von 30 Std.

Wig-Wag-Automatic (Mars)

15 Steine

AUTOMATIK-BAUGRUPPE: Einseitige Parallelogramm-Führung des Uhrwerks als Schwungmasse an 2 Hebeln in einem Rüttelrahmen.Einseitiger Aufzug über eine Klinkenfeder am oberen Hebel auf das Schaltrad, 1 Reduktionsrad aufs Sperrad.

BASISUHRWERK (Mars Cal 19-4) : 2-schenklige aufgeschnittene Schraubenunruh aus Bimetall, Flachspirale, 18.000 Halbschw./Std., ohne Stoßsicherung, exzentrische Sekunde, Krone für Handaufzug und Zeigerstellung.

Wyler-Automatic

Abmessg. : 8 ¾ x 11 ''', 17 Steine

AUTOMATIK-BAUGRUPPE als Gestänge auf ein Formwerk montiert.Externer Aufzug über äußeren Klappboden, senkrecht durch den festen Gehäuseboden geführter Stift, federnd gelagerter Winkelhebel, Gestänge mit Scheibengelenk, stoßende Schaltklinke aufs Sperrad.

BASISUHRWERK: 2-schenklige aufgeschnittene Schraubenunruh aus Bimetall, Flachspirale, 18.000 Halbschw./Std., Stoßsicherungs-System nach Wyler (federnd gebogene Unruhschenkel, konzentrischer Abfangring um den Unruhreif und Höhenanschlag), indirekte! exzentrische Sekunde, ohne Handaufzug, Zeigerstellung über Rändelscheibe am Gehäuseboden.

Autorist-Automatic (AS Cal 796)

Abmessg.: 15,2 x 24,8 mm (6 ¾ x 11 '''), 15 Steine

AUTOMATIK-BAUGRUPPE als Hebelgestänge aufs AS-Formwerk Cal 624 montiert. Externer Hebelaufzug über beweglichen Bandanstoß und Hebelmechanismus, klemmende Aufzugsklinke aufs Sperrad, das als zahnlose glatte Scheibe ausgebildet ist. Überspannschutz durch federnden Doppelhebel.

BASISUHRWERK: 2-schenklige Schraubenunruh, Flachspirale, 18.000 Halbschw./Std., ohne Handaufzug, seitliche Krone nur zum Zeigerstellen.

Universe-Automatic

Abmessg.: 11,8 x 19 mm (5 ¼ x 8 ½ '''), 7 Steine

s. Autorist, jedoch wird als BASISUHRWERK das AS-Formwerk Cal 475 verwendet.

Bucherer-Automatic (Bulova-Patent)

Abmessg.: 19,6 x 27 mm

AUTOMATIK-BAUGRUPPE: Uhrwerk einschließlich Gehäuse bilden die Schwungmasse, die an Parallelogrammhebeln aufgehängt ist. Einseitiger Aufzug durch Übertragung der Rüttelbewegung über die obere Hebelwelle, Schaltklinke, Schaltrad aufs Sperrad.

BASISUHRWERK: 2-schenklige Schraubenunruh aus Nickel, Flachspirale, 18.000 Halbschw./Std., ohne Stoßsicherung, exzentrische Sekunde, Rändelscheibe nur zum Zeigerstellen.

Perpetual-Automatic

Abmessg.: 15,6 x 28 mm, 15 Steine (Basisuhrwerk: 13 x 18,5 mm)

AUTOMATIK-BAUGRUPPE als komplette Einheit rahmenförmig aufs Basis-Formwerk gesetzt. Pendel mit Bleieinlage und Rückholfeder gegen Stiftanschlag, einseitiger Aufzug über Klinke am Pendel, Aufzugsrad, 1 Reduktionsrad aufs Sperrad. Überspannschutz durch federnd am Pendel gelagerte Aufzugsklinke.

BASISUHRWERK: 2-schenklige Schraubenunruh, Flachspirale, 18.000 Halbschw./Std., ohne Stoßsicherung, Krone nur zum Zeigerstellen.

Aster-Automatic (Bulova-Patent)

Abmessg.: 8 ¾ x 12 ''' , 18 Steine

AUTOMATIK-BAUGRUPPE ins tonnenförmige Basiswerk integriert.

Längsseitig gelagertes Flachpendel mit Bleieinlage, einseitiger Aufzug über Aufzugsklinke durch exzentrisch befestigten Pendelstift, kombiniertes Aufzugs- und Reduktionsrad aufs Sperrad. Abtrennung des Handaufzugs-Mechanismus durch Kronrad-Wippe.

BASISUHRWERK: 2-schenklige Schraubenunruh aus Nickel, Flachspirale, 18.000 Halbschw./Std., ohne Stoßsicherung, Anker mit seitlicher Gabel, exzentrische Sekunde bei der ›12‹.

Einführung zum Automatic-Katalog

In alphabetischer Reihenfolge sind nur die Schweizer Uhrenhersteller aufgeführt, die ein eigenes Automatic-Werk auf den Markt gebracht haben. Viele namhafte Unternehmen, die für ihre automatischen Armbanduhren auf Fremdwerke angewiesen waren, werden daher nicht berücksichtigt, können aber unter dem Namen ihres Rohwerke-Herstellers angeführt sein.

Ausnahmen betreffen die Manufakturen, die bei Fremdfirmen nur für sie speziell entwickelte Werke reservieren ließen (z.B. Vacheron Constantin) oder aber in anderer Hinsicht einen besonderen Beitrag zur Automatic-Entwicklung geleistet haben, wie z.B. Mido oder Zodiac.

Jedes Firmen-Kapitel ist nach gleichen Gesichtspunkten aufgebaut. Es beginnt mit der firmeneigenen Kaliber-Entwicklung einschließlich einer kurzen Firmengeschichte, dann folgen in chronologischer Reihenfolge die Automatic-Abbildungen, anschließend eine Kaliber-Liste, die alle Automatic-Kaliber der jeweiligen Firma in aufsteigender Nummernfolge enthalten soll. Den Abschluß bilden die Kaliber-Steckbriefe mit der ausführlichen Werksbeschreibung.

Begriffe und Abkürzungen (Kaliber-Liste)

Kaliber – firmeninterne Werksnummer, meistens unter oder neben der Unruh erkennbar

Durchmesser – entspricht dem sog. Einschalungsmaß und wird in Linien (''') und Millimetern angegeben (1 ''' = 2,26 mm)

Höhe – ist das Maß von der Zifferblattauflage der Werksunterseite bis zum höchsten Punkt der Brücken- oder Werksoberseite – bei dem Automatic-Kaliber also die Rotoroberseite.

Zusatz-Einrichtungen – Abkürzungen nach der Fédération Horlogère Suisse und der Ebauches S.A.:

CHR	Chronograph
CLD	Kalender
GMT	24-Stunden-Anzeige (Greenwich Mean Time)
JG	Wochentagsanzeige im Zifferblatt-Fenster
M	antimagnetisch
MG	Monatsanzeige im Zifferblatt-Fenster
PH	Mondphasen-Anzeige
QA	Datumsanzeige mit Zeiger
RDR	Datums-Schnellkorrektur
REV	Wecker
RMA	Gangreserve-Anzeige mit Zeiger
RMG	Gangreserve-Anzeige im Zifferblatt-Fenster
s	exzentrische oder sog. kleine Sekunde
SC	Zentralsekunde
SCD	direkte Zentralsekunde
SCI	indirekte Zentralsekunde

Halbschw./Std. – Unruh-Schlagzahl pro Stunde

Umrechnungs-Tabelle von Halbschw./sec in Hz:

Halbschw./Std.	Hz
18.000	2,5
19.800	2,75
21.600	3
25.200	3,5
28.800	4
36.000	5

St. – Anzahl der im Werk verwendeten Steine (Rubine), beinhaltet auch Steine ohne Funktion

Gang-Res. – Angabe der maximalen Gangreserve in Stunden, was der Laufzeit einer ruhenden Uhr nach Vollaufzug entspricht

Anmerkungen Modell – Hinweise auf das Grund- oder Basiswerk, den Rohwerke- oder Ebauche-Hersteller, den Eigennamen des Werks oder Uhrenmodells.

Prod.-Beg. – Produktionsbeginn oder Premierenjahr des Kalibers auf dem Markt

Abb. – Hinweis, daß das Kaliber abgebildet ist

xx	in diesem Kapitel
(xx)	in einem anderen Kapitel (Hinweis unter Anmerkungen)

Weitere Hinweise: – Die meisten der abgebildeten Uhren sind mit einer Schweizer Rubinanker-Hemmung ausgerüstet, auf die deshalb nicht gesondert hingewiesen wird. Um die Auffindung von Details auf den Abbildungen zu erleichtern, kommt ein sektorielles Orientierungsschema zur Anwendung, wobei gedanklich ein transparentes Zifferblatt über die jeweilige Abbildung gelegt wird. Z.B. ist bei der Angabe «Wechsler bei $2^{\circ\circ}$» dieser auf dem $2^{\circ\circ}$-Radius zu finden.

Zeitschriften-Reklame (aus SUZ 1949)

Zur Kaliber-Entwicklung

Zwischen den Schweizer Uhrenfabrikanten Kurth (Grenchen), Straub und Gruen (Biel) sowie anderen und den Uhren-Fachgeschäften wurde 1883 die Schweizer Uhrmacherkooperation gegründet, die 1908 in Biel eine eigene Produktionsstätte unter dem Namen «Alpina Union Horlogère» errichtete.

Ende der vierziger Jahre ist m. E. das einzige selbstentwickelte Automatic-Kaliber unter der Nr. 282 herausgebracht worden.
Es handelt sich um ein solides Werk mit einseitig aufziehendem Hammer in typischer Bauweise.

Alle weiteren automatischen Uhrenmodelle der Marke «Alpina» sind mit bewährten Fremdwerken, wie z. B. von Eta unter der Kaliberbezeichnung WH 245 mit dem speziellen Stoßsicherungs-System «Wyler» ausgerüstet.

Kaliber-Steckbrief

Cal 582/P82

D = 28,5 mm (12 ½ '''), H = 5,5 mm, 17 Steine

AUTOMATIK-BAUGRUPPE aufs Basiswerk geschraubt. Hammer-Bewegung durch offene Prellfedern begrenzt, Aufzug in einer Richtung über Klinkenträger-Wippe, kombiniertes Aufzugs- und Reduktionsrad aufs Kronrad.

BASISUHRWERK: 2-schenklige Schraubenunruh aus Glucydur, Nivarox-Spirale, 18.000 Halbschw./Std., Incabloc-Stoßsicherung, exzentrische Sekunde.

Kaliber-Liste · Alpina

Kaliber	Durchmesser Linien	Durchmesser mm	Höhe mm	Zusatz-Einrichtungen	Halb-Schw./Stunde	St.	Gang-Res. Std.	Anmerkungen Modell	Jahrg.	Abb.
362	7 3/4 x 6 3/4									
WH 245	11 1/2	25,6		SCD, QG, JG, RDR	21.600	25		Eta-Ebauche (2789)	ca. 74	
571 571 C	11 1/2 "			SC SC, QG	18.000 "	17		Hammer-Fremdwerk "	1946	
582 /P82 582 -3 584 /P84	12 1/2 " "	28,5 " "	 5,5 6,1	s s SCI	18.000 " "	17 "			ca. 49	xx

Alpina Cal 582

Herren-Automatic der Firma Alpina um 1950 mit dem Kaliber 582. Gehäuse mit Goldhaube und Schraubboden aus Edelstahl.

Einseitiger Hammer-Aufzug über Klinkenträger-Wippe.

Glucydur-Schraubenunruh, Nivarox-Spirale, Incabloc-Stoßsicherung.

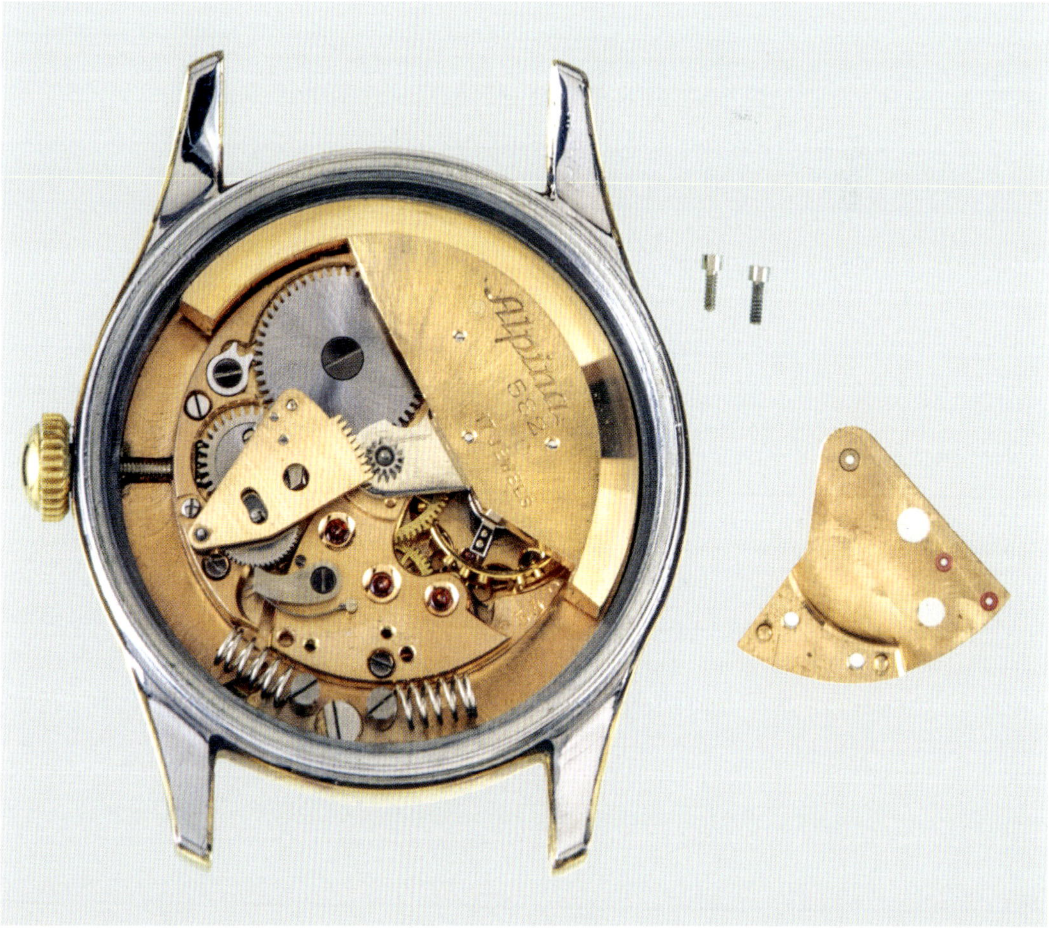

Zur Kaliber-Entwicklung

Die Uhrenfabrik «Amida S.A.» hatte ihren Firmensitz in Grenchen.
Sie produzierte Uhren sowohl mit Stiftanker- als auch mit Steinanker-Hemmung und vertrieb sie unter dem Markennamen «Castell».

Mitte der fünfziger Jahre entwickelte man mit der «Adamatic» die erste Automatic. Dieses Kaliber 550 baut auf dem Handaufzugs-Kaliber 530 (10 ½ ''') auf und wurde mit einem über Klinkenräder beidseitig wirksamen Rotor ausgestattet.

Automatik- und Handaufzugs-Getriebe sind jeweils wechselseitig voneinander abgekoppelt.

Auch die nachfolgenden Kaliber 552 und 553 zeigen den gleichen Aufbau, wurden aber in Details verbessert, so z.B. in der Rotorlagerung und den Klinkenrädern.

Zur Firmenentwicklung von AS innerhalb der Ebauches S.A.

Adolph Schild, der Bruder des Eta-Werk-Gründers Urs Schild, eröffnete 1896 eine eigene Rohwerkeproduktion unter dem Namen «A. Schild S.A.» (ASSA oder AS) in Grenchen.Sein Unternehmen bildete zusammen mit den beiden Firmen FHF und A. Michel (AM) im Jahre 1926 die Basis der später so dominierenden Vereinigung der Schweizer Rohwerkehersteller, die «Ebauches S.A.», der sich u.a. 1928 auch Felsa und 1932 Eta als weitere bedeutende Produzenten anschlossen.

Schon 1931 wurde ein Schweizer Großkonzern, die ASUAG (Allgemeine Schweizer Uhrenindustrie AG) gegründet, der alle Spezialbetriebe, die in vier Gesellschaften vereint waren, aufnahm. Es sind dies

1. die Ebauches S.A.,
2. die Vereinigung aller Hersteller von Hemmungsteilen,
3. die Vereinigung aller Unruh-Produzenten und
4. die Vereinigung aller Spiralen-Hersteller.

Seit 1941 arbeitet in Neuenburg ein Original-Ersatzteildienst für alle von Ebauches S.A. erzeugten Kaliber; 1965 für immerhin ca. 800 verschiedene Werke.

Die einzelnen Ersatzteile werden heute noch in einer schützenden Spezialverpackung mit der Markenbezeichnung, der Kaliber-Nummer und -Größe, der Nummer und dem Namen des Teils in fünf Sprachen, sowie mit Angaben der wichtigsten Maße und Auswechslungsmöglichkeiten geliefert. Zu diesem Zweck veröffentlichte die Ebauches S.A. 1948 ein fünfsprachiges «Technologisches Wörterbuch» mit der universellen Numerierung aller Bestandteile einer Uhr in Form eines Bildkatalogs.

Zur Definition des Begriffs Rohwerk (frz. Ebauche) ist zu bemerken, daß es sich um ein zusammengesetztes Werk handelt, das jedoch ohne Antriebsfeder, Unruh, Spiralfeder und Lagersteine geliefert wird. Im Gegensatz zu den Manufakturen, die ihre Uhren weitgehend selbst entwickeln und herstellen, beziehen die sogenannten Etablisseure alle Bestandteile von Fremdfirmen, also nach 1931 vorwiegend von den einzelnen Fabriken innerhalb der ASSUAG, setzen sie in ihren Betrieben zu kompletten Uhren zusammen und verkaufen sie unter einem der zahlreichen Markennamen. Das liefert die Erklärung für die oft gemachte Feststellung, in Uhren verschiedener Marken nicht selten die gleichen Werke wiederzufinden.

Die 16 Rohwerkehersteller der Ebauches S.A. repräsentierten z.B. im Jahre 1965 mit 33 Millionen Werken zwei Drittel der Schweizer Jahresproduktion; der Rest verteilte sich auf die Fabrikanten von Stiftanker- oder Roskopfuhren und auf die Manufakturen.

Innerhalb der Ebauches S.A. bildete sich bald eine arbeitsteilige Produktion heraus. So gibt es Fabriken, die vorwiegend Automatic-Werke (AS, Eta, Felsa) oder Chronographenwerke (Landeron, Venus, Valjoux) oder Werke mit Handaufzug (z.B. Peseux) herstellten.

Kaliber-Liste · Amida

Kaliber	Durchmesser Linien	Durchmesser mm	Höhe mm	Zusatz-Einrichtungen	Halb-Schw./Stunde	St.	Gang-Res. Std.	Anmerkungen Modell	Jahrg.	Abb.
550	12	26,7	6,15	SCD	18.000	17		Adamatic	ca. 55	
551	"	"		SCD, QG	"	"		"		
552	12 1/2	27,8	6,0	SCD	"	21				
553	"	"		SCD, QG	"	"				
911	12 1/2	27,8		SCD						

Zur Kaliber-Entwicklung

AS konnte schon 1931 als erste Rohwerkefabrik mit der «Autorist» eine Eigenentwicklung vorstellen, die auch auf eine Idee von Harwood zurückgeht.

Während die erste Harwood-Automatic einen Hammer-Aufzug besitzt, arbeitet die Autorist mit einem Hebel-Aufzug. Hierbei werden die am Armband auftretenden Zugkräfte über einen beweglichen Bandanstoß ins Innere der Uhr übertragen und führen dort mit Hilfe eines komplizierten Hebelsystems zum Aufzug.

Aus obengenannten Gründen (s.u. Frühe Automatics) konnte die als Kaliber 796 in Herrengröße gefertigte Autorist ebensowenig überzeugen wie die kleinere für Damen, die unter dem Namen «Universe» vertrieben wurde und auf dem AS-Formwerk 475 basiert.

Die erste AS-Hammer-Automatic, das Kaliber 913, stammt von 1935 und wurde u.a. von Mido verwendet. Es arbeitet mit einem zentralgelagerten Aufzugsrad, das von der am Hammer befestigten Aufzugsklinke in einer Richtung weiterbewegt wird. Diesen Getriebeaufbau (Harwood-Typ) findet man in den verschiedenen AS-Kalibern bis 1946 wieder, wobei als servicegerechte und charakteristische Detaillösung die Lagerung von Aufzugs- und Sperrklinke unter separaten Platinen besonders auffällt.

Das ab 1946 produzierte flachere Hammer-Kaliber 1298 und das ein bis zwei Jahre später nachfolgende Kaliber 1302 sind mit einer teilverzahnten Klinkenträger-Scheibe ausgestattet, die die gleiche Funktion wie die oft anzutreffende Klinkenträger-Wippe erfüllt.

In dem 1950 herausgebrachten Werk mit Rotoraufzug (Rotomatic, Cal 1336) arbeitet erstmalig ein Wippenwechsler, der sich bis heute als robuster Drehsinnswandler bewährt hat. Leider unterlagen die auf der Wippe gelagerten beiden Ritzel wegen ihres nicht definierten Eingriffs mit den nachgeschalteten Zahnradern oft einem vorzeitigen Verschleiß, der jedoch später durch günstigere Zahnformen und Materialien vermindert werden konnte. Bei Aufzug von Hand wird zur Schonung des automatischen Getriebes dieses durch eine Breguet-Kupplung vom Sperrad abgetrennt.

Das Kaliber wurde auch mit Kugelrad-Differentialgetriebe zur Anzeige der Gangreserve in einem Zifferblatt-Fenster oder über einen kleinen Zeiger am Hilfszifferblatt ausgerüstet. Es konnte auch mit einfachem Kalendarium geliefert werden (Cal 1493).

Für das zu damaliger Zeit um 1954 kleinste Automatic-Kaliber 1477 konstruierten die AS-Ingenieure einen neuen Wechselrichter aus patentierten Zwillings-Klinkenrädern, die mit je einer geteilten federfreien Ankerklinke arbeiten.

Die 1958 fertigentwickelte «Maximatic» (Cal 1580) ist ebenfalls mit diesen Klinkenrädern ausgestattet und konnte schon alternativ mit der modernen schraubenlosen Ringunruh bestellt werden.

Die erste AS-Automatic mit kugelgelagertem Rotor erschien um ca. 1964 unter der Kaliber-Nr. 1716. Hier ist das Automatikgetriebe in eine kleine ovale Aussparung des Basiswerkes versenkt worden und erlaubt je nach Ausrüstung den einseitigen Aufzug mit einem Klinkenrad oder den beidseitigen mit Hilfe eines zusätzlichen Klinkenrades.

Dieses Werk wurde später auch mit der Clinergic-21-Ankerhemmung zum Schnellschwinger umgerüstet.

AS ist damit zwar nicht der erste Hersteller der einseitig aufziehenden Rotor-Automatic, löste aber erneut eine Diskussion über das wirkungsvollste Aufzugsprinzip aus, die erstaunlicherweise nach einer kaum anzuzweifelnden Versuchsreihe zugunsten des einseitigen ausfiel. Von AS wurde er als «Aufzug mit dynamischem Leerlauf» definiert und sollte damit ausdrücken, daß der in Leerlaufrichtung drehende Rotor sich leichter und damit weiter gegen die Schwerkraft verlagern kann, um darauf mit ihrer Hilfe in Gegenrichtung um so wirkungsvoller aufziehen zu können. Der Vorteil des einfacheren und platzsparenden Getriebeaufbaus wurde jedoch wieder durch die zum Verschleiß neigende und energieaufzehrende federnde Sperrklinke relativiert.

Das um 1966 vorgestellte Kaliber 1712 ist in Modulbauweise gefertigt und zieht über einen federnden Zahnradhebel ebenfalls nur in einer Drehrichtung auf. Es wurde bis in die siebziger Jahre hinein gefertigt und ist damit die letzte Entwicklung eines einfachen Automatic-Kalibers aus dem Hause AS.

Einen absoluten Rekord stellte AS 1967 mit der kleinsten je gebauten Automatic auf, dem Kaliber 1775, die auch von Mido in dem Modell «Minimido» eingesetzt wurde und nur einseitig aufzieht. In der 1974 fertig entwickelten Wecker-Automatic (Cal 5008) wird im Gegensatz zu der bekannten «Memovox» auch das Läutwerk automatisch aufgezogen.

Rückblickend gebührt der Firma AS nicht nur die Ehre, als erster Rohwerkehersteller Automatics entwickelt, sondern neben der Einführung des Wippenwechslers auch das kleinste automatische Serienkaliber überhaupt gebaut zu haben. Nicht alle von AS herausgebrachten Konstruktionen erwiesen sich als erfolgreich, jedoch gibt es kaum einen Hersteller mit so vielen unterschiedlichen Kalibern.

Kaliber-Steckbriefe

Cal 1171

D = 24,8 mm (11 ¼ '''), 15 Steine

AUTOMATIK-BAUGRUPPE aufs Basiswerk geschraubt, Hammerausschlag durch Prellfedern begrenzt, Aufzug in einer Richtung über Aufzugsklinke am Hammer, zentralgelagertes Aufzugsrad, 2 Reduktionsräder, davon das erste mit federnder Klinke, aufs Sperrad.

BASISUHRWERK: 2-schenklige Schraubenunruh aus Glucydur, autokompensierende Flachspirale, 18.000 Halbschw./Std., Incabloc-Stoßsicherung, ohne Kronrad, exzentrische Sekunde.

Cal 1191

D = 28,0 mm (12 ¼ '''), 17 Steine

AUTOMATIK-BAUGRUPPE aufs Basiswerk geschraubt, Hammerausschlag durch Prellfedern begrenzt, Aufzug in einer Richtung über Aufzugsklinke am Hammer, zentrales Aufzugsrad, 2 Reduktionsräder, davon das erste mit federnder Klinke unter separater Platine, aufs Sperrad.

BASISUHRWERK: 2-schenklige Schraubenunruh aus Glucydur, autokompensierende Flachspirale, 18.000 Halbschw./Std., Incabloc-Stoßsicherung, exzentrische Sekunde.

AS-Cal 1171, «Rodana»

Herren-Automatic der Marke «Rodana» von 1941 mit einem AS-Rohwerk Cal 1171.

Verchromtes Staybrite-Gehäuse mit Schraubboden aus Edelstahl, Krone nur zum Zeigerstellen. Hammer einseitig über ein Getriebe vom Harwood-Typ aufziehend. Glucydur-Schraubenunruh, Nivarox-Spirale, Incabloc-Stoßsicherung.

AS-Cal 1191, «BWC»

Herren-Automatic der Marke «BWC» (von Richard) um 1942 mit einem AS-Rohwerk Cal 1191.

Vergoldetes Gehäuse mit Schraubboden aus Edelstahl und zusätzlichem Staubdeckel.

Hammer einseitig aufziehend über ein Getriebe vom Harwood-Typ mit zusätzlicher Abkopplung des Handaufzugsmechanismus, separate Sperrklinken-Platine (bei 9).

Glucydur-Schraubenunruh, Nivarox-Spirale, Incabloc-Stoßsicherung.

AS-Cal 1250, «Semos»

Herren-Automatic der Marke «Semos» von 1944 mit einem AS-Rohwerk Cal 1250.
Verchromtes Staybrite-Gehäuse mit Schraubboden aus Edelstahl.
Hammer einseitig aufziehend über ein Getriebe vom Harwood-Typ mit zusätzlicher Abkopplung des Handaufzugsmechanismus, separate Sperrklinken-Platine (bei 7^{00}).
Glucydur-Schraubenunruh, Nivarox-Spirale, Incabloc-Stoßsicherung.

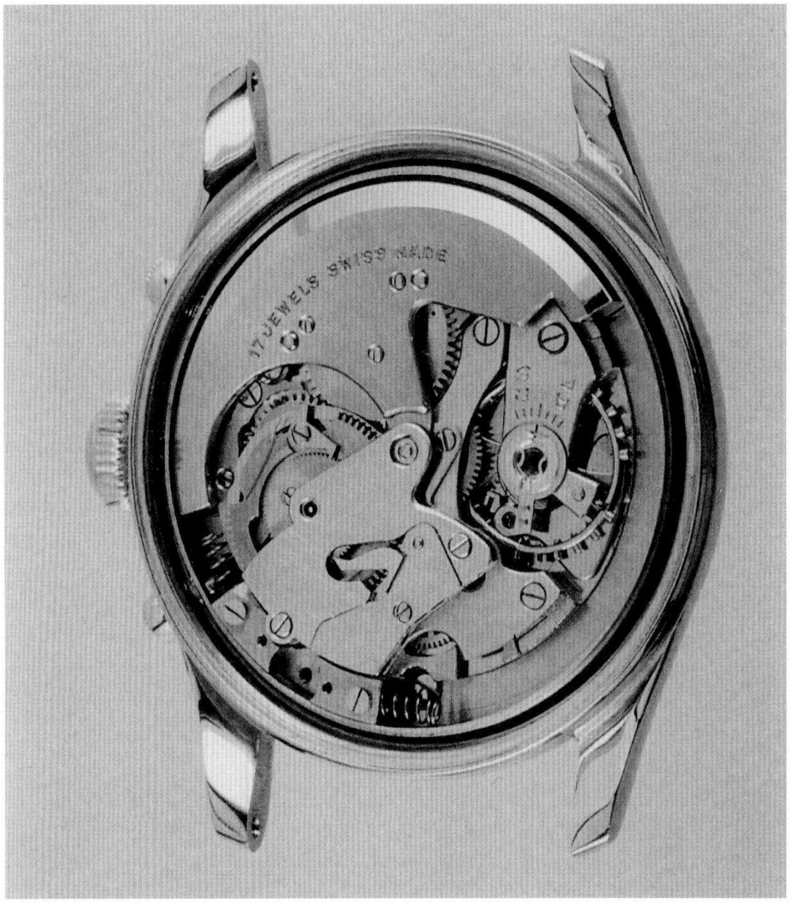

AS-Cal 1315, «Regatta»

Herren-Automatic der Marke «Regatta» von 1950 mit einem AS-Rohwerk Cal 1315.
Edelstahlgehäuse mit Schraubboden.
Einfaches Kalendarium mit Datumszeiger, seitliche Drücker für die Schnellkorrektur des Monats bei der «2» und des Datums bei der «4»; der Wochentag kann nur mit dem Durchdrehen der Zeiger verändert werden.
Komplett abschraubbare Automatic-Einheit, Hammer einseitig über eine teilverzahnte Klinkenträger-Scheibe aufziehend, separate Sperrklinken-Platine (bei 6^{oo}).
Glucydur-Schraubenunruh, Nivarox-Spirale, Incabloc-Stoßsicherung.

AS-Cal 1323, «Paul Breguette»

Damen-Automatic der Marke «Paul Breguette» um 1952 mit dem ersten kleinen Rotor-Kaliber 1323 von AS (ab 1950). Rechteckiges 10k-«gold-filled»-Gehäuse.

Rotor mit Schwermetallreif, beidseitig über einen Wippenwechsler aufziehend, bei Handaufzug Abkopplung über Breguetkupplung. Glucydur-Schraubenunruh, Nivarox-Spirale, Incabloc-Stoßsicherung (Breguetkupplungsfeder bei 1^{30} fehlt).

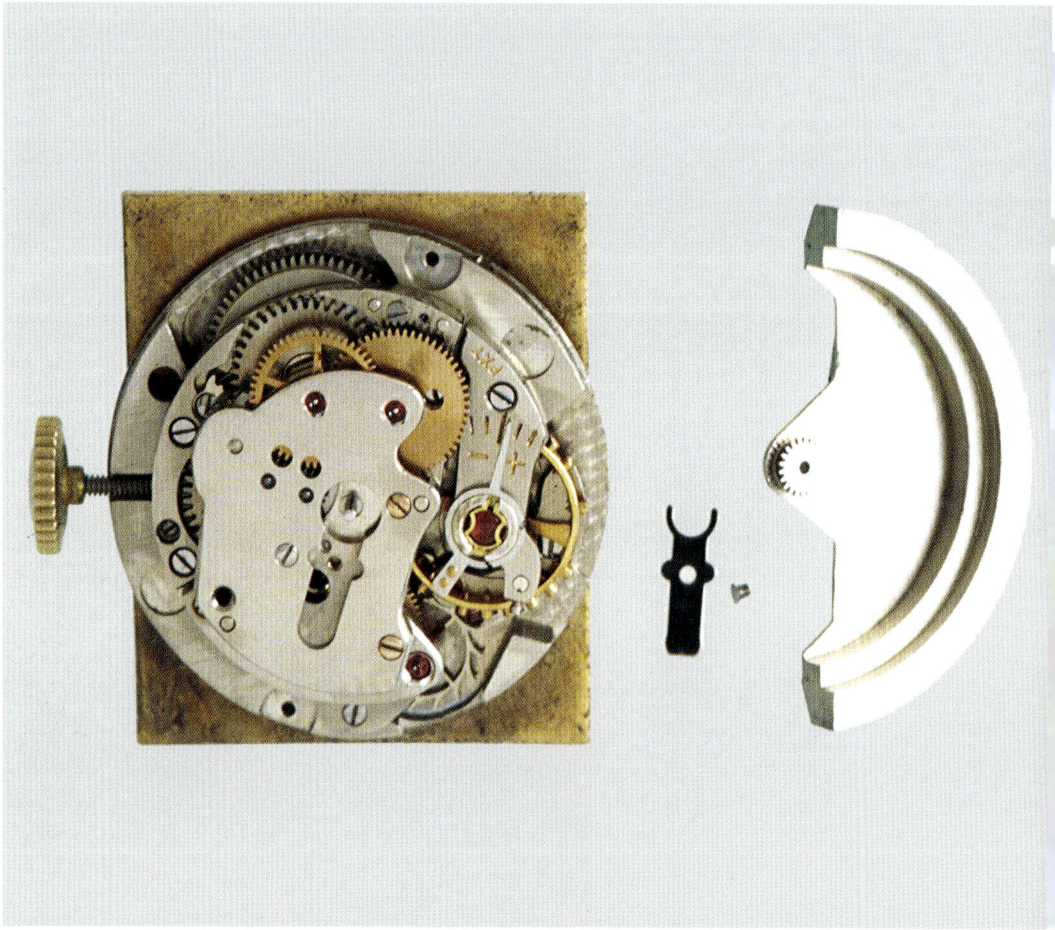

AS-Cal 1382/N, «Nivada»

Herren-Automatic der Marke «Nivada» von 1952 mit einem AS-Rohwerk Cal 1382/N.
Vergoldetes Gehäuse mit Schraubboden aus Edelstahl.
Hilfszifferblatt unter der «12» zur Anzeige der Gangreserve. Rotor mit Schwermetallreif beidseitig über einen Wippenwechsler aufziehend (teilweise verdeckt links neben der Unruh), separate Sperrklinken-Platine (bei 6⁰⁰), bei Handaufzug Abkopplung über eine Breguetkupplung (Breguetkupplungsfeder bei 7⁰⁰).
Schraubenunruh aus Nickel, Nivarox-Spirale, Incabloc-Stoßsicherung (Gehäuse mit starken Gebrauchsspuren).

AS-Cal 1477, «Stowa»

Damen-Automatic der deutschen Marke «Stowa» um 1955 mit einem AS-Rohwerk Cal 1477, der kleinsten Automatic dieser Zeit. 14k-Goldgehäuse mit Schraubboden.

Rotor mit Schwermetallreif beidseitig über einen Klinkenrad-Wechsler aufziehend, komplett abnehmbare Automatik-Einheit.

Glucydur-Schraubenunruh, Nivarox-Spirale, Incabloc-Stoßsicherung (Aufzugskrone ersetzt, Zifferblatt und Werksoberfläche korrodiert).

AS-Cal 1478 N, «Wittnauer»

Herren-Automatic der US-Marke «Wittnauer» um 1954 mit einem AS-Rohwerk Cal 1478 N.

Anzeige der Gangreserve im Zifferblatt-Fenster unter der «12».

Edelstahlgehäuse mit verschraubtem Bodendeckel.

Werk identisch mit Cal 1382 N (s. S. 33), jedoch mit abgeändertem Rotor und oberer Platine, sowie Kif-Flector-Stoßsicherung (Zifferblatt korrodiert, Bandanstöße mit Gebrauchsspuren).

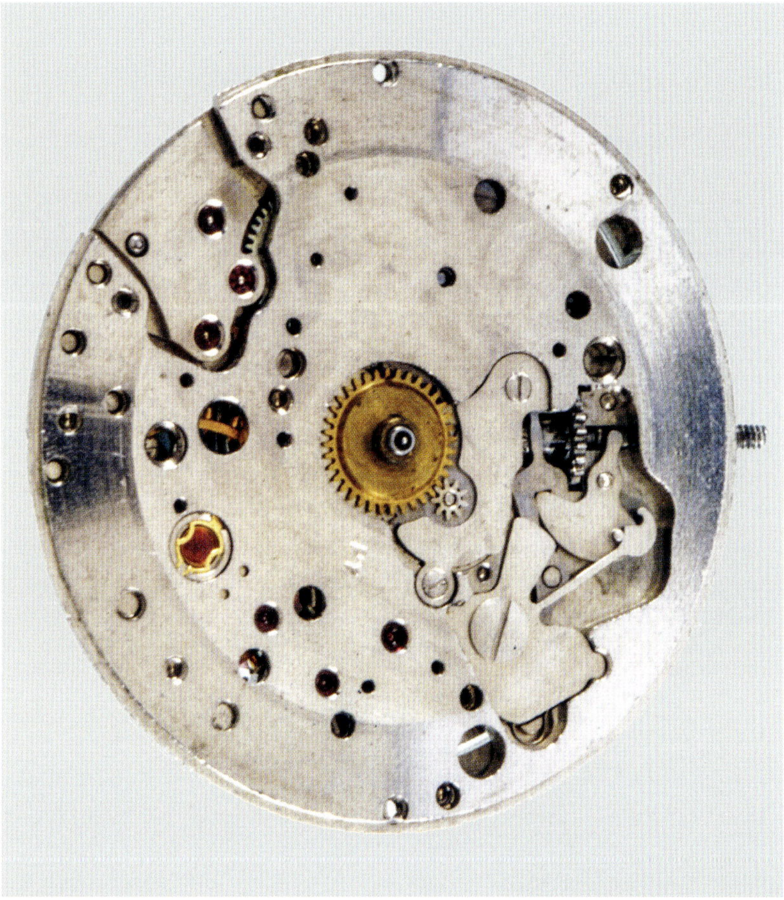

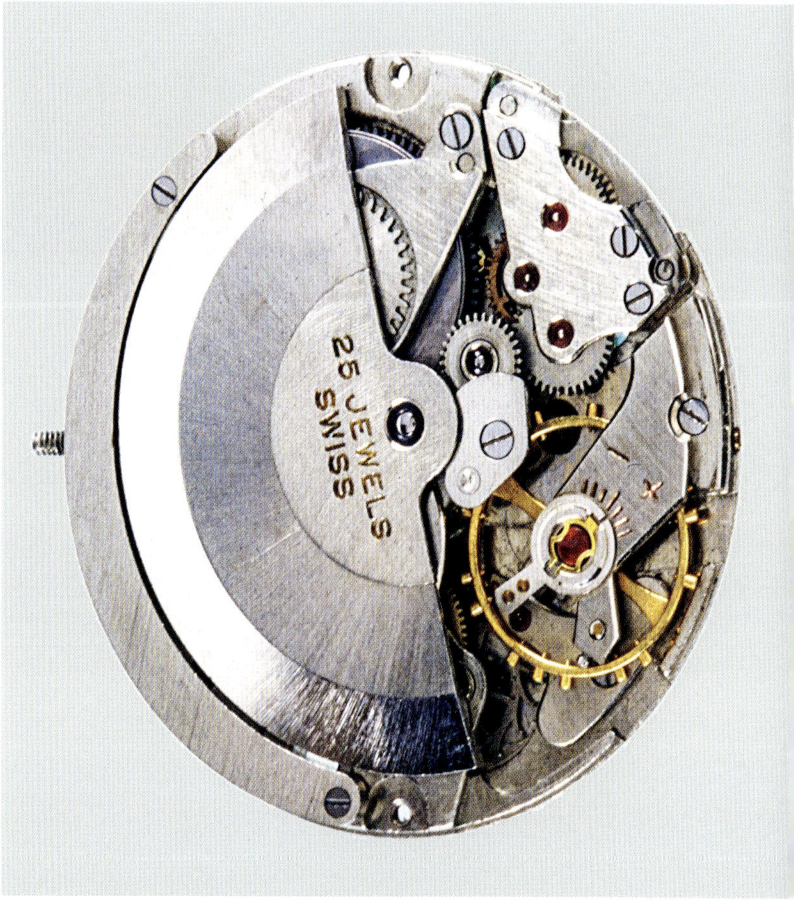

AS-Werk Cal 1656

AS-Rotorkaliber 1656 um 1958.
Etwas außermittig verlagerter großer Rotor mit Schwermetallreif, beidseitig über einen Klinkenrad-Wechsler aufziehend. Automatic-Getriebe unter separater Brücke (bei 1^{00}) ins Basiswerk integriert.
Glucydur-Schraubenunruh, Nivarox-Spirale (fehlt!), Incabloc-Stoßsicherung.

AS-Cal 1700/01, «Lovary»

Herren-Automatic der Marke «Lovary» um 1958 mit einem AS-Rohwerk Cal 1700/01 («Maximatic»).

Vergoldetes Gehäuse mit Schraubboden aus Edelstahl, Aufzugskrone mit Lovary-Emblem. Rotor mit Schwermetallreif beidseitig über einen Klinkenrad-Wechsler aufziehend, Abkopplungs-Vorrichtung bei Handaufzug. Teilintegrierte, komplett abnehmbare Automatic-Einheit.

Schraubenlose Nickel-Unruh, Nivarox-Spirale, Incabloc-Stoßsicherung (Gebrauchsspuren an den Bandanstößen).

AS-Cal 1895, «Felca»

Herren-Automatic der Marke Felca «Skymaster» um 1965 mit einem AS-Rohwerk Cal 1895.

Edelstahlgehäuse mit Schraubboden, Aufzugskrone mit Felca-Emblem. Anzeige des Datums mit Schnellkorrektur und Anzeige des Wochentages.

Kugelgelagerter Rotor mit Schwermetallreif, beidseitig über einen Klinkenrad-Wechsler aufziehend. Ovales Automatik-Getriebe, ins Basiswerk versenkt (bei 6^{00}), kann auch gegen ein einseitig wirksames Getriebe ausgetauscht werden.

Schraubenlose Glucydur-Unruh, Nivarox-Spirale, Incabloc-Stoßsicherung.

AS-Cal 2063, islamische Gebetsuhr

Islamische Gebetsuhr mit automatischem Aufzug von 1971 mit einem AS-Rohwerk Cal 2063.

Vergoldetes Gehäuse mit Schraubboden aus Edelstahl, signiert «Monte Carlo», mit eingravierter Gebrauchsanleitung in Arabisch, Mineralglas mit Kompaß.

Äußerer Zifferblattring (mit Weltstädten) über die Krone bei der «2» drehbar auf das Zentrum (Mekka) ausgerichtet. Der innere Ring mit Koransuren kann mit der Krone bei «4» verstellt werden. Rotor mit Schwermetallreif einseitig über ein Hebelrad aufziehend (links neben dem Werkszentrum).

Schraubenlose Nickel-Unruh, Nivarox-Spirale, Trishock-Stoßsicherung.

AS-Cal 5008, «Arctos»

Wecker-Automatic der Marke «Arctos» von 1974 mit einem AS-Kaliber 5008.
Edelstahlgehäuse mit Druckboden.
Über die Krone bei der «2» Handaufzug des Uhrwerks, Schnellkorrektur von Datum und Wochentag sowie Zeigerstellung (3 Positionen!). Über die Krone bei der «4» Handaufzug des Weckwerks und Weckstop sowie Einstellung der Weckzeit (2 Positionen!). Rotor zieht in der einen Richtung das Uhrwerk, in der Gegenrichtung das Weckwerk auf. Weckerhammer (unterhalb der Unruh) schlägt gegen die Basisplatine.
Schraubenlose Nickel-Unruh, Nivarox-Spirale, Incabloc-Stoßsicherung, Rückerfeinstellung mittels Exzenterhebel.

Kaliber-Liste · AS

Kaliber	Durchmesser Linien	mm	Höhe mm	Zusatz-Einrichtungen	Halb-Schw./ Stunde	St.	Gang-Res. Std.	Anmerkungen Modell	Jahrg.	Abb.
(475)	5 1/2 x 8 1/2				18.000	7		Universe (s. frühe AUT)	ca. 32	(xx)
796	6 1/2 x 11				18.000	15		Autorist (s. frühe AUT)	1931	(xx)
913	11 1/4			s	18.000				1935	
1034	12 1/4			s	18.000					
1049 A	11 1/4		5,2	s	18.000				1938	
1081	10 1/2			s	18.000			s. u. Mido 817		(xx)
1171	11 1/4	24,8		s	18.000	15		s. Cal 1049 A	1941	xx
1173	"	"	5,75	SCI	"	17		"	1941	
1191	12 1/4	28,0		s	18.000			s. Cal 1034	ca. 42	xx
1192	"	"		SCI	"					
1250	11	24,8	5,5	SCD	18.000	17			1944	xx
1298	12 1/4	28,0	5,15	SCD	18.000	17	36	s. Zodiac 1225	ca. 46	(xx)
1302	12 1/4	28,0	4,85	s	18.000	17			ca. 48	
1315	"	"	6,25	s, QA, JG, MG	"	"			1950	xx
1320	9 1/4			SCI	18.000				1950	
1323	"			s	"				1950	xx
1336 /N	11 1/4	24,8	5,8	SCD	18.000	17		1. AS-Rotor		
1361 /N	11 1/2	25,6	"	SCD	"	"			1950	
1362 /N	"	"		SCD, RMA	"	"				
1364	10 1/2			SCI	18.000					
1365	"				"					
1382 /N	11 1/2	26,0		SCD, RMA	18.000	21	36	Basis-Cal 1336	1952	xx
1393	8 3/4			SCD	18.000					
1394	9 1/4				"					
1395 /N	11 1/2	26,0		SCD, QG, JG	18.000			Basis-Cal 1336		
1396 /N	"	"		SCD, QG	"					
1398	12 1/4	28,0		SCD, QG	18.000			Basis-Cal 1298		
1402 /N	11 1/2	26,0		SCD, QG, JG, MG	18.000			Basis-Cal 1336		
1410	9 1/4	20,4	5,35	SCI	18.000	17				
1412	"	"	"	SCI, QG	"	"				
1413	10 1/2	23,3	"	SCI, QG	"	"				
1422	9 1/4	20,4	5,35	SCI	18.000			Basis-Cal 1320		
1423	11 1/2	26,0	5,8	SCD	18.000	17		Basis-Cal 1336		
1424 /N	"	"	6,0	SCD, RMA	"	"		" s. Zodiac Autographic	1952	(xx)
1427	11 1/4	24,8	5,8	SCD	"	"		"		
1447	11 1/2	26,0		SCD, QG	"	"		"		
1448	"	"		SCD, RMA	"	"		"		
1457	"	"		SCD	"	"		"		
1463	"	"		SCD, RMG	"	"		"		
1468	"	"		SCD, QG, JG	"	"		"		
1476 /N	"	"		SCD, QG	"	"		"		

Kaliber-Liste · AS

Kaliber	Durchmesser		Höhe	Zusatz-Einrichtungen	Halb-Schw./Stunde	St.	Gang-Res. Std.	Anmerkungen Modell	Jahrg.	Abb.
	Linien	mm	mm							
1477	7	16	5,3		18.000	25			ca. 54	xx
1478 /N	11 1/2	26,0		SCD, RMG	18.000	17	36	Basis-Cal 1336		xx
1479	"	"		SCD, RMA	"	"	"	"		
1488	"	"		SCD, RMG	"	"	"	"		
1490	"	"		SCD	"	"		"		
1493	"	"		SCD, QG, JG, MG	"	"		"		
1512	"	"		SCD, RMA	"	"		"		
1513	7				21.600					
1515	11 1/2	26,0		SCD, QG	18.000			Basis-Cal 1336		
1519	"	"		SCD	"			"		
1520	"	"		SCD, RMA	"			"		
1523	"	"		SCD, RMA	"			"		
1533	6 3/4 x 8				18.000					
1535	8 3/4			SCD	18.000			Basis-Cal 1393		
1555 /N	11 1/2	26,0		SCD, QG	18.000			Basis-Cal 1336		
1563	7	16	5,3		18.000			Basis-Cal 1477		
1571	11 1/2	26,0		SCD, QG	18.000					
1572	"	"		SCD, QG	"					
1574	"	"		SCD, RMG	"					
1578	"	"		SCD, QG	"					
1580	11 1/2		5,2	SCD	18.000			Maximatic	1958	
1581	"			SCD, QG	"					
1583	"			SCD	"					
1584	"			SCD	"					
1585	"			SCD	"					
1590	13				18.000					
1591	"			QG	"					
1607	9 1/4			SCI	18.000			Basis-Cal 1320		
1624	11 1/2			SCD	18.000					
1626	13			SCD	18.000			Basis-Cal 1590		
1628	11 1/2			SCD, QG	18.000					
1635	7			SCD	18.000					
1636	13			SCD, QG	18.000			Basis-Cal 1590		
1639	6 3/4 x 8				21.600					
1641 /N	11 1/2			SCD, QG	18.000					
1654	7			SCD	21.600					
1656	11 1/2		4,2	SCD	18.000	25				xx
1657	7			SCD	21.600			Basis-Cal 1654		
1659	11 1/2			SCD, QG	18.000					
1664	"			SCD	"					

Kaliber	Durchmesser		Höhe	Zusatz-Einrichtungen	Halb-Schw./Stunde	St.	Gang-Res. Std.	Anmerkungen Modell	Jahrg.	Abb.
	Linien	mm	mm							
1665	11 1/2			SCD, QG	18.000					
1673	"		4,5	SCD	"				1960	
1674	"			SCD, QG	"					
1675	13			SCD	"					
1678	"			SCD, QG	"	17		s. Mido Cal 1117 PC		(xx)
1680	11 1/2			SCD	18.000			Basis-Cal 1580		
1681	"			SCD, QG	"					
1695	"			SCD	"					
1700	11 1/2		5,2	SCD	18.000	25	44	Basis-Cal 1580	1958	xx
1701	"		"	SCD, QG	"		"	"	1958	
1709	"			SCD, QG, JG	"		"	"		
1712	11 1/2	25,6	5,2	SCD	18.000				ca. 66	
1713	"	"	"	SCD, QG, RDR	"					
1716	11 1/2	25,6	4,0	SCD	18.000				ca. 64	
1717	"	"	"	SCD, QG, RDR	"					
1739	11 1/2			SCD	18.000					
1740	"			SCD, QG	"					
1748	11 1/2	25,6	4,5	SCD	18.000			Basis-Cal 1716		
1749	"	"	"	SCD, QG, RDR	"					
1767	11 1/2			SCD, QG, JG	18.000			Basis-Cal 1580		
1775	6		4,8		18.000			Kleinste je geb. AUT	1967	
1782	8 3/4			SCD	18.000					
1783	"			SCD, QG	"					
1788	11 1/2			SCD	18.000					
1789	"			SCD, QG	"					
1798	11 1/2	25,6	4,5	SCD	18.000					
1799	"	"	"	SCD, QG, RDR	"			Basis-Cal 1748		
1806	11 1/2			SCD, QG, JG	18.000					
1816	11 1/2	25,6	5,95	SCD, QG, JG, RDR	18.000			Basis-Cal 1712		
1820	11 1/2	25,6	4,75	SCD, QG, JG, RDR	18.000			Basis-Cal 1716		
1824	"	"	5,25	SCD, QG, JG, RDR	"			" " 1748		
1825	13 3/4	31,0	"	SCD, QG, JG, RDR	"			" " "		
1826	11 1/2	25,6	"	SCD, QG, JG, RDR	"			" " "		
1827	13 3/4	31,0	"	SCD, QG, JG	"			" " "		
1831	11 1/2	25,6	4,75	SCD, QG, JG	"			" " 1716		
1839	"	"	4,0	SCD, QG	"			" " "		
1847	"	"		SCD	"					
1848	"	"		SCD, QG	"					
1849	"	"		SCD, QG, JG	"					
1857	"	"		SCD	"					
1858	"	"		SCD, QG	"					
1859	"	"		SCD, QG, JG	"					
1862	11 1/2	25,6	4,0	SCD	21.600			Basis-Cal 1716		
1863	"	"	"	SCD, QG, RDR	"			"		

Kaliber-Liste · AS

Kaliber	Durchmesser Linien	Durchmesser mm	Höhe mm	Zusatz-Einrichtungen	Halb-Schw./Stunde	St.	Gang-Res. Std.	Anmerkungen Modell	Jahrg.	Abb.
1866	11 1/2	25,6	4,75	SCD, QG, JG, RDR	21.600			Basis-Cal 1716		
1873	"	"	4,0	SCD, QG	"			"		
1876	"	"	4,75	SCD, QG, JG, RDR	"			"		
1882	"	"	4,5	SCD	"			"		
1883	"	"	"	SCD, QG, RDR	"			"		
1885	13 3/4	31,0	5,25	SCD, QG, JG, RDR	"			"		
1886	11 1/2	25,6	"	SCD, QG, JG, RDR	"			"		
1892	"	"	4,5	SCD	"			"		
1893	"	"	"	SCD, QG, RDR	"			"		
1895	13 3/4	31,0	5,25	SCD, QG, JG, RDR	"			"		xx
1896	11 1/2	25,6	5,25	SCD, QG, JG, RDR	"			"		
1902	11 1/2	25,6	5,2	SCD (digital)	21.600	17		Basis-Cal 1712 (s.Revue)	1966	(xx)
1903	"	"	"	SCD, QG, RDR	"			"		
1906	"	"	5,95	SCD, QG, JG, RDR	"			"		
1913	"	"		SCD, QG	"			"		
1916	"	"		SCD, QG, JG	"			"		
1920	12 1/2			SCD, QG, JG	36.000			Basis-Cal 1716		
1985	13 3/4			SCD, QG, JG	21.600			"		
1986	11 1/2			SCD, QG, JG	"			"		
1995	13 3/4			SCD, QG, JG	"			"		
1996	11 1/2			SCD, QG, JG	"			"		
2063	11 1/2		5,2	SCD, QG	21.600	17		Basis-Cal 1712	1971	xx
2066	"		"		"				1971	
2073	"			SCD, QG (digital)					1974	
5008	13 3/4	31,0	7,6	SCD, QG, ST, REV	28.800	25			1974	xx
5103	8 3/4			QG					1975	
5106	"		5,35						1975	
5203	12	6,5							1976	

Cal 1250

D = 24,8 mm (11 '''), H = 5,5 mm , 17 Steine

AUTOMATIK-BAUGRUPPE als Einheit aufs Basiswerk geschraubt, Hammerausschlag durch Prellfedern begrenzt, Aufzug in einer Richtung über Klinke am Hammer, zentrales Aufzugsrad, 2 Reduktionsräder, davon das erste mit federnder Klinke, das zweite mit Breguetkupplung zum Abtrennen bei Handaufzug, aufs Kronrad.

BASISUHRWERK: 2-schenklige Schraubenunruh aus Glucydur, autokompensierende Flachspirale, 18.000 Halbschw./Std., Incabloc-Stoßsicherung, direkte Zentralsekunde.

Cal 1315

D = 28,0 mm (12 ¼ '''), H = 6,25 mm, 17 Steine

AUTOMATIK-BAUGRUPPE als komplette Einheit aufs Basiswerk geschraubt, Hammerausschlag durch Prellfedern begrenzt, Aufzug in einer Richtung über teilverzahnte Klinkenträger-Scheibe mit kombiniertem Aufzugs- und Reduktionsrad und federnder Sperrklinke unter separater Platine, aufs Kronrad.

BASISUHRWERK: 2-schenklige Schraubenunruh aus Glucydur, Nivarox-Spirale, 18.000 Halbschw./Std., Incabloc-Stoßsicherung, exzentrische Sekunde.

Cal 1323

D = 20,4 mm (9 ¼ '''),17 Steine

AUTOMATIK-BAUGRUPPE als komplette Einheit aufs Basiswerk geschraubt, Zentralrotor mit Schwermetallreif, Aufzug in beide Drehrichtungen über Wippenwechsler, 2 Reduktionsräder, davon das erste mit federnder Klinke und das zweite mit Breguetkupplung zur Abtrennung bei Handaufzug, aufs Sperrad.

BASISUHRWERK: 2-schenklige Schraubenunruh aus Glucydur, Nivarox-Spirale, 18.000 Halbschw./Std., Incabloc-Stoßsicherung, exzentrische Sekunde.

Cal 1382 N

D = 26,0 mm (11 ½ '''), 21 Steine

AUTOMATIK-BAUGRUPPE aufs Basiswerk geschraubt, Zentralrotor mit Schwermetallreif, Aufzug in beide Drehrichtungen über Wippenwechsler, 1 Spannrad mit federnder Klinke unter separater Platine, 2 Reduktionsräder, davon das zweite mit Breguetkupplung zur Trennung bei Handaufzug, aufs Kronrad.

BASISUHRWERK: 2-schenklige Schraubenunruh aus Nickel, Nivarox-Spirale, 18.000 Halbschw./Std., Incabloc-Stoßsicherung, direkte Zentralsekunde.

Anzeige der Gangreserve über Kugelrad-Differentialgetriebe.

Cal 1424 N

D = 26,0 mm (11 ½ '''), H = 6,0 mm, 17 Steine

s. Cal 1382 N

Cal 1477

D = 16 mm (7 '''), H = 5,3 mm, 25 Steine

AUTOMATIK-BAUGRUPPE als komplette Einheit aufs Basiswerk geschraubt, Zentralrotor mit Schwermetallreif, Aufzug in beide Drehrichtungen über federlose Zwillings-Klinkenräder, 1 Reduktionsrad aufs Sperrad.

BASISUHRWERK: 2-schenklige Schraubenunruh aus Glucydur, Nivarox-Spirale, 18.000 Halbschw./Std., Incabloc-Stoßsicherung, ohne Sekunde.

Cal 1478 N

D = 26,0 mm (11 ½ '''), 17 Steine

s. Cal 1382 N, jedoch mit Kif-Flector-Stoßsicherung.

Cal 1656

D = 26,0 mm (11 ½ '''), H = 4,2 mm, 25 Steine

AUTOMATIK-BAUGRUPPE ins Basiswerk integriert, großer Rotor mit Schwermetallreif etwas außermittig gelagert, Aufzug in beide Drehrichtungen über federlose Zwillings-Klinkenräder, insgesamt 3 Reduktionsräder auf ein unter dem Zifferblatt liegendes, dem Sperrad entsprechendes Rad.

BASISUHRWERK: 2-schenklige Schraubenunruh aus Glucydur, Nivarox-Spirale, 18.000 Halbschw./Std., Incabloc-Stoßsicherung, direkte Zentralsekunde.

Cal 1700/01

D = 25,6 mm (11 ½ '''), H = 5,2 mm, 25 Steine

AUTOMATIK-BAUGRUPPE ins Basiswerk teilintegriert, Zentralrotor mit Schwermetallreif, Aufzug in beide Drehrichtungen über federlose Zwillings-Klinkenräder, 2 Reduktionsräder auf ein unter dem Zifferblatt liegendes, dem Sperrad entsprechendes Rad mit Breguetkupplung zur Abtrennung bei Handaufzug.

BASISUHRWERK: 3-schenklige schraubenlose Glucydur-Unruh, Nivarox-Spirale, 18.000 Halbschw./Std., Incabloc-Stoßsicherung, beweglicher Spiralklötzchenträger, direkte Zentralsekunde.

Cal 1882/83, 1895

D = 31,0 mm (13 ¾ '''), H = 5,25 mm, 25 Steine

AUTOMATIK-BAUGRUPPE ins Basiswerk integriert, kugelgelagerter Zentralrotor mit Schwermetallreif, Aufzug in beide Drehrichtungen über federlose Zwillings-Klinkenräder, insgesamt 2 Reduktionsräder aufs Kronrad.

BASISUHRWERK: 3-schenklige schraubenlose Glucydur-Unruh, Nivarox-Spirale, 18.000 Halbschw./Std., beweglicher Spiralklötzchenträger, direkte Zentralsekunde.

Cal 1902 (siehe Seite 270)

D = 25,6 mm (11 ½'''), H = 5,2 mm, 17 Steine

AUTOMATIK-BAUGRUPPE als komplette Einheit aufs Basiswerk geschraubt, Zentralrotor mit Schwermetallreif, Aufzug in einer Richtung über federndes Hebelrad, 2 Reduktionsräder, davon das erste mit federnder Klinke, aufs Kronrad.

BASISUHRWERK: 3-schenklige schraubenlose Glucydur-Unruh, Nivarox-Spirale, 18.000 Halbschw./Std., Incabloc-Stoßsicherung, beweglicher Spiralklötzchenträger, direkte Zentralsekunde. Anzeige von Stunde, Minute und Sekunde über Scheiben in Zifferblatt-Ausschnitten.

Cal 2063

D = 25,6 mm (11 ½'''), H = 5,2 mm, 17 Steine

s. Cal 1902, jedoch mit Nickelunruh, 21.600 Halbschw./Std., Trishock-Stoßsicherung, ohne Digitalanzeige, aber mit Datumsanzeige und Schnellkorrektur

Explosiv-Darstellung einer Automatic-Baugruppe (AS-Cal 1361) als Ölplan: 1485 – Wippenwechsler mit den beiden Wechslerrädern 1499, 1480 – Spannrad mit der Sperrklinke (1428) unter separater Platine (1464), 1481 – 1. Reduktionsrad, 1482/83 – kombiniertes Reduktions- und Breguetkupplungsrad mit der Breguetkupplungsfeder (1474).

Cal 5008

D = 31,0 mm (13 ¾'''), H = 7,6 mm, 25 Steine

AUTOMATIK-BAUGRUPPE aufs Basiswerk gesetzt, Zentralrotor mit Schwermetallreif, Aufzug in einer Drehrichtung über 1 Zwischenrad, federloses Klinkenrad, 1 Reduktionsrad aufs Sperrad. In entgegengesetzter Drehrichtung des Rotors automatischer Weckeraufzug über identisches Reduktionsgetriebe, aber ohne Zwischenrad.

BASISUHRWERK: 3-schenklige schraubenlose Nickelunruh, Nivarox-Spirale, 28.800 Halbschw./Std., Incabloc-Stoßsicherung, Rükker-Feinstellung über Exzenterhebel, beweglicher Spiralklötzchenträger, direkte Zentralsekunde.

WECKVORRICHTUNG ins Basiswerk integriert, Weckhammer schlägt gegen Basisplatine.

Datums- und Wochentags-Anzeige mit Schnellkorrektur.

Zur Kaliber-Entwicklung

Jules Audemars und Edouard-Auguste Piguet gründeten 1875 in Le Brassus die Manufaktur, die besonders durch ihre feinen Uhren mit Minutenrepetition und «ewigem» Kalender bekannt wurde. Die erste Automatic stellte AP um das Jahr 1956 vor. Das Rohwerk für dieses Kaliber 2498 stammt von Jaeger LeCoultre, die ebenfalls die Ebauches für die späteren Automatics produzierten und speziell für AP, aber auch gleichzeitig für Vacheron Constantin und z.T. für Patek Philippe reservierten. Der Rotor dieser Konstruktion ist mit einem peripheren Goldsegment beschwert und wird durch 4 Rubinkugeln zusätzlich abgestützt, die verdeckt unter dem Mittelteil laufen. Der Aufzug erfolgt beidseitig über einen robusten Wippenwechsler. Im Kaliber 2070 wurden die 4 Kugeln durch Rubinrollen ersetzt, jetzt aber sichtbar in den Rotorausfräsungen. 1960 erhält dieses Werk eine Gyromax-Unruh und eine Datumsanzeige (Cal 2072).

Mit dem neuen Kaliber 2120 von 1967 konnte AP eine der flachsten Automatics überhaupt vorstellen, deren Höhe nur 2,45 mm beträgt. Bei der geringen Bauhöhe dieses Kalibers ist die sichere Lagerung des großen, mit einem 18-karätigen Goldsegment beschwerten Zentralrotors ein spezielles Problem, so daß eine zusätzliche Abstützung in seiner Peripherie mit 4 in der Basisplatine gelagerten Rubinrollen erforderlich wurde.

Mit diesem Werk ist das sportliche Uhrenmodell von 1972, die nach dem englischen Schlachtschiff genannte «Royal Oak», ausgerüstet. Der zu ihrer Einführung kreierte Werbeslogan «außen Stahl – innen Gold» sollte auf den Goldrotor hinweisen.
Durch Hinzufügen eines Moduls von 1,6 mm Höhe zwischen Werk und Zifferblatt konnte 1978 eine flache Automatic mit «ewigem» Kalender realisiert werden (Cal 2121/1).

Parallel zu diesem Werk verwendete man aber auch das robustere Kaliber 2122 ff, das ebenfalls von Jaeger LeCoultre selbst unter der Kaliberbezeichnung 888 seit 1967 eingesetzt wurde, hier jedoch mit einem Schwermetallsegment anstelle des aus 21-karätigem Gold bestehenden bei AP. In den letzten Jahren bezieht man ein kleineres automatisches Werk (9''') von der «Frederic Piguet S.A.», ebenfalls aus Le Brassus, dessen 21-karätiger Goldrotor nur in einer Richtung Aufzugsarbeit leistet.

Die 1986 fertiggestellte Tourbillon-Automatic ist vollständig bei AP entwickelt und stellt somit die einzige Eigenkonstruktion mit automatischem Aufzug dar. Sie ist eigentlich eine konstruktive Rückbesinnung auf die Zeit der Taschentourbillons und der frühen Automatics. Die Herstellung des nur 7,2 mm großen und 2,5 mm hohen Drehgestells aus dem leichten Titan ließ sich nur mit Hilfe der computergesteuerten Elektroerosion realisieren. Der Gehäuseboden selbst dient als Basisplatine, in dessen Ausfräsungen auch die einseitig wirkende Pendelschwungmasse aus einer schweren Platin-Iridium-Legierung versenkt ist. Mit der Bodenkrone können nur die Zeiger gestellt werden, da aus räumlichen Gründen das Getriebe für den Handaufzug nicht unterzubringen war. Das im Zifferblatt-Ausschnitt sichtbare Drehgestell benötigt für eine Umdrehung etwas weniger als eine Minute und erlaubt daher auch keine Sekundenablesung.

Kaliber-Steckbriefe

Cal 2499

Jaeger LeCoultre-Ebauche
D = 29,5 mm (13'''), H = 5,4 mm,
AUTOMATIK-BAUGRUPPE aufs Basiswerk geschraubt. Zentralrotor mit 18k-Goldreif zusätzlich auf 4 Rubinkugeln gelagert, Aufzug in beide Drehrichtungen über Wippenwechsler, 2 Reduktionsräder, davon das erste mit Sperrklinke, aufs doppelte Kronrad (zur Abtrennung bei Handaufzug).
BASISUHRWERK: 2-schenklige Schraubenunruh aus Glucydur, autokompensierende Breguet-Spirale, 18.000 Halbschw./Std., Jaeger LeCoultre-Stoßsicherung, Schwanenhals-Feinstellung, indirekte Zentralsekunde.

Cal 2071

D = 29,5 mm (13'''), H = 5,4 mm
s. Cal 2499, jedoch Ersatz der Rubinkugeln durch 4 sichtbare Rubinrollen, Sperrklinke unter separater Platine.

Cal 2120/1

Ebauche Jaeger LeCoultre
D = 28,0 mm (12 ½'''), H = 2,45 mm, 36 Steine
AUTOMATIK-BAUGRUPPE unter gemeinsamer Platine ins Basiswerk integriert. Großer rubingelagerter Zentralrotor mit 21k-Goldreif und peripherem Beryllium-Ring zur Lagerunterstützung, auf 4 in die Basisplatine versenkten Rubinrollen gleitend. Aufzug in beide Drehrichtungen über kugelgelagertes Zwischenrad, 1 kleines Reduktionsrad, Wippenwechsler, 2 weitere Reduktionsräder (davon das erste mit Sperrklinke), 1 Kupplungsrad zur Abtrennung bei Handaufzug, aufs Sperrad.
BASISUHRWERK: 3-schenklige schraubenlose Glucydur-Unruh, Nivarox-Spirale, 19.800/21.800 Halbschw./Std., Kif-Elastor-Stoßsicherung, beweglicher Spiralklötzchenträger, Ankerradlager als kombiniertes Steinfutter, exzentrisches Sekundenrad.

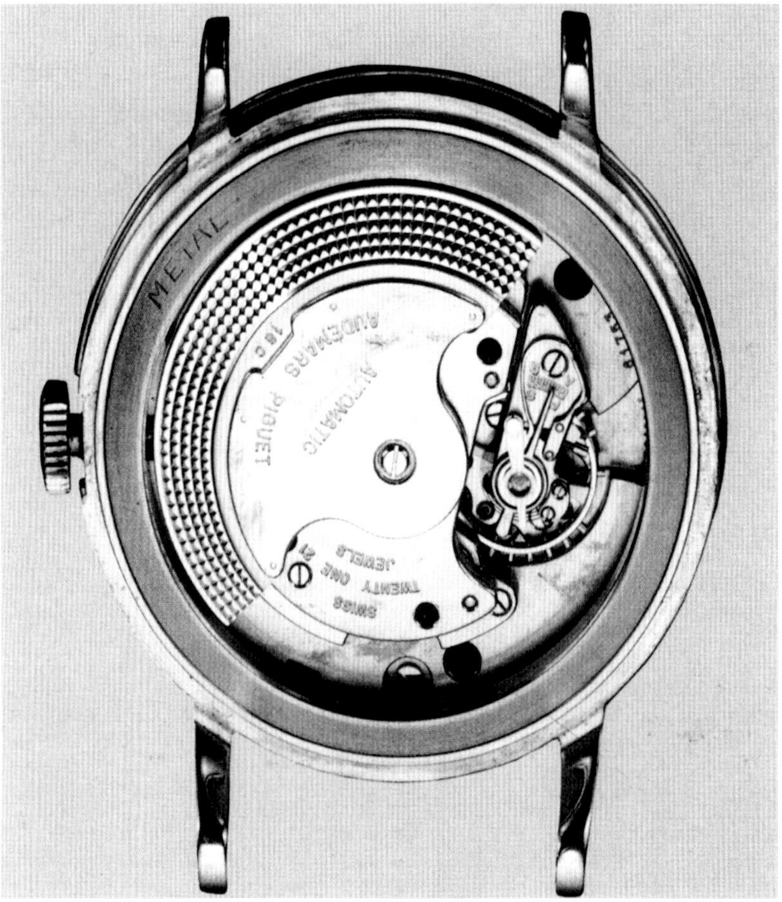

Audemars Piguet Cal 2499

Herren-Automatic der Firma Audemars Piguet um 1956 mit dem Kaliber 2499 (reserviertes Rohwerk von Jaeger LeCoultre). 18k-Goldgehäuse mit Druckboden, Aufzugskrone, Zifferblattauflagen und Zeiger aus Gold.

Kugelunterstützter Rotor mit 18k-Goldreif, beidseitig über einen Wippenwechsler aufziehend, Abkopplung bei Handaufzug. Glucydur-Schraubenunruh, autokompensierende Breguetspirale, JLC-Stoßsicherung, Rückerfeinstellung.

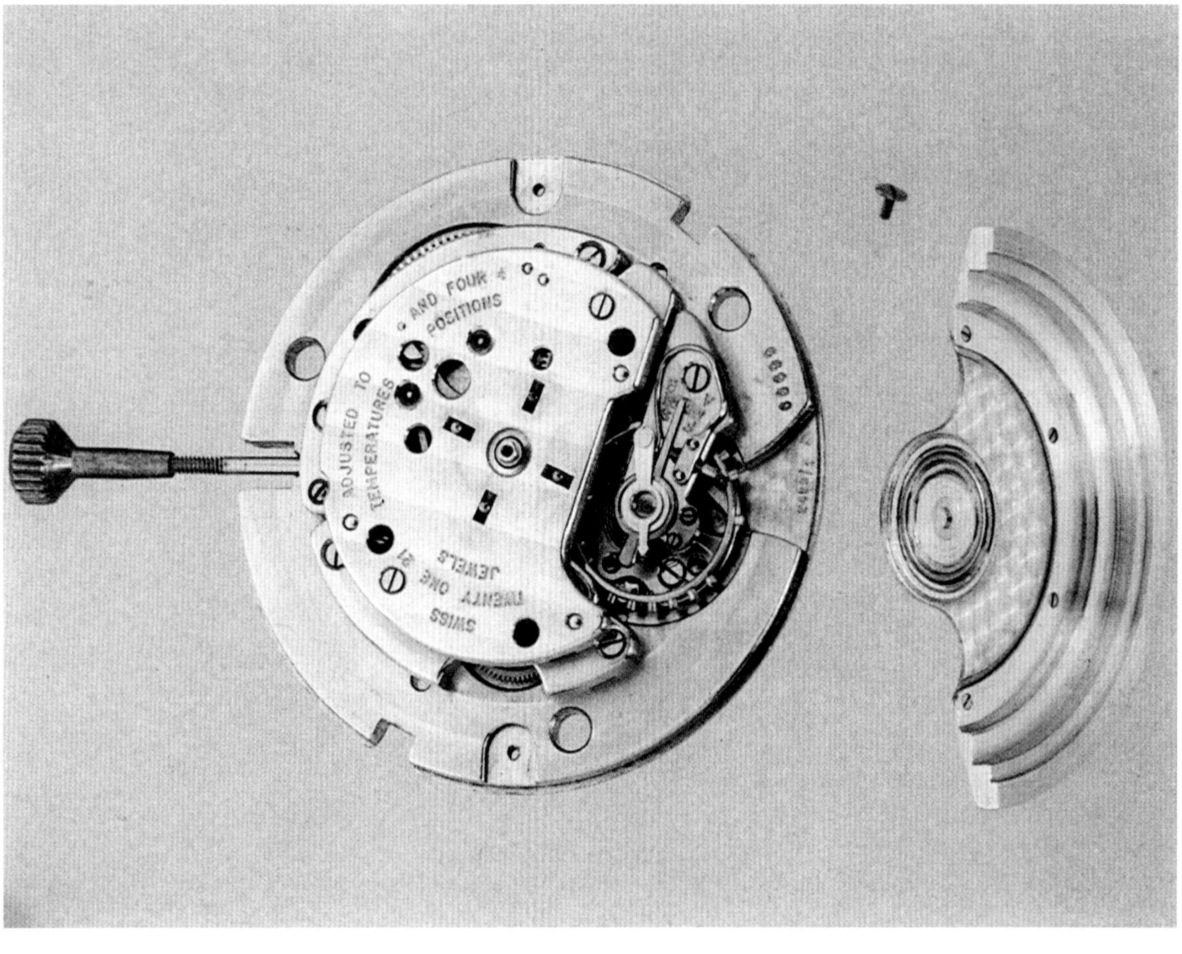

Audemars Piguet Cal 2071
Herren-Automatic der Firma Audemars Piguet um 1960 mit dem Kaliber 2071 (reserviertes Rohwerk von Jaeger LeCoultre).
18k-Goldgehäuse mit Schraubboden und Goldzeigern.
Zentralgelagerter Rotor mit Goldreif (18 k), durch 4 Rubinrollen unterstützt, Werk sonst identisch mit Kaliber 2499 (s. S. 47), jedoch mit Kif-Flector-Stoßsicherung und separater Sperrklinkenplatine (bei 12^{00}).

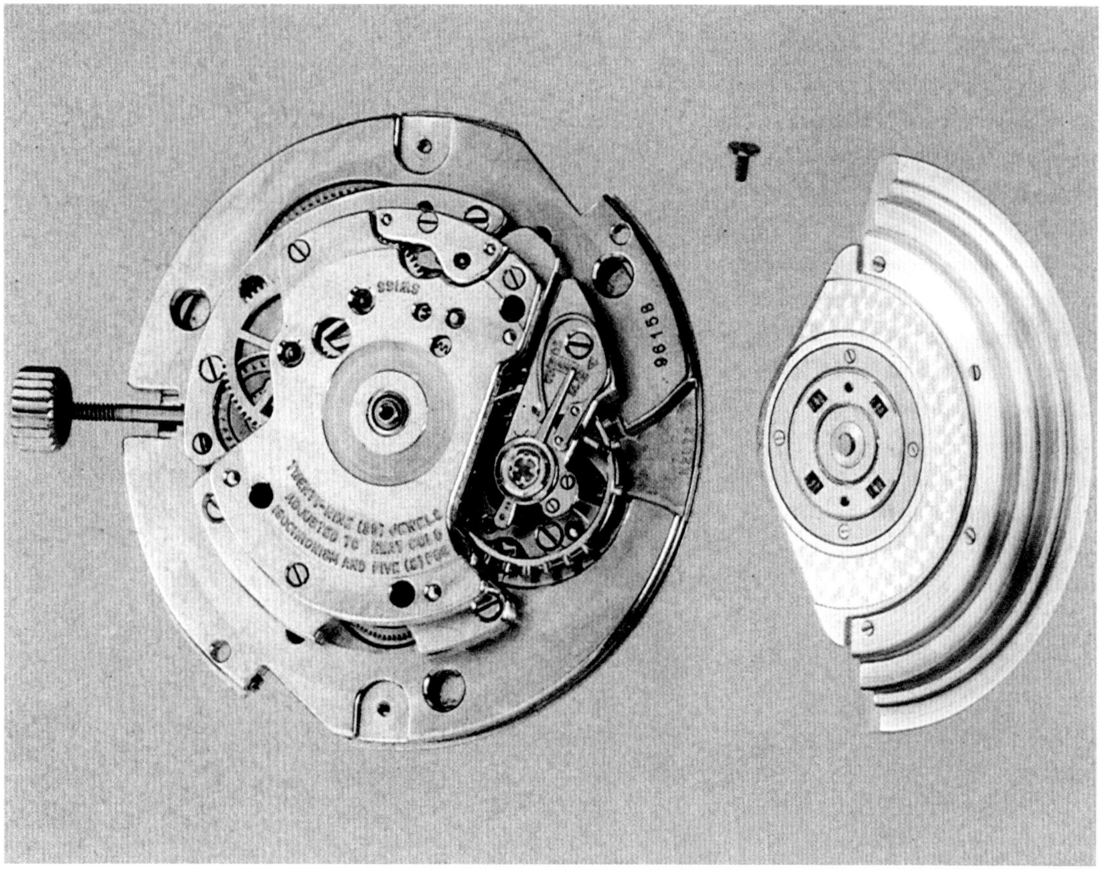

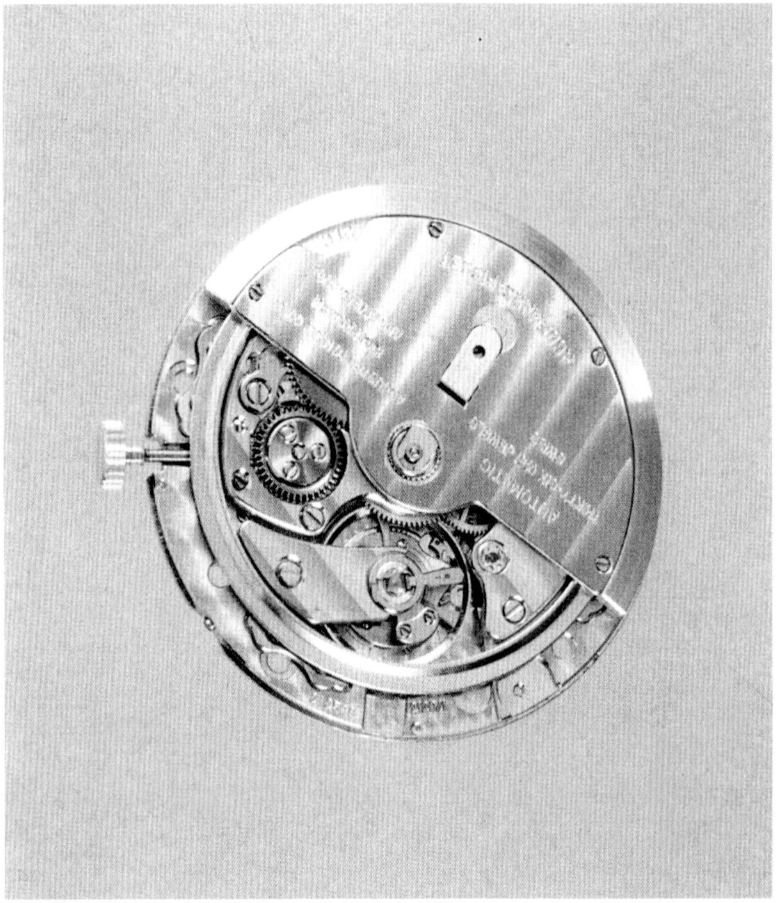

Audemars Piguet Cal 2120/1
Sehr flache Herren-Automatic der Firma Audemars Piguet um 1970 mit dem Kaliber 2120/1 (reserviertes Rohwerk von Jaeger LeCoultre).
18k-Goldgehäuse, Zifferblattauflagen und Zeiger aus Gold.
Zentralgelagerter Rotor mit Goldreif (21 k) und Außenring, durch 4 periphere Rubinrollen unterstützt (bei 1, 4, 7 und 10^{00}), beidseitig über einen Wippenwechsler (bei 2^{30}) aufziehend, Abkopplung bei Handaufzug.
Schraubenlose Glucydur-Unruh, Nivarox-Spirale, Kif-Ultraflex-Stoßsicherung.

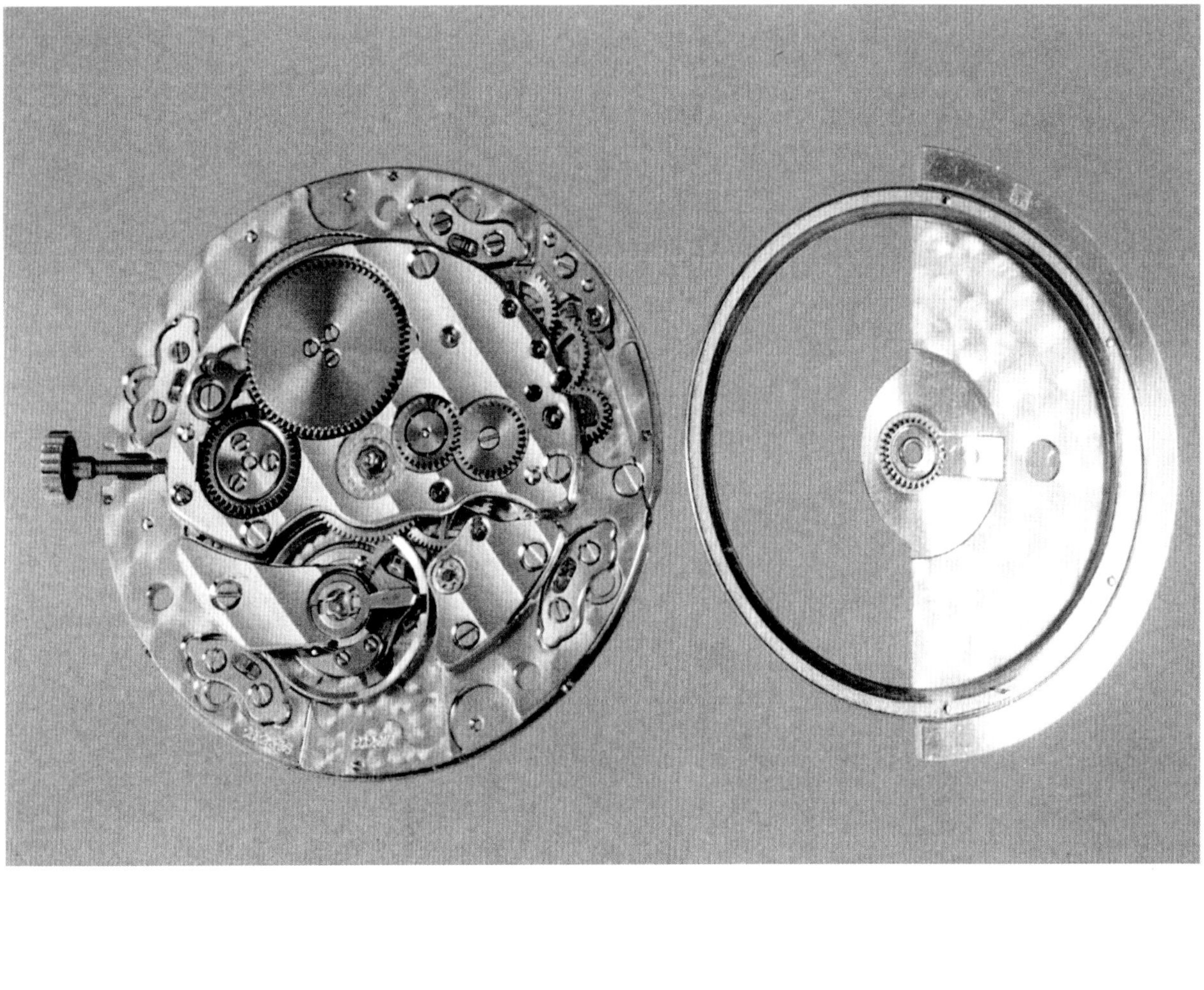

Audemars Piguet
Cal 2062

Automatic-Kaliber 2062 für eine Damenuhr der Firma Audemars Piguet um 1970, das einen ähnlichen Aufbau wie das Omega-Kaliber 685 (s. S. 235) aufweist.
Rotor mit Goldreif, beidseitig über einen Doppelklinkenradwechsler aufziehend. Abkopplung des Handaufzugsgetriebes.
Schraubenlose Glucydur-Unruh, Nivarox-Spirale, Kif- Flector-Stoßsicherung.

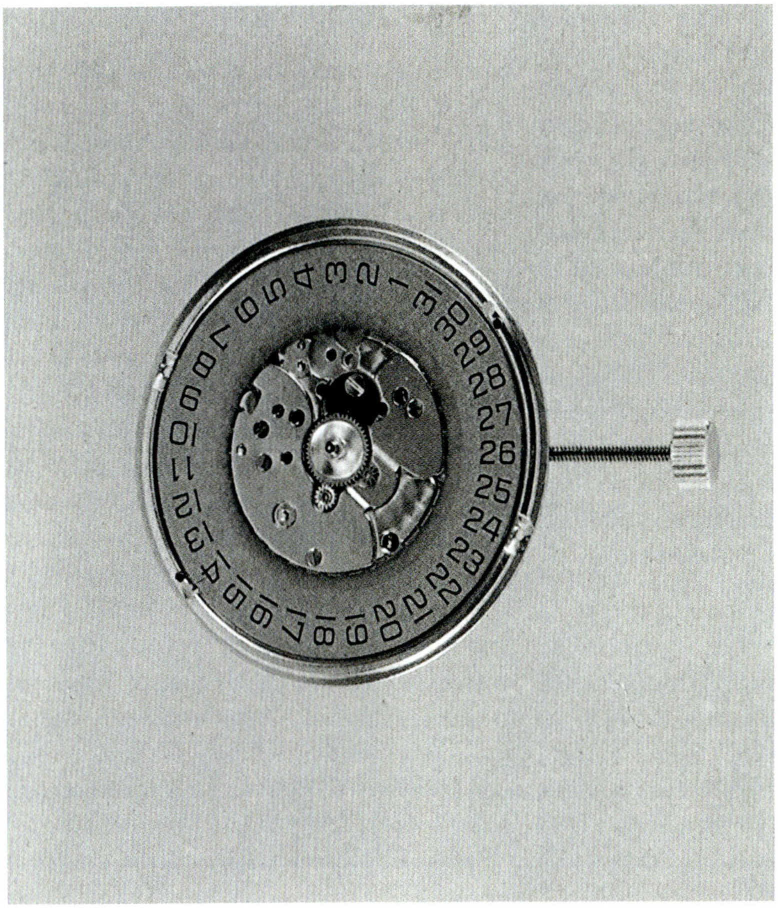

Audemars Piguet Cal 2131

Automatic-Kaliber 2131 in Mediumgröße der Firma Audemars Piguet um 1988 mit einem Rohwerk der Firma Fr. Piguet.
Kugelgelagerter Gold-Rotor (21 k), einseitig über ein Klinkenrad aufziehend (in Abb. B bei 5^{00}).
Schraubenlose Glucydur-Unruh, autokompensierende Flachspirale, Kif-Ultraflex-Stoßsicherung.

Cal 2062

D = 15,3 mm (6 ¾'''), H = 4,4 mm, 24 Steine

AUTOMATIK-BAUGRUPPE teilweise ins Basiswerk integriert. Zentralrotor mit Goldreif und Gleitlagerung, Aufzug in beide Drehrichtungen über je ein Zwischenritzel auf das federlose Doppelklinkenrad, 1 Reduktionsrad aufs Sperrad. Abkopplung des Handaufzugsgetriebes über federndes Gleitritzel (und Umkehrrad) zwischen Kron- und Sperrad.

BASISUHRWERK: 4-schenklige schraubenlose Glucydur-Unruh. Nivarox-Spirale, 21.600 Halbschw./Std., Kif-Flector-Stoßsicherung, beweglicher Spiralklötzchen-Träger, exzentrisches Sekundenrad ohne Sekunden-Anzeige.

Cal 2131

Ebauche Frederic Piguet, Le Brassus

D = 23,3 mm (10 ½'''), H = 3,2 mm, 19 Steine

AUTOMATIK-BAUGRUPPE ins Basiswerk integriert. Kugelgelagerter 21k-Goldrotor, Aufzug in eine Drehrichtung über ein federloses kombiniertes Aufzugs- und Sperrad als Zahnrichtgesperr, 2 Reduktionsräder aufs Sperrad des Federhauses.

BASISUHRWERK: 3-schenklige schraubenlose Glucydur-Unruh, autokompensierende Flachspirale, 21.600 Halbschw./Std., Kif-Ultraflex-Stoßsicherung, beweglicher Spiralklötzchenträger, direkte Zentralsekunde, indirekt geführter Minutenzeiger, Datumsanzeige.

Kaliber-Liste · Audemars Piguet

Kaliber	Durchmesser Linien	Durchmesser mm	Höhe mm	Zusatz-Einrichtungen	Halb-Schw./Stunde	St.	Gang-Res. Std.	Anmerkungen Modell	Jahrg.	Abb.
2062	6 3/4	15,3	4,4		21.600	24			ca. 70	xx
2070	13	29,0	5,1	s	18.000	29		Ebauche J. LeCoultre	ca. 58	
2071	"	"	5,4	SCI	"	"		"		xx
2072	"	"		SCI, QG	"	"		"	1960	
2120	12 1/2	28,0	2,45		19.800	36		Ebauche J. LeCoultre	1967	xx
2120/1	"	"	"		21.600	"		"		
2121	"	"	3,05	QG	19.800	"		"	1977	
2121/1	"	"	4,0	„ewiger" Kalender	"	38		"	1978	
2122	11 1/2	26,0	3,25	QG, RDR		33		Ebauche J. LeCoultre		(xx)
2123	"	"	"	SCI, QG, RDR	28.800	"		" (Cal 888)		
2123/1	"	"	"	SCI, QG, RDR	"	"		"		
2124	"	"	"	QG, RDR	21.600	"	45	"		
2125	"	"	"	SCI, QG, RDR	"	"	"	"		
2130	9	20,4	3,2	SCD, QG	21.600	19	38	Ebauche J. Fr. Piguet	ca. 86	
2131	10 1/2	23,3	"	SCD, QG	"	"	45	"		xx
2498	13	29,0	5,1	s	18.000			Ebauche J. LeCoultre	ca. 56	
2499	"	"	5,4	SCI	"			"		xx
Tourbillon		28,5 x 32,5	4,8			32	50	Pendel-Aufzug!	1986	

Zur Kaliber-Entwicklung

Die 1899 in Grenchen gegründete Firma «Baumgartner & Frères S.A.» (BFG) beschränkte sich auf die Produktion von Rohwerken mit Stiftanker-Hemmung (Roskopf-Hemmung). Mit ihren weiteren Fertigungsstätten in der Schweiz (Moutier, Reconvilier, Rueti) und in Norditalien (Verbania) zählte sie zu den größten Schweizer Rohwerke-Herstellern.

Als «Bovimatic» wurde das erste, um 1950 vorgestellte automatische Kaliber 92 mit beidseitig aufziehender Hammer-Schwungmasse bezeichnet. Der Hammer besitzt kein zentrales Ritzel und steht nur in beiden Anschlagsbereichen in Kontakt mit der speziell geformten Klinkenträger-Wippe. Dazwischen bewegt er sich vollkommen frei und kann diesen Weg zum Schwungholen nutzen. Das eigentliche Automatic-Getriebe konnte damit sehr einfach gehalten werden. Bei automatischem Betrieb ist der Handaufzugsmechanismus abgekuppelt. Obwohl das Werk nur aus gestanzten Blechteilen zusammengesetzt ist, sind alle wesentlichen Lagerstellen mit Rubinsteinen ausgestattet.

Die nächste Werksentwicklung war 1960 fertigungsreif. Dieses Kaliber 1582 ist mit einem beidseitig aufziehenden Zentralrotor ausgerüstet und baut auf dem Handaufzugs-Kaliber 158 auf, dessen Getriebe nach modernsten Gesichtspunkten konzipiert wurde, um ein großes Federhaus mit entsprechend sicherer Gangreserve unterbringen zu können.

Die wohl letzte Neukonstruktion eines automatischen Kalibers erfolgte 1972; es wurde in zwei Größen, für Herrenuhren als Cal 630 und für Damenmodelle als Cal 921, hier aber mit erhöhter Schwingungszahl der Unruh, hergestellt.

Kaliber-Steckbriefe

Cal 92

D = 29,3 mm (13'''), H = 7,35 mm, 17 Steine

AUTOMATIK-BAUGRUPPE aufs Basiswerk montiert. Rubingelagerter monometallischer Hammer ohne Zentralritzel, Anschlag gegen aufgebogenen Blechstreifen, Aufzug in beide Drehrichtungen über eine Klinkenträger-Wippe, die in einer Richtung durch den Anschlag des äußeren Hammerreifs, in der anderen durch einen Stiftnocken neben dem Hammerlager mitgenommen wird, kombiniertes Aufzugs- und Reduktionsrad aufs Sperrad. Abtrennung vom Handaufzugsgetriebe durch Zahnradwippe zwischen Kron- und Sperrad.

BASISUHRWERK: 3-schenklige Ringunruh aus Messing, Nivarox-Spirale, 18.000 Halbschw./ Std., Kif-Protechoc-Stoßsicherung, Stiftankerhemmung, Ankerrad zwischen Decksteinen, indirekte Zentralsekunde.

Cal 1582

D = 30,7 mm (13 ½'''), H = 6,6 mm, 21 Steine

AUTOMATIK-BAUGRUPPE aufs Basiswerk geschraubt. Monometallischer Zentralrotor mit Gleitlagerung, Aufzug in beide Drehrichtungen über «schwimmend» gelagertes Gleitritzel, Spannrad, 2 Reduktionsräder (davon das 2. als Kupplungsrad zur Abtrennung bei Handaufzug) aufs Sperrad. Abkupplung des Handaufzugsmechanismus durch verschiebbares Kronrad.

BASISUHRWERK (CAL 158): 2-schenklige Ringunruh aus Messing, Nivarox-Spirale, 18.000 Halbschw./Std., Novodiac-Stoßsicherung, Stiftanker-Hemmung, direkte Zentralsekunde, indirekt geführter Minutenzeiger.

Kaliber-Liste · BFG

Kaliber	Durchmesser Linien	Durchmesser mm	Höhe mm	Zusatz-Einrichtungen	Halb-Schw./ Stunde	St.	Gang-Res. Std.	Anmerkungen Modell	Jahrg.	Abb.
92	13	29,3	7,35	SCI	18.000	17		Bovimatic	ca. 50	xx
630	12 1/2	28,6	5,15		18.000				1972	
921	9 1/2	21,9	5,55		21.600	1/17/21/ 25	50		1972	
921	"	"	"		"	"	"			
921	"	"	6,25	SCD, QG, RDR	"	"	"			
921	"	"	6,95	SCD, QG, JG, RDR	"	"	"			
1582	13 1/2	30,7	6,6	SCD	18.000	17/21		Basiswerk Cal 158	1960	
1582	"	"		SCD,QG	"	"		" "		xx

BFG-Cal 92, «Agora»

Herren-Automatic der Marke «Agora» um 1950 mit einem BFG-Werk Cal 92.
Vergoldetes Gehäuse mit Schraubboden aus Edelstahl.
Beidseitiger Hammer-Aufzug über eine Klinkenträgerwippe, Abkopplung der Handaufzugsmechanik.
Messing-Ringunruh, Flachspirale, Kif-Protechoc-Stoßsicherung, Stiftanker-Hemmung (Roskopf).

BFG-Cal 1582, «Geneva»

Taucher-Automatic der Marke «Geneva» um 1962 mit dem BFG-Werk Cal 1582.

Verchromtes Messinggehäuse mit Schraubboden aus Edelstahl, Drehlünette mit Minuteneinteilung.

Monometallischer Rotor beidseitig über einen Gleitritzelwechsler aufziehend, komplette wechselseitige Abkopplung zwischen Automatik- und Handaufzugsgetriebe. Messing-Ringunruh, Flachspirale, Novodiac-Stoßsicherung, Stiftanker-Hemmung (Roskopf).

Zur Kaliber-Entwicklung

Das Unternehmen «Bulova Watch Co.» wurde 1885 in Biel gegründet und errichtete später neben dem Vertrieb auch eine eigene Produktionsstätte in den USA. Hier baute man die aus dem Schweizer Stammhaus bezogenen Werke in amerikanische Gehäuse ein.

Schon zu Beginn der dreißiger Jahre zeigte die Firma starkes Interesse an der Entwicklung der automatischen Armbanduhr und meldete neben dem Modell eines Pendel-Aufzuges (Pat. 166843) im Jahre 1933 auch einen Rüttel-Aufzug (Pat. 169089) zum Schweizer Patent an.

Die Schwungmasse dieser Pendel-Automatic bewegt sich als flache Platte über einem Formwerk. Das gesamte Kaliber (13 AP) ist speziell für diesen Zweck entwickelt worden und integriert das komplette Automatic-Getriebe. Der Aufzug erfolgt einseitig über eine Exzenter-Klinke – auch wird hier der Handaufzugsmechanismus abgekoppelt und somit ein zusätzlicher Reibungsverlust bei automatischem Betrieb vermieden (s. S. 21).

Möglicherweise wurde dieses Werk von der ebenfalls in Biel ansässigen Fa. «La Champagne Ls. Müller & Cie» produziert, die die Uhrenmarke «Aster» führte und auch die als «WIG-WAG» bezeichnete Rüttel-Automatic herstellte.

Die Rüttelaufzugs-Konstruktion nach dem Bulova-Patent dagegen ist wahrscheinlich nicht in Serie produziert worden, allerdings eine Automatic ähnlicher Bauweise unter dem Markennamen «Bucherer, Lucerne» Anfang der dreißiger Jahre (s. S. 19).

Bis in die fünfziger Jahre ruhten die Aktivitäten des Unternehmens auf dem Automatic-Sektor; man begnügte sich mit dem Einbau von Fremdwerken und begann erst zu diesem Zeitpunkt, fast parallel mit der Entwicklung der elektrischen Armbanduhr, wieder eine eigene Automatic zu konstruieren. Dieses unter der Kaliber-Nr. 11 ACAC vorgestellte Rotor-Werk ist mit einem für Bulova typischen Wechselrichter ausgerüstet. Es handelt sich um Breguetkupplungen, die in Zwillingsanordnung mit einer V-förmigen Breguetfeder kombiniert sind. Auch in dem folgenden, flacher aufgebauten automatischen Kaliber aus den sechziger Jahren ist dieses Getriebe-Element wiederzufinden.

Kaliber-Liste · Bulova

Kaliber	Durchmesser Linien	Durchmesser mm	Höhe mm	Zusatz-Einrichtungen	Halb-Schw./Stunde	St.	Gang-Res. Std.	Anmerkungen Modell	Jahrg.	Abb.
6 BPA	6 3/4 x 8									
6 CHAC	6 3/4 x 7 3/4			SCI						
6 CMA	6 1/2 x 7				18.000	17		AS-Ebauche (modifiz.)		
6 CMAC	"			SCI	"	"		"		
6 COAC	"			SCI	"	"		"		
7 BEAC	7 3/4			SCD						
7 BEACD	"			SCD, QG						
7 EDA	7 3/4	17,2	3,9		21.600	30	45	Buren-Ebauche 04	1968	
7 EDAD	"	"	4,3		"	"	"	Buren-Ebauche 06	"	
8 BBA	8 3/4 x 9 1/4									
9 AR	9 1/4									
9 ARC	"			SCI						
9 AS	"									
9 ASC	"			SCI						
10 BOAC	10 1/2			SCI						
10 BP	"									
10 BPAC	"			SCI						
10 BPAD	"			QG						
10 BRC	9 1/4			SCI						
10 CBAC	10 1/2			SC						
10 CMC	"			SC						
10 CSC	9 1/4			SCD	18.000	17		AS-Ebauche 1320	ca. 50	
11 ACAC	11 1/2			SCD	18.000	23			ca. 55	xx

Kaliber-Liste · Bulova

Kaliber	Durchmesser Linien	Durchmesser mm	Höhe mm	Zusatz-Einrichtungen	Halb-Schw./ Stunde	St.	Gang-Res. Std.	Anmerkungen Modell	Jahrg.	Abb.
11 AFA	11 1/2				18.000			Blindenuhr		
11 AFAC	"			SCI	"					
11 AFACD	"			SCI, QG	"					
11 AFCD	"			SCI, QG	"	17				
11 ALA	11 1/2				18.000					
11 ALAC	"			SCI	"					
11 ALACD	"			SCI, QG	"					
11 ALLA	"				"					
11 ANAC	11 1/2			SCD	19.800	23			ca. 65	
11 ANACB	"			SCD, QG, JG	"	"				
11 ANACD	"			SCD, QG	"	"				
11 AOACD	11 1/2			SCD, QG	21.600				1968	xx
11 BKACB	11 1/2			SCI, QG, JG	21.600	23				
11 BLA	11 1/2				18.000					
11 BLAC	"			SCI	"					
11 BLACD	"			SCI, QG	"	23			ca. 63	xx
11 BLLA	"				"					
12 EBA	12 1/2	28,2	2,85		19.800	30	54	Buren-Ebauche 1280 (Ambassador)	ca. 68	xx
12 EBAC	"	"	3,15	SCI,	"	"	"	" 1320		
12 EBACD	"	"	3,6	SCI, QG	"	"	"	" 1331		
12 EBAD	"	"	3,3	QG	"	"	"	" 1281		
12 ECACD	12 1/2			SCI, QG	19.800					
12 ECAD	"			QG	"					
13 AP	8 3/4 x 12			s	18.000	17		Pat. 166843 s. Aster Cal 28-20	ca. 35	(xx)

Die inzwischen zur Serienreife entwickelte elektrische Stimmgabeluhr «Accutron» wird ab 1959 in den amerikanischen Produktionsstätten von Bulova hergestellt und tritt damit auch in Konkurrenz zu der eigenen, aus den Schweizer Werken stammenden Automatic. Deren Modernisierung ist jetzt für die Firma weitgehend uninteressant geworden, und man greift nun wieder auf Fremdwerke zurück. Die sehr elegant wirkende «Ambassador» um 1968 ist z. B. mit einem Buren-Intramatic-Werk bestückt.

Bulova-Cal 11 ACAC

Herren-Automatic der Firma Bulova um 1955 mit dem Kaliber 11 ACAC.
Verchromtes Gehäuse mit verschraubtem Edelstahlboden, Aufzugskrone mit Bulova-Schriftzug. Messing-Rotor beidseitig über einen patent. Breguetkupplungswechsler aufziehend (im dreieckigen Platinenausschnitt bei 9⁰⁰ ist die V-förmige Breguetkupplungsfeder zu erkennen).
Glucydur-Schraubenunruh, Nivarox-Spirale, Kif-Flector-Stoßsicherung (Gehäuse mit starken Gebrauchsspuren, unterer linker Bandanstoß verbogen).

Bulova-Cal 11 BLACD

Herren-Automatic der Firma Bulova um 1963 mit dem Kaliber 11 BLACD.
Vergoldetes Gehäuse mit Schraubenboden aus Edelstahl, Aufzugskrone mit Bulova-Schriftzug.
Messing-Rotor beiderseits über einen patent. Breguetkupplungswechsler aufziehend (im dreieckigen Platinenausschnitt bei 9°° ist die V-förmige Breguetkupplungsfeder zu erkennen).
Schraubenlose Glucydur-Unruh, Nivarox-Spirale, Kif-Ultraflex-Stoßsicherung.

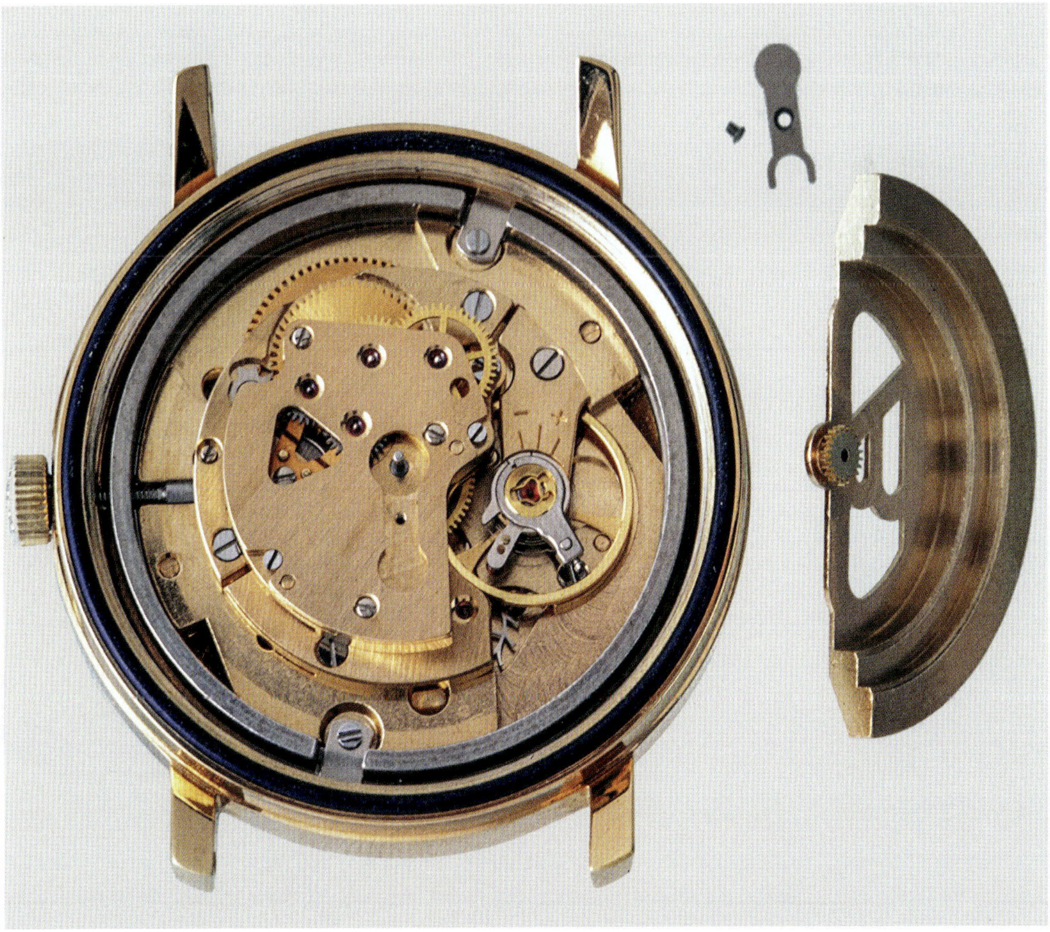

Bulova-Cal 11 AOACD

Sportliche Herren-Automatic der Firma Bulova von 1968 mit dem Kaliber 11 AOACD.
Edelstahlgehäuse mit Schraubboden und Schraubkrone sowie Drehlünette mit Minuteneinteilung.
Rotor mit Schwermetallreif beidseitig über einen Breguetkupplungswechsler aufziehend.
Schraubenlose Glucydur-Unruh, Nivarox-Spirale, Kif-Ultraflex-Stoßsicherung.

Bulova-Cal 12 EBA, «Ambassador»

Flache Herren-Automatic «Ambassador» der Firma Bulova um 1968 mit einem Intramatic-Werk der Firma Buren.

Vergoldetes Schalengehäuse (40 µ), Aufzugskrone mit Bulova-Schriftzug.

Mikrorotor aus Schwermetall beidseitig über einen Gleitritzel-Wechsler aufziehend («schwimmend» gelagertes Gleitritzel unter dem großen Rubinstein). Komplette wechselseitige Entkopplung zwischen Automatik- und Handaufzugsgetriebe.

Schraubenlose Glucydur-Unruh, Nivarox-Spirale, Incabloc-Stoßsicherung, «Isochron»-Feinsteller.

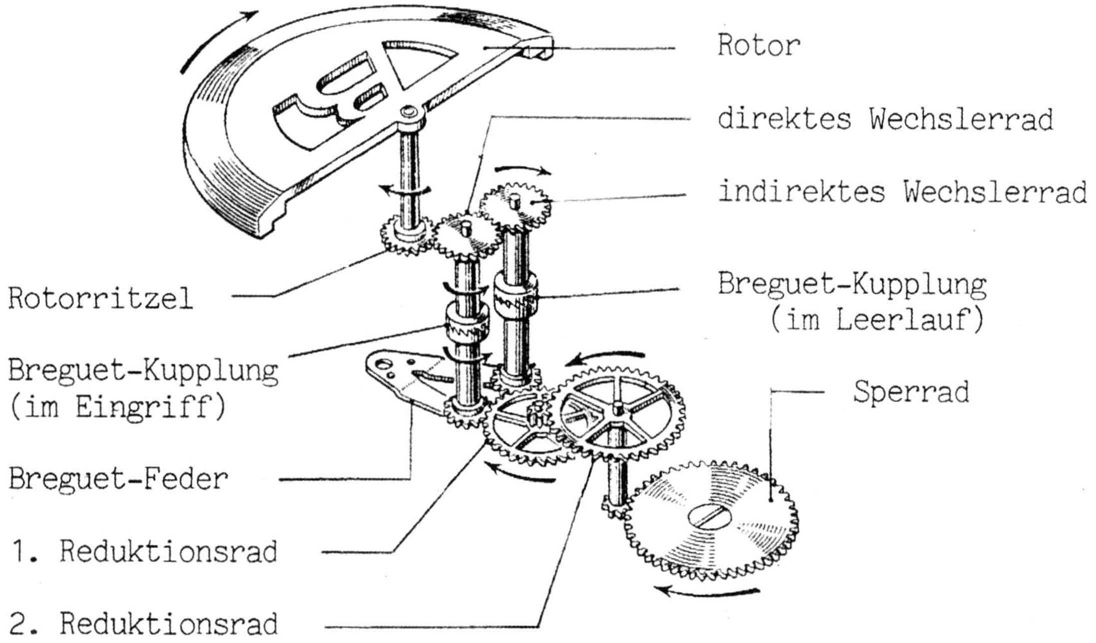

Automatic-Baugruppe einer Bulova-Uhr in perspektivischer Darstellung: Drehmomentübertragung des im Uhrzeigersinn drehenden Rotors über das direkte Wechslerrad, die Breguetkupplung und die beiden Reduktionsräder auf das Sperrad des Federhauses. Die Breguetkupplung des indirekten Wechslerrades dreht hierbei im Leerlauf, wobei das obere Ritzel über das direkte Wechslerrad, das untere über das 1. Reduktionsrad zueinander entgegengesetzt angetrieben werden.

Kaliber-Steckbriefe

Cal 13 AP

(entspricht Aster Cal 28-20, s. S. 21)
8 ¾ x 12''', 18 Steine

AUTOMATIK-BAUGRUPPE ins Basiswerk integriert. Bleibeschwertes Flachpendel, Aufzug in einer Richtung über Exzenter-Klinke, kombiniertes Aufzugs- und Reduktionsrad aufs Sperrad, Kronrad-Wippe zur Abkopplung des Handaufzugsgetriebes.
BASISUHRWERK: 2-schenklige Schraubenunruh, Flachspirale, 18.000 Halbschw./Std., ohne Stoßsicherung, Steinanker mit lateraler Ankergabel.

Cal 11 ACAC

D = 25,6 mm (11 ½'''), 23 Steine

AUTOMATIK-BAUGRUPPE als komplette Einheit aufs Basiswerk geschraubt, Zentralrotor aus Messing, Aufzug in beide Drehrichtungen über Zwillings-Breguetkupplungsräder, 2 Reduktionsräder aufs Sperrad.
BASISUHRWERK: 2-schenklige Schraubenunruh aus Glucydur, Nivarox-Spirale, 18.000 Halbschw./Std., Kif-Flector-Stoßsicherung, indirekte Zentralsekunde.

Cal 11 BLACD

D = 25,6 mm (11 ½'''), 23 Steine

AUTOMATIK-BAUGRUPPE s. Cal 11 ACAC
BASISUHRWERK: 3-schenklige schraubenlose Glucydur-Unruh, Nivarox-Spirale, 18.000 Halbschw./Std., Kif-Ultraflex-Stoßsicherung, beweglicher Spiralklötzchenträger, indirekte Zentralsekunde, Datumsanzeige.

Cal 11 AOACD

D = 25,6 mm (11 ½'''), 23 Steine

AUTOMATIK-BAUGRUPPE aufs Basiswerk geschraubt, Zentralrotor mit Schwermetallreif, Aufzug in beide Richtungen über Zwillings-Breguetkupplungsräder, 2 Reduktionsräder aufs Kronrad.
BASISUHRWERK: 3-schenklige schraubenlose Glucydur-Unruh, Nivarox-Spirale, 21.600 Halbschw./Std., Kif-Ultraflex-Stoßsicherung, beweglicher Spiralklötzchenträger, direkte Zentralsekunde, Datumsanzeige.

Cal 12 EBA

Buren-Ebauche (s. S. 68)
D = 28,2 mm (12 ½'''), H = 2,82 mm, 30 Steine

AUTOMATIK-BAUGRUPPE ins Werk integriert, ins Werk versenkter, außermittig gelagerter kleiner Schwermetallrotor (Planetenrotor), Aufzug in beide Drehrichtungen über ein zwischen Rubinscheiben schwimmend gelagertes Gleitritzel (als Rollengetriebe ausgebildet), 1 Spannrad mit Federklinke, 3 Reduktionsräder aufs Sperrad. Wechselseitige Entkopplung von Hand- und automatischem Aufzug durch Rutschkupplung im 2. Reduktionsrad bzw. Gleitritzel zwischen Kron- und Sperrad.
BASISUHRWERK: 3-schenklige schraubenlose Glucydur-Unruh, Nivarox-Spirale, 19.800 Halbschw./Std., Incabloc-Stoßsicherung, Doppelfeinstellung von Rücker und Spiralklötzchenträger (Buren-Isochron-Rücker), indirekte Zentralsekunde, indirekt geführter Minutenzeiger, spielfreies Zeigerstell-Getriebe.

Zur Kaliber-Entwicklung

Die Manufaktur wurde 1873 von F. Suter in Buren a. d. Aare gegründet und firmierte unter folgenden Namen bis 1972: H. Williamson (1898 bis 1932), Buren Watch (1932 bis 1966) und Hamilton-Buren (1966 bis 1972). Die erste Buren-Automatic von 1945, das Cal 525, hat einen Pendel-Aufzug, dessen Schwungmasse nicht wie in den Konstruktionen anderer Hersteller über dem Werk, sondern innerhalb versenkt angeordnet ist und somit dessen Höhe nicht vergrößert. Erstmalig bei diesem Aufzugsprinzip wird in beiden Bewegungsrichtungen des Pendels aufgezogen. Bis zu dieser Eigenentwicklung verwendete Buren unter der Bezeichnung «Extra-Automatic» Rohwerke der Firma Felsa.

Obwohl Buren mit dem Kaliber 525 den Pendel-Aufzug zur höchsten Perfektion entwickelte, konnte dessen Aufzugsleistung doch nicht mit der des Rotor-Aufzuges konkurrieren – diese Entwicklungsrichtung mußte also verlassen werden. Und so entstand 1952 mit der «Rotowind» (Cal 541) die erste Rotor-Automatic der Manufaktur, deren Wirkungsgrad durch folgende Maßnahmen erhöht werden konnte:

Über einem kleinkalibrigen Basiswerk (9 ¼''') dreht ein aufzugskräftiger großer Zentralrotor; der Aufzug erfolgt in beiden Drehrichtungen; zwischen Automatic- und Handaufzugsgetriebe ist eine wechselseitig wirksame und somit komplette Entkopplungsvorrichtung eingebaut, so daß die Reibungsverluste im Handaufzugsmechanismus ohne Einfluß auf den Selbstaufzug bleiben. Das kleine Basiswerk bietet eigentlich keine günstige Voraussetzung für herausragende Gangleistungen, jedoch konnten die Entwickler dieses Manko durch den Einsatz der zu damaliger Zeit modernsten Uhrentechnologie wie Glucydur-Unruh, Nivarox-Spirale usw. sowie durch hohe Fertigungspräzision kompensieren. Auf der Basis dieses Kalibers wird 1953 die kleinste Automatic mit Anzeige der Gangreserve herausgebracht, das Cal 538. Damit sollte dem der Automatic noch skeptisch gegenüberstehenden Publikum ein selbstüberprüfbarer Sicherheitsbeweis geboten werden.

Mit der «Super Slender», einer nach gänzlich neuen Gesichtspunkten konzipierten Automatic-Konstruktion, die 1954 zum Patent angemeldet wurde, erregte Buren 1957 die Aufmerksamkeit der Fachwelt. Erstmalig sind hier alle Funktionsgruppen wie der Rotor, das Automatic-Getriebe und das Basisuhrwerk nicht wie bisher übereinander, sondern nebeneinander in einer Werksebene angeordnet. Damit wurde eines der flachsten Automatic-Kaliber der Zeit geschaffen. Die vom Durchmesser her zu erwartende geringe Aufzugsleistung der kleinen Schwungmasse, des sogenannten Planetenrotors, erfordert neben ihrer Ausführung in Schwermetall den Aufzug in beide Drehrichtungen über ein besonders verlustarmes Getriebe. Hier setzte Buren ein sogenanntes Rollenlagergetriebe als Drehsinnwandler ein. Die gegenseitige Entkopplung von Handaufzugs- und Automatic-Getriebe verringert zusätzliche Aufzugsverluste.

Bei dieser Bauart läßt sich die Arbeitsweise aller Funktionsgruppen ohne Demontage des Werks kontrollieren, was für den Reparateur einen besonderen Vorteil darstellt.

Mit der «Intramatic» von 1962 (Cal 1280) konnte eine weitere Verminderung der Bauhöhe erreicht werden. Auch hier leistet wie bei der «Super Slender» ein Planetenrotor Aufzugsarbeit in beiden Drehrichtungen. Sein Durchmesser wurde wegen der geringeren Werkshöhe jedoch vergrößert und überstreicht nun die Werksmitte. Das Minutenrad mußte deshalb außerhalb des Zentrums angeordnet werden und treibt den Minutenzeiger indirekt an. Sowohl die «Intramatic» als auch die «Super Slender» wurden von Fremdfirmen in ihre flachen Uhrenmodelle eingebaut, z. B. in die «Ambassador» von Bulova, in die «Super» von Dugena und in die «Thin-o-matic» von Hamilton.

Durch Erhöhung der Schwingungszahl auf 19.800 pro Std. im Cal 1320 ließ sich 1965 eine weitere Verbesserung der Ganggenauigkeit erreichen.

Die einzige Damen-Automatic der Manufaktur wurde 1968 serienreif und unter der Kaliber-Nr. 04 bzw. 06 herausgebracht.

In Zusammenarbeit mit den Firmen Breitling-Leonidas, Dubois-Depraz, Hamilton und Heuer entstand 1969 eine der ersten Automatic-Chronographen, die «Chronomatic». Der Chronographenmodul 8510 ist eine Entwicklung der Firma Dubois-Depraz, von Buren stammt das darunterliegende abgewandelte «Intramatic»-Werk.

In der letzten Automatic-Konstruktion der Firma von 1970, dem Kaliber 82, arbeiten zwei parallel wirkende Federhäuser. Deren Plazierung um das zentrale Minutenradtrieb ist so gewählt worden, daß eine besonders unkritische und gleichförmige Drehmomentübertragung gewährleistet ist und der hohe chronometrische Qualitätsgrad dieses Schnellschwingers noch weiter gesteigert werden konnte. Der erhöhte Energiebedarf erforderte wieder den Einsatz des großen Zentralrotors und den beidseitigen Aufzug. Gewählt werden konnte zwischen einer Schwingungszahl von 28.800 und 36.000 pro Stunde, experimentiert wurde sogar mit 43.200 pro Stunde.

Der wesentliche Nachteil dieses sehr interessanten Werkes ist seine Höhe von 6,2 mm, die es zu dieser Zeit als nicht mehr konkurrenzfähig erscheinen läßt. Daher konnten nur 200–300 Uhren komplett ausgeliefert werden, obwohl für ca. 100000 Rohwerke Einzelteile produziert wurden, die 1971 die Firma Comor übernahm.

Mit ihren interessanten Automatic-Konstruktionen gab die Firma Buren neue Anstöße für die allgemeine Entwicklung des automatischen Aufzuges in der Armbanduhr, wobei als firmenspezifisches Bauelement die vollständig ins Werk versenkte Schwungmasse auffällt, sei es als Pendel oder als Planetenrotor. Hans Kocher, der als Buren-Chefkonstrukteur den Planetenrotor entwickelte, ist auch der Autor des einzigen wissenschaftlichen Werkes über die Theorie des automatischen Aufzugs.

Buren-Cal 525

Herren-Automatic der Firma Buren von 1945 mit dem Kaliber 525.
Vergoldetes Gehäuse mit Schraubboden aus Edelstahl.
Pendel-Schwungmasse beidseitig über Klinkenräder aufziehend (bei 5 und 6°°), Automatik-Baugruppe als komplette Einheit ins Basiswerk integriert.
Glucydur-Schraubenunruh, Nivarox-Spirale, Incabloc-Stoßsicherung.

Buren-Cal 539

Herren-Automatic der Firma Buren von 1954 mit dem Rotowind-Kaliber 539, als kleinstes Werk mit Anzeige der Gangreserve.

Gold-Edelstahlgehäuse mit Schraubboden, Aufzugskrone mit Buren-Emblem. Anzeige der Gangreserve unter der «12» an einem rotierenden Hilfszifferblatt.

Rotor mit Schwermetallreif, beidseitig über einen Wippenwechsler aufziehend, komplette wechselseitige Abkopplung von Automatik- und Handaufzugsgetriebe.

Glucydur-Schraubenunruh, Nivarox-Spirale, Incabloc-Stoßsicherung.

Buren-Cal 543

Erste Rotor-Automatic der Firma Buren von 1952 mit dem «Rotowind»-Kaliber 543.

Vergoldetes Gehäuse mit Schraubboden aus Edelstahl, Aufzugskrone mit Buren-Emblem.

Monometallischer Rotor beidseitig über einen Wippenwechsler aufziehend (bei 5°° unter der Rotorachse), komplette wechselseitige Entkopplung zwischen Automatik- und Handaufzugsgetriebe.

Glucydur-Schraubenunruh, Nivarox-Spirale, Incabloc-Stoßsicherung.

Buren-Cal 1001, «Super-Slender»

Erste Automatik mit einem Mikrorotor der Firma Buren von 1958 mit dem «Super-Slender»-Kaliber 1001.

18k-Goldgehäuse mit Schraubboden, goldene Keilindizes und Zeiger, Aufzugskrone mit Buren-Emblem.

«Planetenrotor» aus Schwermetall beidseitig über einen patent. Gleitritzelwechsler aufziehend, komplette wechselseitige Abkopplung zwischen Automatik- und Handaufzugsgetriebe.

Glucydur-Schraubenunruh, Nivarox-Spirale, Incabloc-Stoßsicherung. Alle Baugruppen sind wartungsfreundlich nebeneinander angeordnet: Mikrorotor – Regulierorgan – Uhrwerksgetriebe – Federhausbrücke – Automatik-Getriebe (im Uhrzeigersinn betrachtet!). Aufzugskrone abgegriffen.

Buren-Cal 1322, «Intramatic»

Flache Herren-Automatic der Firma Buren von 1965 mit dem «Intramatic»-Kaliber 1322.

Viereckiges Gehäuse aus Edelstahl, Modell «Westminster», Aufzugskrone mit Buren-Emblem.

«Planetenrotor» aus Schwermetall beidseitig über einen Gleitritzelwechsler aufziehend («schwimmend» gelagertes Gleitritzel unter großem Rubinstein), komplette wechselseitige Entkopplung zwischen Automatik- und Handaufzugsgetriebe.

Schraubenlose Glucydur-Unruh, Nivarox-Spirale, Incabloc-Stoßsicherung, «Isochron»-Feinsteller.

Abb. rechts unten:

Patent. Gleitritzel-Wechsler als Rollenlager-Getriebe (hier aus dem Buren-Cal 06): Unter jedem der 4 zum Wechsler gehörenden Zahnräder ist eine scheibenförmige Rolle befestigt, deren jeweiliger Durchmesser so bemessen ist, daß der optimale Zahnrad-Eingriff des «schwimmend» gelagerten Gleitritzels (in der Mitte) mit dem Rotorritzel (links) und dem Spannrad (rechts oben) oder bei Änderung der Rotordrehrichtung mit dem 1. Reduktionsrad (rechts unten) gewährleistet ist.

Buren-Cal 06, «Hamilton»

Flachste Damen-Automatic der Zeit von 1968 mit dem Buren-Kaliber 06, bei der Firma Hamilton als «Intramatic»-Modell, dagegen von Buren als «Slendermatic» bezeichnet.

Vergoldetes Gehäuse mit Schraubboden aus Edelstahl.

Schwermetall-Rotor beidseitig über einen Gleitritzelwechsler aufziehend («schwimmend» gelagertes Gleitritzel unter dem großen Rubinstein bei 1^{00} oberhalb des Zentrums).

Schraubenlose Glucydur-Unruh, Nivarox-Spirale, Kif-Ultraflex-Stoßsicherung.

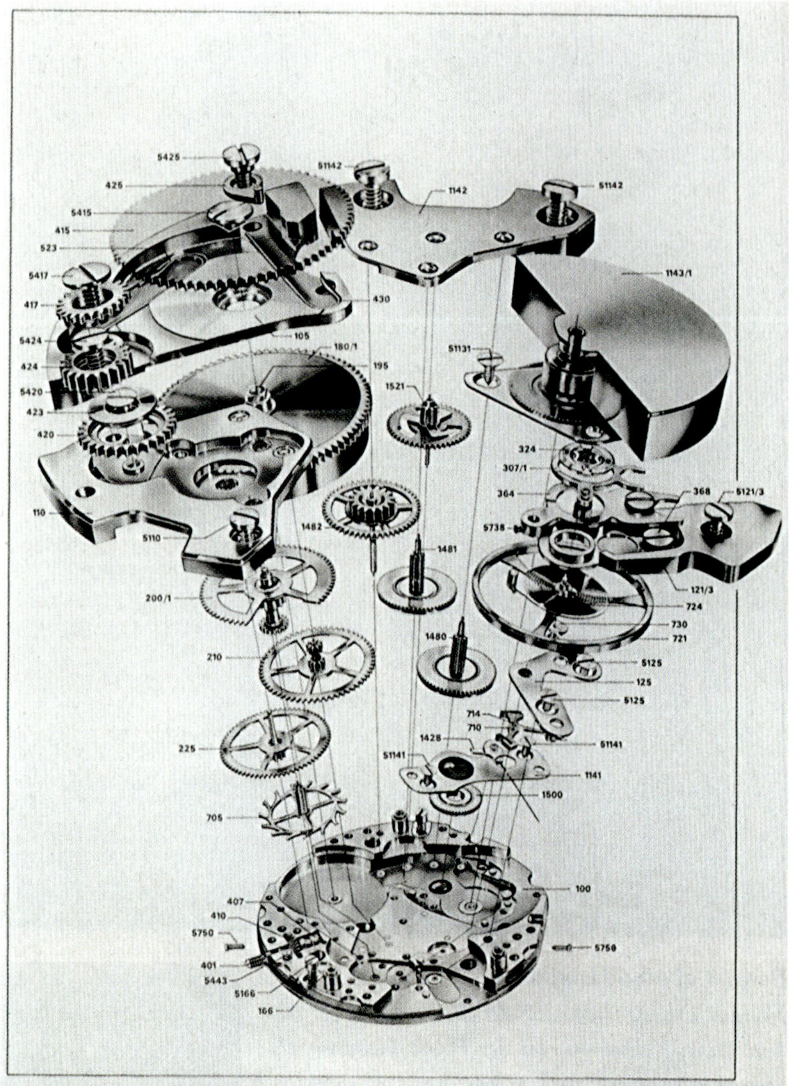

EXPLOSIONSBILD DES GRUNDWERKS AUF BRÜCKENSEITE

Buren-Cal 12

Automatic-Chronograph Modell «Transocean» der Firma Breitling um 1970 mit dem «Chronomatic»-Kaliber 12 als Gemeinschaftsentwicklung mit der Firma Buren.
Gehäuse mit Schraubboden und angepaßtem Gliederarmband aus Edelstahl, Aufzugskrone bei der «9» mit Breitling-Symbol.
Modulaufbau von Grundwerk – als abgewandeltes «Intramatic»-Kaliber der Firma Buren (s. S. 68) – und Chronographeneinheit 8510 mit Kulissenhebel-Schaltung der Firma Dubois-Depraz.
Erläuterungen zum Explosionsbild des Grundwerks:
1143/1 – Mikrorotor
1480 – Spannrad
1481 – 1. Reduktionsrad
1500 – Gleitritzel «schwimmend» zwischen 2 Rubinscheiben gelagert, im alternativen Eingriff mit 1480 und 1481.

Buren-Cal 82

Werk einer Herren-Automatic der Firma Buren von 1970 als Schnellschwinger-Kaliber 82 mit Doppelfederhaus, von dem nur eine geringe Anzahl eingeschalt wurde.
Kugelgelagerter Schwermetallrotor, beidseitig über einen Klinkenradwechsler (bei 4^{00} und 5^{30}) parallel beide Federhäuser (bei 7^{00} und 11^{00}) aufziehend.
Schraubenlose Glucydur-Unruh, Nivarox-Spirale, Kif-Ultraflex-Stoßsicherung, Spirofin-Feinsteller.

Kaliber-Steckbriefe

Cal 525

D = 28,5 mm (12 ½'''); H = 5,25 mm, 17 Steine

AUTOMATIK-BAUGRUPPE: Ins Werk versenkt angeordnete, spitzoval geformte Pendelschwungmasse mit zentralem Ausschnitt und Zusatzgewicht, Begrenzung des Pendelhubs durch blattförmige Prellfedern. Aufzug in beiden Richtungen über 2 federnde Klinken am Pendel auf je ein Klinkenrad, 1 Reduktionsrad aufs Sperrad.

BASISUHRWERK: 2-schenklige Schraubenunruh aus Glucydur, Nivarox-Spirale, 18.000 Halbschw./Std., Incabloc-Stoßsicherung, direkte Zentralsekunde.

Cal 543

D = 25,6 mm (11 ½'''); H = 5,4 mm, 21 Steine

AUTOMATIK-BAUGRUPPE: Monometallischer Zentralrotor mit breitem Reif, Automatik-Getriebe zwischen 2 Kloben und oberer Basiswerksplatine gelagert, Aufzug in 2 Drehrichtungen über Wippenwechsler und 3 Reduktionsräder (davon das erste mit federnder Klinke) aufs Sperrad. Komplette Entkopplung zwischen Hand- und Automatikaufzug durch je ein Gleitritzel.

BASISUHRWERK: 2-schenklige Schraubenunruh aus Glucydur, Nivarox-Spirale, 18.000 Halbschw./Std., Incabloc-Stoßsicherung, direkte Zentralsekunde.

Cal 539

D = 21 mm (9 ¼'''), H = 5,35 mm, 17 Steine

AUTOMATIK-BAUGRUPPE: Zentralrotor mit Schwermetallreif, Getriebe s. Cal 543.

BASISUHRWERK: Identisch mit Cal 543 mit zusätzlicher Gangreserveanzeige durch Relativbewegung eines Zeigers (Aufzug) und drehende Ziffernscheibe (Abtrieb).

Cal 1001

D = 28,1 mm (12 ½'''), H = 4,8 mm, 21 Steine

AUTOMATIK-BAUGRUPPE: Außermittig im Werk versenkt gelagerter kleiner Schwermetallrotor (Planetenrotor), Automatik-Getriebe ins Werk integriert, Aufzug in 2 Drehrichtungen über schwimmend gelagertes Gleitritzel (als Rollengetriebe ausgebildet), 1 Spannrad, 2 Reduktionsräder aufs untere Sperrad, vollständige Entkopplung von Hand- und Automaticaufzug über Gleitritzel zwischen Kronrad und oberem Sperrad bzw. durch Sperradkupplung.

BASISUHRWERK: 2-schenklige Schraubenunruh aus Glucydur, Nivarox-Spirale, 18.000 Halbschw./Std., Incabloc-Stoßsicherung, direkte Zentralsekunde über doppeltes Kleinbodenrad auf zentrales Sekundentrieb. Datumsanzeige mit Korrekturmöglichkeit.

Cal 1322

D = 28,2 mm (12 ½'''); H = 3,6 mm, 30 Steine

AUTOMATIK-BAUGRUPPE: Außermittig im Werk versenkt gelagerter kleiner Schwermetallrotor (Planetenrotor), Automatik-Getriebe ins Werk integriert, Aufzug in beide Drehrichtungen über ein zwischen 2 Rubinscheiben schwimmend gelagertes Gleitritzel (als Rollengetriebe ausgebildet), 1 Spannrad mit federnder Klinke, 3 Reduktionsräder aufs Sperrad.

Wechselseitige Entkopplung von Hand- und automatischem Aufzug durch Gleitritzel zwischen Kron- und Sperrad bzw. Rutschkupplung im 2. Reduktionsrad, bestehend aus eloxiertem Aluminium mit axial wirkender mehrarmiger Federklinke.

BASISUHRWERK: 3-schenklige schraubenlose Glucydur-Unruh, Nivarox-Spirale, 19.800 Halbschw./Std., Incabloc-Stoßsicherung, patent. Buren-Isochronrücker mit beweglichem Spiralklötzchenträger, indirekte Zentralsekunde, indirekt geführter Minutenzeiger, spielfreies Zeigerstellgetriebe.

Cal 06

D = 17,2 mm (7 ¾'''), H = 4,3 mm, 30 Steine

AUTOMATIK-BAUGRUPPE: Zentralrotor aus Schwermetall, Automatik-Getriebe ins Basiswerk integriert, Aufzug in beiden Drehrichtungen über ein zwischen 2 Rubinrollen schwimmend gelagertes Gleitritzel (als Rollenlagergetriebe ausgebildet), 1 Spannrad mit federnder Klinke, 2 Reduktionsräder aufs Sperrad (unter dem Zifferblatt!), Entkopplung vom Handaufzug.

BASISUHRWERK: 3-schenklige schraubenlose Glucydur-Unruh, Nivarox-Spirale, 21.600 Halbschw./Std., Kif-Ultraflex-Stoßsicherung, beweglicher Spiralklötzchenträger, indirekt geführter Minutenzeiger, Nivaglide-Zugfeder, langsam wechselnde Datumsanzeige.

Cal 12

D = 31 mm (13 ¾'''), H = 7,7 mm, 17 Steine

Chronographen-Modul 8510 mit Kulissenhebelsteuerung, auf das Automaticwerk geschraubt.

AUTOMATIK-BAUGRUPPE: Abgewandeltes Cal 1322

BASISUHRWERK: Entspricht Cal 1322 mit linksseitiger Aufzugskrone.

Cal 82

D = 25,6 mm (11 ½'''), H = 6,2 mm, 17 Steine

AUTOMATIK-BAUGRUPPE: Kugelgelagerter Zentralrotor aus Schwermetall, Getriebe ins Basiswerk teilintegriert, Aufzug in beiden Drehrichtungen über federlose Zwillingsklinkenräder, 3 Reduktionsräder aufs Sperrrad des linken Federhauses.

BASISUHRWERK: 3-schenklige schraubenlose Glucydur-Unruh, Nivarox-Spirale, 28.800 Halbschw./Std., Incabloc-Stoßsicherung, Spirofin-Feinreguliereinrichtung mit beweglichem Spiralklötzchenträger, direkte Zentralsekunde, 2 nebeneinanderliegende Federhäuser, die parallel auf das zentral gelagerte Minutenrad wirken.

Augenblicklich wechselnde Datumsanzeige mit Schnellkorrektur, Sekunden-Stopp-Einrichtung.

Kaliber-Liste · Buren

Kaliber	Durchmesser Linien	Durchmesser mm	Höhe mm	Zusatz-Einrichtungen	Halb-Schw./Stunde	St.	Gang-Res. Std.	Anmerkungen Modell	Jahrg.	Abb.
04	7 3/4	17,2	3,9		21.600	30	45	Slendermatic	1968	
06	"	"	4,3	QG	"	"	"	"		xx
11	13 3/4	31	7,7	QG, CHR	19.800	17	40	Chronomatic	1969	
12	"	"	"	QG, CHR	21.600	"	"	"	ca. 72	xx
82	11 1/2	25,6	6,2	SCD, QG, RDR, ST	28.800	17	50	(2 Federhäuser)	1970	xx
525	12 1/2	28,5	5,25	SCD	18.000	17		(Pendelaufzug)	1945	xx
535	9 1/4	20,7	5,35	s	18.000	17	40	Rotowind	1952	
536	"	"	"	SCI	"	"	"	"		
537	"	"	"	SCD	"	"	"	"		
538	"	"	"	RMA	"	"	"	"	1953	
539	"	"	"	SCI, RMA	"	"	"	"		xx
540	"	"	"	SCD, RMA	"	"	"	"		
541	11 1/2	25,6	5,4		18.000		40	Rotowind	1952	
542	"	"	"	SCI	"		"	"		
543	"	"	"	SCD	"	21	"	"		xx
544	"	"	"	RM	"	"	"	"		
545	"	"	"	SCI, RMA	"	"	"	"		
546	"	"	"	SCD, RMA	"	"	"	"		
547	"	"	"	SCI	"	"	"	"		
549	"	"	"	SCI	"	"	"	"		
1000	12 1/2	28,1	4,2		18.000	21		Super Slender	1957	
1000 A	"	"	"	SCD	"	"		"		
1001	"	"	4,8	SCD, QG	"	"		"		xx
1001 A	"	"	"	SCD, QG	"	"		"		
1002	"	"	4,2	SCD	"	"		"		
1002 A	"	"	"	SCD	"	"		"		
1003	"	"	4,8	SCD, QG	"	"		"		
1003 A	"	"	"	SCD, QG	"	"		"		
1005	"	"	4,2	SCD	"	25		"	1958	
1006	"	"	"	QG	"			"		
1007	"	"	"		"			"		
1008	"	"	"	QG	"			"		
1280	12 1/2	28,2	2,85		18.000		54	Intramatic	1962	
1281	"	"	3,2	QG	"		"	"		
1282	"	"	"	QG	"		"	"		
1320	12 1/2	28,2	3,15	SCI	19.800	30	54	Intramatic	1965	
1321	"	"	3,6	SCI, QG	"	"	"	"		
1322	"	"	"	SCI. QG	"	"	"	"		xx

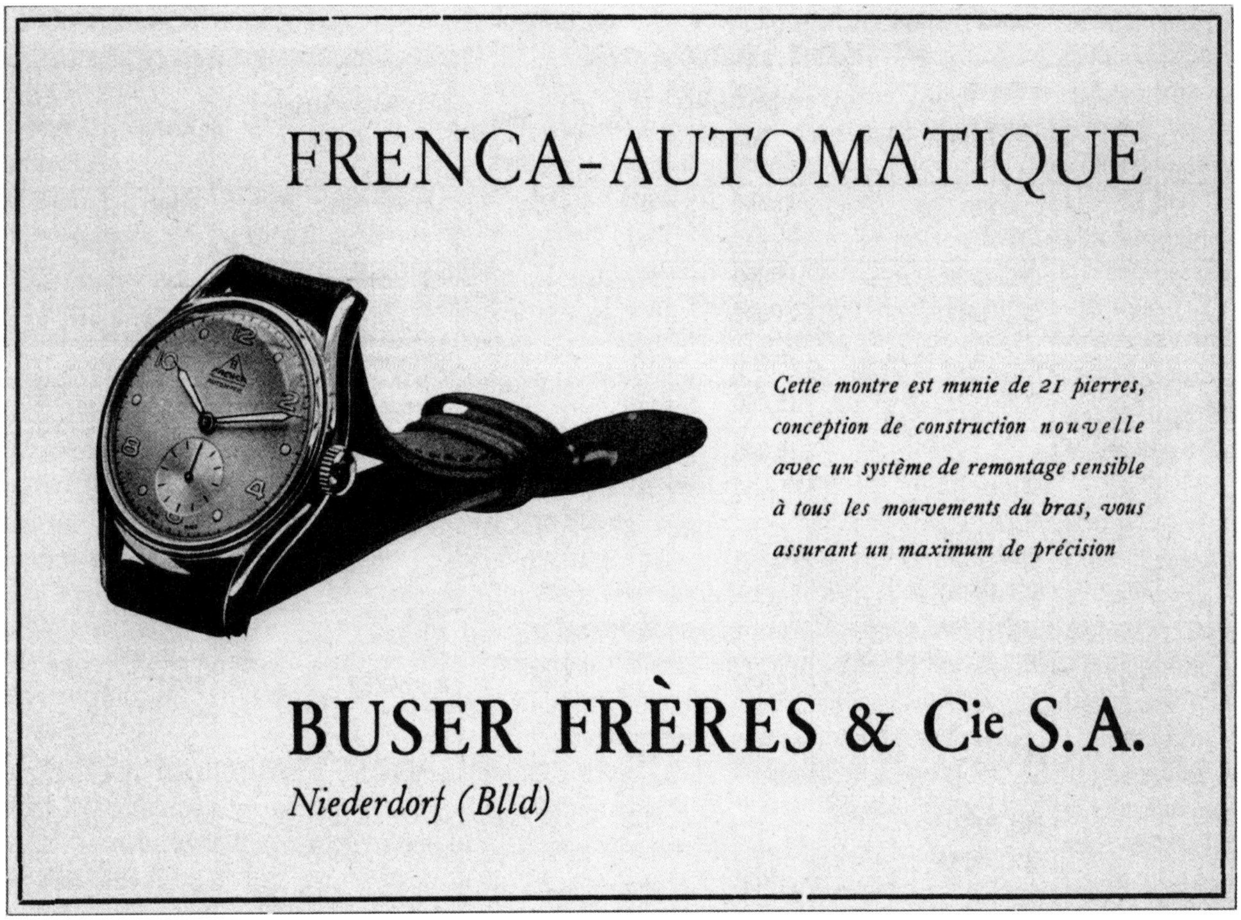

Zeitschriften-Reklame (aus SJH 1947)

Zur Kaliber-Entwicklung

Fritz und Albert Buser gründeten 1893 in Niederdorf/BL die Uhrenfabrik «Buser Frères & Cie S.A.», die zuerst nur Rohwerke, später aber auch komplette Uhren herstellte. 1962 schloß man sich der MSR (Manufactures d'Horlogerie Suisse réunies S.A.) an, der auch die Firmen Revue, Vulcain und Studio sowie Phenix beigetreten waren.

Die erste Buser-Automatic wurde 1946 als Cal 20 vorgestellt. Sie ist mit einem Rotor-Aufzug versehen, der über ein federndes Schieberitzel nur einseitig wirksam ist. Das Basisuhrwerk ist mit 8 ¾''' relativ klein und hat eine exzentrische Sekunde. Auch beim Nachfolge-Kaliber 145, das um 1950 entwickelt wurde, findet sich diese Automatic-Baugruppe mit geringen Abwandlungen wieder, jedoch wurde sie auf ein modernes Basiswerk mit direkter Zentralsekunde montiert, das die gesamte Fläche unter dem Rotor belegt.

In dem 1953 fertig entwickelten Kaliber 146 ist die Automatic-Baugruppe durch ein beidseitig über Feder-Klinkenräder aufziehendes Getriebe ersetzt worden.

Alle Buser-Werke sind mit einem Anker mit seitlicher Gabel ausgestattet.

Kaliber-Liste · Buser

Kaliber	Durchmesser Linien	Durchmesser mm	Höhe mm	Zusatz-Einrichtungen	Halb-Schw./Stunde	St.	Gang-Res. Std.	Anmerkungen Modell	Jahrg.	Abb.
20	12 1/4	28	5,55	s	18.000	21			1946	
145	12 1/4	28	6,25	SCD	18.000	21				
146	12 1/4	28	6,25	SCD	18.000	21			1953	

Zur Kaliber-Entwicklung

Zeitschriften-Reklame (aus SUZ 1959)

Die Manufaktur wurde 1888 von Kurth Frères in Grenchen gegründet und firmierte unter dem Namen «Kurth Frères S.A.» (KF). Die erste eigene Automatic-Entwicklung aus dem Jahre 1947 mit dem einseitigen Hammer-Aufzug ist das Kaliber 360, das sich auch im Werksaufbau wenig von dem der Konkurrenz unterscheidet.

Bei der Konstruktion der Rotor-Automatic von 1951 (Cal 25-45) berücksichtigten die Certina-Ingenieure den neuesten Stand der Uhrentechnik und schufen eine sehr erfolgreiche Kaliberfamilie, die 1953 durch ein größeres Werk (Cal 28-45) sowie 1956 durch ein kleineres, aber seitenverkehrt aufgebautes Kaliber 19-45 ergänzt wurde.

Typisch für diese Konstruktion ist der Doppelhebel-Wechsler, der im Prinzip wie ein Wippenwechsler arbeitet und nur bei Certina vorkommt. Ungewöhnlich aufgebaut ist ebenfalls das vor dem Kronrad sitzende Kupplungsrad, das während des Handaufzugs das Automatik-Getriebe abtrennt.

Erst 1960 wird ein neues Rotor-Kaliber mit der Bezeichnung 25-65 eingeführt, dessen Richtungswechsler aus federlosen Klinkenrädern mit Ankersperren besteht, und dessen Werksaufbau flacher ist. Mit demselben Aufzugsprinzip sind auch die kleinen, 1963 herausgebrachten Werke für die automatischen Damenmodelle Cal 15-20 und 17-211 versehen.

Unter der Modellbezeichnung «288» erreichte das als Schnellschwinger umgebaute Basiskaliber 25-65 Chronometer-Qualität, wobei als Besonderheit hier das kugelgelagerte Minutenrad erwähnt werden soll.

Ein aufwendiges Automatikwerk entwickelte Certina 1972 mit dem Kaliber 17-351 für die Damenmodelle. Es ist mit einem kugelgelagerten Schwermetall-Rotor und einer wechselseitigen Entkopplung zwischen Automatik- und Handaufzugsgetriebe ausgerüstet und gewährleistet einen sicheren Aufzug. Ebenso wie diese ist auch die letzte Automatic-Konstruktion mit beidseitig wirksamen Rotor aus dem Jahre 1976 in Modul-Technik aufgebaut, d. h., das Basisuhrwerk kann gleichfalls in Handaufzugs-Modellen eingesetzt werden.

Mit der 1960 eingeführten DS-Kollektion bietet Certina eine Strapazieruhr an, deren Gehäusewandung und Glasdicke auf das Doppelte verstärkt ist und in der das Werk «schwebend» mit einem elastischen Stoßdämpferring gehalten wird. Kronenabdichtung und Schraubboden bzw. Monoblock-Gehäuse garantieren eine Wasserdichtheit bis 200 m Tauchtiefe.

Certina-Cal 360

Herren-Automatic der Firma Certina von 1947 mit dem Kaliber 360.

Edelstahlgehäuse mit Druckboden.

Hammer-Schwungmasse einseitig über eine Klinkenträger-Wippe (bei 7^{00}) aufziehend.

Glucydur-Schraubenunruh, Nivarox-Spirale, Incabloc-Stoßsicherung.

Certina-Cal 21-0114

Herren-Automatic der Firma Certina um 1950 mit dem mittelgroßen EA-Kaliber 21-0114.
14k-Goldgehäuse mit Druckboden.
Werk weitgehend identisch mit dem AS-Kaliber 1323 (s. S. 32) (Gehäuse nicht original – Mariage!).

Certina-Cal 28-451
Herren-Automatic der Firma Certina von 1953 mit dem Kaliber 28-451.
Vergoldetes Gehäuse mit Schraubboden aus Edelstahl.
Rubingelagerter monometallischer Rotor mit Entriegelungsvorrichtung, beidseitig über einen Doppelhebel-Wechsler aufziehend, separate Sperrklinken-Platine, Abkopplung bei Handaufzug.
Glucydur-Schraubenunruh, Nivarox-Spirale, Incabloc-Stoßsicherung, Rückerfeinstellung mittels Exzenterschraube (Zeiger korrodiert).

Certina-Cal 25-651 M, «Argonaut»

Herren-Automatic der Firma Certina von 1974, Modell «Argonaut» mit dem Kaliber 25-651 M. Edelstahlgehäuse mit Schraubboden, Aufzugskrone mit Certina-Emblem.

Rubingelagerter Rotor mit Schwermetallreif und Entriegelungsvorrichtung, beidseitig über einen Klinkenrad-Wechsler aufziehend.

Schraubenlose Nickel-Unruh, Nivarox-Spirale, Incabloc-Stoßsicherung, Rückerfeinstellung mittels Exzenterschraube.

Certina-Cal 25-681 M, «288»

Herren-Automatic Modell «288» der Firma Certina um 1970 mit dem Schnellschwinger-Kaliber 25-681 M. Massives Edelstahlgehäuse mit Schraubboden, Aufzugskrone mit Certina-Emblem.

Weitgehend identisches Werk mit Cal 25-651 M (s. S. 79), jedoch hier mit schraubenloser Glucydur-Unruh, Clinergic 21-Ankerhemmung bei 28.800 Halbschw./Std. (daher «288»), kugelgelagertes Minutenrad.

Certina-Cal 17-351, «Mayfair»

Damen-Automatic der Firma Certina von 1972, Modell «Mayfair» mit dem Kaliber 17-351.

18k-Goldgehäuse mit Druckboden, Aufzugskrone mit Certina-Emblem.

Kugelgelagerter Rotor mit Schwermetallreif beidseitig über einen Klinkenrad-Wechsler aufziehend, komplette wechselseitige Entkopplung von Automatik- und Handaufzugsgetriebe.

Schraubenlose Glucydur-Unruh, Nivarox-Spirale, Incabloc-Stoßsicherung, Rückerfeinstellung mittels Exzenterschraube.

Kaliber-Steckbriefe

Cal 360

D = 25,6 mm (11 ½'''), H = 5,45 mm, 19 Steine

AUTOMATIK-BAUGRUPPE aufs Basiswerk geschraubt, Hammer-Aufzug in einer Richtung über Klinkenträger-Wippe, 1 kombiniertes Aufzugs- und Reduktionsrad aufs Kronrad.

BASISUHRWERK: 2-schenklige Schraubenunruh aus Glucydur, Nivarox-Spirale, 18.000 Halbschw./Std., Incabloc-Stoßsicherung, exzentrische Sekunde.

Cal 21-0114

AS-Ebauche

D = ca. 21 mm (9 ¼'''), 17 Steine

AUTOMATIK-BAUGRUPPE als komplette Einheit aufs Basiswerk geschraubt, Zentralrotor mit Schwermetallreif, Aufzug in beide Drehrichtungen über Wippenwechsler, 2 Reduktionsräder, davon das erste mit Federklinke, das zweite als Breguetkupplung zur Abtrennung bei Handaufzug, aufs Sperrad.

BASISUHRWERK: 2-schenklige Schraubenunruh aus Glucydur, Nivarox-Spirale, 18.000 Halbschw./Std., Incabloc-Stoßsicherung, indirekte Zentralsekunde.

Cal 28-451

D = 28,2 mm (12 ½'''), H = 6,5 mn

21 Steine

AUTOMATIK-BAUGRUPPE aufs Basiswer geschraubt, rubingelagerter Zentralrotc (monometallisch), Aufzug in beide Dreh richtungen über Doppelhebel-Wechsler, Reduktionsräder, davon das erste mit Feder klinke unter separater Platine, das zweite a Kupplung zur Abtrennung bei Handaufzu aufs Kronrad.

BASISUHRWERK: 2-schenklige Schraubenun ruh aus Glucydur, Nivarox-Spirale, 18.00 Halbschw./Std., Incabloc-Stoßsicherung, Rük

Kaliber-Liste · Certina/KF

Kaliber	Durchmesser Linien	Durchmesser mm	Höhe mm	Zusatz-Einrichtungen	Halb-Schw./Stunde	St.	Gang-Res. Std.	Anmerkungen Modell	Jahrg.	Abb.
15-20	6 3/4	15,3	4,6		19.800	32			1963	
15-21	"	"	"		21.600	"			1964	
17-011	7 3/4	17,5	4,8	SCD, QG, RDR	21.600	17-25		Eta-Ebauche		
17-211	7 3/4	17,2	4,95	QG	21.600	32		Basis-Cal 15-21		
17-221	"	"	"	QG	"	"				
17-351	7 3/4	17,5	4,85	SCD, QG, ST	21.600	27			1972	xx
19-45	8 3/4	19,4	5,6	SCD	18.000	23			1956	
19-451	"	"	6,25	SCD, QG	"	"				
19-55	"	"	5,6	SCD	19.800	25				
19-551	"	"	6,25	SCD, QG	"	"			1956	
21-0114	9 1/4			SCI	18.000	17		AS-Ebauche 1320	1950	xx
25-011	11 1/2	26,0	5,2	SCD, QG, RDR	21.600	17-25		Eta-Ebauche		
25-012	"	"	5,9	SCD, QG, JG, RDR	"	21		"		
25-45	11 1/2	25,6	6,0	SCD	18.000	21				
25-451	"	"	6,5	SCD, QG	"	"		Certidate	1951	
25-65	11 1/2	25,6	5,0	SCD	19.800	27			1960	
25-651	"	"	5,35	SCD, QG	"	"		Certidate	1960	
25-651 M	"	"	"	SCD, QG	"	28	46		1974	xx
25-652	"	"	5,98	SCD, QG, JG	"	27		Certiday		
25-681	"	"	5,35	SCD, QG	28.800	"		288	ca. 70	xx
25-682	"	"	5,98	SCD, QG, JG	"	"				
28-45	12 1/2	28	6,0	SCD	18.000	21		Basis-Cal 25-45		
28-451	"	"	6,5	SCD, QG	"	"		Basis-Cal 25-451	1953	xx
28-55	"	"	6,0	SCD	"	"		Basis-Cal 25-45		
360	11 1/2	25,6	5,45	s	18.000	19			1947	xx
384	"	"		SCI	"				1949	
681	13 1/4	30,0	7,6	SCD, QG, ST, REV	28.800	25		AS-Ebauche 5008	1975	
919-1	11 1/2	25,6	5,2	SCD, QG, JG, ST	28.800	25			1976	

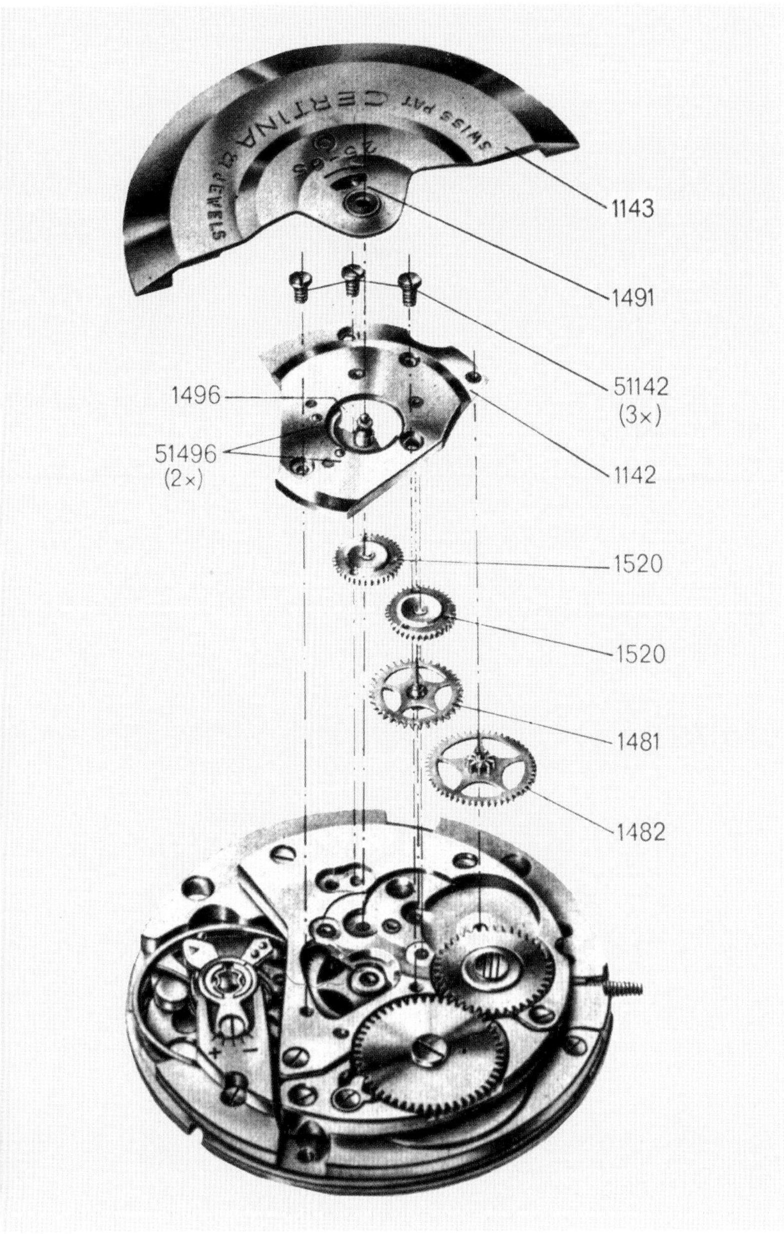

Explosivdarstellung des Certina-Kalibers 25-65 (Automatik-Baugruppe): 1520 – Klinkenräder in Zwillingsanordnung, 1481 – 1. Reduktionsrad, 1482 – 2. Reduktionsrad.

kerfeinstellung mit Exzenterschraube, direkte Zentralsekunde. Datumsanzeige mit langsamem Wechsel.

Cal 25-651 M

D = 25,6 mm (11 ½'''), H = 5,35 mm, 28 Steine

AUTOMATIK-BAUGRUPPE aufs Basiswerk geschraubt, rubingelagerter Zentralrotor mit Schwermetallreif, Aufzug in beide Drehrichtungen über Zwillings-Klinkenräder mit federlosen Ankerklinken, 2 Reduktionsräder aufs Kronrad.

BASISUHRWERK: 3-schenklige schraubenlose Nickelunruh, Nivarox-Spirale, 19.800 Halbschw./Std., Incabloc-Stoßsicherung, beweglicher Spiralklötzchenträger, Rückerfeinstellung mit Exzenterschraube, direkte Zentralsekunde, Superflexo-Antriebsfeder. Datumsanzeige mit augenblicklichem Wechsel.

Cal 25-681

D = 25,6 mm (11 ½'''), H = 5,35 mm, 27 Steine

s. Cal 25-651, jedoch mit 28.000 Halbschw./Std. und kugelgelagertem zentralem Minutenrad.

Cal 17-351

D = 17,5 mm (7 ¾'''), H = 4,85 mm, 27 Steine

AUTOMATIK-BAUGRUPPE aufs Basiswerk geschraubt, kugelgelagerter Zentralrotor mit Schwermetallreif, Aufzug in beide Drehrichtungen über 1 Zwischenrad, federlose Zwillings-Klinkenräder, 2 Reduktionsräder aufs Doppel-Sperrad. Wechselseitige Trennung von Automatik- und Handaufzugsgetriebe durch Sperradkupplung bzw. Zahnrad-Wippe zwischen Kron- und Sperrad.

BASISUHRWERK: 3-schenklige schraubenlose Glucydur-Unruh, Nivarox-Spirale, 21.600 Halbschw./Std., Incabloc-Stoßsicherung, beweglicher Spiralklötzchenträger, Rückerfeinstellung mit Exzenterschraube, direkte Zentralsekunde, indirekt geführtes Minutenrad. Datumsanzeige mit langsamem Wechsel.

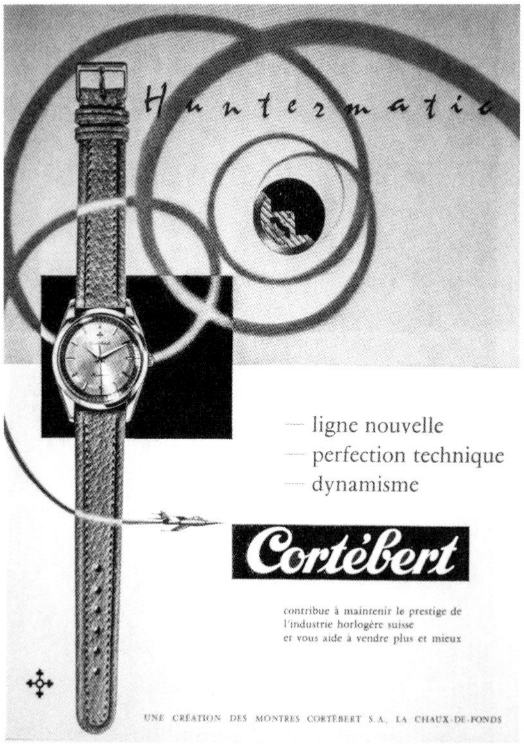

Zeitschriften-Reklame (aus SUZ 1960)

Zur Kaliber-Entwicklung

Gegründet wurde die Cortebert Watch Co. S.A. 1790 in Cortebert durch A. L. Juillard. Sie zählte damit zu den ältesten Schweizer Manufakturen und errichtete später eine zweite Produktionsstätte in La Chaux-de-Fonds.

Als einzige Automatic-Eigenentwicklung wurde 1955 die «Corterotor» vorgestellt (Cal 700 ff).

Es ist eine beidseitig aufziehende Rotor-Automatic von sehr solider Konstruktion, ohne jedoch Besonderheiten aufzuweisen, denn auch die Abtrennung des Reduktionsgetriebes während des Aufziehens von Hand zählte schon zum damaligen Standard.

Die übrigen Kaliber-Nummern beziehen sich auf Fremdwerke, die in die Uhrenmodelle von Cortebert eingebaut wurden.

Kaliber-Steckbrief

Cal 700
D = 25,6 mm(11 ½'''), H = 6,05 mm
21 Steine

AUTOMATIK-BAUGRUPPE als komplette Einheit aufs Basiswerk geschraubt, Zentralroto mit Schwermetallreif, Aufzug in beid Drehrichtungen über Wippenwechsler, 3 Reduktionsräder, davon das erste mit Sperrklinke und das dritte als Kupplung zur Schonung des Reduktionsgetriebes bei Handaufzug, aufs Kronrad.

BASISUHRWERK: 2-schenklige Schraubenunruh aus Glucydur, Nivarox-Spirale, 18.000 Halbschw./Std., Incabloc-Stoßsicherung, direkte Zentralsekunde.

Kaliber-Liste · Cortebert

Kaliber	Durchmesser Linien	Durchmesser mm	Höhe mm	Zusatz-Einrichtungen	Halb-Schw./Stunde	St.	Gang-Res. Std.	Anmerkungen Modell	Jahrg.	Abb.
270	11 1/2			SCD						
"	"			SCD, QG						
272	7									
278	11 1/2			SCD						
279	"			SCD, QG						
284	7 3/4			SCD						
285	"			SCD, QG						
286	11 1/2			SCD, QG						
290	"			SCD, QG, JG						
297	11 1/2			SCD						
298	"			SCD, QG						
301	10 1/2			SCD						
305	7 3/4			SCD	21.600					
306	"			SCD, QG	"					
451	11 1/4	24,8	5,5	SCD	18.000	17		AS-Ebauche 1250	1944	
700	11 1/2	25,6	6,05	SCD	18.000	21	45	Corterotor	1955	xx
704	"	"	6,7	SCD, QG	"	"	"			
706	"	"								

Cortebert-Cal 700

Herren-Automatic der Firma Cortebert von 1955 mit dem «Corterotor»-Kaliber 700.

Edelstahlgehäuse mit Schraubboden, Aufzugskrone mit Cortebert-Emblem.

Rotor mit Schwermetallreif beidseitig über einen Wippenwechsler aufziehend (bei 4°° unterhalb der Rotorachse), Abkopplung bei Handaufzug.

Glucydur-Schraubenunruh, Nivarox-Spirale, Incabloc-Stoßsicherung.

Zur Kaliber-Entwicklung

Gegründet 1862 in La Chaux-de-Fonds, schloß sich die Cyma Watch Co. S.A. mit der Tavannes Watch Co. S.A. zusammen und wurde 1966 von der Chronos Holding AG übernommen.

Der Werksaufbau der ersten Cyma-Automatic von 1943, das Kaliber 420, erinnert an den der «Harwood» aus dem Jahre 1929. Auch hier schlägt der Hammer gegen federnde Puffer und bewegt sich um den Außenrand eines relativ kleinen Werkes. Das Automatik-Getriebe ist bis auf den Überspannschutz fast identisch. Jedoch ist der Handaufzug über die seitliche Krone möglich, außerdem besteht das Regulierorgan aus einer modernen autokompensierenden Unruh-Spiral-Kombination.

Mitte der fünfziger Jahre wurden zwei neue Kaliber vorgestellt: «Bijoumatic» (Damen) und «Autorotor» (Herren). Beides Rotor-Automatics mit einem sehr interessanten Exzenter-Hebelgetriebe und zentralgelagertem Aufzugsrad, das in dieser Art einmalig ist. Der Zentralrotor ist mit der Achse verschieblich gelagert und wird bei Stößen an seinem äußeren Rand entweder durch einen Werksring oder den speziell ausgedrehten Gehäuseboden abgefangen. Während des automatischen Betriebs ist der Handaufzug abgetrennt. Das bis an den Gehäuserand reichende Basisuhrwerk bietet Platz für eine große Unruh. Auch das vergrößerte Federhaus ist weit an die Peripherie versetzt, bedingt aber damit die außermittige Verlagerung des Minutenrades.

Dieses Werk erscheint auch bei Longines unter der Kaliber-Nr. 380, stellt es doch eine fast konsequente Weiterentwicklung des von dieser Manufaktur 1945 eingeführten Exzenter-Aufzuges dar. Cyma baute dann später, wie auch Anfang der fünfziger Jahre, Fremdwerke in ihre Uhrenmodelle ein.

Kaliber-Steckbriefe

Cal R 420

D = 23 mm (10 ½'''), H = 5,9 mm, 17 Steine

AUTOMATIK-BAUGRUPPE als komplette Einheit mit 2 Schrauben auf dem Basiswerk befestigt, rubingelagerter Hammer durch federnde Puffer begrenzt, Aufzug in einer Richtung über Hammer-Klinke, zentralgelagertes Klinkenrad, 2 Reduktionsräder, davon das erste mit Sperrklinke, aufs Sperrad.

BASISUHRWERK: 2-schenklige Schraubenunruh aus Glucydur, autokompensierende Flachspirale, 18.000 Halbschw./Std., Cymaflex-Stoßsicherung, indirekte Zentralsekunde, chatonierte Rubinlager.

Cal R 485

D = 28,0 mm (12 ½'''), H = 5,7 mm, 27 Steine

AUTOMATIK-BAUGRUPPE als komplette Einheit aufs Basiswerk geschraubt, rubingelagerter Zentralrotor mit Schwermetallrei und axialer Stoßsicherung, Aufzug in beide Drehrichtungen über Rotor-Exzenter, 2 Aufzugshebel mit rubingelagerten Rollen, die jeweils wechselseitig vom Exzenter ausgelenkt werden und das zentralgelagerte Aufzugsrad über federnde Klinken fortschalten, 1 Reduktionsrad aufs Sperrad. Entkopplung vom Handaufzugsgetriebe durch Zahnrad-Wippe zwischen Kron- und Reduktionsrad.

BASISUHRWERK: 2-schenklige Schraubenunruh aus Glucydur, Nivarox-Spirale, 18.000 Halbschw./Std., Cymaflex-Stoßsicherung, direkte Zentralsekunde über doppeltem Kleinbodenrad, auf durchbohrter Rubinachse drehend, indirekt geführter Minutenzeiger. Datumsanzeige mit augenblicklichem Wechsel.

Kaliber-Liste · Cyma

Kaliber	Durchmesser Linien	Durchmesser mm	Höhe mm	Zusatz-Einrichtungen	Halb-Schw./Stunde	St.	Gang-Res. Std.	Anmerkungen Modell	Jahrg.	Abb.
420	11 1/2	23	5,8		18.000	17	36			
420 KT	"	"	5,9	SCI	"	"	"		1943	xx
425	8 3/4			SCI, QG	18.000					
470	8	18,0	5,4	SCD	18.000			Bijoumatic	ca. 54	
471	"	"			"					
480	12 1/2	28,0	5,2	SCD	18.000	27	40	Autorotor	ca. 55	
480.1	"	"			"	"	"	"		
481	"	"			"	"	"	"		
482	"	"		QG	"	"	"	"		
485	"	"	5,7	SCD, QG	"	"	"	"	ca. 57	xx
485.1	"	"			"	"	"	"		
504	7 3/4			SCD, QG	21.600					
804	11 1/2			SCD, QG	21.600			Eta- Ebauche		
814	"			SCD, QG	36.000			"		
824	"			SCD, QG, JG	21.600			"		
834	"			SCD, QG	36.000			"		

Cyma-Cal 420 KT

Herren-Automatic Modell «Watersport» der Firma Cyma von 1943 mit dem Kaliber 420 KT.
Quadratisches Edelstahlgehäuse mit verschraubtem Schalenboden und geteilter Aufzugswelle.
Rubingelagerter Hammer beidseitig über ein Automatik-Getriebe vom Harwood-Typ aufziehend
Glucydur-Schraubenunruh, Nivarox Spirale, Cymaflex-Stoßsicherung.

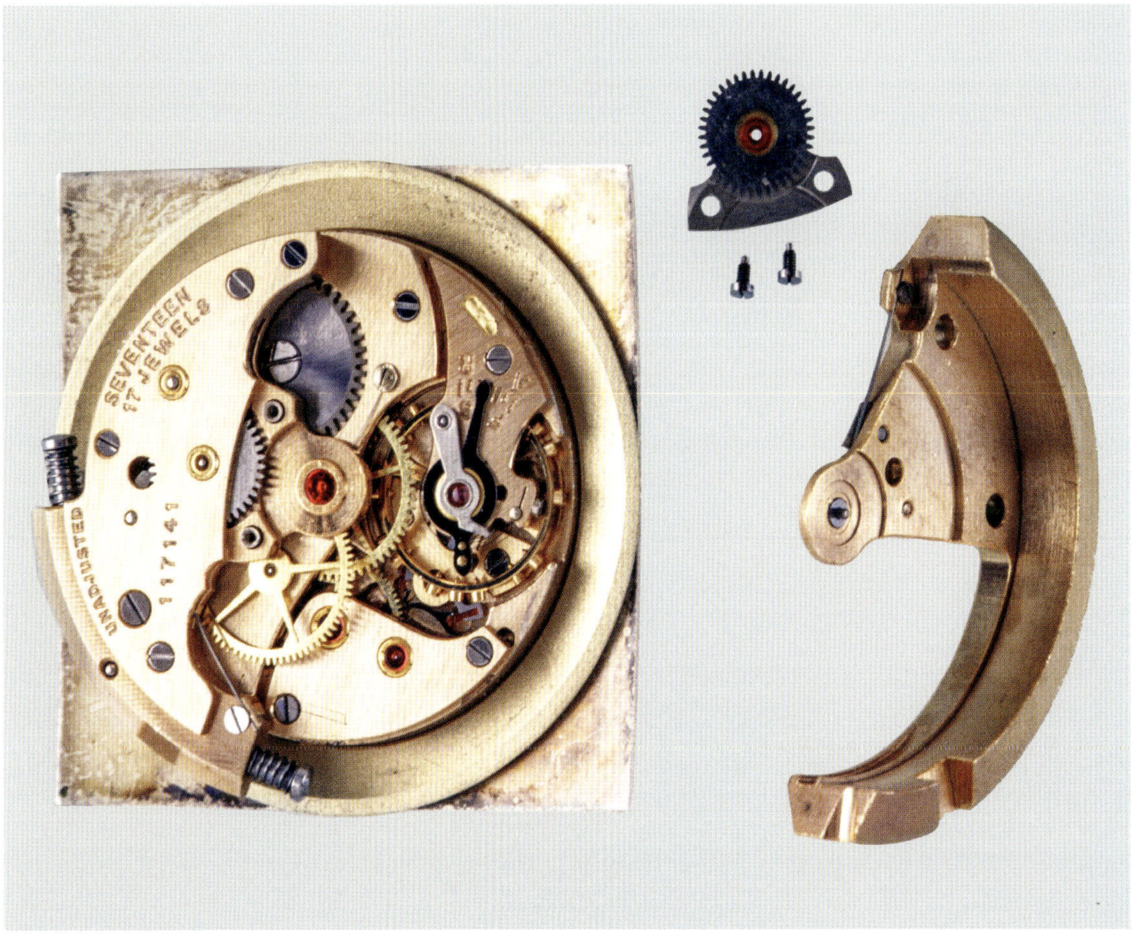

Cyma-Cal 485, «Autorotor»

Herren-Automatic der Firma Cyma um 1957, Modell «Navystar», mit dem «Autorotor»-Kaliber 485.
Vergoldetes Gehäuse mit Schraubboden aus Edelstahl, versenkte Aufzugskrone.
Rubingelagerter Rotor mit Schwermetallreif und Entriegelungs-Vorrichtung, sowie Stoßsicherung (durch federnde Achse und Sicherheitsboden), beidseitig über einen Exzenter-Wechsler aufziehend (im Zentrum direkt unter dem Rotor), Abkopplung vom Handaufzugsgetriebe.
Glucydur-Schraubenunruh, Nivarox-Spirale, Cymaflex-Stoßsicherung (Gehäuse mit deutlichen Gebrauchsspuren).

Zur Kaliber-Entwicklung

Als Hersteller von Roskopf-Rohwerken entstand 1932 die Fabrique d' ébauches de Bettlach S.A. durch den Aufkauf der Kummer S.A. in Bettlach.

Unter der Kaliber-Nr. 1575 erschien 1958 das erste firmeneigene automatische Stiftankerwerk auf dem Markt. Wie auch bei allen folgenden EB-Konstruktionen zieht der Rotor nur einseitig auf. Gerade die Hersteller von Uhrwerken der unteren Preiskategorie nutzten die modernsten Getriebetechnologien, besonders, wenn sie zu einer Vereinfachung des Werksaufbaus führten und hohe Funktionssicherheit garantierten. So findet man im Nachfolgekaliber aus der Mitte der sechziger Jahre eine interessante Lösung für das zentral angeordnete kombinierte Aufzugs- und Sperrad.

Kaliber-Steckbrief

Cal 8127

D = 25,6 mm (11 ½'''), H = 5,4 mm, 21 Steine

AUTOMATIK-BAUGRUPPE aufs Basiswerk geschraubt. Monometallischer Rotor mit Gleitlagerung, Aufzug in eine Drehrichtung über ein zentralgelagertes, kombiniertes Aufzugs- und Sperrad, 2 Reduktionsräder aufs Sperrad des Federhauses.

BASISUHRWERK: Ringunruh aus Messing, Nivarox-Spirale, 18.000 Halbschw./Std., Kif-Trior-Stoßsicherung, Stiftanker-Hemmung, direkte Zentralsekunde, indirekt geführter Minutenzeiger. Datumsanzeige mit augenblicklichem Wechsel.

Kaliber-Liste · Ebauches Bettlach/EB

Kaliber	Durchmesser Linien	Durchmesser mm	Höhe mm	Zusatz-Einrichtungen	Halb-Schw./Stunde	St.	Gang-Res. Std.	Anmerkungen Modell	Jahrg.	Abb.
1575 /N	11 1/2	25,6	6,7	SCI	18.000				1958	
8100	8 3/4	19,4	4,8	s	18.000					
8101	"	"		SCI	"					
8103	"	"		SCD	"					
8104	"	"	5,4	s, QG	"					
8105	"	"		SCI, QG	"	21				
8107	"	"		SCD, QG	"					
8120	11 1/2	25,6	4,8	s	18.000					
8121	"	"	"	SCI	"					
8123	"	"	"	SCD	"					
8124	"	"	5,4	s, QG	"					
8125	"	"	"	SCI, QG	"					
8127	"	"	"	SCD, QG	"	21				xx
8131	11 1/2	25,6	4,8	SCD	18.000					
8135	"	"	5,4	SCD, QG, RDR	"					
8137	"	"	5,9	SCD, QG, JG, RDR	"					
8155	8 3/4	19,4	5,55		18.000	21			1967	
8175	11 1/2	25,6	5,55	SCD	18.000				1967	
8177	11 1/2	25,6		SCD, QG	18.000					

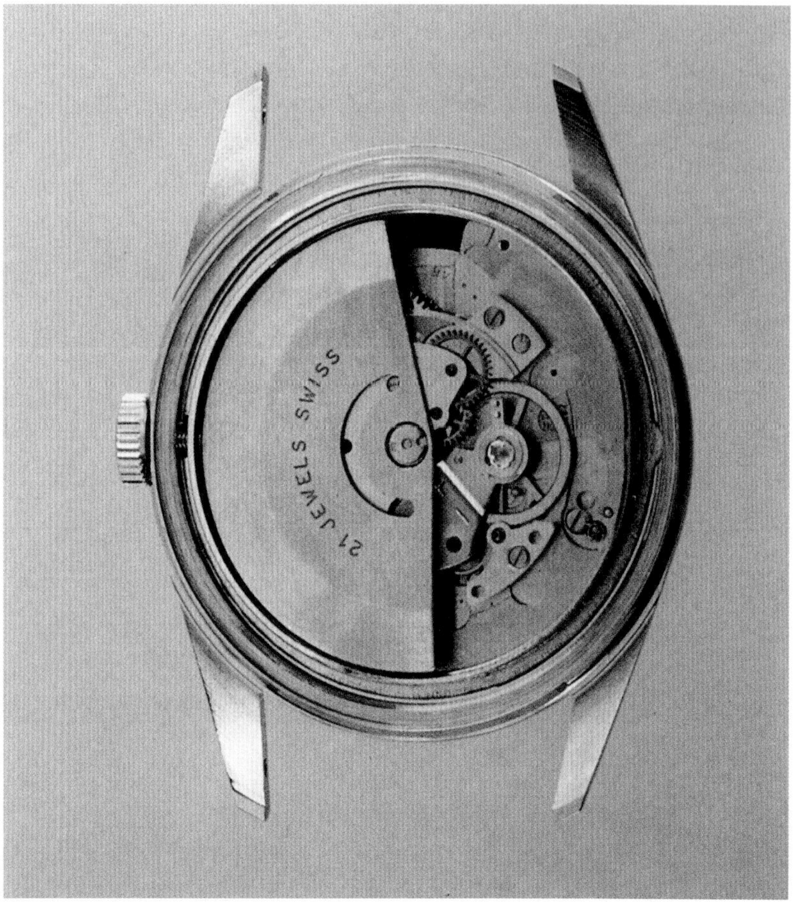

Ebauches Bettlach Cal 8127, «Tirza»

Herren-Automatic der Marke «Tirza» aus den siebziger Jahren mit dem Kaliber 8127 von Ebauches Bettlach (EB).
Verchromtes Gehäuse mit Schraubboden aus Edelstahl.
Monometallischer Rotor, einseitig über ein Getriebe vom Harwood-Typ aufziehend.
Ringrotor aus Messing, Nivarox-Spirale, Kif-Trior-Stoßsicherung, Stiftankerhemmung.

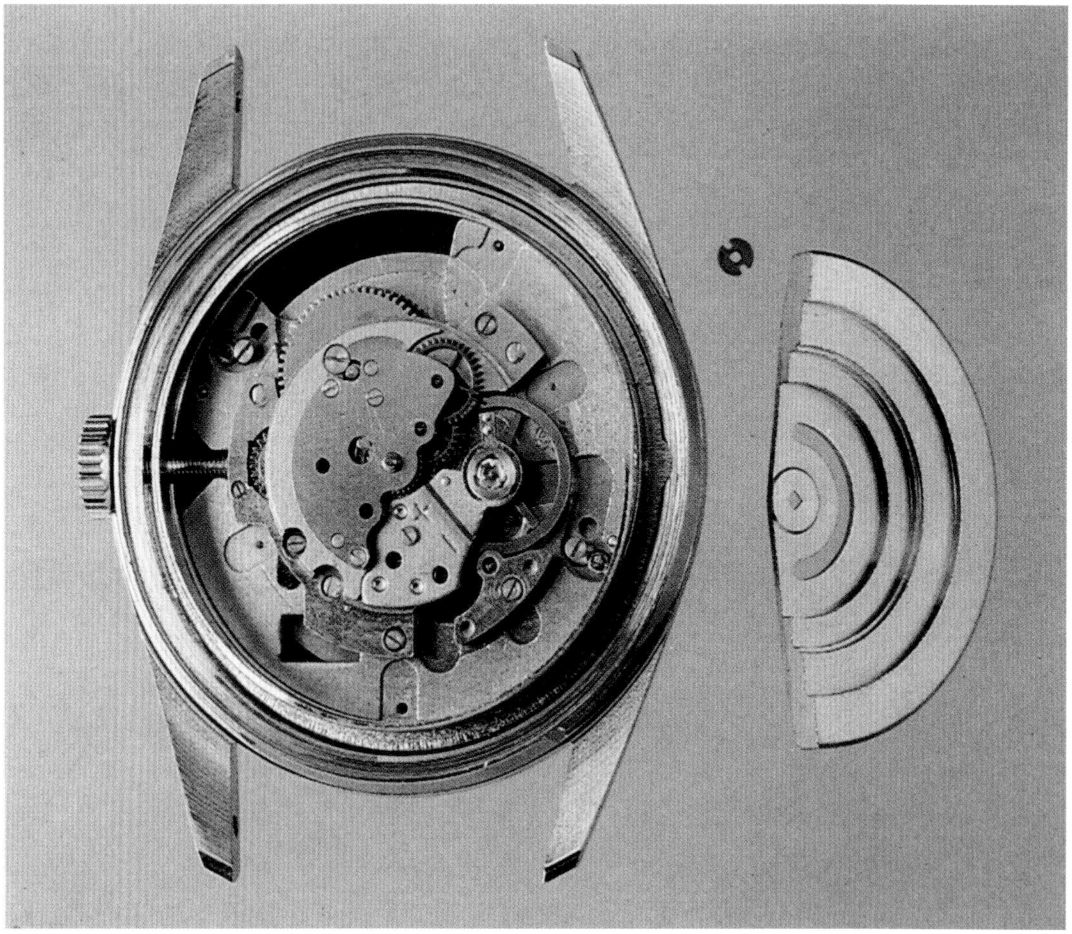

Zur Kaliber-Entwicklung

Ariste Racine (AR) gründete 1913 die Manufaktur in La Chaux-de-Fonds und verlegte wenige Jahre später den Firmensitz nach Lengnau.

Die ersten Enicar-Automatics waren mit AS- und Eta-Werken ausgerüstet. Um 1962 brachte man jedoch eine eigene Konstruktion zur Fertigungsreife. Dieses als «Rubirotor» bezeichnete Kaliber 1124 arbeitet mit einem auf Rubinkugeln gelagerten Zentralrotor, der beidseitig aufzieht. Als Wechselrichter verwendet man Breguet-Freiläufe, ähnlich denen von Bulova (s. dort). Das Drehmoment der Schwungmasse wurde so mit dem des Gleitzaumes im Federhaus abgestimmt, daß bei Vollaufzug ein Gleichgewicht besteht und das vorzeitige Verschleißen der Rutschkupplung vermieden werden konnte.

Ab Mitte der sechziger Jahre wurde dieses Kaliber in wenig abgewandelter Art in die über 100 verschiedenen «Sherpa»-Modelle eingebaut.

Kaliber-Steckbrief

Cal 165

D = 26 mm (11 ½'''), H = 4,9 mm, 24 Steine

AUTOMATIK-BAUGRUPPE als komplette Einheit ins Basiswerk integriert. Kugelgelagerter Zentralrotor mit Schwermetallreif, Aufzug in beide Drehrichtungen über Breguet-Freiläufe in Zwillingsanordnung, 1 Reduktionsrad aufs untere Sperrad. Abtrennung vom Handaufzugsmechanismus durch federndes Schieberitzel zwischen Kron- und oberem Sperrad.

BASISUHRWERK: 3-schenklige schraubenlose Glucydur-Unruh, Nivarox-Spirale, 21.600 Halbschw./Std., Incabloc-Stoßsicherung, beweglicher Spiralklötzchenträger, Rückerfeinstellung mit Exzenterschraube, direkte Zentralsekunde. Datumsanzeige mit Schnellkorrektur.

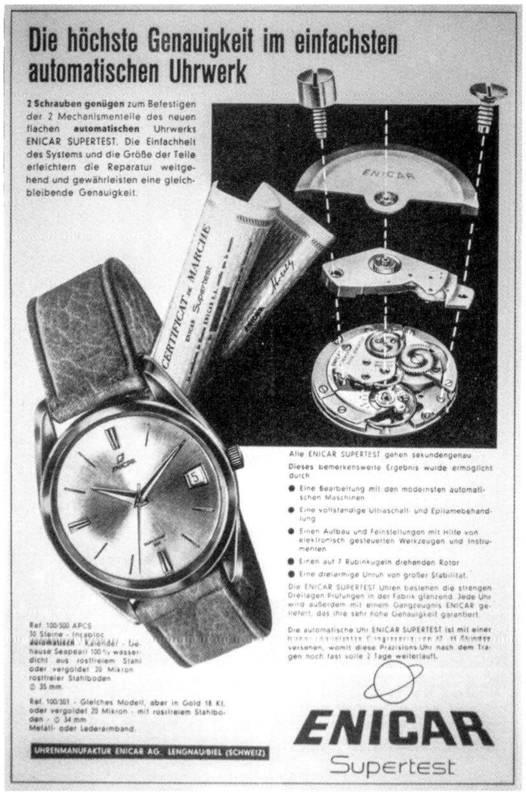

Zeitschriften-Reklame (aus ÖU 1957)

Kaliber-Liste · Enicar/AR

Kaliber	Durchmesser Linien	mm	Höhe mm	Zusatz-Einrichtungen	Halb-Schw./ Stunde	St.	Gang-Res. Std.	Anmerkungen Modell	Jahrg.	Abb.
122	11 1/2	26,0		s	21.600	29		einseitiger Aufzug		
165	"	"	4,9	SCD, QG	"	24	44	Sherpa-Star	1967	xx
177	"	"		SCD, QG, JG	18.000					
197	"	"		SCD, QG, JG	21.600					
257	13			SCD, QG	18.000					
297	13			SCD, QG, JG	21.600					
764	7 3/4	17,5	4,5	SCD	21.600			Ebauche Eta 2550	ca. 66	
765	"	"		SCD, QG	"			Ebauche Eta 2551		
1034	11 1/2	26,0	5,8	SCD	18.000			Ebauche AS 1423	ca. 52	
1035	"	"	6,0	SCD, QG	"			Ebauche AS 1447		
1124	11 1/2	26,0	4,9	SCD,	18.000	30	44	Rubirotor	ca. 62	
1125	"	"		SCD, QG	"	"	"	"		
1126	"	"		SCD, QG (24 STD.)	"	"	"	"		
1144	11 3/4	26,8	4,9	SCD	"	"	"	"		
1145 /B	"	"		SCD, QG	"	"	"	"		
1146	"	"		SCD, QG (24 STD.)	"	"	"	"		
1146 /B	"	"		SCD, QG	"	"	"	"		
1147 /B	"	"		SCD, QG, JG	"	"	"	"		
1177	"	"		SCD, QG, JG	"	"	"	"		
1650				SCD, QG	21.600	27				

Enicar-Cal 165

Herren-Automatic Modell «Sherpa Star» der Firma Enicar um 1967 mit dem Kaliber 165. Tonneauförmiges, stark abgeschrägtes Edelstahlgehäuse mit Schraubboden und Saphirglas, Aufzugskrone mit Enicar-Symbol. Kugelgelagerter Rotor mit Schwermetallreif, beidseitig über einen Breguetkupplungswechsler aufziehend (ein Wechslerrad bei 2^{oo} erkennbar), Abkopplung vom Handaufzugsgetriebe.
Schraubenlose Glucydur-Unruh, Nivarox-Spirale, Incabloc-Stoßsicherung, Rückerfeinstellung über Exzenterschraube.

Zur Kaliber-Entwicklung

Im Jahre 1932 trennte sich das Eterna-Unternehmen von seiner Rohwerkeproduktion und ließ sie als eigenständige Firma, die «ETA S.A.», der Ebauches S.A. beitreten, in der die wichtigsten Schweizer Rohwerkehersteller zusammengeschlossen waren (s. u. AS). Zwischen ETA und Eterna bestanden jedoch weiterhin enge Verbindungen in Entwicklung und Produktion. Diese Zusammenarbeit ist auch beim Betrachten der ersten von ETA hergestellten Automatic-Werke aus dem Jahre 1949/50, dem Kaliber 1216 für Damen- und 1256 für Herrenuhren, nicht zu verkennen. Sie sind beide mit einem Rotor ausgestattet, der über das von Eterna patentierte federlose Doppel-Klinkenrad in beide Drehrichtungen aufzieht. Während in der sonst fast identisch aufgebauten «Eterna-Matic» der Rotor auf einem Miniatur-Kugellager läuft, wurde von ETA ein nachjustierbares, konisches Gleitlager eingesetzt.

Die nächsten Kaliber-Entwicklungen aus den Jahren 1952/53 erhalten eine moderne Getriebeanordnung mit dem indirekt geführten Minutenzeiger neben der schon im Vorgängermodell vorhandenen direkten Zentralsekunde und verbesserte, jetzt nebeneinander liegende Klinkenräder. Das Damenwerk konnte verkleinert werden und erreicht einen Produktionsumfang von 3 Millionen Stück.

Die nachfolgenden ETA-Entwicklungen sind bis in die siebziger Jahre hinein nach diesem Prinzip aufgebaut und lassen sich durch ihre charakteristischen Zwillings-Klinkenräder leicht erkennen. Sie unterscheiden sich voneinander nur in der abnehmenden Werkshöhe (was u. a. durch den Einsatz von flacheren Zahnrädern aus Beryl-liumbronze zu erreichen war), der Rotorlagerung, einer Ankerhemmung mit zunehmender Schwingungszahl bis zum Schnellschwinger mit 36.000 Halbschw./Std., sowie durch Zusatzeinrichtungen wie den augenblicklichen Datumswechsel mit Schnellkorrektur, der Anzeige des Wochentages und dem Sekundenstopp.

Mit der Vorstellung des «Flat line»-Kalibers 2890 gelang den ETA-Ingenieuren 1976 die konstruktions- und produktionstechnische Anpassung an die automatisierte Massenproduktion des seit 1962 in der «Eterna-Matic 3000» eingebauten (s. dort), damals flachsten Automatic-Werks mit Zentralsekunde und Datum. Man konnte damit ein preiswertes, robustes Präzisionswerk mit sicherem automatischen Aufzug anbieten, das mit seinem auffallend großen Rotor-Kugellager auch noch in den meisten der heutigen Armbanduhren anzutreffen ist und sogar von renommierten Schweizer Manufakturen verwendet wird.

Die über 20 Jahre reichende Entwicklungsfolge der ETA-Automatic läßt wesentliche Kaliberveränderungen vermissen und gibt damit einen sicheren Hinweis auf die weitblickende anfängliche Grundkonzeption. ETA ist u. a. der erfolgreichste Rohwerkehersteller für automatische Damenuhren.

Kaliber-Steckbriefe

Cal 1216

D = 20,5 mm (9 ¼'''), H = 5,35 mm, 17 Steine

AUTOMATIK-BAUGRUPPE als komplette Einheit aufs Basiswerk geschraubt. Monometallischer Zentralrotor mit konischem Gleitlager, Aufzug in beide Drehrichtungen über patent. federloses Doppel-Klinkenrad mit Wechselrad, 2 Reduktionsräder aufs Sperrad, Kronrad-Wippe zur Abkopplung des Handaufzugsgetriebes.

BASISUHRWERK: 2-schenklige Schraubenunruh aus Glucydur, Nivarox-Spirale, 18.000 Halbschw./Std., Incabloc-Stoßsicherung, direkte Zentralsekunde.

Cal 1256

D = 25,6 mm (11 ½'''), H = 5,9 mm, 17 Steine (Gangreserve-Anzeige)

AUTOMATIK-BAUGRUPPE als komplette Einheit aufs Basiswerk geschraubt. Monometallischer Zentralrotor, Aufzug in beide Drehrichtungen über federloses Doppel-Klinkenrad (patent.) mit Wechselrad, 2 Reduktionsräder aufs doppelte Kronrad zur Abkopplung des Handaufzugsgetriebes.

BASISUHRWERK: 2-schenklige Schraubenunruh aus Nickel, Nivarox-Spirale, 18.000 Halbschw./Std., Incabloc-Stoßsicherung, Ankerrad zwischen Decksteinen gelagert, direkte Zentralsekunde, Differentialgetriebe.

Cal 2472

D = 25,6 mm (11 ½'''), H = 5,2 mm, 21 Steine

AUTOMATIK-BAUGRUPPE als komplette Einheit aufs Basiswerk geschraubt, Zentralrotor mit Schwermetallreif und konischem Rubin-Gleitlager, Aufzug in beide Drehrichtungen über federlose Zwillings-Klinkenräder, 2 Reduktionsräder aufs Sperrad, Kronrad-Wippe zur Abkopplung des Handaufzugsgetriebes.

BASISUHRWERK: 3-schenklige schraubenlose Glucydur-Unruh, Nivarox-Spirale, 18.000 Halbschw./Std., Incabloc-Stoßsicherung, beweglicher Spiralklötzchenträger, direkte Zentralsekunde, indirekt geführter Minutenzeiger. Datumsanzeige mit augenblicklichem Wechsel.

Cal 2670

D = 17,5 mm (7 ¾'''), H = 4,8 mm, 21 Steine

AUTOMATIK-BAUGRUPPE als komplette Einheit aufs Basiswerk geschraubt, Zentralrotor mit Schwermetallreif, Aufzug in beide Drehrichtungen über federlose Zwillings-Klinkenräder, 2 Reduktionsräder aufs Sperrad, verschieblich gelagertes Kronrad zur Abkopplung des Handaufzugsmechanismus.

BASISUHRWERK: 3-schenklige schraubenlose Nickel-Unruh, Nivarox-Spirale, 28.800 Halbschw./Std., Incabloc-Stoßsicherung, beweglicher Spiralklötzchenträger, direkte Zentralsekunde, indirekt geführter Minutenzeiger.

Cal 2738

D = 25,6 mm (11 ½''')

AUTOMATIK-BAUGRUPPE als komplette Einheit aufs Basiswerk geschraubt. Kugelgelagerter Zentralrotor mit Schwermetallreif, Aufzug in beide Drehrichtungen über federlose Zwillings-Klinkenräder, 2 Reduktionsräder aufs Sperrad, verschiebbar gelagertes Kronrad zur Entkopplung des Handaufzugsgetriebes.

BASISUHRWERK: 3-schenklige schraubenlose Glucydur-Unruh, Nivarox-Spirale, 36.000 Halbschw./Std., Incabloc-Stoßsicherung, Triovis-Feinsteller mit beweglichem Spiralklötzchenträger, Clinergic-21-Ankerhemmung, direkte Zentralsekunde, indirekt geführter Minutenzeiger. Sekunden-Stopp, Datumsanzeige mit augenblicklichem Wechsel und Schnellkorrektur, Angabe des Wochentages.

Eta-Cal 1216, «Paté»

Damen-Automatic der Marke «Paté» von 1950 mit dem ersten automatischen Eta-Kaliber 1216.
Vergoldetes Gehäuse mit Schraubboden aus Edelstahl.
Monometallischer Zentralrotor beidseitig über einen patent. Klinkenrad-Wechsler aufziehend (bei 9^{oo}), Abkopplung des Handaufzugsgetriebes. Automatik-Baugruppe als komplette Einheit abnehmbar.
Glucydur-Schraubenunruh, Nivarox-Spirale, Incabloc-Stoßsicherung (Zifferblatt korrodiert, Gehäuse mit Gebrauchsspuren).

ta-Cal 1256, «Indimatic»
erren-Automatic der Marke «Solita» von 951 mit dem ersten großen automatischen otor-Kaliber 1256 von Eta, komplettiert iit einer Gangreserveanzeige im Modell Indimatic».
erchromtes Staybrite-Gehäuse mit chraubboden aus Edelstahl.
onometallischer Rotor beidseitig über nen Klinkenrad-Wechsler aufziehend (als atent. Doppelklinkenrad bei 7^00^), Ab- opplung des Handaufzugsgetriebes.
chraubenunruh aus Nickel, Nivarox- pirale, Incabloc-Stoßsicherung.

Eta-Cal 2472, «Doxa»

Taucher-Automatic der Firma Doxa von 1967, Modell «Sub 300 T searambler», mit einem Eta-Kaliber 2472 (Doxa 118).

Massives Edelstahlgehäuse mit Schraubboden und -krone, Drehlünette mit einseitiger Sperre, Mineralglas.

Rotor mit Schwermetallreif beidseitig über einen Klinkenwechsler aufziehend (in Eta-typischer offener Zwillingsanordnung bei 2^{00}), Abkopplung des Handaufzugsgetriebes.

Schraubenlose Glucydur-Unruh, Nivarox-Spirale, Incabloc-Stoßsicherung.

Eta-Cal 2670

Damen-Automatic der deutschen Marke «Stowa» um 1970 mit dem Schnellschwinger-Kaliber 2670 der Firma Eta.
Vergoldetes Gehäuse mit Schraubboden aus Edelstahl.
Rotor mit Schwermetallreif, beidseitig über einen patent. Klinkenrad-Wechsler aufziehend (bei 2 und 3^{00}*), Abkopplung vom Handaufzugsgetriebe.*
Schraubenlose Nickel Unruh, Nivarox-Spirale, Incabloc-Stoßsicherung (Aufzugskrone ersetzt).

Eta-Cal 2738

Herren-Automatic als Chronometer-Modell «Fast Beat» der Firma Ebel um 1970 mit dem Schnellschwinger-Kaliber 2738 der Firma Eta.

Tonneauförmiges Edelstahlgehäuse mit Schraubboden.

Kugelgelagerter Rotor mit Schwermetallreif, beidseitig über einen patent. Klinkenrad-Wechsler aufziehend (bei 2 und 3°°), Abkopplung vom Handaufzugsgetriebe.

Schraubenlose Glucydur-Unruh, Nivarox-Spirale, Incabloc-Stoßsicherung, Triovis-Feinsteller.

Eta-Cal (2824), «Ulysse Nardin»

Herren-Automatic als Schnellschwinger-Chronometer der Firma Ulysse Nardin (Cal NB11 QU) mit einem Eta-Rohwerk (ähnlich Cal 2824).

Edelstahlgehäuse mit Schraubboden, Aufzugskrone mit Ulysse Nardin-Emblem. Stopp-Vorrichtung.

Kugelgelagerter Rotor mit Schwermetallreif, beidseitig über einen Klinkenrad-Wechsler aufziehend (halbverdeckt bei 2°°), Abkopplung des Handaufzugsgetriebes.

Schraubenlose Glucydur-Unruh, autokompensierende Flachspirale, Incabloc-Stoßsicherung, Rückerfeinstellung über Exzenterschraube.

Eta-Cal 2872

Herren-Automatic der Firma Eterna um 1975 mit dem Eta-Schnellschwinger-Kaliber 2872. Edelstahlgehäuse mit Schraubboden, Aufzugskrone mit Kugelsymbol. Kugelgelagerter Rotor mit Schwermetallreif, beidseitig über einen patent. Klinkenrad-Wechsler aufziehend, Abkopplung vom Handaufzugsgetriebe.
Schraubenlose Nickel-Unruh, Nivarox-Spirale, Incabloc-Stoßsicherung, Rückerfeinstellung über Exzenterschraube.

Kaliber-Liste · ETA

Kaliber	Durchmesser Linien	Durchmesser mm	Höhe mm	Zusatz-Einrichtungen	Halb-Schw./Stunde	St.	Gang-Res. Std.	Anmerkungen Modell	Jahrg.	Abb.
1216	9 1/4	20,5	5,35	SCD	18.000	17			1950	xx
1217	10		"	SCD	"	"		Basis-Cal 1216		
1218	8 1/4		"	SCD	"	"		"		
1256	11 1/2	25,6	5,9	SCD	18.000	17	40		1950	xx
1257	"	"		SCD	"	"	"			
1258	"	"		SCD, QG	"	"	"			
1259	"	"		QG	"	"	"			
1285	"	"		SCD	"	"	"			
1286	"	"		SCD	"	"	"			
1306	9 3/4	21,7	5,6	SCD	18.000					
1307	10 1/2	23,3	"	SCD	"					
1308	8 3/4	19,4	"	SCD	"					
1309	9 1/4	20,5	"	SCD	"					
1310	"	"	"	SCD	"					
1315	"	"		SCD	"					
1316	"	"		SCD	"					
1317	10 1/2	23,3		SCD	"					
1318	8 3/4	19,4		SCD	"					
1320	9 1/4	20,5		SCD	"					
1322	8 3/4	19,4		SCD	"					
2365	7 3/4	17,2	5,3	SCD	18.000	17			1952	
2366	"	"	"		"					
2367	8 1/4	18,3	"	SCD	"	"				
2368	"	"	"		"					
2369	7 3/4	17,2	5,6	SCD, QG, RDR	"	"				
2375	11 1/2	25,6	5,9	SCD	18.000				1953	
2377	13			SCD, QG	"					
2378	11 1/2	25,6		SCD, QG	"					
2379	"	"		SCD	"					
2380	"			SCD	"					
2381	"			SCD, QG	"					
2425	6 3/4	15,3	5,2		18.000				1956	
2428	"	"	"		21.600					
2446	7 3/4	17,3	5,3	SCD	18.000	21				
2447	"	17,5	5,6	SCD, QG	"	"				
2450	10 1/2	23,5	5,2	SCD	18.000		40			
2451	11 1/2	25,6	"	SCD	"		"		1956	
2452	"	"	"	SCD, QG, RDR	"		"			
2453	"	"	"	SCD	"		"			
2454 /55 /57	"	"	"	SCD, QG	"		"			
2456	10 1/2			SCD, QG	"					
2458	"			SCD	"					
2459	11 1/2	25,6		SCD	"					
2460	"	"		SCD, QG	"					
2461	"	26,0	5,2	SCD	"	25				

Kaliber-Liste · ETA

Kaliber	Durchmesser		Höhe	Zusatz-Einrichtungen	Halb-Schw./Stunde	St.	Gang-Res. Std.	Anmerkungen Modell	Jahrg.	Abb.
	Linien	mm	mm							
2462	11 1/2	26,0	5,2	SCD, QG	18.000	25				
2463	"			SCD, QG	"					
2464	10 1/2			SCD, QG	"					
2465	11 1/2	25,6		SCD	"					
2471	"	"		SCD	"					
2472 /74 /75	"	"	5,2	SCD, QG, RDR	"	21	40			xx
2483	"	26,0	5,2	SCD	"	25				
2484	"	"	"	SCD, QG	"	"				
2520 /R	11 1/2	25,6	4,5	SCD	18.000				1959	
2522 /R	"	"	"	SCD, QG	"			s. Roamer Cal 474	1959	(xx)
2524 /25	"	"	"	SCD	"					
2526 /27	"	"	"	SCD, QG	"					
2528	"	"	"	SCD	"					
2529	"	"	"	SCD, QG	"					
2532 /R	"	"	"	SCD, QG	"					
2538 /R	"	"		SCD, QG, JG	"					
2539 /R	13			SCD, QG, JG	"					
2550 /R	7 3/4	17,5	4,5	SCD	21.600	23		s. Roamer 472	1966	(xx)
2551 /55	"	"	"	SCD, QG, RDR	"	21				
2554	"	"	4,5	SCD	"	"				
2570 /80	6 3/4			SCD	"					
2620 /R	11 1/2	25,6	4,6	SCD	21.600					
2622 /R	"	"	"	SCD, QG, RDR	"					
2623 /R	13	29,0	"	SCD, QG, RDR	"					
2630 /32 /37	11 1/2	25,6		SCD, QG	"					
2638 /R	"	"	5,05	SCD, QG, JG, RDR	"					
2639 /R	13	29,0	"	SCD, QG, JG, RDR	"					
2650	7 3/4	17,2	4,8	SCD	21.600					
2651	"	"	"	SCD, QG	"					
2658	"	"	5,35	SCD, QG, JG	"					
2670	7 3/4	17,5	4,8	SCD	28.800	21/25				xx
2671	"	"	"	SCD, QG	"	"				
2677	"	"	"	SCD, QG	"				1971	
2678	10 1/4	23,3	5,35	SCD, QG, JG	"				ca. 73	
2722 /R	11 1/2	25,6		SCD	28.800					
2724 /R	"	"		SCD	"					
2728	"	"		SCD	"					
2732 /R	"	"		SCD	36.000					
2734 /R	"	"		SCD	"					
2738	"	"		SCD, QG, JG, RDR, ST	"					xx
2770	11 1/2	25,6	5,2	SCD	21.600			19,7 Mill. produziert	1969	
2771	"	"		SCD	28.800					
2772 /73	"	"	5,2	SCD, QG, RDR	21.600	25		s. Longines L 633.1	ca. 72	(xx)
2774	"	"		SCD, QG, RDR, ST	28.800					

Kaliber-Liste · ETA

Kaliber	Durchmesser Linien	Durchmesser mm	Höhe mm	Zusatz-Einrichtungen	Halb-Schw./Stunde	St.	Gang-Res. Std.	Anmerkungen Modell	Jahrg.	Abb.
2776	11 1/2	25,6	5,2	SCD	21.600	25				
2778	"	"	5,9	SCD, QG, JG, RDR	"					
2779	"	"		SCD, QG, JG, RDR	"					
2782	"	"	5,2	SCD, QG, JG	"					
2783	"	"	"	SCD, QG	"	25			ca. 74	
2784	"	"	"	SCD, QG	28.800	"				
2788	"	"	5,9	SCD, QG	21.600					
2789	"	"		SCD, QG, JG, RDR	"					
2790	"	"		SCD, QG, JG	28.800					
2820	11 1/2	25,6	4,6							
2824	"	"	"	SCD, QG, ST	28.800	17/25	40	ähnl. s. Ulysse-Nardin NB11QU	1972	xx
2834	13	29,0	5,05	SCD, QG, JG	"	25				
2870	11 1/2	25,6	5,2					Gabarit	1975	
2872	"	"		SCD, QG, RDR	28.800	25				xx
2890	12 1/2		3,6		28.800			Flat line, s. Eterna 12890	1976	(xx)
2892	"		"		"					

Cal (2824)

Ulysse-Nardin, D = 25,6 mm (11 ½'''), H = 4,6 mm, 25 Steine
Grundaufbau ähnlich Cal 2738.

Cal 2872

Eta-Ebauches (Gabarit), D = 25,6 mm (11 ½'''), 21 Steine
AUTOMATIK-BAUGRUPPE als komplette Einheit aufs Basiswerk geschraubt, kugelgelagerter Zentralrotor mit Schwermetallreif, Aufzug in beide Drehrichtungen über federlose Zwillings-Klinkenräder, 2 Reduktionsräder aufs Sperrad. Verschiebbar gelagertes Kronrad zur Abkopplung vom Handaufzugsgetriebe.
BASISUHRWERK: 3-schenklige schraubenlose Glucydur-Unruh, Nivarox-Spirale, 28.800 Halbschw./Std., Incabloc-Stoßsicherung, Etachron-Rückersystem (beweglicher Spiralklötzchenträger und Rückerfeinstellung über Exzenterschraube), direkte Zentralsekunde, indirekt geführter Minutenzeiger, Eloxal-Federhaus GL. Datumsanzeige mit augenblicklichem Wechsel und Schnellkorrektur.

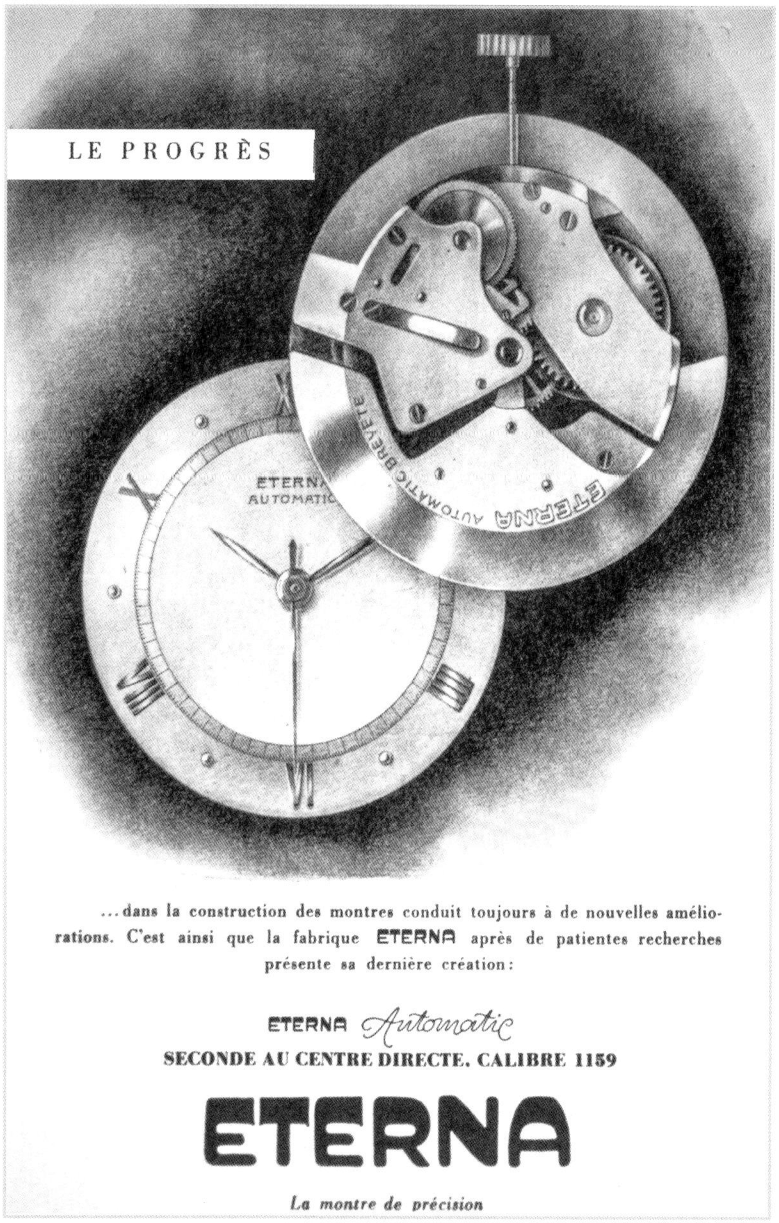

Zeitschriften-Reklame (aus JSH 1948)

Zur Kaliber-Entwicklung

Die Firma wurde 1856 von Urs Schild und Dr. Joseph Girard in Grenchen gegründet und 1906 «Eterna-Werke» benannt. Im Jahre 1932 erfolgte die Trennung in die «Eterna S.A.» (Präzisionswerke) und «ETA S.A.» (Rohwerke).

Die erste Eterna-Automatic von 1938 (Kaliber 834) besitzt einen einseitig aufziehenden Hammer, der um das relativ kleine, aber hochpräzis ausgeführte Basisuhrwerk hin und her schwingt. Einen ähnlichen Aufbau zeigt auch die 1942 herausgebrachte Damen-Automatic (Kaliber 1033). Unter der Kaliberbezeichnung 1158 wurde 1946 die letzte Hammer-Automatic von Eterna entwickelt. Hier kann die Automatikeinheit komplett vom Basisuhrwerk abgeschraubt werden und erleichtert somit dessen Wartung.

Waren die bisherigen automatischen Kaliber konventionell aufgebaut, so stellt Eterna 1948 in seiner ersten Rotor-Automatic, dem Damenkaliber 1198, gleich mehrere Neuerungen vor: Der relativ kleine Zentralrotor erhält mit einem Miniatur-Kugellager eine besonders reibungsarme und robuste Lagerung. Die 5 Kugeln des Lagers von je 0,65 mm Durchmesser bilden seitdem das Markensymbol der Firma. Gleichzeitig ist es die erste Automatic unter der Bezeichnung «Eterna-Matic», mit der alle späteren automatischen Uhren der Firma auf dem Zifferblatt und Uhrwerk gekennzeichnet sind.

Ein weiteres Novum ist der Einsatz eines federlosen Doppelklinkenrades (Eterna-Patent), der den Beginn der verschiedensten Entwicklungen auf dem Gebiet der Drehsinnwandler einleitet. Mit diesen technischen Verbesserungen gelingt es Eterna erstmals, die Aufzugsleistung eines Damenkalibers mit der eines größeren Herrenkalibers vergleichbar zu machen und dabei einen relativ flachen Werksaufbau zu erreichen.

Die erste Eterna-Matic in Herrengröße von 1950 ist ähnlich aufgebaut (Kaliber 1248).

Der Ersatz des Doppelklinkenrades durch zwei nebeneinanderliegende Klinkenräder erlaubt in den nächsten Neuentwicklungen eine weitere Verminderung der Werkshöhe. Diese Zwillings-Klinkenräder werden durch Verwendung von Beryllium und Verbesserung der Klinkenfunktion weiter vervollkommnet und bilden seitdem ein charakteristisches Merkmal der automatischen Eterna- und Eta-Kaliber.

Zum 100jährigen Jubiläum der Manufaktur erscheint 1956 mit der «Centenaire» (Kaliber 1427 und später 1429) eine flache Herrenautomatic, deren linsenförmiger Werksquerschnitt durch einen nach außen abgestuften Aufbau erreicht wird und daher den Einbau in besonders elegant geformte Gehäuse erlaubt. Diese Werksform wird durch neue, raumsparende Getriebeanordnungen ermöglicht, wie die des indirekt geführten Minutenzeigers 1954 im Kaliber 1411, die direkte Zentralsekunde und den Einsatz von nur 0,09 mm dicken Beryllium-Zahnrädern.

Zur Verbesserung der Ganggenauigkeit wird die Schraubenunruh durch einen glatten Reif aus Glucydur ersetzt und damit Chronometer-Qualität erzielt. Ebenfalls im Jubiläumsjahr wird die z. Zt. kleinste Damen-Automatic (Kaliber 1419) herausgebracht, die wegen ihres 23-karätigen Goldrotors den Namen «Golden Heart» erhält. Die mit der erhöhten Zahl von 21600 Halbschwingungen/Std. arbeitende Ringunruh konnte relativ groß dimensioniert werden und garantiert eine für diese Kalibergröße erstaunlich hohe Gangleistung.

Erste Rotor-Automatic «Eterna-Matic» als Damenmodell von 1948 mit einem Rotor-Kugellager und dem patent. Eta/Eterna-Klinkenrad-Wechsler.

Mit der «Eterna-Matic 3000» schufen die Ingenieure in den Eterna-Entwicklungsabteilungen 1962 das damals flachste automatische Serienkaliber mit Zentralsekunde und Datumsanzeige (Kaliber 1453). Während bei den bisherigen Automatik-Konstruktionen Basisuhrwerk und Automatik-Getriebe übereinander angeordnet waren, ist ersteres hier besonders komprimiert im Zentrum plaziert und wird nur von dem großen, aber flachen Kugellager des Zentralrotors überdeckt. Das Automatik-Getriebe ist weiter nach außen versetzt und in das Basiswerk versenkt. Auch die Datumsvorrichtung ist ohne Vergrößerung der Werkshöhe in die Basisplatine integriert.

In den folgenden Jahren baut Eterna aus wirtschaftlichen Gründen nur noch ETA-Rohwerke in ihre Modelle ein. Auf eine fortlaufende Seriennumerierung ihrer Werke wird verzichtet.

Zusammenfassend ist festzuhalten, daß die Manufaktur mit der «Eterna-Matic» nicht nur als Vorreiter für die Massenproduktion der ETA-Rohwerke einzustufen ist, sondern durch die Einführung u. a. des Miniatur-Kugellagers und des federlosen Klinkenrades die Entwicklung der modernen Automatic wesentlich mitbestimmt hat.

Kaliber-Steckbriefe

Cal 834

D = 27,45 mm (12'''), H = 5,3 mm
AUTOMATIK-BAUGRUPPE: Rubingelagerter Hammer, Aufzug in einer Richtung über Klinkentrager-Wippe aufs Kronrad.
BASISUHRWERK: 2-schenklige Schraubenunruh, Nivarox-Spirale, 18.000 Halbschw./Std., Eterna-E-Stoßsicherung, exzentrische kleine Sekunde, chatonierte Lagersteine.

Cal 1034 H

D = 21,8 mm (9 ¾''')
siehe Cal 834, jedoch mit Eterna-H-Stoßsicherung und indirekter Zentralsekunde.

Cal 1159 H

D = 29,4 mm (13''')
AUTOMATIK-BAUGRUPPE als komplett abnehmbare Einheit aufs Basiswerk geschraubt, rubingelagerter Hammer durch federndes Pufferblech begrenzt, Aufzug in einer Richtung über Klinkenträger-Wippe aufs Kronrad.
BASISUHRWERK: 2-schenklige Schraubenunruh aus Glucydur, Nivarox-Spirale, 18.000 Halbschw./Std., Eterna-H-Stoßsicherung, direkte Zentralsekunde.

Cal 1237 T

D = 27,6 mm (12 ½'''), H = 5,9 mm
AUTOMATIK-BAUGRUPPE als komplette Einheit aufs Basiswerk geschraubt, kugelgelagerter Zentralrotor aus Messing, Aufzug in beide Drehrichtungen über patent. federlose Doppel-Klinkenräder, 2 Reduktionsräder aufs obere Kronrad. Doppel-Kronrad zur Abkopplung des Handaufzugsmechanismus.
BASISUHRWERK: 2-schenklige Schraubenunruh aus Glucydur, Nivarox-Spirale, 18.000 Halbschw./Std., Eterna-U-Stoßsicherung, direkte Zentralsekunde, Eterniflex-Aufzugsfeder. Datumsanzeige mit langsamem Wechsel.

Cal 1248 T:

D = 25,6 mm (11 ½), H = 5,9 mm, Werksaufbau s. Cal 1237 T

Cal 1419

D = 16,2 mm (7 ¾'''), H = 4,9 mm
AUTOMATIK-BAUGRUPPE als komplette Einheit aufs Basiswerk geschraubt, kugelgelagerter Zentralrotor aus 23-karätigem Gold, Aufzug in beide Drehrichtungen über federlose Zwillings-Klinkenräder, 2 Reduktionsräder aufs Sperrad. Kronradwippe zur Abkopplung vom Handaufzugsgetriebe.
BASISUHRWERK: 2-schenklige schraubenlose Glucydur-Unruh, Nivarox-Spirale, 21.600 Halbschw./Std., Eterna-U-Stoßsicherung, beweglicher Spiralklötzchenträger, ohne Sekundenzeiger, indirekt geführter Minutenzeiger.

Eterna-Cal 834

Erste Eterna-Automatic von 1938.
Edelstahlgehäuse mit Schraubboden. Silberfarbenes Zifferblatt mit Leuchtziffern und gebläuten Leuchtzeigern.
Einseitig wirksamer Hammer-Aufzug über Klinkenträger-Wippe aus Spezialbronze.
Glucydur-Schraubenunruh, Nivarox-Flachspirale, Eterna-E-Stoßsicherung (Gehäuse mit leichten Gebrauchsspuren, Zifferblatt «blüht»).

Eterna-Cal 1034 H

Damen-Automatic der Firma Eterna von 1943 mit dem Kaliber 1034 H.
Edelstahlgehäuse mit Schraubboden.
Hammer einseitig über eine Klinkenträgerwippe aufziehend (bronzefarbenes Segment).
Glucydur-Schraubenunruh, Nivarox-Spirale, Eterna-H-Stoßsicherung (Zifferblatt aufgefrischt, Gehäuse mit Gebrauchsspuren).

Eterna-Cal 1159 H
Herren-Automatic von Eterna aus dem Jahre 1946 (Cal 1159 H). 14 k-Goldgehäuse mit Druckboden. Durch federndes Pufferblech begrenzte Hammerbewegung, einseitig über eine Klinkenträgerwippe aufziehend (bronzefarbenes Segment), Automatik-Baugruppe als komplette Einheit abnehmbar. Glucydur-Schraubenunruh, Nivarox-Spirale, Eterna-H-Stoßsicherung (Zifferblatt leicht flekkig, Aufzugskrone nicht original).

Eterna-Cal 1248 T

Erste Herren-Rotor-Automatic «Eterna-Matic» der Firma Eterna von 1950 mit dem Kaliber 1248 T.

Edelstahlgehäuse mit Goldlünette und Schraubboden.

Kugelgelagerter Messingrotor, beidseitig über einen patent. Klinkenrad-Wechsler aufziehend (bei 6°°), Abkopplung des Handaufzugsgetriebes.

Glucydur-Schraubenunruh, Nivarox-Spirale, Eterna-U-Stoßsicherung (Zifferblattauflagen und Zeiger korrodiert).

Eterna-Cal 1237 T

Herren-Automatic der Firma Eterna von 1951 mit dem Kaliber 1237 T.
Edelstahlgehäuse mit Goldlünette und Schraubboden, Aufzugskrone mit 5 Kugeln. Werk `entspricht Cal 1248 T (s. S. 109).

Eterna-Cal 1419, «Golden Heart»

Kleinste Damen-Automatic der Zeit von Eterna aus dem Jahre 1956 mit dem «Golden Heart»-Kaliber 1419.

Kugelförmiges Schalengehäuse mit Armreif aus Gold (18 k), strukturiertes goldenes Zifferblatt.

Kugelgelagerter Goldrotor (23 k), beidseitig über patent. Klinkenrad-Wechsler aufziehend (bei 1^{00}), Abkopplung des Handaufzugsgetriebes.

Große schraubenlose Glucydur-Unruh, Nivarox-Spirale, Eterna-U-Stoßsicherung (Aufzugskrone nicht original).

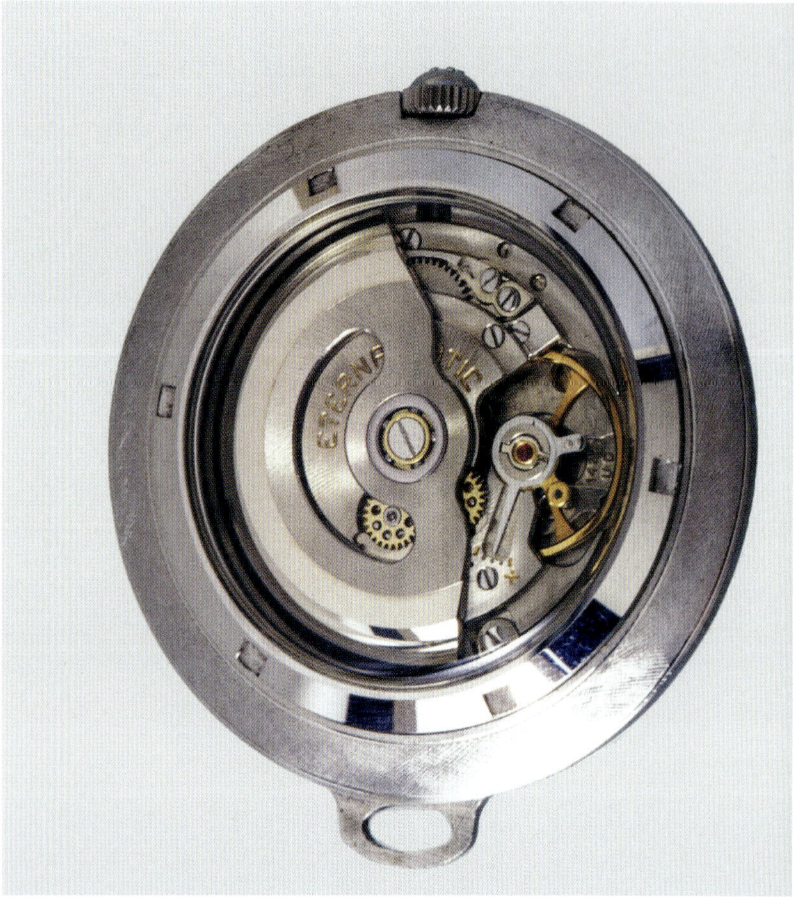

Eterna-Cal 1424 UD

Herren-Automatic Modell «Golfer» der Firma Eterna um 1956 mit dem Kaliber 1424 UD.

Großes Edelstahlgehäuse mit verglastem Schraubboden, Aufzugskrone mit Kugelsymbol. Kugelgelagerter monometallischer Rotor, beidseitig über einen Klinkenrad-Wechsler in Eta/Eterna-charakteristischer offener Zwillingsanordnung (bei 2^{oo}) aufziehend, Abkopplung des Handaufzugsgetriebes.

Schraubenlose Glucydur-Unruh, Nivarox-Spirale, Eterna-U-Stoßsicherung.

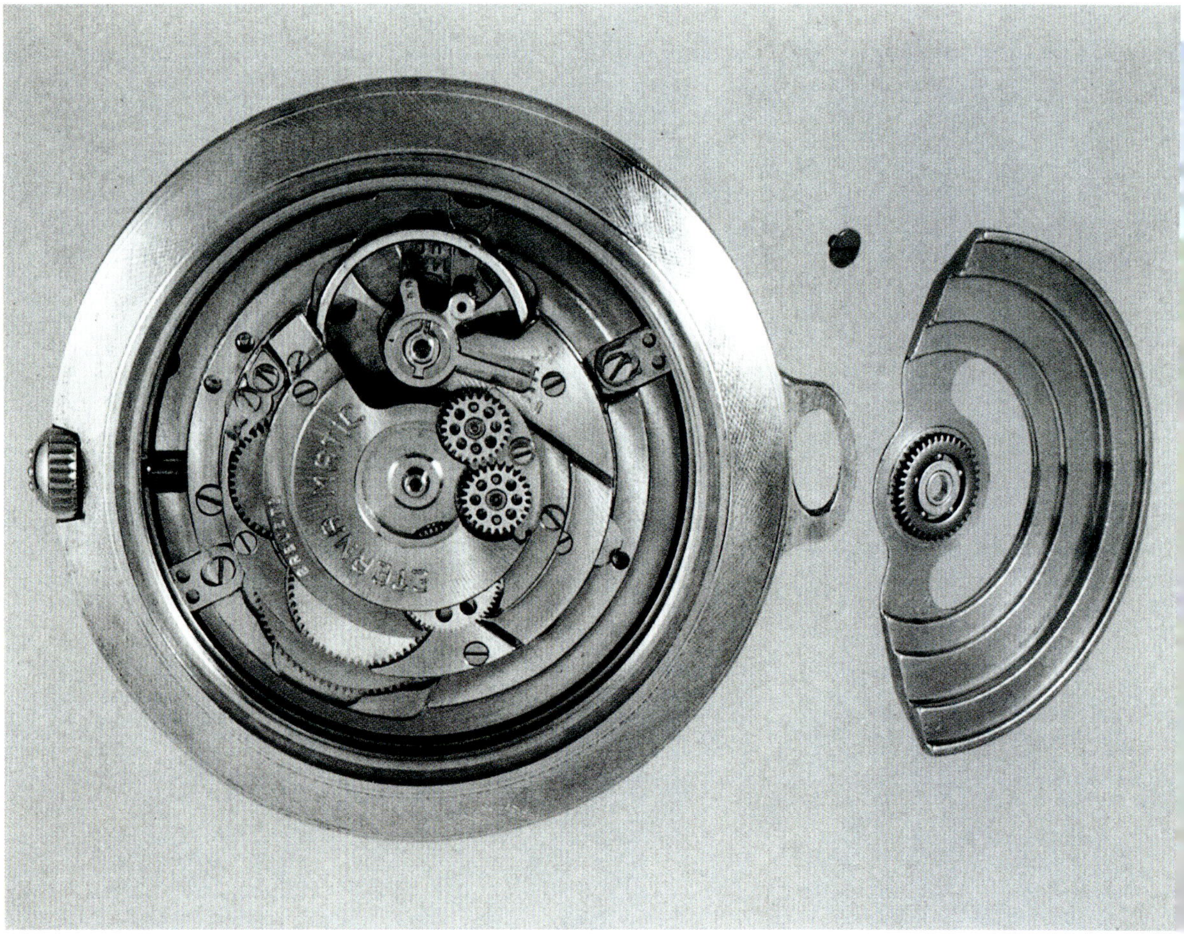

Eterna-Cal 1426 U

Herren-Automatic der Firma Eterna um 1956 mit dem Kaliber 1426 U.
Edelstahlgehäuse mit Schraubboden, Aufzugskrone mit Kugelsymbol. Werk weitgehend identisch mit Kaliber 1424 UD (s. S. 110), hier jedoch noch mit einer Schraubenunruh aus Glucydur.

Eterna-Cal 1429 U

Herren-Automatic als Chronometer-Modell «Centenaire» der Firma Eterna um 1956, zum 100jährigen Gründungsjubiläum der Manufaktur, mit dem Kaliber 1429 U.
Edelstahlgehäuse mit Schraubboden und Goldlünette, Aufzugskrone mit Kugelsymbol sowie Zifferblattauflagen und Zeiger aus Gold.
Kugelgelagerter Rotor mit Schwermetallreif, beidseitig über einen patent. Klinkenrad-Wechsler aufziehend (bei 2ºº), Abkopplung des Handaufzugsgetriebes.
Schraubenlose Glucydur-Unruh, Nivarox-Spirale, Eterna-U-Stoßsicherung.

Eterna-Cal 1439 U

Herren-Automatic Modell «Centenaire Golfer» der Firma Eterna von 1959 mit dem Kaliber 1439 U.

Großes 18 k-Goldgehäuse mit verglastem Schraubboden, Aufzugskrone mit Kugelsymbol sowie Zifferblattauflagen und Zeiger aus Gold.

Werk identisch mit Cal 1429 U (s. S. 114), jedoch mit Rückerfeinstellung über Exzenterscheibe.

Eterna-Cal 1466 U

Flache Herren-Automatic Modell «3000» der Firma Eterna um 1963 mit dem Kaliber 1466 U.

Edelstahlgehäuse mit Schraubboden und Goldlünette, Aufzugskrone mit Kugelsymbol, Zifferblattauflagen aus Gold.

Rotor mit großem Kugellager und Schwermetallreif, beidseitig über einen patent. Klinkenrad-Wechsler aufziehend, Abkopplung vom Handaufzugsgetriebe. Automatik-Baugruppe als komplette Einheit abnehmbar.

Schraubenlose Glucydur-Unruh, Nivarox-Spirale, Eterna-U-Stoßsicherung. Rückerfeinstellung über Exzenterscheibe.

Eterna-Cal 1480 K

Herren-Automatic Modell «2000, Centenaire 71» der Firma Eterna von 1971 mit dem Kaliber 1480 K.
18 k-Goldgehäuse mit Schraubboden, Aufzugskrone mit Kugelsymbol. Zifferblattauflagen und Zeiger aus Gold.
Werk weitgehend identisch mit Cal 1429 U (s. S. 114), jedoch mit Kif-Ultraflex-Stoßsicherung.

Eterna-Cal 1489

Herren-Automatic Modell «Kontiki 10» der Firma Eterna um 1968 mit dem Kaliber 1489.

Edelstahlgehäuse mit Schraubboden, Aufzugskrone mit Kugelsymbol. Werk weitgehend identisch mit Cal 1480 (s. S. 117).

Eterna-Cal 1500 K

Flache Herren-Automatic Modell «3000» der Firma Eterna um 1970 mit dem Kaliber 1500 K.
18k-Goldgehäuse mit Schraubboden, Aufzugskrone mit Kugelsymbol. Zifferblattauflagen und Zeiger aus Gold. Werk weitgehend identisch mit Cal 1466 U (s. S. 116), jedoch mit 21.600 Halbschw./Std., Kif-Ultraflex-Stoßsicherung und Rückerfeinstellung über Exzenterschraube.

Eterna-Cal 12671

Damen-Automatic Modell «Sahida» der Firma Eterna um 1971 mit dem Kaliber 12671 (Eta-Rohwerk 2671).

Tonneauförmiges Edelstahlgehäuse mit Schraubboden, Aufzugskrone mit Kugelsymbol.

Kugelgelagerter Rotor mit Schwermetallreif, beidseitig über einen patent. Klinkenrad-Wechsler aufziehend (bei 2–3^{00}), Abkopplung vom Handaufzugsgetriebe.

Schraubenlose Glucydur-Unruh, Nivarox-Spirale, Kif-Ultraflex-Stoßsicherung, Rückerfeinstellung über Exzenterschraube.

Eterna-Cal 12890

Flache Herren-Automatic Modell «3003» der Firma Eterna von 1976 mit dem Schnellschwinger-Kaliber 12890 (Flat-line-Cal 2890 von Eta).

Tonneauförmiges Edelstahlgehäuse mit schalenförmigem Druckboden, Aufzugskrone mit Kugelsymbol. Werksaufbau entspricht weitgehend dem Eterna-Cal 1466 U (s. S. 116).

Cal 1424 UD

D = 29 mm (13'''), H = 5,6 mm, 21 Steine
AUTOMATIK-BAUGRUPPE als komplette Einheit aufs Basiswerk geschraubt, kugelgelagerter Zentralrotor aus Messing, Aufzug in beide Drehrichtungen über federlose patent. Zwillings-Klinkenräder, 2 Reduktionsräder aufs Sperrad. Kronradwippe zur Abkopplung des Handaufzugsgetriebes.
BASISUHRWERK: 3-schenklige schraubenlose Glucydur-Unruh, Nivarox-Spirale, 18.000 Halbschw./Std., Eterna-U-Stoßsicherung, beweglicher Spiralklötzchenträger, direkte Zentralsekunde, indirekt geführter Minutenzeiger, Eloxal-Federhaus GL und Datumsanzeige mit Schnellkorrektur.

Cal 1426 U

D = 30,6 mm (13 ½'''), H = 5,6 mm,
s. Cal 1424 U.

Cal 1429 U

D = 29,0 mm (13'''), H = 4,5 mm, 21 Steine
AUTOMATIK-BAUGRUPPE als komplette Einheit aufs Basiswerk geschraubt, kugelgelagerter Zentralrotor mit Schwermetallreif, Aufzug in beide Drehrichtungen über federlose Zwillings-Klinkenräder, 2 Reduktionsräder aufs Sperrad. Kronradwippe zur Abkopplung des Handaufzugsgetriebes.
BASISUHRWERK: 2-schenklige schraubenlose Glucydur-Unruh, Nivarox-Spirale, 18.000 Halbschw./Std., Eterna-U-Stoßsicherung, beweglicher Spiralklötzchenträger, direkte Zentralsekunde, indirekt geführter Minutenzeiger. Zahnräder aus Berylliumbronze.

Cal 1439 U

D = 13,0 mm (13'''), H = 4,5 mm, 21 Steine
Werksaufbau wie Cal 1429 U, zusätzliche Datumsanzeige mit langsamem Wechsel und Schnellkorrektur.

Cal 1466 U

D = 29,0 mm (13'''), H = 3,6 mm, 21 Steine
AUTOMATIK-BAUGRUPPE als komplette Einheit mit ins Basiswerk versenktem Getriebe, Zentralrotor mit Schwermetallreif auf großem nachstellbaren Kugellager drehend (7 Kugeln!), Aufzug in beide Drehrichtungen über federloses Doppelklinkenrad, 3 Reduktionsräder und insges. 2 Zwischenräder aufs Sperrad. Wippentrieb zwischen Kron und Sperrad zur Entkopplung vom Handaufzugsgetriebe.
BASISUHRWERK: 3-schenklige schraubenlose Glucydur-Unruh, Nivarox-Spirale, 18.000 Halbschw./Std., Eterna-U-Stoßsicherung, beweglicher Spiralklötzchenträger, Rückerfeinstellung über Exzenter, direkte Zentralsekunde, indirekt geführter Minutenzeiger, mikroverzahnte Berylliumräder. Datumsanzeige mit augenblicklichem Wechsel und Schnellkorrektur.

Cal 1480 K

D = 27,6 mm (12 ½'''), H = 4,5 mm, 21 Steine
AUTOMATIK-BAUGRUPPE s. Cal 1429 U
BASISUHRWERK: 3-schenklige schraubenlose Glucydur-Unruh, Nivarox-Spirale, 21.600 Halbschw./Std., Kif-Ultraflex-Stoßsicherung, beweglicher Spiralklötzchenträger, Rückerfeinstellung über Exzenter, direkte Zentralsekunde, indirekt geführter Minutenzeiger. Datumsanzeige mit langsamem Wechsel und Schnellkorrektur.

Cal 1489

D = 29,3 mm (13''')
s. Cal 1480 K

Cal 1500 K

D = 29,3 mm (13'''), H = 3,6 mm, 21 Steine
AUTOMATIK-BAUGRUPPE s. Cal 1466 U
BASISUHRWERK: 3-schenklige schraubenlose Glucydur-Unruh, Nivarox-Spirale, 21.600 Halbschw./Std., Kif-Ultraflex-Stoßsicherung, beweglicher Spiralklötzchenträger, Rückerfeinstellung über Exzenterschraube, direkte Zentralsekunde, indirekt geführter Minutenzeiger, Eloxal-Federhaus GL. Datumsanzeige mit augenblicklichem Wechsel und Schnellkorrektur.

Cal 12671

Eta-Ebauche,
D = 17,2 mm (7 ¾'''), H = 4,8 mm
AUTOMATIK-BAUGRUPPE als komplette Einheit aufs Basiswerk geschraubt, kugelgelagerter Zentralrotor mit Schwermetallreif, Aufzug in beide Drehrichtungen über federlose Zwillings-Klinkenräder, 2 Reduktionsräder aufs Sperrad. Entkopplung vom Handaufzugsgetriebe mittels verschiebbar gelagertem Kronrad.
BASISUHRWERK: 3-schenklige schraubenlose Glucydur-Unruh, Nivarox-Spirale, 28.800 Halbschw./Std., Kif-Ultraflex-Stoßsicherung, beweglicher Spiralklötzchenträger, Rückerfeinstellung mit Exzenterschraube, direkte Zentralsekunde, indirekt geführter Minutenzeiger. Stoppsekunde, Datumsanzeige mit augenblicklichem Wechsel und Schnellkorrektur.

Cal 12890

Eta-Ebauche (Cal 2890), D = 27,2 mm (12 ½'''), H = 3,6 mm, 21 Steine
AUTOMATIK-BAUGRUPPE ähnlich Cal 1466, jedoch mit abgeändertem Rotor-Kugellager.
BASISUHRWERK: 3-schenklige schraubenlose Glucydur-Unruh, Nivarox-Spirale, 28.800 Halbschw./Std., Incabloc-Stoßsicherung, Etachron-Rückersystem, ohne Sekundenanzeiger, indirekt geführter Minutenzeiger, Eloxal-Federhaus GL.

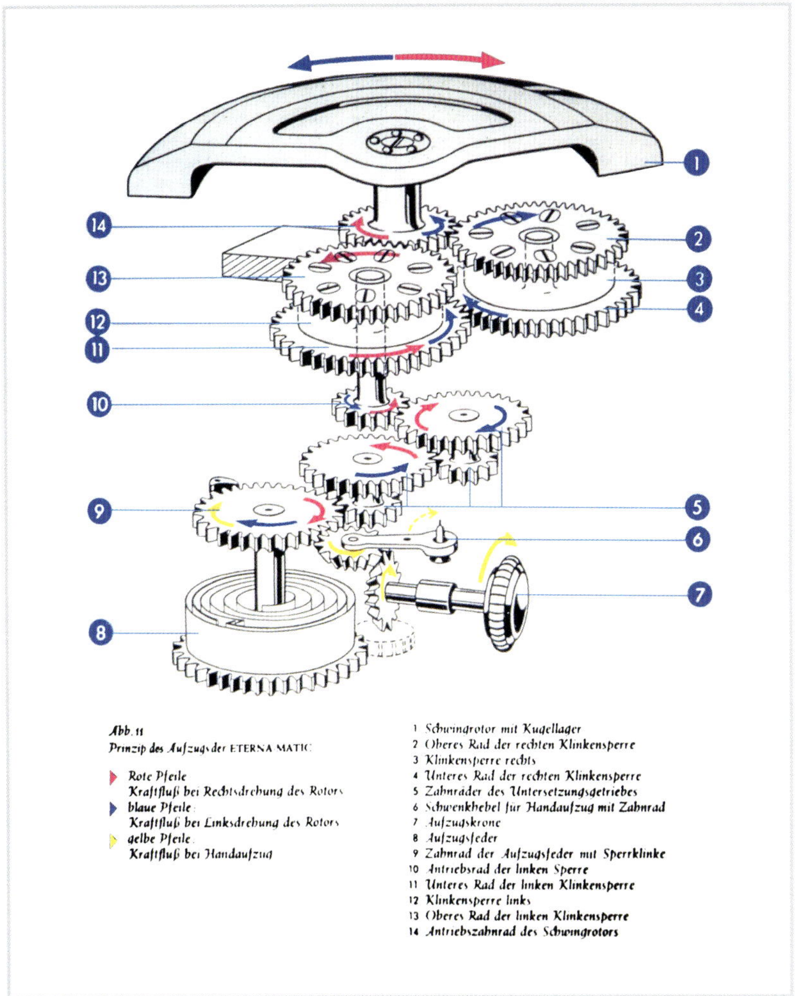

Funktionsprinzip einer Eterna-Matic in perspektivischer Darstellung (Zwillings-Klinkenrad-Wechsler 2-4 und 10-13).

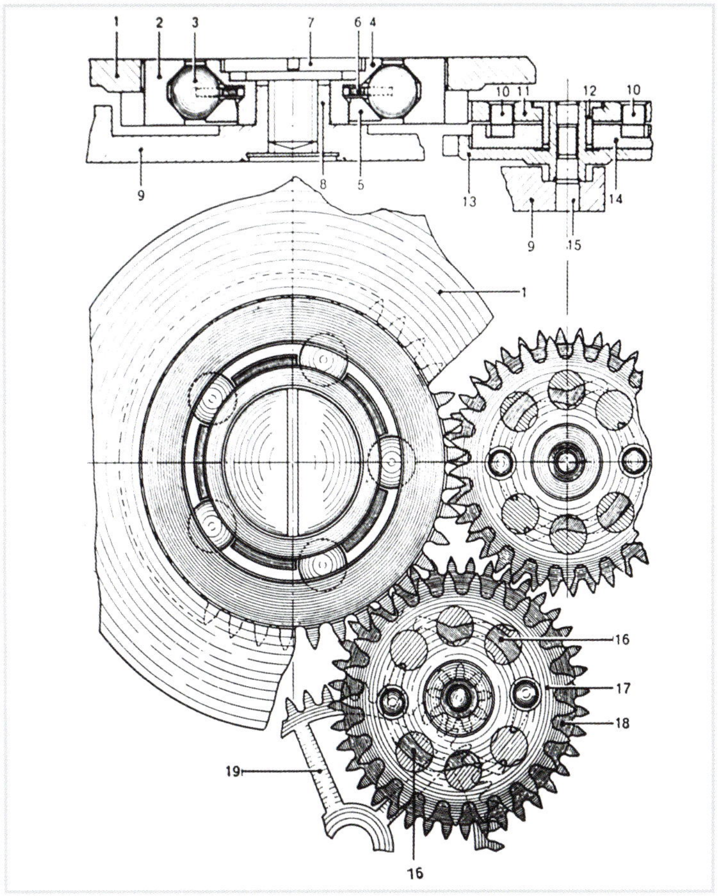

Ankopplung des Rotorritzels an den Zwillings-Klinkenrad-Wechsler: Das Rotorritzel greift gleichzeitig in beide oberen Klinkenräder ein, während die beiden unteren direkt miteinander im Eingriff stehen, so daß jeweils eines von ihnen sich passiv mitdrehen muß.

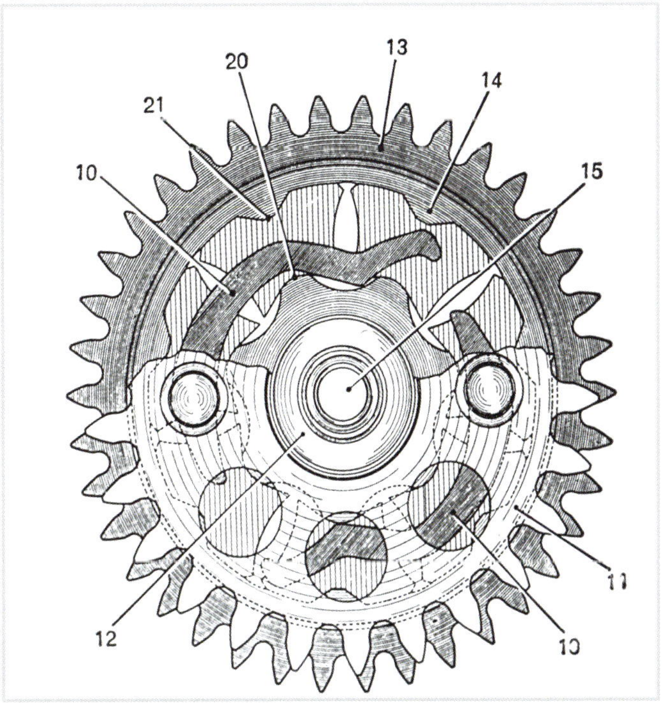

Aufgeschnittenes Klinkenrad (Eta/Eterna-Patent): In Arbeitsstellung stößt eine der Klinken (10) des oberen Klinkenrades (11), die zwangsläufig durch eine der inneren Nocken (20) ausgelenkt wird, gegen eine der Außennocken (14) des unteren Klinkenrades (13) und nimmt dieses mit.
Bei entgegengesetzter Drehung gleiten die Klinken (10) zwischen den Außen- und Innennocken hindurch (Freilauf).

Kaliber-Liste · Eterna

Kaliber	Durchmesser Linien	mm	Höhe mm	Zusatz-Einrichtungen	Halb-Schw./Stunde	St.	Gang-Res. Std.	Anmerkungen Modell	Jahrg.	Abb.
833	12 1/2			SCI	18.000				1941	
834	"		5,3	s	"				1938	xx
835	"			s	"					
1033	9 3/4	21,8	4,5		18.000				1942	
1034 /H	"	"		SCI	"				1943	xx
1076	13	29,4		s	18.000			wie Cal 834		
1077	"	"		SCI	"			wie Cal 833		
1158	12 1/4	27,4		SCD	18.000				1946	
1159 /H	13	29,4		SCD	"				1946	xx
1194	7 3/4	17,2	5,35	SCD	18.000		40		1949	
1195	8 1/4	18,3	"	SCD	"		"			
1198	9 1/4	20,5	"	SCD	"		"	1. Eterna-Matic	1948	
1199	10	22,1	"	SCD	"		"			
1237 /T	12 1/2	27,6	5,9	SCD, QG	18.000				1951	xx
1239	13	29,0	"	SCD, QG	"					
1243	"	"	"	SCD, QG	"					
1246	13 1/2		"	SCD, QG	"				ca. 53	
1247	12 1/2	27,6	"	SCD	"					
1248 /T	11 1/2	25,6	"	SCD	"				1950	xx
1249	13	29,0	"	SCD	"					
1253	"	"	"	SCD	"					
1254	13 1/2		"	SCD	"					
1319	9 1/4	20,5	5,6	SCD	18.000					
1321	10 1/2	23,3	"	SCD	"					
1323	9 1/4	20,5	"	SCD	"					
1324	10 1/2	23,3	"	SCD	"					
1401	7 1/4	16,2	5,3	SCD	18.000		40		1953	
1402	7 3/4	17,2	"	SCD	"		"		1953	
1403	8 1/4	18,3	"		"		"			
1411	11 1/2	25,6	5,6	SCD	18.000		44		1954	
1412 /UD	12 1/2	27,6	"	SCD	"		"			
1413	"	"	"	SCD	"		"			
1414	13	29,0	"	SCD	"		"			
1415	"	"	"	SCD	"		"			
1416	13 1/2	30,6	"	SCD	"		"			
1419	6 3/4	15,3	5,0		21.600			Golden Heart	1956	xx
1420	7 3/4	16,2	4,9		21.600				1956	
1421	11 1/2	25,6	5,6	SCD, QG	18.000			Eterna Matic Dato	1957	
1422	12 1/2	27,6	"	SCD, QG	"			"	1957	
1423	"	"	"	SCD, QG	"			"		
1424 /UD	13	29,0	"	SCD, QG, RDR	"			Eterna Matic Golfer		xx
1425	"	"	"	SCD, QG	"					
1426	13 1/2	30,6	"	SCD, QG, RDR	"			Eterna Matic Dato		xx

Kaliber-Liste · Eterna

Kaliber	Durchmesser Linien	Durchmesser mm	Höhe mm	Zusatz-Einrichtungen	Halb-Schw./Stunde	St.	Gang-Res. Std.	Anmerkungen Modell	Jahrg.	Abb.
1427	11 1/2	25,6	4,5	SCD	18.000	21		Centenaire	1956	
1428	12 1/2	27,6	"	SCD	"	"		"	1956	
1429 U	13	29,0	"	SCD	"	"		"	ca. 61	xx
1436	10 1/2			SCD	18.000					
1438	12 1/2		4,5	SCD, QG	"					
1439 /U	13	29,0	"	SCD, QG/RDR	"	21		Centenaire Golfer	1959	xx
1441	7 3/4			QG	18.000				1959	
1444	8 1/4			SCD, QG	"					
1445	7 3/4		4,0		21.600			Sahida	1962	
1446	8 1/4		"		"					
1453	13 1/2		3,6	SCD, QG	18.000		50	Eterna Matic 3000 Dato	1962	
1455	12 1/2		"	SCD	"		"	Eterna Matic 3000		
1456	13		"	SCD	"		"	"		
1457	13			SCD, QG, JG	"		"			
1459	7 3/4			SCD	21.600					
1463	6 3/4			SCD	"					
1465	12 1/2		3,6	SCD, QG	18.000					
1466 U	13	29,0	"	SCD, QG, RDR	"	21	50	Eterna Matic 3000 Dato	1963	xx
1469	7 3/4			SCD, QG	21.600					
1470	12 1/2			SCD	21.600					
1471	13			SCD	"					
1477	11 1/2			SCD	21.600					
1478	12 1/2			SCD	"					
1479 /K	13			SCD	"			Eterna Matic 1000		
1480 /K	12 1/2	27,6	4,5	SCD, QG/RDR	"	21		Eterna Matic 2000 Centenaire	1971	xx
1481	13			SCD, QG	"	"				
1487	11 1/2			SCD, QG	"	"				
1488	12 1/2			SCD, QG	"	"				
1489	13	29,3		SCD, QG, RDR	"	"		Kontiki 10	ca. 68	xx
1500 /K	13	29,3	3,6	SCD, QG/RDR	21.600	21		Eterna Matic 3000		xx
1501	"	"		SCD, QG, JG	"	"				
2872	11 1/2	25,6		SCD, QG, RDR, ST	28.800	25		Eta-Ebauches 2872	ca. 75	
12671	7 3/4	17,2	4,8	SCD, QG	28.800			Eta-Ebauches 2671	ca. 71	xx
12890	12 1/2	27,2	3,6		28.800		50	Eta-Ebauches 2890	1976	xx

Zur Kaliber-Entwicklung

Gegründet wurde das Unternehmen, das später seinen Sitz nach Genf verlegte, 1815 von Fritz Favre-Leuba in Le Locle.

In Fachkreisen ist die Firma als Herstellerin von Spezialarmbanduhren, wie die «Bivouac» mit Höhenmesser von 1963 und die «Bathy 50» als Dekompressions-Taucheruhr, bekannt geworden. Die erste eigene Automatic-Entwicklung wurde 1956 als Kaliber 103 vorgestellt. Die Automatik-Baugruppe ist hier als komplette Einheit auf das Basiswerk geschraubt und besitzt einen Wippenwechsler, über den der Rotor in beiden Drehrichtungen aufzieht. Neben der Standardausrüstung mit Zentralsekunde konnte das Werk mit Datumsanzeige (Cal 104) und mit Anzeige der Gangreserve geliefert werden.

Aus der Zusammenarbeit der CHP (Communautèe Horlogère de Précision) resultierte 1961 ein Gemeinschafts-Kaliber, das vom Rohwerke-Hersteller AS für die Firmen Doxa, Eberhard, Girard-Perregaux, Zodiac und auch für Favre-Leuba produziert wurde. Auf der Basis dieses FL-Kalibers 1149 erschien Ende der sechziger Jahre ein mit der Clinergic 21-Hemmung von FAR (Fabriques d'Assortiments Réunies) ausgerüsteter Schnellschwinger.

Dieses Fremdwerk ist eine Rotor-Automatic, die über federlose patentierte AS-Klinkenräder beidseitig aufzieht.

Als zweite Eigenentwicklung entstand 1968 das Automatic-Kaliber 269, die Duomatic, auf der Basis des Handaufzugswerks Cal 251 von 1962. Es handelt sich um eine elegante und flache Konstruktion mit zwei parallel wirkenden Federhäusern, die eine gleichförmige Drehmomentabgabe an das Uhrwerk garantieren sollen und mit ihren kleineren Abmessungen eine bessere Raumausnutzung ermöglichen. Die unter einer kleinen hufeisenförmigen Platine befindliche einfache Automatik-Baugruppe arbeitet über den kugelgelagerten Rotor und das federnde Schieberitzel nur in einer Drehrichtung.

Kaliber-Steckbriefe

Cal 1153

AS-Ebauche (CHP)

D = 25,6 mm (11 ½'''), H = 5,05 mm, 21 Steine

AUTOMATIK-BAUGRUPPE ins Basiswerk teilintegriert, Zentralrotor mit Schwermetallreif, Aufzug in beide Drehrichtungen über federlose Zwillings-Klinkenräder, 1 Reduktionsrad aufs Sperrad.

BASISUHRWERK: 3-schenklige schraubenlose Glucydur-Unruh, Nivarox-Spirale, 21.600 Halbschw./Std., Incabloc-Stoßsicherung, beweglicher Spiralklötzchenträger, patent. Rückerfeinstellung, direkte Zentralsekunde, indirekt geführter Minutenzeiger. Datumsanzeige mit augenblicklichem Wechsel.

Cal 269

D = 25,6 mm (11 ½'''), H = 4,05 mm

AUTOMATIK-BAUGRUPPE unter zentral angeordneter Platine aufs Basiswerk montiert. Kugelgelagerter Zentralrotor aus Schwermetall, Aufzug in einer Drehrichtung über federndes Schieberitzel, 3 Reduktionsräder, davon das erste mit rubingelagerter Klinke, parallel auf die Sperräder beider Federhäuser.

BASISUHRWERK (Cal 259): 3-schenklige schraubenlose Glucydur-Unruh unter Unruhbrücke gelagert, Nivarox-Spirale, 18.000 Halbschw./Std., verschiebbarer Spiralklötzchenträger, Incabloc-Stoßsicherung, direkte Zentralsekunde, 2 parallel über ein Zwischenrad auf das zentrale Minutenrad wirkende Federhäuser mit fest auf dem Federkern vernieteten Sperrädern. Datumsanzeige mit augenblicklichem Wechsel.

Kaliber-Liste · Favre-Leuba

Kaliber	Durchmesser Linien	Durchmesser mm	Höhe mm	Zusatz-Einrichtungen	Halb-Schw./Stunde	St.	Gang-Res. Std.	Anmerkungen Modell	Jahrg.	Abb.
103	11 1/2	25,6	6,05	SCD/RM	18.000	21	43		1956	
104	"	"	"	SCD, QG	"	"	"	Daymatic	1956	
269	11 1/2	25,6	4,05	SCD, QG	18.000		48	Twinmatic/Duomatic	1968	xx
1149	11 1/2	25,6	4,75	SCD	21.600		40		1961	
1152	"	"	5,05	SCD, QG	"		"	Daymatic		
1153	"	"	"	SCD, QG	"	21	"	"		xx
1162	"	"	"	SCD, QG	36.000		34		ca. 70	
1164	"	"	"	SCD, QG, JG	"		"			
1165	"	"	"	SCD, QG	"		"			

Favre-Leuba-Cal 1153

Herren-Automatic Modell «Daymatic» der Firma Favre-Leuba um 1965 mit dem Kaliber 1153 (CHP-Rohwerk der Fa. AS).

Quadratisches Edelstahlgehäuse mit verschraubtem Schalenboden, Aufzugskrone mit Firmenemblem, geteilte Aufzugswelle.

Rotor mit Schwermetallreif, beidseitig über einen Klinkenrad-Wechsler aufziehend (bei 2 und 1^{oo})

Schraubenlose Glucydur-Unruh, Nivarox-Spirale, Incabloc-Stoßsicherung, patent. Rückerfeinstellung.

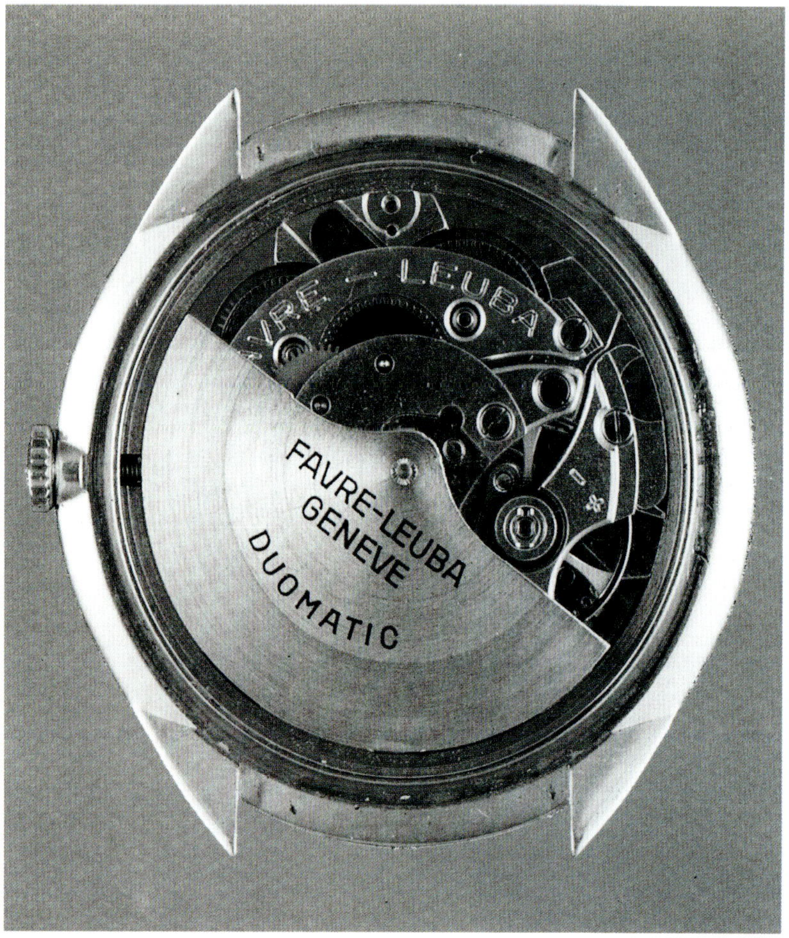

Favre-Leuba-Cal 269

Herren-Automatic der Firma Favre-Leuba von 1968 mit dem «Duomatic»-Kaliber 269 mit Doppelfederhaus. 18k-Goldgehäuse mit emaillierter Lünette, Aufzugskrone mit Firmenemblem.

Kugelgelagerter Schwermetall-Rotor, einseitig über ein Schieberitzel (bei 7^{oo} unterhalb des Zentrums) parallel beide Federhäuser aufziehend (bei 1 und 11^{oo}).

Schraubenlose Glucydur-Unruh unter einer Brücke gelagert, Nivarox-Spirale, Incabloc-Stoßsicherung.

Zur Kaliber-Entwicklung

Die Rohwerkefabrik wurde 1918 von H. Mägli, O. Rüfenacht und A. Tschudin in Lengnau gegründet. 1928 wurde die Firma von der Ebauches S.A. aufgekauft, die um 1940 die Entwicklung und Produktion von Felsa und der Firma A. Michel (A.M.) zusammenlegte. Die erste von Felsa herausgebrachte Automatic besteht aus einem kleinen Basisuhrwerk und dem als komplette Baugruppe aufgesetzten, einseitig wirkenden Hammer-Aufzug (ca. 1938). Schon 1942 stellte Felsa mit dem «Bidynator»-Kaliber 410 ein für die allgemeine Automatic-Entwicklung wegweisendes Konzept vor. Es ist die erste Rotor-Automatic, die in beiden Drehrichtungen Aufzugsarbeit leistet und somit optimal die Bewegungsenergie der Schwungmasse ausnutzt; daher der Name. Das Basisuhrwerk hat eine dem Gehäuse entsprechende, größtmögliche Abmessung. Federhaus und Unruh lassen sich daher ausreichend groß dimensionieren und gewährleisten eine höhere Gangreserve und bessere Gangleistung. Der über dem großen Basiswerk drehende Rotor ist durch eine Schwermetalleinlage in seiner Wirksamkeit verbessert worden und kann auch am Rand relativ flach gehalten werden. Eine zweiseitig arbeitende Sperrad-Kupplung trennt den Handaufzugsmechanismus ab und vermindert so die Aufzugsverluste. Bei Handaufzug würden sich die Zahnräder des Reduktionsgetriebes besonders schnell mitdrehen und werden somit auch durch die Abkopplung geschont.

Die 1947 vorgestellte Kaliberfamilie 690 ff stellt die zweite Bidynator-Generation dar und unterscheidet sich nicht wesentlich vom Vorgängermodell. Jedoch wurde die reparaturanfällige Sperrad-Kupplung durch eine bei Handaufzug nur einseitig wirksame ersetzt. Das Federhaus ist eine patentierte Felsa-Konstruktion, bei dem Sperrad und Federwelle eine Einheit bilden und der Federhausdeckel eingespart werden kann. In den folgenden Jahren wird dieses Werk mit Datum (Cal 692), Mondphasen-Kalendarium (Cal 693) und Anzeige der Gangreserve («Permutator»-Kaliber 699) ausgestattet und in die Uhren der verschiedensten Schweizer Marken eingebaut. Auch das Kaliber 760 ist mit diesem Bidynator-Werk ausgerüstet und besitzt neben der Gangreserveanzeige über ein Hilfszifferblatt bei der ›9‹ ein Datumsfenster bei der ›3‹.

Als Automatic-Sonderkonstruktion ist das «Inversator»-Kaliber 1565 einzustufen. Hier wird bei Vollaufzug der Rotor blockiert, der Gleitzaum entfällt, und der freiwerdende Platz im Federhaus kann für die Erlangung einer höheren Gangreserve genutzt werden. Ähnlich der ersten selbstaufziehenden Taschenuhr von A. L. Perrelet rastet hier ein Stifthebel in eine der vier am Rotorring angebrachten Einkerbungen und rückt wieder aus, wenn das Federhaus etwas abgelaufen ist. Blockierung und Entriegelung werden über das Differentialwerk zur Anzeige der Gangreserve geregelt, das einen Hebelumwerfer-Mechanismus auslöst.

Mitte der sechziger Jahre zwangen Rationalisierungsmaßnahmen zur Neukonstruktion eines Kalibers nach dem Modulsystem: Grundbaustein ist ein einfaches Uhrwerk mit Zentralsekunde, das durch einen Automatic-Modul und einen Datumsmechanismus ergänzt werden kann. Nachteil dieses Aufbauprinzips ist die ungünstige Werksdicke, wie das Kaliber 4000 ff zeigt. In diesem, wie auch in der Felsa-Entwicklung von 1968, der Kaliberfamilie 4460 ff, ist der vom Bidynator bekannte Hebelwechsler durch einen Wippenwechsler bzw. durch federlose Zwillings-Klinkenräder ersetzt worden.

Kaliber-Liste · Felsa

Kaliber	Durchmesser Linien	Durchmesser mm	Höhe mm	Zusatz-Einrichtungen	Halb-Schw./Stunde	St.	Gang-Res. Std.	Anmerkungen Modell	Jahrg.	Abb.
279	11 1/4			s	18.000				ca. 38	xx
282	"			SC	"					
380 (AM)	8 3/4			s	18.000				1944	
381 (AM)	"			s	"					
382 (AM)	"			s	"					
410	11 1/2			s	18.000			1. Bidynator	1942	
415	"			SCD	"				1944	xx
690	11 1/2	26,0	5,81	SCD	18.000	17		2. Bidynator	1947	
691	"	"	"	SCD	"	"				
692 /N	"	"	6,56	SCD, QG	"	"			1948	
693	"	"	7,01	SCD, QA, JG, PH	"	"				
694	"	"	6,56	SCD, QG, RDR	"	"				
695	"	"	5,81	s	"	"				
696	"	"		SCD	"	"				
697	"	"		SCD, QA, JG	"	"				
698	"	"		SCD	"	"				
699	"	"		SCD, RMG	"	"		Permutator		xx

Kaliber-Liste · Felsa

Kaliber	Durchmesser		Höhe	Zusatz-Einrichtungen	Halb-Schw./ Stunde	St.	Gang-Res. Std.	Anmerkungen Modell	Jahrg.	Abb.
	Linien	mm	mm							
700 /N	9 1/4	21,0	5,43	SCD	18.000					
701 /N	"	"	"	SCD	"					
702	"	"		SCD, QG	"					
703 /N	"	"		SCD	"					
705 /N	"	"	5,43	s	"					
706	"	"		SCD	"					
708	10 1/2				18.000					
709	"			SCD	"					
710	11 1/2	26,0		SCD	18.000					
711	"	"		SCD	"					
712	"	"		SCD, QG	"					
713	"	"		SCD, RMA	"					
714	15 1/4			SCD	"					
714-2	"			SCD, QG	"					
715	11 1/2			QG	18.000					
760	11 1/2			SCD, QG, RMA	18.000	30	44	Permutator	1954	
790	"			SCD	"					
792	"			SCD, QG	"					
799	"			SCD, RMG	"			Permutator		
1560	11 1/2			SCD	18.000					
1561	"			SCD	"					
1565	"			SCD, RMA	"	30	48	Inversator	1954	xx
1572	"			SCD, QG	"					
4000 /N	11 1/2	26,0	5,55	SCD	18.000		43			xx
4002	"	"	"	SCD, QG	"		"			
4004	"	"	"	SCD, QG	"					
4005 /N	11 1/2	26,0			18.000					
4006 /N	"	"	6,2	SCD, QG, JG	"				1966	
4007 /N	"	"	5,55	SCD, QG	"					
4008	"	"		SCD, QG, JG	"					
4009	"	"	6,25	SCD, QG, JG, RDR	"					
4031	13			SCD, QG	18.000					
4033	"			SCD, QG, JG	"					
4050	11 1/2	26,0		SCD	18.000					
4051	"	"		SCD, QG	"					
4460	11 1/2	26,0		SCD	21.600	17				
4462	"	"	5,2	SCD, QG	"	"			ca. 68	xx
4464	"	"	"	SCD, QG	"					
4466	"	"	5,9	SCD, QG, JG	"					
4468	"	"		SCD, QG	"					
4560	11 1/2	26,0		SCD	18.000					
4562	"	"		SCD, QG	"					
4568	"	"		SCD, QG	"					

Felsa-Cal 279

Herren-Automatic der Marke «Dom Watch» um 1940 mit dem ersten Felsa-Rohwerk 279.
Edelstahlgehäuse mit Schraubboden.
Hammer-Schwungmasse einseitig über ein Automatik-Getriebe vom Harwood-Typ aufziehend.
Nickel-Schraubenunruh, Nivarox-Spirale, Incabloc-Stoßsicherung.

Felsa-Cal 415

Herren-Automatic der Marke «Arcadia» von 1944 mit dem ersten «Bidynator»-Kaliber 415 der Firma Felsa, als weltweit erste Rotor-Automatic mit beidseitigem Aufzug ab 1942.

Vergoldetes Gehäuse mit Schraubboden aus Edelstahl. Rubingelagerter Rotor mit Schwermetalleinlage, beidseitig über einen Hebelwechsler aufziehend (bei 8^{00} neben der Rotorachse), komplette wechselseitige Abkopplung von Automatik- und Handaufzugsgetriebe. Glucydur-Schraubenunruh, Nivarox-Spirale, Incabloc-Stoßsicherung (Gehäuse mit Gebrauchsspuren, Aufzugskrone ersetzt).

Felsa-Cal 699

Herren-Automatic der Marke «Orator» um 1951 mit dem «Permutator»-Kaliber 699 der Firma Felsa («Bidynator»-Kaliber der zweiten Generation). Vergoldetes Gehäuse mit Schraubboden aus Edelstahl.

Anzeige der Gangreserve im Zifferblattausschnitt über der «6». Rubingelagerter Rotor mit Schwermetall-einlage und Schnellentriegelung, beidseitig über einen Hebelwechsler aufziehend (bei 11^{00} über der Rotorachse), Abkopplung bei Handaufzug. Glucydur-Schraubenunruh, Nivarox-Spirale, Incabloc-Stoßsicherung. (Die komplette Uhr wurde in den 80er Jahren aus Originalteilen remontiert.)

Felsa-Cal 1565

Automatic-Kaliber 1565 «Inversator» der Firma Felsa von 1954.
Als Basiskaliber wurde ein Bidynator-Werk der zweiten Generation (s. Cal 699 auf S. 133) verwendet und mit einem vierten Zentralzeiger zur Anzeige der Gangreserve sowie einer patent. Rotor-Blockierung ausgestattet. Letztere dient als Überspannschutz der Antriebsfeder und erfolgt durch Einfallen eines Hebels (in Abb. C bei 10^{00}) in eine der Einkerbungen des Rotor-Ringes. Blockierung und Freigabe des Rotors werden über ein Hebelgetriebe auf der Zifferblattseite (bei 0^{30}) vom Differentialwerk gesteuert.

Felsa-Cal 4000 N

Herren-Automatic der Firma Minerva um 1960 mit dem Felsa-Kaliber 4000 N.
Vergoldetes Gehäuse mit Schraubboden aus Edelstahl. Rubingelagerter Rotor mit Schwermetalleinlage und Schnellentriegelung, beidseitig über einen Wippenwechsler aufziehend. Glucydur-Schraubenunruh, Nivarox-Spirale, Incabloc-Stoßsicherung.

Felsa-Cal 4462

Herren-Automatic der Marke «Paul Garnier» um 1968 mit dem Felsa-Kaliber 4462.
Vergoldetes Gehäuse mit Schraubboden aus Edelstahl.
Rotor mit Schwermetallreif, beidseitig über einen Klinkenrad-Wechsler aufziehend (bei 5 und 6^{00}).
Schraubenlose Nickel-Unruh, Nivarox-Spirale, Incabloc-Stoßsicherung.

Kaliber-Steckbriefe

Cal 279

D = 11 ¼''', 17 Steine

AUTOMATIK-BAUGRUPPE als komplette Einheit aufs Basiswerk geschraubt, Hammer-Schwungmasse, Aufzug in einer Richtung über Aufzugsklinke am Hammer und Zentralritzel, 2 Reduktionsräder (davon das erste mit Federklinke) aufs Sperrad.

BASISUHRWERK: 2-schenklige Schraubenunruh aus Nickel, Nivarox-Spirale, 18.000 Halbschw./Std., Incabloc-Stoßsicherung, exzentrische Sekunde.

Cal 415

D = 26,0 mm (11 ½'''), 17 Steine

AUTOMATIK-BAUGRUPPE aufs Basiswerk gesetzt, rubingelagerter Zentralrotor mit peripherer Schwermetalleinlage, Aufzug in beide Drehrichtungen über Hebelwechsler, 2 Reduktionsräder aufs Sperrad, das als Kupplung zur gegenseitigen Trennung von Automatic- und Handaufzugsgetriebe ausgebildet ist.

BASISUHRWERK: 2-schenklige Schraubenunruh aus Glucydur, Nivarox-Spirale, 18.000 Halbschw./Std., Incabloc-Stoßsicherung, direkte Zentralsekunde über doppeltes Kleinbodenrad.

Cal 699

D = 26,0 mm (11 ½'''), 17 Steine

AUTOMATIK-BAUGRUPPE aufs Basiswerk geschraubt, rubingelagerter Zentralrotor mit peripherer Schwermetalleinlage, Aufzug in beide Drehrichtungen über Hebelwechsler, 1 Spannrad aus Stahl mit Federklinke, 2 Reduktionsräder (davon das erste aus Stahl, das zweite als Kupplungsrad) aufs Sperrad. Abtrennung des Reduktionsgetriebes bei Handaufzug.

BASISUHRWERK: 2-schenklige Schraubenunruh aus Nickel, Nivarox-Spirale, 18.000 Halbschw./Std., Incabloc-Stoßsicherung, direkte Zentralsekunde über doppeltes Kleinbodenrad, patent. Federhaus. Anzeige der Gangreserve mittels Differentialgetriebe.

Cal 1565

D = 26,0 mm (11 ½'''), 30 Steine

Werksaufbau s. Cal 699, jedoch mit einem am Rotor angeschraubten Halbring mit insgesamt 5 Aussparungen zum Einrasten des Blockierhebels bei Vollaufzug. Durch ein Differentialwerk geregeltes Blockiergetriebe unter dem Zifferblatt und Anzeige der Gangreserve über einen 4. zentralen Zeiger.

Cal 4000 N

D = 26,0 mm (11 ½'''), H = 5,55 mm, 25 Steine

AUTOMATIK-BAUGRUPPE aufs Basiswerk geschraubt, rubingelagerter Zentralrotor mit peripherer Schwermetalleinlage, Aufzug in beide Drehrichtungen über Wippenwechsler, 2 Reduktionsräder aufs Kronrad.

BASISUHRWERK: 2-schenklige Schraubenunruh aus Glucydur, Nivarox-Spirale, 18.000 Halbschw./Std., Incabloc-Stoßsicherung, Ankerrad zwischen Decksteinen gelagert, direkte Zentralsekunde über doppeltes Kleinbodenrad.

Cal 4462

D = 26,0 mm (11 ½'''), H = 5,2 mm, 17 Steine

AUTOMATIK-BAUGRUPPE als komplette Einheit aufs Basiswerk geschraubt, Zentralrotor mit Schwermetallreif, Aufzug in beide Drehrichtungen über federlose Zwillings-Klinkenräder, 2 Reduktionsräder aufs Kronrad.

BASISUHRWERK: 3-schenklige schraubenlose Nickel-Unruh, Nivarox-Spirale, 21.600 Halbschw./Std., Incabloc-Stoßsicherung, beweglicher Spiralklötzchenträger, direkte Zentralsekunde. Datumsanzeige mit langsamem Wechsel.

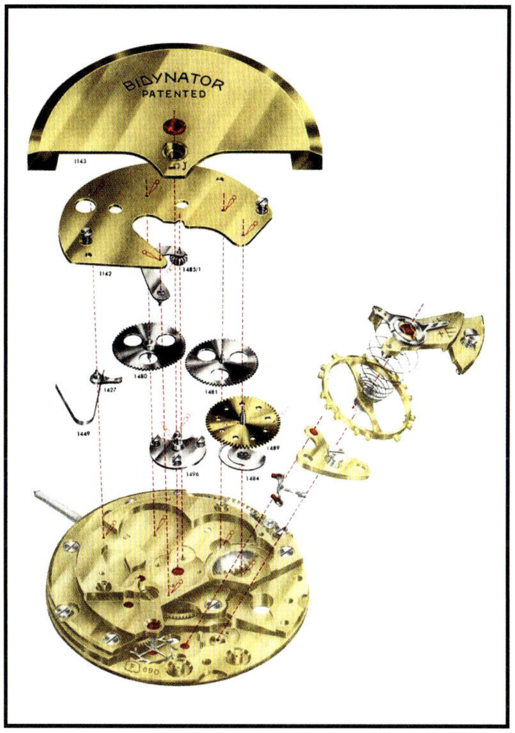

Explosivdarstellung des «Bidynator»-Kalibers der 2. Generation:
1143 – Rotor; 1485/1 – Hebelwechsler, 1480 – Spannrad, 1481 – 1. Reduktionsrad, 1489 – 2. Reduktionsrad als Klinkenkupplung zur Schonung des Reduktionsgetriebes bei Handaufzug.

Zur Kaliber-Entwicklung

Die Fabrique d'Horlogerie de Fontainemelon (FHF) wurde 1793 von den Gebrüderpaaren I. und S. Bengerel sowie J. und F. Humbert-Droz in Fontainemelon gegründet und ist damit die älteste Uhrenrohwerke-Fabrik. 1926 erfolgt der Zusammenschluß mit den weiteren Rohwerke-Herstellern A. Schild und Ad. Michel aus Grenchen zur Basisgemeinschaft der Ebauches S.A.

Als letzte der Ebauche-Produzenten stellte FHF ein eigenes Automatic-Kaliber erst 1959 vor. Es handelt sich um das «Fontomatic»-Kaliber 65, das als Novum einen achslosen, nur peripher auf Kugeln gelagerten Halbring-Rotor besitzt und damit die etablierte Konkurrenz überraschte. Das Reduktionsgetriebe der beidseitig aufziehenden Schwungmasse ist im freibleibenden Innenraum untergebracht und ermöglicht dadurch einen relativ flachen und zum Rand hin abgeschrägten Werksaufbau.

Die Etablisseure, die dieses mit viel Vorschußlorbeeren versehene Werk für ihre Uhrenmodelle verwendeten, bekamen jedoch bald Kritisches zu hören, z. B. über das laute Rollgeräusch des großen Kugellagers, aber auch über dessen Stoßempfindlichkeit und den überhaupt wenig reparaturfreundlichen Werksaufbau. Die folgenden Automatic-Entwicklungen sind dann auch gänzlich nach erprobten und wirtschaftlichen Gesichtspunkten konzipiert; das gilt sowohl für das Kaliber 90-4 von 1968 als auch für die Kaliberfamilie 403 einige Jahre später.

Kaliber-Steckbriefe

Cal 65

D = 30,0 mm (13 ¼'''), H = 4,5 mm, 25 Steine
AUTOMATIK-BAUGRUPPE aufs Basiswerk geschraubt, peripher kugelgelagerter Halbring-Rotor (6 Kugeln!) aus Schwermetall mit innenverzahntem Ring, Reduktionsgetriebe im freibleibenden Innenraum angeordnet, Aufzug in beide Drehrichtungen über einen einfachen Hebelwechsler, 1 Spannrad mit federnder Klinke, 2 Reduktionsräder aufs Sperrad.
BASISUHRWERK: 2-schenklige Schraubenunruh aus Glucydur, Nivarox-Spirale, 18.000 Halbschw./Std., Incabloc-Stoßsicherung, beweglicher Spiralklötzchenträger, direkte Zentralsekunde.

Cal 90-5

D = 25,6 mm (11 ½'''), H = 5,3 mm, 25 Steine
AUTOMATIK-BAUGRUPPE aufs Basiswerk geschraubt, Zentralrotor mit Schwermetallreif, Aufzug in beide Drehrichtungen über Zwillings-Klinkenräder mit federlosen Ankerklinken, 2 Reduktionsräder aufs Sperrad.
BASISUHRWERK: 3-schenklige schraubenlose Nickel-Unruh, Nivarox-Spirale, 21.600 Halbschw./Std., Incabloc-Stoßsicherung, beweglicher Spiralklötzchenträger (Fontofix), direkte Zentralsekunde.

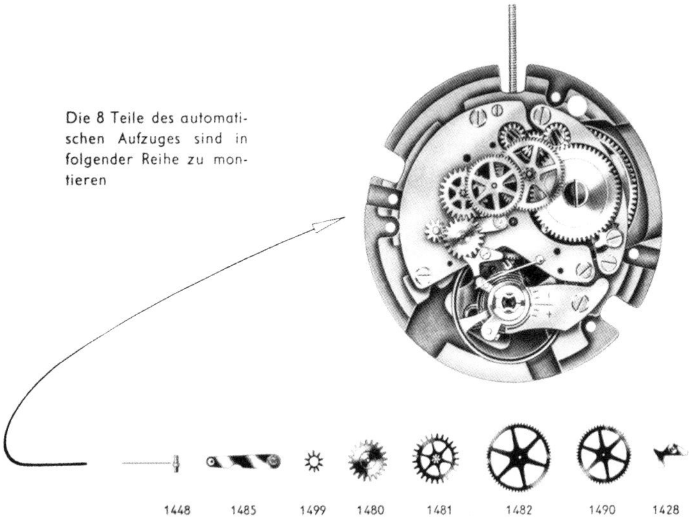

Bestandteil-Bildkatalog des FHF-Kalibers 65.
Ansicht des Automatik-Getriebes auf dem Basisuhrwerk nach Abnahme des Halbring-Rotors und der oberen Platine: 1485 – Wechslerhebel, 1499 – Ritzel des Wechslerhebels (in den Zahnkranz des Halbring-Rotors eingreifend)

Kaliber-Liste · FHF

Kaliber	Durchmesser Linien	Durchmesser mm	Höhe mm	Zusatz-Einrichtungen	Halb-Schw./Stunde	St.	Gang-Res. Std.	Anmerkungen Modell	Jahrg.	Abb.
65	13 1/4	30,0	4,5	SCD	18.000	25	48	Fontomatic	1959	xx
65-4	"	"		SCD, QG	"		"	s. Gruen 666 SS		(xx)
90-4	11 1/2	25,6	5,3	SCD, QG	21.600				1968	
90-5	"	"	"	SCD, QG	"	25				xx
403	11 1/2	25,6	5,4							
411	"	"								
412	"	"		SCD, QG, JG					1975	
905	11 1/2	26,5		SCD, QG, RDR	21.600		44	Basis-Cal 90-5	ca. 71	
908	"	"		SCD, QG, JG, RDR	"		"	"		
909	"	"		SCD, QG, JG	"			"		

FHF-Cal 65
Herren-Automatic Modell «Futurama» der Firma Suter von 1959 mit dem Kaliber SU 65 (Fontomatic-Rohwerk 65 der Firma FHF).
Vergoldetes Gehäuse mit Schraubboden aus Edelstahl, Aufzugskrone mit Suter-Emblem.
Achsloser, auf Kugeln gelagerter Halbring-Rotor aus Schwermetall mit großem Zahnkranz, beidseitig über einen Hebelwechsler aufziehend (bei 6°°).
Glucydur-Schraubenunruh, Nivarox-Spirale, Incabloc-Stoßsicherung.

FHF-Cal 90-5, «Lanco»

Herren-Automatic der Firma Lanco um 1970 mit einem FHF-Kaliber 90-5.

Vergoldetes Gehäuse mit Schraubboden aus Edelstahl.

Rotor mit Schwermetallreif beidseitig über einen Klinkenrad-Wechsler aufziehend (links neben der Rotorachse).

Schraubenlose Nickel-Unruh, Nivarox-Spirale, Incabloc-Stoßsicherung (Gehäuse mit starken Gebrauchsspuren, Riß im Uhrglas, Werksoberfläche korrodiert).

Zur Kaliber-Entwicklung

C. O. Girard und C. Robert gründeten 1856 die Manufaktur «Girard-Perregaux» in La Chaux-de-Fonds und kauften im Jahre 1906 die seit 1791 bestehende Firma Bautte auf.

Einen besonderen Bekanntheitsgrad erlangte GP mit ihren Taschenchronometern in einer speziellen 3-Brücken-Bauweise. Erst 1956 stellte man unter der Modellbezeichnung «Gyromatic» eine automatische Armbanduhr vor, deren Basisuhrwerk vom Rohwerkehersteller Peseux (hier als Cal 330 bzw. 335, bei GP als Cal 18 bzw. 20) bezogen und mit einer selbstentwickelten Automatik-Baugruppe komplettiert wurde. Die beiden Drehrichtungen des Rotors werden hier mit Hilfe zweier sogenannter Gyrotrone gleichgerichtet, wobei anfangs federlose Klinkenräder (Cal 19 und 21) und ab 1957 patentierte Freiläufe in der Art eines Klemmgesperrs mit je 7 Rollen aus Stahl oder Rubin (Cal 21, 19 und 22) eingesetzt worden sind.

Mit den 17 Steinen des Basisuhrwerks, den 2 x 7 Rubinrollen der Gyrotrone und den insgesamt 8 Lagersteinen von Reduktionsgetriebe und Rotor ergibt sich die ungewöhnliche Anzahl von 39 funktionellen Steinen, die dem Unternehmen als werbewirksames Verkaufsargument diente.

Die zweite Gyromatic-Generation kam 1961 unter der Kaliber-Nr. 31 auf den Markt. Dabei handelt es sich um ein AS-Ebauche, das im Rahmen der Communautée Horlogère de Précision (CHP) auch für die Firmen Doxa, Favre Leuba, Eberhard und Zodiac hergestellt wurde. GP wechselte die AS-typischen Klinkenräder gegen die Gyrotrone aus und baute 1965 auf der Basis dieses Kalibers den ersten automatischen Schnellschwinger Cal 31.7 bzw. 32.7. Als wesentliches Bauelement mußte die spezielle Hemmung auch hier von dem Ebauches S.A.-Tochterunternehmen «Fabriques d'Assortiments Réunies» (FAR) in Le Locle bezogen werden.

In dieser Spezialfabrik entwickelte A. Simon-Vermont die mit einem 21zähnigen Ankerrad arbeitende Hemmung «Clinergic 21» für die extrem schnellschwingende Unruh-Spiral-Kombination (36.000 Halbschw./Std.). Die Zähne des Ankerrades sind mit einer Trockenschmierung aus Molybdän-Bisulfat versehen; Öl an dieser Stelle würde durch die auftretenden starken Beschleunigungskräfte weggeschleudert werden!

Der für den Schnellschwinger erforderliche höhere Energiebedarf bedingt eine stärkere Antriebsfeder, so daß bei gleichbleibenden Federhausabmessungen eine verminderte Gangreserve in Kauf genommen werden mußte. Die durch den Einbau eines Miniatur-Kugellagers wegfallenden Rotor-Lagersteine wurden völlig funktionslos im Werk untergebracht, um die publikumswirksam eingeführte Zahl von 39 Steinen weiter anführen zu können.

Dieses Kaliber justierte GP zu dem ersten «HF»-Chronometer (Cal 32 A), das 1966 vom Schweizer Observatorium in Neuenburg ein Zertifikat erhielt.

Für die automatischen Damenarmbanduhren und die Automatic-Modelle vor 1956 bezog man die vollständigen Werke von AS und Eta.

Kaliber-Steckbriefe

Cal 21

D = 25,6 mm (11 ½'''), H = 5,64 mm, 17 Steine

AUTOMATIK-BAUGRUPPE als komplette Einheit aufs Basiswerk geschraubt, rubingelagerter Zentralrotor mit Schwermetalleinlage, Aufzug in beide Drehrichtungen über Zwillings-Freilauf-Kupplungen mit je 7 Stahlrollen (Gyrotrone), 1 Reduktionsrad aufs Sperrad.

BASISUHRWERK: 2-schenklige Schraubenunruh aus Glucydur, Nivarox-Spirale, 18.000 Halbschw./Std., Incabloc-Stoßsicherung, beweglicher Spiralklötzchenträger, indirekte Zentralsekunde.

Cal 32 A

Ebauche AS (CHP)

D = 25,6 mm (11 ½'''), H = 5,05 mm, 37 Funktions-Steine

AUTOMATIK-BAUGRUPPE teilweise ins Basiswerk integriert, kugelgelagerter Zentralrotor aus Schwermetall, Aufzug in beide Drehrichtungen über Zwillings-Freilaufkupplungen mit je 7 Rubinrollen (Gyrotrone), 1 Reduktionsrad aufs Sperrad.

BASISUHRWERK: 3-schenklige schraubenlose Glucydur-Unruh, Isoval-Flachspirale (Konstante 1,9), 36.000 Halbschw./Std., Incabloc-Stoßsicherung, beweglicher Spiralklötzchenträger, Rückerfeinstellung über Schraubgetriebe, Clinergic 21-Ankerhemmung, direkte Zentralsekunde, indirekt geführter Minutenzeiger. Datumsanzeige mit augenblicklichem Wechsel.

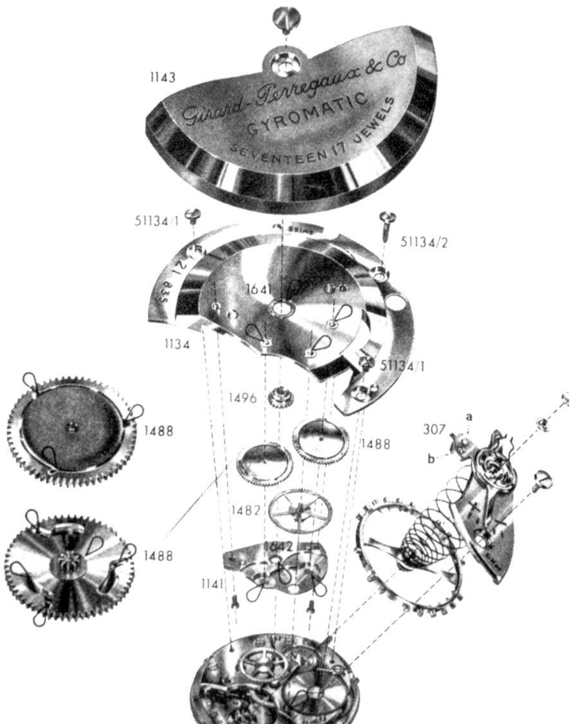

Explosivdarstellung des Gyromatic-Kalibers 21 der Firma Girard-Perregaux (1488 – Gyrotrone der ersten Generation).

Girard Perregaux-Cal 21

Herren-Automatic der Firma Girard-Perregaux von 1956 mit dem ersten selbstentwickelten «Gyromatic»-Kaliber 21.
Edelstahlgehäuse mit Schraubboden.
Rubingelagerter Rotor mit Bleieinlage, beidseitig über einen Freilauf-Wechsler aufziehend (patent. Gyrotrone mit je 7 Stahlrollen, bei 11 und 2^{oo}).
Glucydur-Schraubenunruh, Nivarox-Spirale, Incabloc-Stoßsicherung (Aufzugskrone nicht original, Zifferblattauflagen und Zeiger korrodiert).

Girard-Perregaux-Cal 32 A, «HF-Chronometer»
Herren-Automatic der Firma Girard-Perregaux von 1966 mit dem ersten Schnellschwinger-Chronometer («HF»), Kaliber 32 A.
18k-Goldgehäuse mit Schraubboden, Aufzugskrone mit GP-Emblem, Zifferblattauflagen und Zeiger aus Gold.
Kugelgelagerter Rotor mit Schwermetallreif, beidseitig über einen patent. Gyrotron-Wechsler aufziehend (Zwillingsfreiläufe mit je 7 Rubinrollen)
Schraubenlose Glucydur-Unruh, autokompensierende Flachspirale, Incabloc-Stoßsicherung, Feinregulierung über eine Art Schneckengetriebe mit seitlicher Schraube.
2 Blindsteine im Brückenfuß (bei 12^{00}), um die im Rotor vorgravierte Steinzahl von «39» zu erreichen.

Kaliber-Liste · Girard-Perregaux

Kaliber	Durchmesser Linien	mm	Höhe mm	Zusatz-Einrichtungen	Halb-Schw./ Stunde	St.	Gang-Res. Std.	Anmerkungen Modell	Jahrg.	Abb.
01	11 1/2			SCD						
08	11 1/2			SCD						
080	13	30,0	7,45	SCD, QG, REV	28.800	17		Ebauche J. LeCoultre	ca. 72	(xx)
19	11 1/2	25,6	5,5	s	18.000	17	36	Gyromatic	1956	
21	"	"	5,64	SCI	"	"	40	"	1956	xx
21.0	"	"	"	SCI	"		"	"		
21.19	"	"	"	SCI	"	39	"	"	1957	
21.29	"	"	"	SCI	"		"	"		
22	"	"	6,29	SCI, QG	"	39	"	"	1957	
22.09	"	"	"	SCI, QG	"	17	"	"		
22.19	"	"	"	SCI, QG	"		"	"		
22.29	"	"	"	SCI, QG	"	17	"	"		
31	11 1/2	25,6	4,75	SCD	21.600	17-39	40	Gyromatic (II)	1961	
31.09	"	"	"	SCD	"	"	"	"		
31.19	"	"	"	SCD	"	"	"	"		
31.29	"	"	"	SCD	"	"	"	"		
31.3	"	"	"	SCD	"	"	"	"		
31.4	"	"	"	SCD	"	"	"	"		
31.5	"	"	"	SCD	"	"	"	"		
31.6	"	"	"	SCD	"	"	"	"		
31.7	"	"	"	SCD	36.000	"	34	"	1965	
31.8	"	"	"	SCD	21.600	"	40	"		
31.9	"	"	"	SCD	"	"	"	"		
31.A	"	"	"	SCD	"	"	"	"		
32	"	"	5,05	SCD, QG	"	"	"	"		
32.09 / 32.6	"	"	"	SCD, QG	"	"	"	"		
32.7	"	"	"	SCD, QG	36.000	"	34	"	1965	
32.8 / 32.9	"	"	"	SCD, QG	21.600	"	40	"		
32 A	"	"	"	SCD, QG	31.000	37	34	" , HF-Chronometer	1966	xx
41.0	11 1/2	26,5		SCD	21.600					
42.0	"	"	5,2	SCD	36.000				1966	
42.2	"	"		QG	21.600					
42.4	"	"			36.000					
44				s, QA, JG, MG		17		AS-Ebauche		
47	11 1/2			SCD, QG		17		Eta- Ebauche 1256		
62.0	6 3/4				21.600			Eta-Ebauche		
74	7	16	5,3		18.000			AS-Ebauche 1477		
81.0	7 3/4			SCD	21.600			Eta-Ebauche 2550		
82.0	"			SCD, QG	"			Eta-Ebauche 2551		
94	7			SCD	21.600			AS-Ebauche 1654		
94.09	"			SCD	"	17/25				
94.19	"			SCD	"					

Zur Kaliber-Entwicklung

Dietrich Gruen gründete die Firma 1874 in Biel und baute 1923 eine große Verkaufsorganisation in den USA auf. Ende der vierziger Jahre wurde unter der Kaliber-Nr. 475 die erste eigene Hammer-Automatic entwickelt. Das Aufzugsgetriebe zeigt zwar den typischen Aufbau, konnte jedoch trotz der mit einer autokompensierenden Breguetspirale ausgerüsteten Unruh sehr flach gehalten werden und ist mit der viereckig abgerundeten Basisplatine besonders für den Einbau in quadratische Gehäuse geeignet.

Als Kaliber 480 mit kleiner Sekunde und Kaliber 480 SS mit Zentralsekunde stellte die Firma Anfang der fünfziger Jahre eine Rotor-Automatic vor, die mit dem relativ kleinen und ebenfalls rechteckig abgerundeten Werk auch in größere Damenmodelle eingebaut wurde. Der Rotor besteht weitgehend aus Schwermetall und zieht in beiden Drehrichtungen über ein Gleitritzel auf. Zur Verbesserung seines Wirkungsgrades ist das Getriebe mit einer wechselseitigen Entkopplungsvorrichtung zwischen Automatik- und Handaufzugsgetriebe ausgestattet.

Eine spezielle Überspann-Schutzvorrichtung entwickelten die Konstrukteure der Firma für ihr neues Automatic-Kaliber 560 SS, das unter dem Namen «Power-Glide» mit großem Reklameaufwand 1959 auf den Markt kam. Es handelt sich dabei um eine patentierte selbstregulierende Friktionskupplung vor dem Federhaus, die den Federhaus-Gleitzaum mit seinen bekannten Schwächen ersetzen sollte. Dieses Getriebe ist recht aufwendig konstruiert und erfordert zusätzliche Bauhöhe, so daß die Uhr unzeitgemäß klobig wirkt. Leider traten auch hier vorzeitige Verschleißerscheinungen auf, die zum Durchrutschen der Kupplung schon lange vor Erreichung der maximalen Gangreserve führten, so daß die Uhr oft schon während der Nachtruhe stehenblieb. Mit der Markteinführung des Eloxal-Federhauses GL nach Dr. Straumann löste sich dieses Problem ohnehin kurze Zeit später. Nach dieser, wenn auch interessanten Fehlentwicklung verwendete Gruen vorwiegend Fremdwerke, so unter dem Kaliber 666 SS das vom Rohwerkehersteller FHF stammende Ringrotor-Werk Fontomatic.

Zeitschriften-Reklame (aus ÖU 1960)

Kaliber-Steckbriefe

Cal 475

D = 24,3 x 24,3 mm (10 ¾ x 10 ¾'''), 17 Steine

AUTOMATIK-BAUGRUPPE aufs Basiswerk geschraubt, einseitig wirkender Hammer-Aufzug über Klinkenträger-Wippe mit kombiniertem Aufzugs- und Reduktionsrad aufs Kronrad.

BASISUHRWERK: 2-schenklige Schraubenunruh aus Nickel, autokompensierende Breguetspirale, 18.000 Halbschw./Std., Incabloc-Stoßsicherung, exzentrische Sekunde.

Cal 480 SS

D = 23,4 x 20,1 mm (10 ½ x 9 ¼'''), H = 5,8 mm, 17 Steine

AUTOMATIK-BAUGRUPPE als komplette Einheit aufs Basiswerk geschraubt, Zentralrotor aus Schwermetall, Aufzug in beide Drehrichtungen über ein Gleitritzel, 1 Spannrad mit Federklinke, 2 Reduktionsräder aufs obere Sperrad. Komplette gegenseitige Entkopplung von Automatik- und Handaufzugsgetriebe durch Sperrad-Kupplung.

BASISUHRWERK: 2-schenklige Schraubenunruh aus Nickel, autokompensierende Breguetspirale, 18.000 Halbschw./Std., Incabloc-Stoßsicherung, Ankerrad zwischen Decksteinen gelagert, indirekte Zentralsekunde.

Cal 560 SS

D = 25,6 mm (11 ½'''), H = 6,0 mm, 23 Steine

AUTOMATIK-BAUGRUPPE aufs Basiswerk geschraubt, Zentralrotor mit Schwermetallreif, Aufzug in beide Drehrichtungen über ein Gleitritzel, 1 Spannrad mit Federklinke,

Gruen-Cal 475

Herren-Automatic der Firma Gruen um 1950 mit dem «Autowind»-Kaliber 475.
Rechteckiges 10k-«gold filled»-Gehäuse.
Hammer einseitig über eine Klinkenträger-Wippe aufziehend.
Nickel-Schraubenunruh, autokompensierende Breguet-spirale, Incabloc-Stoßsicherung (Zifferblatt «vergraut», Zeiger korrodiert).

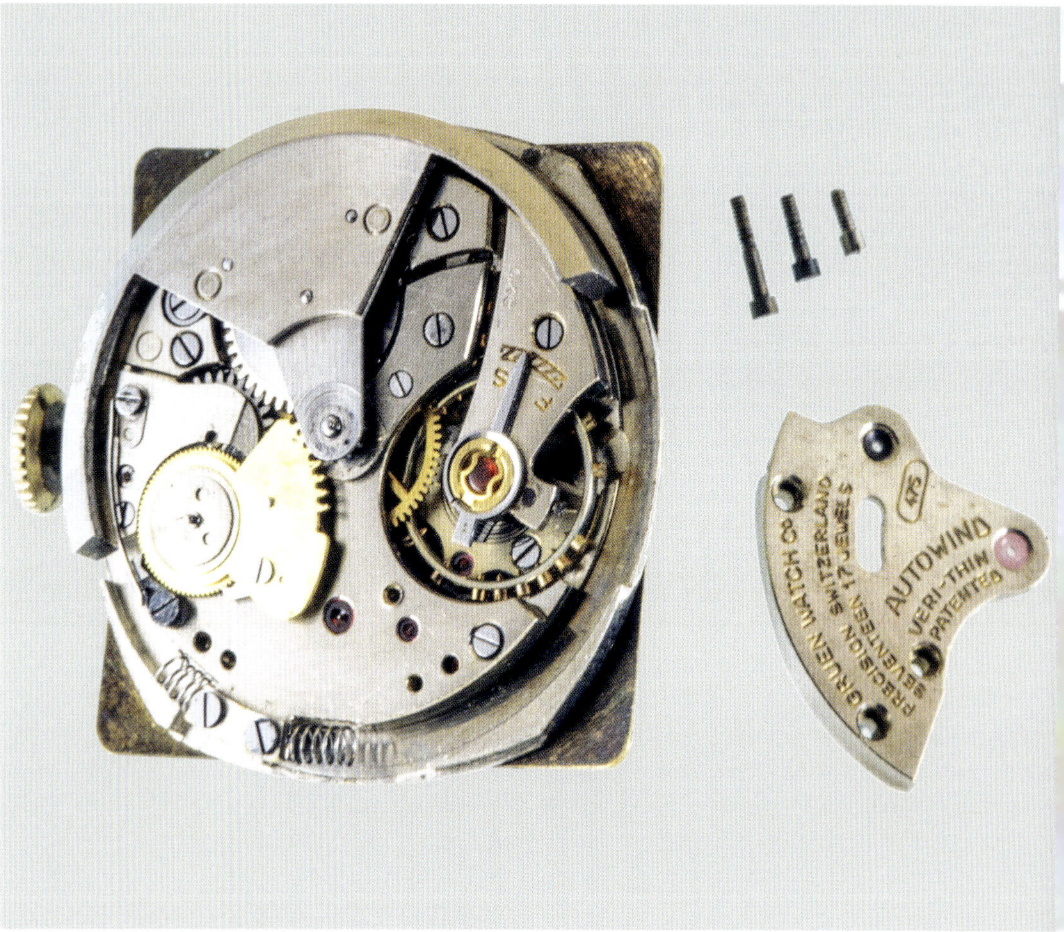

Gruen-Cal 480 SS

Erste Rotor-Automatic der Firma Gruen um 1953 in Mediumgröße mit dem Kaliber 480 SS.
Edelstahlgehäuse mit Schraubboden.
Rotor mit Schwermetallreif, beidseitig über einen Gleitritzel-Wechsler aufziehend (bei 7⁰⁰ neben der Rotorachse), Automatik-Baugruppe als komplette Einheit abnehmbar.
Nickel-Schraubenunruh, autokompensierende Breguetspirale, Incabloc-Stoßsicherung (Werk korrodiert).

Gruen-Cal 560 RSS

Herren-Automatic der Firma Gruen von 1959, Modell «Power-Glide» mit dem «Autowind»-Kaliber 560 RSS.
Edelstahlgehäuse mit Druckboden.
Rotor mit Schwermetallreif, beidseitig über einen Gleitritzel-Wechsler aufziehend (bei 1⁰⁰ oberhalb der Rotorachse), Abkopplung bei Handaufzug. Selbstregulierende Friktionskupplung «Power Glide» auf dem Federhaus (bei 5⁰⁰) als Überspannschutz-Vorrichtung.
Nickel-Schraubenunruh, Nivarox-Spirale, Incabloc-Stoßsicherung.

Gruen-Cal 666 SS, Werk

Werk einer Herren-Automatic der Firma Gruen (Cal 666 SS) um 1960,. als «Fontomatic»-Kaliber 65-4 des Rohwerke-Herstellers FHF (s. S. 139).

2 Reduktionsräder über die selbstregulierende Friktionskupplung «Power Glide» aufs Sperrad. Bei Handaufzug Abtrennung des automatischen Getriebes durch gleitend gelagertes 2. Reduktionsrad.
BASISUHRWERK: 2-schenklige Schraubenunruh aus Nickel, Nivarox-Spirale, 18.000 Halbschw./Std., Incabloc-Stoßsicherung, direkte Zentralsekunde.

Cal 666 SS

Ebauche von FHF
D = 30,0 mm (13'''), 25 Steine
AUTOMATIK-BAUGRUPPE: Halbring-Rotor aus Schwermetall mit peripherer Kugellagerung und innenverzahntem Ring in Werksniveau angeordnet, Aufzug in beide Drehrichtungen über einfachen Hebelwechsler, 1 Spannrad mit Federklinke, 2 Reduktionsräder aufs Sperrad.
BASISUHRWERK: 2-schenklige schraubenlose Glucydur-Unruh, Nivarox-Spirale, 18.000 Halbschw./Std., Incabloc-Stoßsicherung, beweglicher Spiralklötzchenträger, direkte Zentralsekunde. Datumsanzeige.

Kaliber-Liste · Gruen

Kaliber	Durchmesser Linien	Durchmesser mm	Höhe mm	Zusatz-Einrichtungen	Halb-Schw./Stunde	St.	Gang-Res. Std.	Anmerkungen Modell	Jahrg.	Abb.
362	6 3/4 x 7 3/4				18.000					
363	"				"					
460	11 1/2				18.000				1947	
460 SS	"			SCI	"					
462	"				"					
462 B	"				"					
462 SS	"			SCI	"					
470	11 1/2				18.000				1948	
470 SS	"			SCI	"					
475	10 3/4 x 10 3/4			s	18.000	17		Autowind	ca. 50	xx
480	9 3/4 x 11		5,8	s	18.000	17	36			
480 SS	"		"	SCI	"	"	"			xx
560	11 1/2	25,6	6,0	s	18.000	23	45	Power-Glide	1959	
560 RSS	"	"	"	SCD	"	"	"	"	1959	xx
560 CA	"	"		SCD, QG	"	"	"	"		
570 SS	12			SCD						
666 SS	13 1/4	30,0		SCD, QG	18.000	23	48	FHF-Ebauche	ca. 60	xx
710 CA	11 1/2			SC, QG						
710 SS/RSS	"			SC						
712 SS	"			SC						
712 CA	"			SC, QG						
730 SS	"			SC						
730 CA	"			SC, QG						

Zur Kaliber-Entwicklung

Die Manufaktur «Montres Helvetia General Watch Co S.A.» wurde 1895 in Biel gegründet und baute nach dem Zweiten Weltkrieg eine zweite Produktionsstätte in Reconvilier auf. Einen Namen machte sich die Firma u. a. mit der Entwicklung einer wasserdichten Armbanduhr 1929 und einer speziellen Stoßsicherung.

Ihr erstes Automatic-Kaliber aus dem Jahre 1951 arbeitet mit einem einseitig aufziehenden Rotor. Um Verluste beim automatischen Aufzug zu verringern, läßt sich das Handaufzugsgetriebe über eine Zahnradwippe abtrennen. Daraus resultiert auch die sonst unübliche Linksdrehung der Krone beim Aufziehen von Hand.

In der Mitte der fünfziger Jahre ändert Helvetia die Automatik-Baugruppe unter Beibehaltung des modernisierten Basisuhrwerks. Der Rotor läuft auf einem Miniatur-Kugellager und zieht jetzt in beiden Drehrichtungen auf. Auf spezielle Entkopplungsvorrichtungen zwischen Automatik- und Handaufzugsmechanismus konnte verzichtet werden, so daß sich diese Uhr wieder durch Rechtsdrehen der Krone aufziehen läßt und das Werk deutlich flacher ausfällt.

In den folgenden Jahren baute die Firma nur noch Fremdwerke in ihre Automatic-Modelle ein, so z. B. auch das Chronographen-Kaliber 7750 von Valjoux (s. S. 316).

Kaliber-Steckbriefe

Cal 837

D = 26,3 mm (11 ½'''), H = 6,13 mm, 21 Steine

AUTOMATIK-BAUGRUPPE aufs Basiswerk geschraubt, monometallischer Zentralrotor, Aufzug in einer Drehrichtung über 1 Breguet-Freilauf, 2 Reduktionsräder, davon das erste mit federnder Klinke, aufs doppelte Sperrad. Wechselseitige Trennung von Automatik- und Handaufzugsgetriebe (linksaufziehend!) mittels Sperrad-Kupplung und Zahnrad-Wippe zwischen Kron- und Sperrrad.

BASISUHRWERK: 2-schenklige Schraubenunruh aus Glucydur, Nivarox-Spirale, 18.000 Halbschw./Std., Incabloc-Stoßsicherung, indirekte Zentralsekunde.

Cal 845

D = 26,3 mm (11 ½'''), 27 Steine

AUTOMATIK-BAUGRUPPE unter einer Halbplatine aufs Basiswerk geschraubt. Kugelgelagerter Zentralrotor mit Schwermetalleinlage, Aufzug in beide Drehrichtungen über federlose Zwillings-Klinkenräder, 1 Reduktionsrad aufs Kronrad.

BASISUHRWERK: 2-schenklige schraubenlose Glucydur-Unruh, Nivarox-Spirale, 18.000 Halbschw./Std., Incabloc-Stoßsicherung, beweglicher Spiralklötzchenträger, Ankerrad-Lagerung mit kombiniertem Steinfutter (Duofix), indirekte Zentralsekunde.

Kaliber-Liste · Helvetia

Kaliber	Durchmesser Linien	Durchmesser mm	Höhe mm	Zusatz-Einrichtungen	Halb-Schw./Stunde	St.	Gang-Res. Std.	Anmerkungen Modell	Jahrg.	Abb.
510	7 3/4			SCD	21.600					
515	"			SCD, QG	"					
836	11 1/2	26,3		s	18.000	21	40		1951	
837	"	"	6,13	SCI	"	"	"		1952	xx
838	"	"	"	SCI	"			Basis-Cal 837	ca. 55	
839	11 1/2			SCD				AS-Ebauche 1680		
842	"			SCD, QG				"	1956	
844	11 1/2	26,3		SCI, QG						
845	"	"		SCI	18.000	27				xx
846	11 1/2		4,5	SCD	18.000	25		AS-Ebauche 1673		
847	"			SCD, QG	"	"		AS-Ebauche 1674		
861	11 1/2			SCD, QG						
868	11 1/2			SCD						
869	"			SCD, QG						
1330	6 3/4				21.600					
8390	11 1/2			SCD						
8420	"			SCD, QG						

Helvetia-Cal 837
Herren-Automatic der Firma Helvetia von 1952 mit dem Kaliber 837.
18k-Goldgehäuse mit Schraubboden.
Bleibeschwerter Rotor mit Schnellentriegelungs-Einrichtung (bei 1^{00}), einseitig über ein Breguetkupplungsrad aufziehend, komplette wechselseitige Abkopplung zwischen Automatik- und Handaufzugsgetriebe.
Glucydur-Schraubenunruh, Nivarox-Spirale, Incabloc-Stoßsicherung.

Helvetia-Cal 845

Herren-Automatic der Firma Helvetia um 1956 mit dem Kaliber 845.
Verchromtes Gehäuse mit Schraubboden aus Edelstahl. Kugelgelagerter Rotor mit Schwermetalleinlage, beidseitig über einen Klinkenrad-Wechsler aufziehend (bei 7^{00}).
Schraubenlose Glucydur-Unruh, Nivarox-Spirale, Incabloc-Stoßsicherung, Ankerrad mit Duofix-Kombilager (Stundenzeiger und Aufzugskrone nicht original, Gehäuse mit deutlichen Gebrauchsspuren).

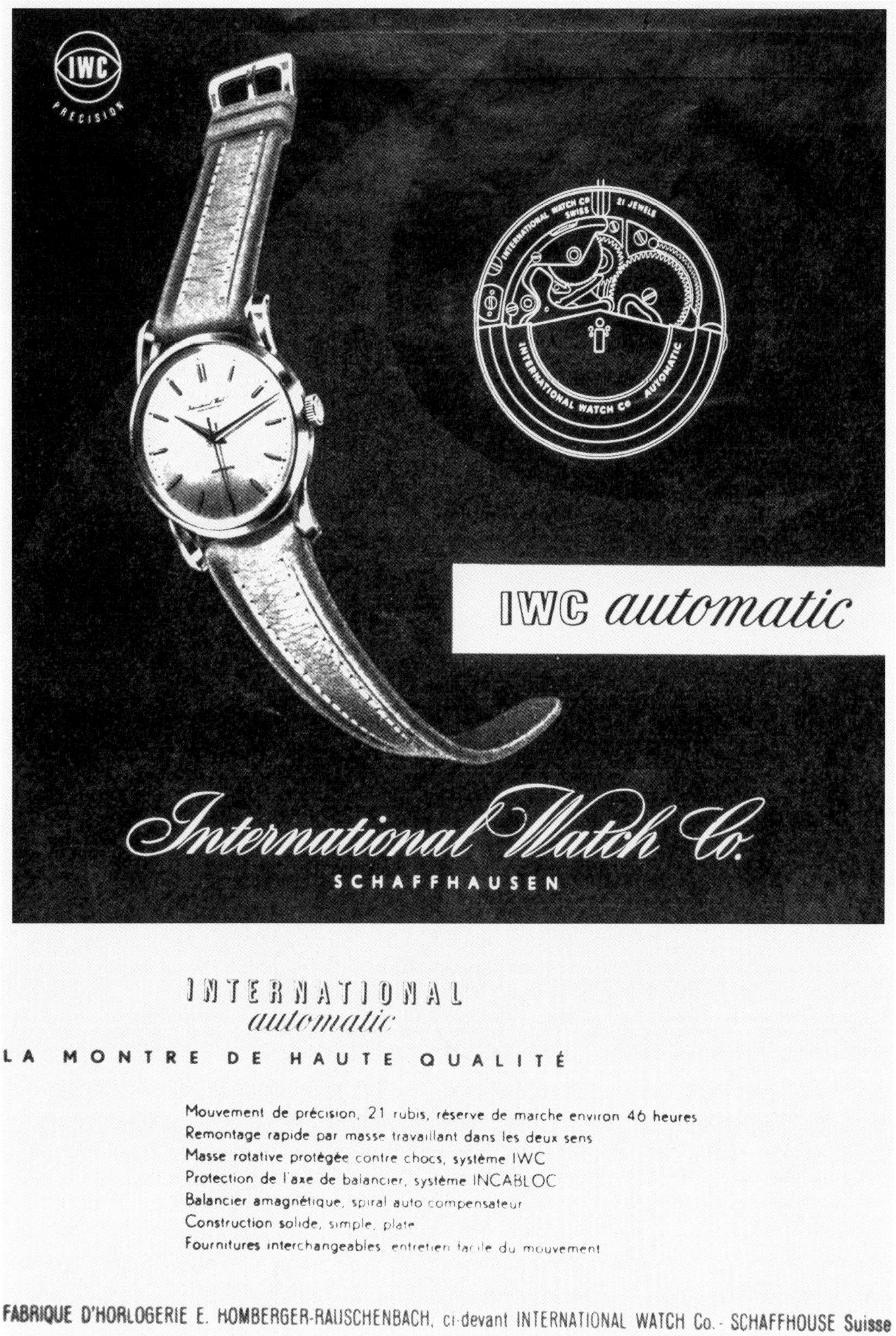

Zeitschriften-Reklame (aus JSH 1952)

Zur Kaliber-Entwicklung

Der Amerikaner F. A. Jones gründete 1868 zusammen mit dem Schweizer J. H. Moser die Firma «International Watch Company» (IWC) in Schaffhausen a. Rhein, die schon 1889 von Johannes Rauschenbach aufgekauft wurde. In dessen Familienbesitz blieb das Unternehmen bis zur Umwandlung in eine Aktiengesellschaft 1971, die 1978 von dem deutschen VDO-Konzern übernommen wurde.

Als erste Automatik-Entwicklung stellte die Firma 1950 ihr Kaliber 81 vor, das nur in geringen Stückzahlen produziert und im selben Jahr durch das Nachfolge-Kaliber 85 ersetzt wurde. Die Ingenieure von IWC entschieden sich hier für den robusten Exzenter-Aufzug und kombinierten dieses von Longines 1945 eingeführte Prinzip mit dem des Doppelhebel-Aufzugs, der auch in der Hammer-Automatic der Fa. Lanco zu finden ist. Schon 1952 verbesserte IWC das Basisuhrwerk durch Ausrüstung mit einer autokompensierenden Breguetspirale anstelle der flachen sowie einer Rückerfeinstellung. Diese Maßnahmen waren aber mit einer Zunahme der Werksdicke verbunden. Dieses mit der Kaliber-Nr. 852 bezeichnete Werk wurde in größeren Stückzahlen hergestellt und ab 1953 auch mit Datum unter der Nr. 8521 u. a. in das bekannte antimagnetische Ingenieur-Modell (1954) eingesetzt.

Auch die 1958 bzw. 1959 vorgestellten Kaliber 853 ohne und 8531 mit Datum unterscheiden sich nur unwesentlich vom Vorgängerwerk (z. B. durch Ausgleichsschrauben auf beiden Unruhschenkeln). Das gilt ebenfalls für die ab 1964 produzierten Kaliber 854 bzw. 8541, bei denen nur die Gangpartie modernisiert wurde.

Schon 1956 entwickelte IWC nach dem Vorbild des Herrenkalibers ein kleineres Werk (Cal 44), das ohne Sekunde damals zu den flachsten Damen-Automatics zählte.

Anläßlich des 100jährigen Firmenjubiläums experimentierte man mit einer vollkommen neuen Automatic-Entwicklung (Cal 100), um das ziemlich dicke Exzenter-Werk ersetzen zu können. Es blieb aber nur bei einer Versuchsserie, so daß für die moderneren und eleganten Uhrenmodelle flache Rohwerke der Firma Eta (z. B. für das

Nachfolgemodell der «Ingenieur», die Taucheruhren «ocean 2000» und «ocean 500» und die Kompaßuhr), der Firma Valjoux für die «Da Vinci» und die «Grand Complication» von 1990, der Firma Piguet Fr. S.A. für das rechteckige Modell «Novecento» und für Schmuckuhren, sowie der Firma Jaeger LeCoultre verwendet wurden.

Kaliber-Steckbriefe

Cal 85

D = 29,0 mm (12 ¾'''), H = 5,45 mm, 21 Steine

AUTOMATIK-BAUGRUPPE aufs Basiswerk gesetzt. Rubingelagerter monometallischer Zentralrotor auf federnder Achse, Aufzug in beide Drehrichtungen über herzförmige Exzenterscheibe am Rotor, rollengeführten Wippenhebel mit 2 federnden Hebelklinken, die wechselseitig auf ein sägeverzahntes Aufzugsrad wirken, aufs Kronrad.

BASISUHRWERK: 2-schenklige Schraubenunruh aus Glucydur, autokompensierende Flachspirale, 18.000 Halbschw./Std., Incabloc-Stoßsicherung, indirekte Zentralsekunde.

Cal 44

D = 17,6 mm (7 ¾'''), H = 4,8 mm, 21 Steine

AUTOMATIK-BAUGRUPPE aufs Basiswerk geschraubt. Rubingelagerter Zentralrotor mit Schwermetallreif auf federnder Achse, Aufzug in beide Drehrichtungen über herzförmige Exzenterscheibe am Rotor, rubinrollengeführten Wippenhebel mit 2 federnden Hebelklinken, die jeweils wechselseitig auf ein sageverzahntes Aufzugsrad wirken, aufs Sperrad.

BASISUHRWERK: 2-schenklige Schraubenunruh aus Glucydur mit 2 Ausgleichsschrauben, autokompensierende Flachspirale, 19.800 Halbschw./Std., Incabloc-Stoßsicherung, Rückerfeinstellung über Zahnscheibe, ohne Sekunde.

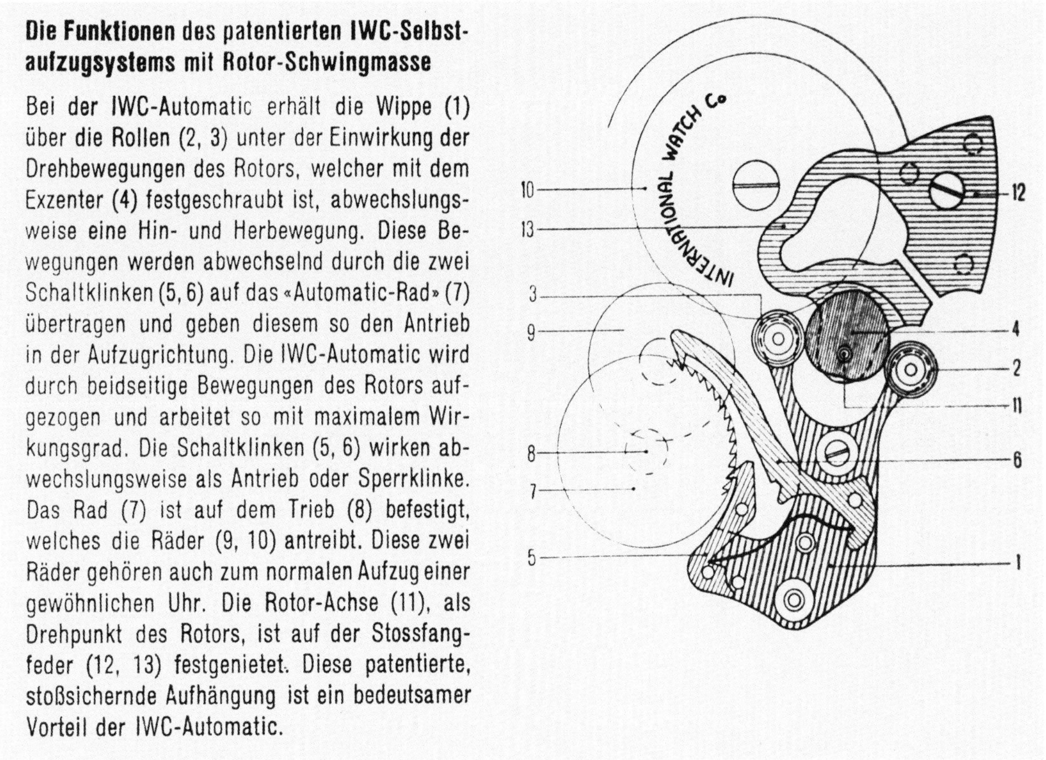

Die Funktionen des patentierten IWC-Selbstaufzugsystems mit Rotor-Schwingmasse

Bei der IWC-Automatic erhält die Wippe (1) über die Rollen (2, 3) unter der Einwirkung der Drehbewegungen des Rotors, welcher mit dem Exzenter (4) festgeschraubt ist, abwechslungsweise eine Hin- und Herbewegung. Diese Bewegungen werden abwechselnd durch die zwei Schaltklinken (5, 6) auf das «Automatic-Rad» (7) übertragen und geben diesem so den Antrieb in der Aufzugrichtung. Die IWC-Automatic wird durch beidseitige Bewegungen des Rotors aufgezogen und arbeitet so mit maximalem Wirkungsgrad. Die Schaltklinken (5, 6) wirken abwechslungsweise als Antrieb oder Sperrklinke. Das Rad (7) ist auf dem Trieb (8) befestigt, welches die Räder (9, 10) antreibt. Diese zwei Räder gehören auch zum normalen Aufzug einer gewöhnlichen Uhr. Die Rotor-Achse (11), als Drehpunkt des Rotors, ist auf der Stossfangfeder (12, 13) festgenietet. Diese patentierte, stoßsichernde Aufhängung ist ein bedeutsamer Vorteil der IWC-Automatic.

Funktionsbeschreibung des patent. IWC-Exzenter-Aufzugs (aus einem Prospekt)

Zeitschriften-Reklame (aus SUZ 1959)

IWC-Cal 85

Herren-Automatic der Firma IWC von 1951 mit dem Kaliber 85. Zweiteiliges Schalengehäuse aus Staybrite-Stahl, geteilte Aufzugswelle, Aufzugskrone mit Fischsymbol.

Rubingelagerter monometallischer Rotor auf federnder Achse mit Schnellentriegelung, beidseitig über einen patent. Exzenterwechsler aufziehend (Hebelklinken bei 8^{00} und 9^{00}, Wippenführungs-Rollen beiderseits der Rotorachse, ebenfalls aus Berylliumbronze).

Glucydur-Schraubenunruh, autokompensierende Flachspirale, Incabloc-Stoßsicherung (Zifferblatt «blüht», Zeiger korrodiert).

IWC-Cal 44

Damen-Automatic der Firma IWC nach 1960 mit dem flachsten Damenkaliber 44 aus dem Jahr 1956. Edelstahlgehäuse mit Schraubboden, Aufzugskrone mit Fischsymbol.
Rubingelagerter Rotor mit Schwermetallreif auf federnder Achse laufend mit Schnellentriegelung, beidseitig über einen patent. Exzenterwechsler aufziehend (ähnlich dem Cal 85, s. S. 156), Wippenführung über 2 Rubinrollen am Rotor-Exzenter.
Glucydur-Schraubenunruh mit je einer Ausgleichsschraube auf beiden Schenkeln, autokompensierende Flachspirale, Incabloc-Stoßsicherung, Rückerfeinstellung über Exzenterschraube (Uhrglas mit Einrissen, Gehäuse und Werk mit Gebrauchsspuren).

IWC-Cal 8541

Herren-Automatic der Firma IWC um 1965 mit dem Kaliber 8541.
18 k-Goldgehäuse mit abgedichtetem Druckboden, Aufzugskrone mit Fischsymbol aus Gold. Zifferblattauflagen und Zeiger aus Gold.
Werk weitgehend identisch mit Kaliber 85 (s. S. 156), Rotor jedoch mit Schwermetallreif, schraubenlose Glucydur-Unruh mit 3 Ausgleichsschrauben, autokompensierende Breguetspirale, Rückerfeinstellung über Exzenterschraube.

Kaliber-Liste · IWC

Kaliber	Durchmesser Linien	Durchmesser mm	Höhe mm	Zusatz-Einrichtungen	Halb-Schw./ Stunde	St.	Gang-Res. Std.	Anmerkungen Modell	Jahrg.	Abb.
44	7 3/4	17,6	4,8		19.800	21	40		1956	xx
81	12 3/4	29,0	5,05	s	18.000				1950	
85	12 3/4	29,0	5,45	SCI	18.000	21	40		1950	xx
100	12 1/4	28,0	5,9	SC	25.200	27		Versuchs-Serie	1965	
270	12	27,4	2,4		18.000	34		Piguet-Ebauche P70	1976	
271	"	"	"		"	"		"	1976	
320	9	20,4	3,2		21.600	19	40	Piguet-Ebauche 951	1986	
375	12 1/4	28,0	3,75	SCD, QG, ST	28.800	22		Eta-Ebauche 2890	1978	
442	7 3/4	17,6	4,8		21.600	23			1972	
480	7 3/4	17,2	4,8	SCD, QG, ST	28.800	25		Eta-Ebauche 2671	1983	
790	13 1/2	30,0	7,9	s, QG, JG, RDR, CHR	28.800	25		Valjoux-Ebauche 7750	1978	
852	12 3/4	29,0	5,6	SCI	19.800	21	46		1952	
853	"	"	"	SCI	"	"	"		1958	
854	"	"	"	SCI, ST	"	21-25	"		1964	
1001	12 1/2	28,0	3,95	SC, QG	25.200	27		Versuchs-Serie	1965	
2717	12	27,4	2,4		18.000	34		Piguet-Ebauche P70	1976	
3206	9	20,4	4,5	„ewiger“ Kalender	21.600	33		Piguet-Ebauche 951	1988	
3251	11 1/2	26,0	3,25		28.800	30		JLC-Ebauche 888	1976	
3252	"	"	"	QG, RDR	"	32		"	1976	
3254	"	"	"	SCD, QG, RDR, ST	"	33		"	1976	
3752	12 1/2	28,0	3,75	SCD, QG, RDR, ST	28.800	22		Eta-Ebauche 2890	1978	
3753	11 1/2		"	SCD, QG, RDR, ST	"	"		"		
3754	"		4,15	SCD, QG, RDR, ST	"	"		"		
3755	"		"	SCD, QG, RDR, ST	"	"		"		
3757	13 1/2	30,0	5,0	„ewiger“ Kalender	"	37		"	1986	
3758	12 1/2	28,0	5,0	„ewiger“ Kalender	"	"		"	1987	
3759	11 1/2		3,75	SCD, QG, RDR, ST	"	22		"		
7906	13 1/2	30,0	8,75	„ewiger“ Kalend., CHR	28.800	36		Valjoux-Ebauche 7750	1985	
8521	12 3/4	29,0	6,4	SCI, QG	19.800	21			1953	
8531	"	"	"	SCI, QG	"	"	40		1959	
8541	12 1/2	28,0	5,9	SCI, QG, ST	"	21-25			1964	xx

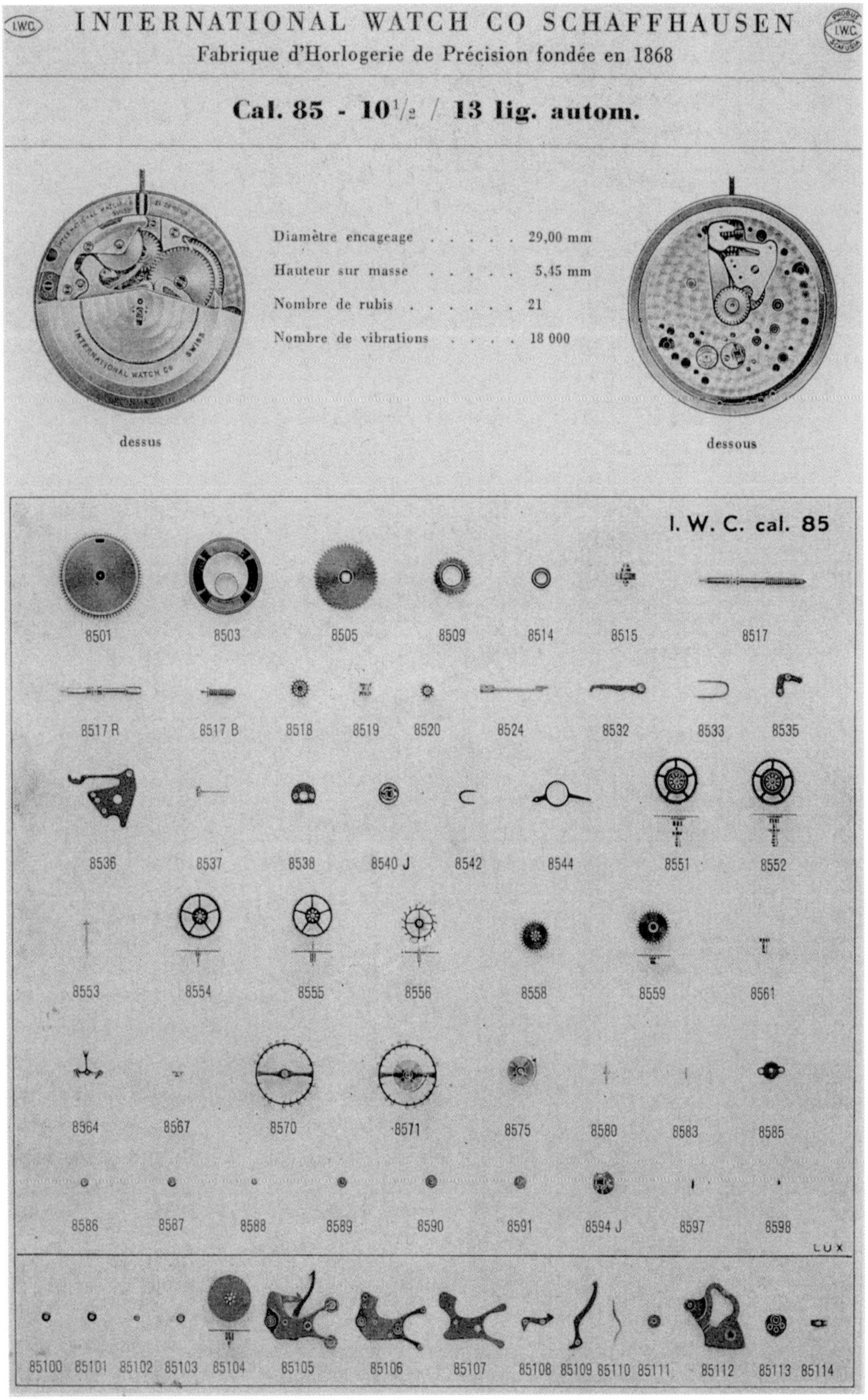

Bestandteil-Bildkatalog des IWC-Kalibers 85 (Automatic-Teile ganz unten!):
85 105 – komplette Klinkenträger-Wippe
85 112 – elastisch aufgehängte Rotorachse
85 113 – Rotor-Exzenter mit Rubinlager.

Cal 8541

D = 28,0 mm (12 ½'''), H = 5,9 mm, 21 Steine

AUTOMATIK-BAUGRUPPE aufs Basiswerk geschraubt. Rubingelagerter Zentralrotor mit Schwermetallreif auf federnder Achse, Aufzug in beide Drehrichtungen über herzförmige Exzenterscheibe am Rotor, rollengeführten Wippenhebel mit 2 federnden Hebelklinken, die jeweils wechselseitig auf ein sägeverzahntes Aufzugsrad wirken, aufs Kronrad.

BASISUHRWERK: 3-schenklige schraubenlose Glucydur-Unruh mit 3 Ausgleichsschrauben, autokompensierende Breguetspirale, 19.800 Halbschw./Std., Incabloc-Stoßsicherung, Doppelfeinstellung für Rücker und Spiralklötzchenträger über Exzenterschrauben, indirekte Zentralsekunde. Stoppsekunde und Datumsanzeige.

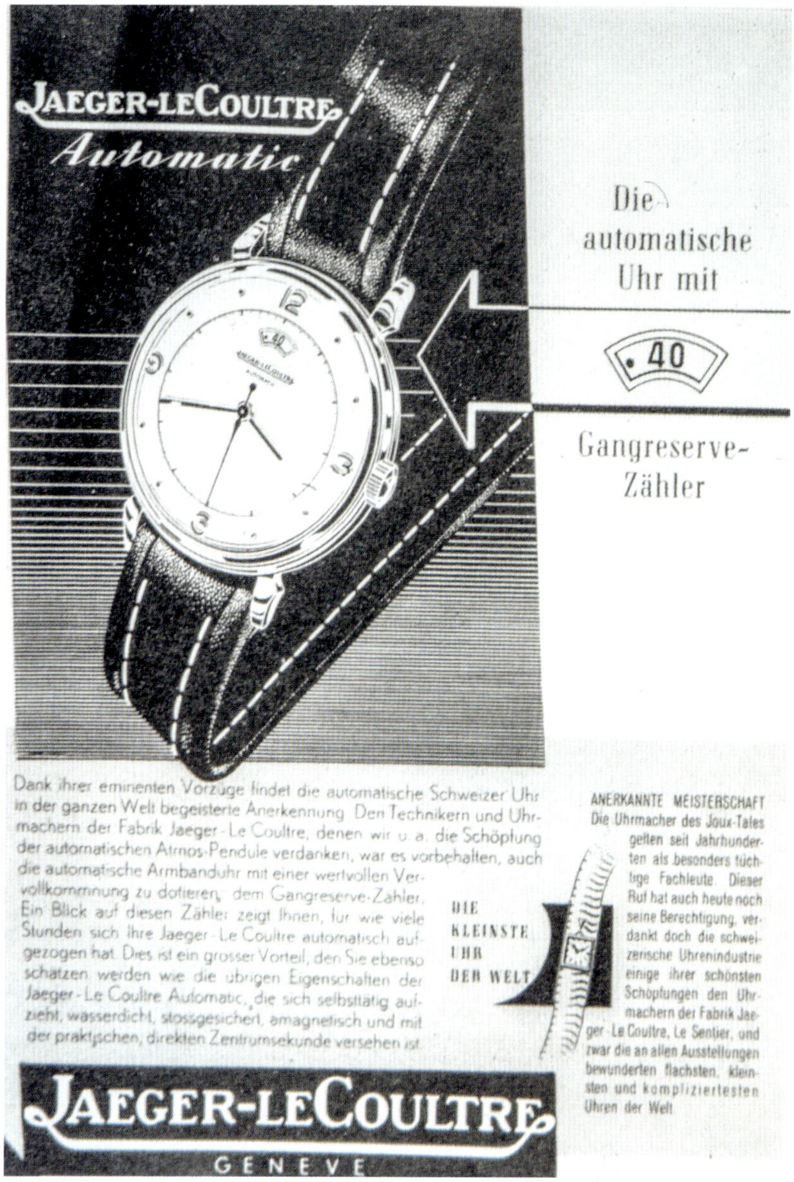

Zeitschriften-Reklame (aus SUZ 1949)

Zur Kaliber-Entwicklung

Das Unternehmen wurde 1833 von Antoine Le Coultre als Rohwerke-Lieferant in Le Sentier im Vallée de Joux gegründet und nach dem Firmeneintritt von Edmond Jaeger unter dem Namen «Jaeger LeCoultre» ab 1937 weitergeführt. In den USA sind Uhren dieser Firma unter dem Namen «LeCoultre» vertrieben worden, da aus importrechtlichen Gründen zwar die Schweizer Originalwerke eingeführt werden konnten, deren Einschalung aber in Gehäuse US-amerikanischer Produktion erfolgen mußte.

Die erste JLC-Automatic wurde 1947 unter der Kaliber-Nr. 476 vorgestellt. Es handelt sich um einen einseitig wirksamen Hammer-Aufzug in üblicher Bauweise, der nach Einbau eines Differentialgetriebes als die erste automatische Serienarmbanduhr mit Anzeige der Gangreserve zu gelten hat und unter der Modellbezeichnung «Powermatic» (Cal 481) ab 1948 hergestellt wurde.

Obwohl die Manufaktur 1951 ihre erste Rotor-Automatic (Cal 493) mit beidseitigem Aufzug und kugelgelagerter Schwungmasse entwickelte, entschied sie sich in den nächsten Konstruktionen weiter für den Hammer-Aufzug. Die Gründe für diese Entscheidung waren vielfältig: Die Hammer-Automatic hatte sich als eine robuste und flache Konstruktion bewährt; Zusatzeinrichtungen ließen sich ohne wesentliche Vergrößerung der Werksdicke integrieren. Durch Ausnutzung beider Bewegungsrichtungen des Hammers zum Aufziehen der Antriebsfeder konnte bei der 1952 entwickelten «Futurematic», dem Kaliber 497, eine so hohe Aufzugssicherheit erreicht werden, daß der Handaufzug unnötig erschien und weggelassen wurde. Der eingesparte Raum ließ sich für den Einbau einer größeren Unruh und eines größeren Federhauses nutzen. Die Anzeige der Gangreserve sollte dem Sicherheitsbedürfnis des Trägers entgegenkommen und bot gleichzeitig die Möglichkeit, das Arretieren der Schwungmasse zu regeln. Erstmalig wird hierdurch nach dem Vorbild der automatischen Perrelet-Taschenuhr bei Vollaufzug der gesamte Automatic-Mechanismus blockiert und damit nicht nur das Prellen der Unruh verhindert, sondern auch das Getriebe vor Abnutzung bewahrt. Es kann eine normale Feder ohne Gleitzaum in das Federhaus eingelegt werden, deren Antriebskraft schon nach wenigen Schüttelbewegungen mit Hilfe einer Vorspanneinrichtung zur Verfügung steht. Über eine flache Bodenkrone läßt sich die Uhr sekundengenau einstellen.

Auch die 1956 vorgestellte «Memovox» (Cal 815) ist als erste Wecker-Automatic überhaupt mit einem einseitig wirksamen Hammer-Aufzug ausgerüstet. Über eine zweite Krone kann der Wecker von Hand aufgezogen und eingestellt werden.

Erst 1959 begann sich der Rotor-Aufzug endgültig im Hause Jaeger LeCoultre durchzusetzen, obwohl schon vorher für Audemars Piguet und Vacheron Constantin reservierte Werke ähnlich dem des Kalibers 493, aber in größerer Ausführung, gefertigt wurden.

Der Rotor dieser neuen Kaliberfamilie 880 ist über einen Wippenwechsler beidseitig wirksam. Dieses robuste Gleichrichterprinzip findet sich in allen Rotor-Automatics der Manufaktur wieder.

Das auch heute noch eingebaute Kaliber 888 wurde schon 1967 als eine besonders flache Konstruktion entwickelt.

Als Nachfolgemodell der «Memovox» brachte JLC 1969 eine moderne Wecker-Automatic mit kugelgelagertem Zentralrotor auf den Markt. Als einziges Werk dieser Firma erfolgt hier die Drehsinnswandlung mit Hilfe eines Exzenterwechslers (Cal 916).

Jaeger LeCoultre zählt zu den renommiertesten Schweizer Manufakturen und gilt als Rohwerke-Hauptlieferant der Firmen Audemars Piguet und Vacheron Constantin.

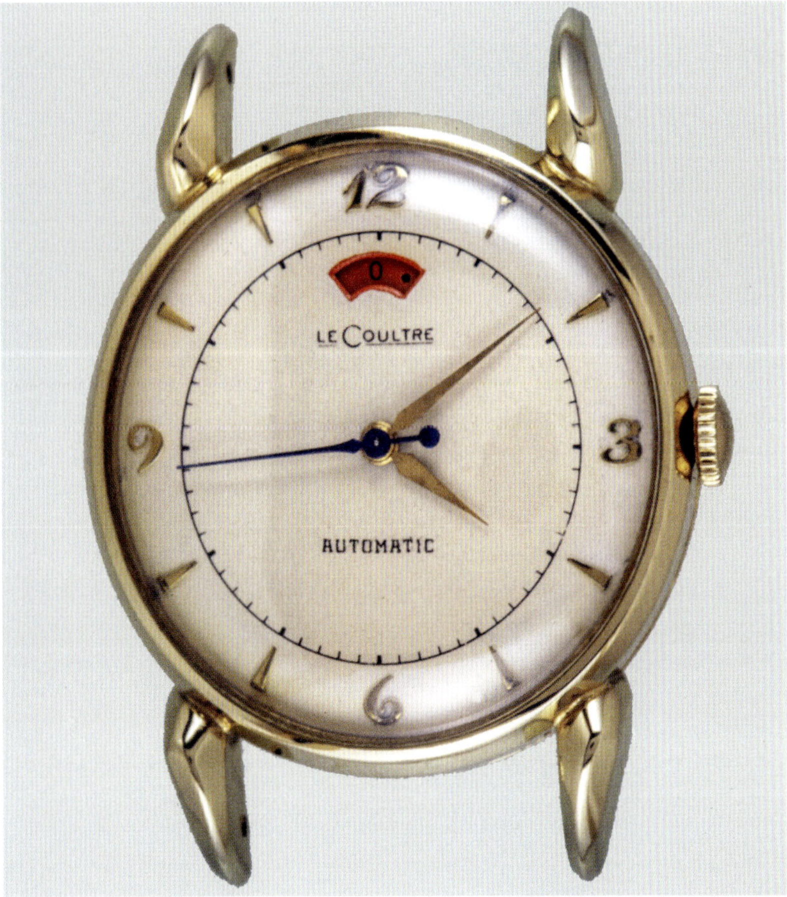

Jaeger LeCoultre-Cal 481

Herren-Automatic der Firma LeCoultre von 1948 mit dem Kaliber 481 als erstes Serienmodell mit einer Gangreserveanzeige (im Zifferblatt-Ausschnitt unter der «12») als «Powermatic» bekannt.
14k-Goldgehäuse mit Druckboden.
Hammer einseitig über eine Klinkenträger-Wippe aufziehend.
Glucydur-Schraubenunruh, Nivarox-Spirale, JLC-Stoßsicherung (Zifferblatt «aufgefrischt»).

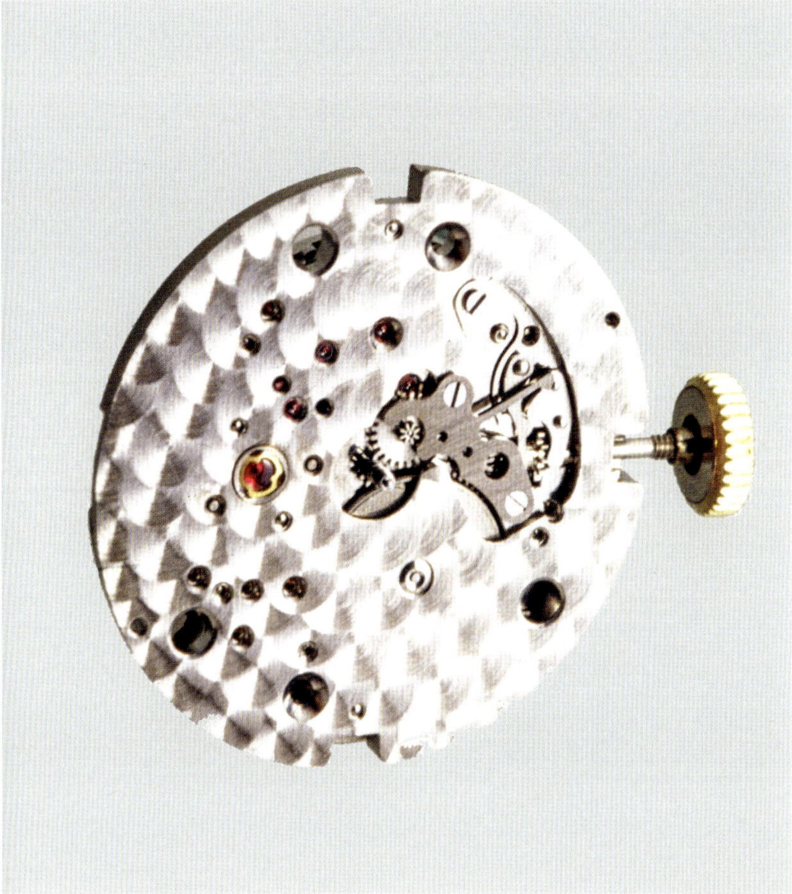

JLC-Werk, Cal 493

Erstes Rotor-Kaliber der Firma Jaeger LeCoultre von 1951 (Cal 493), vorwiegend für rechteckige Uhrenmodelle.

Kugelgestützter Rotor mit Schwermetallreif (4 Kugeln), beidseitig über einen Wippenwechsler aufziehend.

Glucydur-Schraubenunruh, Nivarox-Spirale, Kif-Protechoc-Stoßsicherung.

LeCoultre-Cal 497/1
Herrenmodell der Firma LeCoultre um 1955 als sogenannte Vollautomatic «Futurematic» mit dem Jaeger LeCoultre-Kaliber 497 von 1951.
14 k-Goldgehäuse (2teilig mit Bodenschale), rückseitige Flachkrone nur zum sekundengenauen Zeigerstellen.
Anzeige der Gangreserve auf dem Hilfszifferblatt bei der «9» (schraffierter Sektor kritische Aufzugsreserve).
Auf beiden Seiten des Werks gelagerter Hammer mit kleinem Aktionsbereich, beidseitig über einen Wippenwechsler aufziehend.
Überspannschutz durch geregelte Hammerblockierung.
Auf der Werksunterseite (Abb. C) sind das Automatik-Getriebe, der Hebelmechanismus zur Anzeige der Gangreserve und die Blockier-Mechanik mit dem Fanghebel (bei 3°°) angeordnet.
Über das zentrale Zahnrad auf dem Hammer werden die Zeiger gestellt (Abb. B).
Glucydur-Schraubenunruh, autokompensierende Flachspirale, Kif-Protechoc-Stoßsicherung.

LeCoultre-Cal 812

Herren-Automatic der Firma LeCoultre um 1955 mit dem Jaeger LeCoultre-Kaliber 812.
Edelstahlgehäuse mit Schraubboden.
Hammer einseitig über eine Klinkenträger-Wippe aufziehend.
Glucydur-Schraubenunruh, autokompensierende Flachspirale, Kif-Flector-Stoßsicherung (Zifferblatt «aufgefrischt», Sekundenzeiger nicht original, Gehäuse mit Gebrauchsspuren, Werksoberfläche korrodiert).

Jaeger LeCoultre-Cal 817
Herenmodell der Firma Jaeger LeCoultre um 1955 als sog. Vollautomatic mit dem Kaliber 817.
Edelstahlgehäuse (3teilig mit verschraubter Bodenschale), rückseitige Flachkrone nur zum sekundengenauen Zeigerstellen.
Gangreserveanzeige im runden Zifferblattausschnitt neben der «9» (die Größe eines hellen Segments entspricht der vorhandenen Antriebsreserve).
Werksaufbau identisch mit Cal 497/1 (s. S. 164) (Zifferblatt «aufgefrischt», Sekundenpfeil nachgezeichnet, Gehäuse mit Gebrauchsspuren).

Jaeger LeCoultre-Cal 825

Herrenmodell der Firma Jaeger LeCoultre von 1958 mit dem Kaliber 825 als erste Automatic-Wecker überhaupt (hier mit Datum), als «Memovox» bezeichnet.

Vergoldetes Gehäuse mit Schraubboden aus Edelstahl, Aufzugskronen mit JLC-Emblem.

Über die Krone bei der «2» läßt sich das Weckwerk aufziehen und die Weckzeit an der zentralen Scheibe einstellen.

Hammer-Schwungmasse einseitig über eine Klinkenträger-Wippe aufziehend.

Der Wecker-Hammer (bei 2^{00}) schlägt gegen einen Stiel am Gehäuseboden, der durch den nierenförmigen Ausschnitt des Schwungmassenschenkels ins Uhrwerk hineinragt.

Glucydur-Schraubenunruh, autokompensierende Flachspirale, Kif-Flector-Stoßsicherung.

Jaeger LeCoultre-Cal 881

Herren-Automatic der Firma Jaeger LeCoultre von 1959 mit dem Kaliber 881.

Edelstahlgehäuse mit Schraubboden, Aufzugskrone mit Firmenemblem.

Rotor mit Schwermetallreif, beidseitig über Wippenwechsler aufziehend (bei 7^{00}), Abkopplung bei Handaufzug uber die Sperrad-Kupplung (bei 11^{00}).

Schraubenlose Glucydur-Unruh, autokompensierende Flachspirale, Kif-Flector-Stoßsicherung.

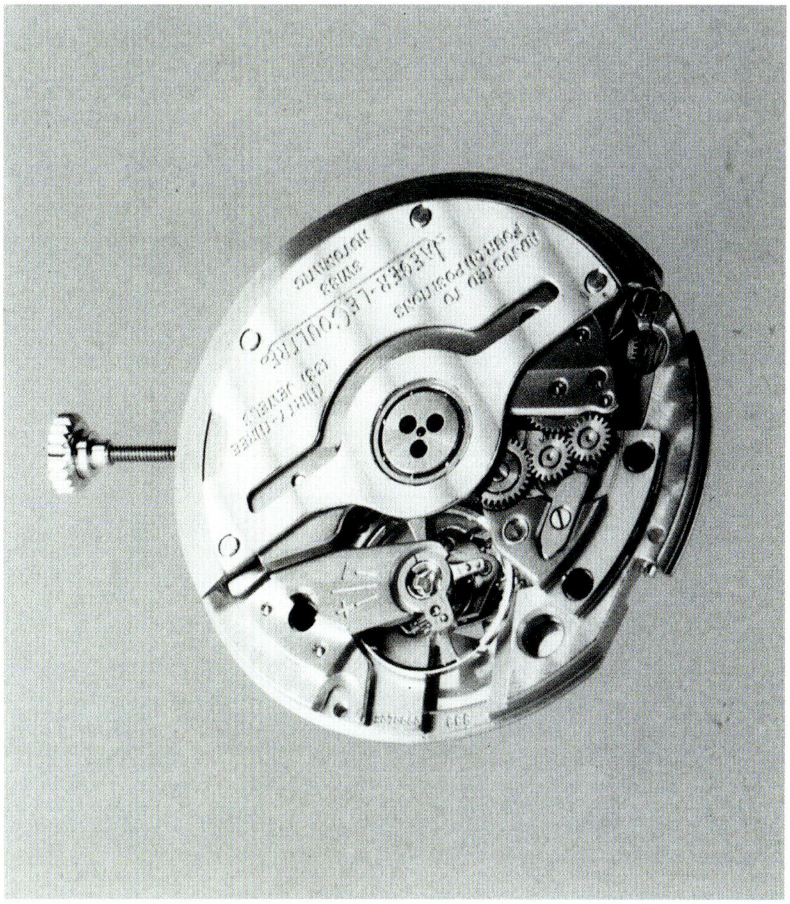

Werk von Jaeger LeCoultre, Cal 888

Automatic-Werk Cal 888 für Herrenuhren der Firma Jaeger LeCoultre ab 1967.

Kugelgelagerter Rotor mit Schwermetallreif, beidseitig über einen Wippenwechsler aufziehend (bei 3^{00}), Abkopplung bei Handaufzug.

Schraubenlose Glucydur-Unruh, autokompensierende Flachspirale, Kif-Ultraflex-Stoßsicherung, Spirofin-Feinsteller, Sekundenstopp.

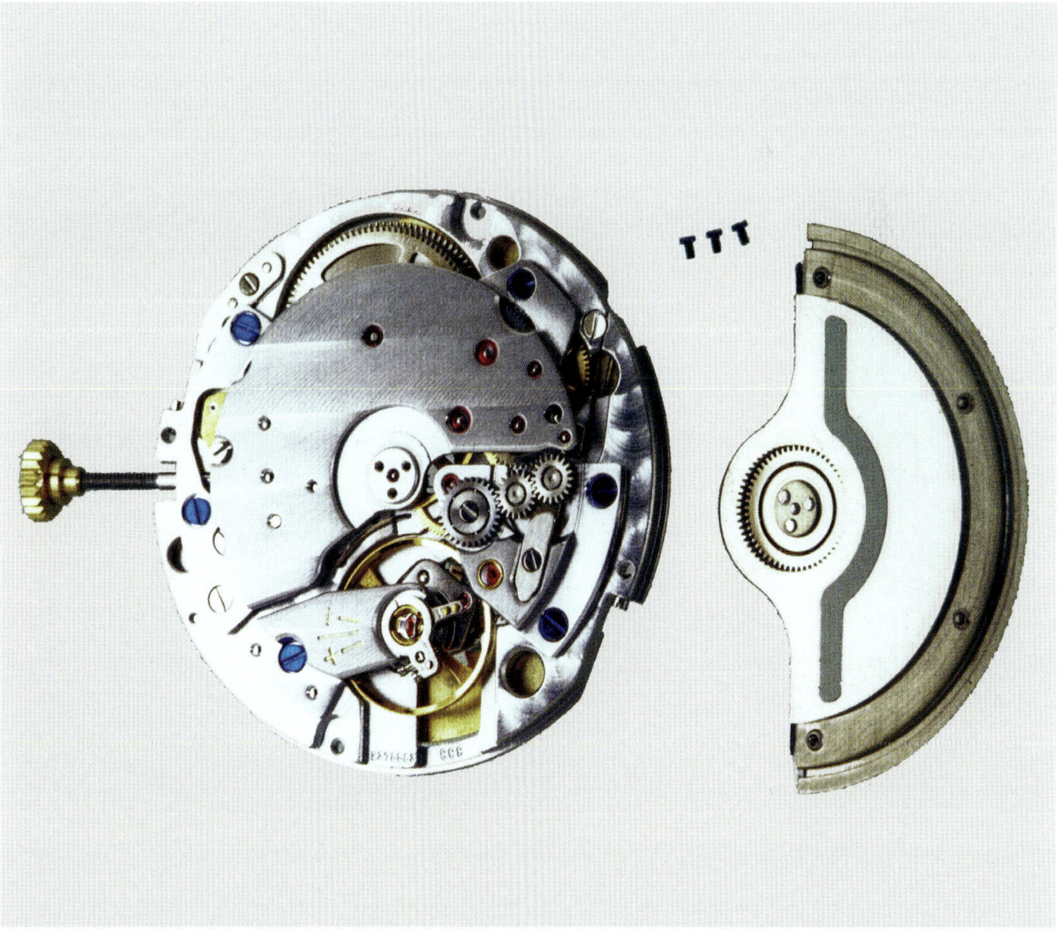

Jaeger LeCoultre Cal 916

Automatic-Wecker der Firma Jaeger LeCoultre von 1969 mit dem Kaliber 916.

Edelstahlgehäuse mit Schraubboden, Aufzugskronen mit JLC-Emblem (bei der «2» für den Wecker, bei der «4» für das Uhrwerk).

Kugelgelagerter Rotor mit Schwermetallreif, beidseitig über einen Exzenterwechsler aufziehend (bei 5^{oo}), Abkopplung bei Handaufzug. Weckwerk nur von Hand aufziehbar; Weckerhammer schlägt gegen die Platine (bei 1^{oo}).

Schraubenlose Glucydur-Unruh, autokompensierende Flachspirale, Kif-Elastor-Stoßsicherung, Spirofin-Feinsteller. (Uhrglas defekt).

Kaliber-Liste · Jaeger LeCoultre

Kaliber	Durchmesser Linien	Durchmesser mm	Höhe mm	Zusatz-Einrichtungen	Halb-Schw./Stunde	St.	Gang-Res. Std.	Anmerkungen Modell	Jahrg.	Abb.
476	13	29,6	6,15	SCI	18.000	17	46		1947	
481	"	"	"	SCI, RMG	"	"	40	Powermatic	1948	xx
493	9 1/2	21,3	4,85	SCI	18.000	17			1951	xx
497	13 3/4	31,3	6,3	s, ST, RMA	18.000	17	34	Futurematic	1953	xx
812	12 1/2	28,0	4,55	s	19.800	17			ca. 55	xx
813	"	"	5,25	s, QG	"	19				
815	14	31,6	7,05	SCI, REV	18.000	17	55	Memovox	1956	
817	14	31,6		s, ST, RMG	18.000			Futurematic	1955	xx
825	14	31,6	7,5	SCI, QG, REV	18.000	17	55	Memovox	1958	xx
827	13 3/4	31,3	6,3	s, ST, RMA	18.000			(s. Cal 497)	1955	
832	7 1/4	16,2	4,25		19.800	17/25				
833	"	"	4,75	SCI	"	"				
837	13 3/4	31,3	6,3	s, ST, RMG	18.000					
880 G	11 1/2	26,0	5,77	SCD	19.800	17/23	45		1959	
880 S	"	"		SCD, ST	"		"		1959	
881	"	"	6,14	SCD, QG	"	17	"		1959	xx
881 G/S	"	"		SCD, QG, ST	"	23	"		1959	
882/S	"	"	5,77	SCD/SCD, ST	"	17	"			
883/S	"	"	"	SCD, QG/SCD, ST	"	"	"			
888	12 1/2	28,4	3,25	SCI, QG, RDR, ST	21.600	33			1967	xx
889	"	"	"		"	"			1967	
916	13	30,0	7,45	SCD, QG, REV	28.800	17			1969	xx
919	"	"	8,30	SCD, REV, „ew." Kal.	"	31	44	„ewige" Grand Reveil	1989	

Kaliber-Steckbriefe

Cal 481

D = 29,6 mm (13'''), H = 6,15 mm, 17 Steine
AUTOMATIK-BAUGRUPPE auf das kleine Basiswerk gesetzt, rubingelagerter Hammer, Aufzug in einer Richtung über Klinkenträger-Wippe mit kombiniertem Aufzugs- und Reduktionsrad aufs Kronrad.
BASISUHRWERK: 2-schenklige Schraubenunruh aus Glucydur, Nivarox-Spirale, 18.000 Halbschw./Std., JLC-Stoßsicherung, indirekte Zentralsekunde, Sirius-Aufzugsfeder. Differentialgetriebe zur Ermittlung der Gangreserve ins Basiswerk integriert.

Cal 493

D 21,3 mm (9 ½'''), H = 4,85 mm, 17 Steine
AUTOMATIK-BAUGRUPPE als komplette Einheit aufs Basiswerk geschraubt (3 gebläute Schrauben!). Zentralrotor mit Schwermetallreif, abgestützt durch 4 Stahlkugeln, die verdeckt unter dem Rotormittelteil in einer Rinne laufen. Aufzug in beiden Drehrichtungen über Wippenwechsler, 2 Reduktionsräder, davon das erste mit Sägeverzahnung und Sperrklinke, aufs doppelte Kronrad. Kronradkupplung zur Abtrennung bei Handaufzug.
BASISUHRWERK: 2-schenklige Schraubenunruh aus Glucydur, Nivarox-Spirale, 18.000 Halbschw./Std., Kif-Protechoc-Stoßsicherung, indirekte Zentralsekunde.

Cal 497

D = 31,3 mm (13 ¾'''), H = 6,3 mm, 17 Steine
AUTOMATIK-BAUGRUPPE ins Basiswerk integriert, 2teilig aufgebauter Hammer mit Schwermetalleinlage schwingt um ca. 90° auf beiden Seiten der Basisplatine und wird durch 2 Blattfedern begrenzt, Aufzug in beide Richtungen über Wippenwechsler, 2 Reduktionsräder (davon das 1. mit Sägeverzahnung und federnder Klinke) aufs Sperrad. Hammerblockierung durch aufzugsabhängige axial verschiebbare Federkernmutter, die einen Feststellhebel entsprechend weit ausschwenkt und damit in den Fanghaken der Schwungmasse einrastet.
Anzeige der Gangreserve durch parallele Übertragung der Feststellhebelauslenkung über ein Zahnsegmenthebel und Zeigerritzel.
BASISUHRWERK: 2-schenklige Schraubenunruh aus Glucydur, Nivarox-Spirale, 18.000 Halbschw./Std., Kif-Protechoc-Stoßsicherung, exzentrische Sekunde, Aufzugsfeder mit Öse ohne Gleitzaum um ca. 1 ½ Umläufe vorgespannt, ohne Handaufzug, Stoppsekunde.

Cal 812

D = 28,0 mm (12'''), H = 5,55 mm, 17 Steine
AUTOMATIK-BAUGRUPPE aufs Basiswerk geschraubt, rubingelagerter Hammer gegen Prellfeder, Aufzug in 1 Richtung über Klinkenträger-Wippe mit kombiniertem Aufzugs- und Reduktionsrad aufs Kronrad.
BASISUHRWERK: 2-schenklige Schraubenunruh aus Glucydur, Nivarox-Spirale, 19.800 Halbschw./Std., Kif-Flector-Stoßsicherung, exzentrische Sekunde.

Cal 817

D = 31,3 mm (13 ¾'''), H = 6,3 mm, 17 Steine
s. Cal 497, jedoch mit Anzeige der Gangreserve und der Sekunde über markierte Scheiben in runden Zifferblattausschnitten.

Cal 825

D = 31,6 mm (13'''), H = 7,5 mm, 17 Steine
AUTOMATIK-BAUGRUPPE aufs Basiswerk geschraubt, rubingelagerter Hammer mit Schwermetallreif gegen Prellfedern, Aufzug in einer Richtung über Klinkenträger-Wippe mit kombiniertem Aufzugs- und Reduktionsrad aufs Kronrad.
BASISUHRWERK: 2-schenklige Schraubenunruh aus Glucydur, Nivarox-Spirale, 18.000 Halbschw./Std., Kif-Flector-Stoßsicherung, indirekte Zentralsekunde.
Weckermechanismus ins Basiswerk integriert und über zweites Federhaus nur von Hand aufziehbar, Weckerhammer schlägt gegen einen Stiel in der Mitte des Gehäusebodens.

Cal 881

D = 26,0 mm (11 ½'''), H = 6,14 mm, 17 Steine
AUTOMATIK-BAUGRUPPE aufs Basiswerk geschraubt, Zentralrotor mit Schwermetallreif, Aufzug in beide Drehrichtungen über Wippenwechsler, 2 Reduktionsräder (davon das erste mit federnder Klinke) aufs obere Kupplungs-Sperrad zur Abtrennung bei Handaufzug, unteres Kupplungsrad (unter dem Zifferblatt) zur Entkopplung vom Handaufzugsgetriebes bei Selbstaufzug.
BASISUHRWERK: 2-schenklige schraubenlose Glucydur-Unruh, Nivarox-Spirale, 19.800 Halbschw./Std., Kif-Flector-Stoßsicherung, beweglicher Spiralklötzchenträger, direkte Zentralsekunde. Datumsanzeige mit augenblicklichem Wechsel.

Cal 888

D = 28,4 mm (12 ½'''), H = 3,25 mm, 33 Steine
AUTOMATIK-BAUGRUPPE ins Basiswerk integriert. Kugelgelagerter Zentralrotor mit Schwermetallreif. Aufzug in beide Drehrichtungen über kugelgelagertes Zwischenrad, Wippenwechsler, 3 Reduktionsräder (davon das erste mit Dreiecksverzahnung und Sperrklinke, das dritte mit Federscheiben-Kupplung zur Abtrennung bei Handaufzug) aufs Sperrad.
BASISUHRWERK: 2-schenklige schraubenlose Glucydur-Unruh, Nivarox-Spirale, 21.600 Halbschw./Std., Kif-Ultraflex-Stoßsicherung, Spirofin-Feinsteller mit beweglichem Spiralklötzchenträger, Ankerrad in kombinierten Steinfuttern gelagert, indirekte Zentralsekunde, indirekt geführter Minutenzeiger, Eloxal-Federhaus. Sekundenstopp, Datumsanzeige mit augenblicklichem Wechsel und Schnellkorrektur.

Cal 916

D = 30,0 mm (13'''), H = 7,45 mm, 17 Steine
AUTOMATIK-BAUGRUPPE aufs Basis- und Weckerwerk gesetzt, kugelgelagerter Zentralrotor mit Schwermetallreif, Aufzug in beide Drehrichtungen über ein Exzenterrad mit 2 selbstfedernden Aufzugsklinken aufs feingezahnte Klinkenrad (mit Entkopplungsvorrichtung bei Handaufzug) aufs Sperrad.
BASISUHRWERK: 3-schenklige schraubenlose Glucydur-Unruh, Nivarox-Spirale, 28.800 Halbschw./Std., Kif-Elastor-Stoßsicherung, Spirofin-Feinstellvorrichtung, direkte Zentralsekunde.
Weckerwerk ins Basiswerk integriert, separates Federhaus nur per Hand aufziehbar, Weckerhammer schlägt gegen Automatikplatine. Datumsanzeige mit augenblicklichem Wechsel.

Zeitschriften-Reklame (aus SUZ 1971)

Zur Kaliber-Entwicklung

Gegründet wurde die Kelek S.A. im Jahre 1896 in La Chaux-de-Fonds. Das Unternehmen beschäftigte sich im wesentlichen mit der Terminierung von komplizierten Taschen- und Armbanduhren. Auch das 1974 auf den Markt gebrachte automatische Chronographen-Kaliber TDB 1376 wurde von Kelek nur fertiggestellt. Es ist eine Gemeinschaftsentwicklung der Firmen Buren und Brac (Breitenbach/Solothurn), die für das Grundkaliber mit der Automatik-Baugruppe verantwortlich zeichneten und der Firma Dubois-Dépraz aus Le Lieu (Vallée de Joux), die das Chronographen-Modul konstruierte, und zählt zu den kleinsten seiner Art.

Das Automatik-Getriebe ist hierbei ins Basiswerk integriert. Der Rotor zieht beidseitig über eine Wechsler-Konstruktion auf, deren Klinkenräder ähnlich denen des ersten Eta/Eterna-Patentes aufgebaut sind.

Kaliber-Steckbrief

Cal TDB 1376

D = 26,0 mm (11 ½'''), H = 7,6 mm, 17 Steine

AUTOMATIK-BAUGRUPPE ins Basiswerk integriert. Zentralrotor mit Schwermetallreif und Gleitlagerung, Aufzug in beide Drehrichtungen über Zwillings-Klinkenräder, 2 Reduktionsräder aufs Kronrad.

Chronographen-Modul (mit Kulissenhebelschaltung) aufs Basiswerk geschraubt.

BASISUHRWERK: 3-schenklige schraubenlose Nickel-Unruh, Nivarox-Spirale, 19.800 Halbschw./Std., Incabloc-Stoßsicherung, beweglicher Spiralklötzchenträger, zentrales Sekundenrad. Anzeige des Datums mit augenblicklichem Wechsel.

Kelek-Cal TDB 1376

Automatic-Chronograph der Firma Kelek von 1974 mit dem TDB-Kaliber 1376.
Rechteckiges, abgerundetes und angeschrägtes Edelstahlgehäuse mit Schraubboden und Mineralglas.
Digitalisierte Anzeige von Stunde und Minute, zentraler Stoppzeiger, 60-Minuten-Zähler auf dem Hilfszifferblatt bei der «11».
Rotor mit Schwermetallreif beidseitig über einen Klinkenrad-Wechsler aufziehend (bei 6^{30}).
Automatic-Getriebe ins Basiswerk integriert.
Chronographen-Modul mit Kulissenhebel-Schaltung.
Schraubenlose Nickel-Unruh, Nivarox-Spirale, Incabloc-Stoßsicherung.

Zur Kaliber-Entwicklung

Johann Kottmann gründete die Firma 1873 in Langendorf als Rohwerkefabrik. Unter Karl Kottmann wurden ab 1893 komplette Uhren gefertigt; die Manufaktur nannte sich nun «Langendorf Watch & Co» (Lanco). Sie entwickelte sich in den Nachkriegsjahren zu einem der größten Schweizer Uhrenhersteller mit bis zu maximal 1500 Mitarbeitern und schloß sich 1965 mit den Firmen Cortebert, Favre, Lemania, Omega und Tissot zur SSIH (Société Suisse pour l'Industrie Horlogère) zusammen.

Ende der vierziger Jahre wurde die erste automatische Uhr der Firma, die «Lanco-Matic» (Cal 1232), vorgestellt. Sie arbeitet mit einem Klinkenhebel-Mechanismus, der ähnlich dem in der späteren IWC-Rotor-Automatic aufgebaut ist, und zählt neben dem Revue-Kaliber 80, der «Bovimatic» von BFG und der «Futurematic» zu den wenigen Uhren mit zweiseitigem Hammer-Aufzug. Die «Lanco-Rotor» von 1951 ist die erste Rotor-Automatic der Manufaktur. Während in den anfänglichen Serien ein zentral gelagerter Wippenwechsler verwendet wurde (Cal 1233), ist dieser später durch zwei wechselseitig wirkende Gleitritzel ersetzt worden (Cal 1233 N).

In den nächsten Jahren folgten noch ein bis zwei ähnlich aufgebaute Automatic-Werke, bis 1967 mit dem Kaliber 1146 eine moderne, relativ flache Konstruktion herausgebracht wurde. Hier ist der Rotor mit einem Miniatur-Kugellager ausgerüstet, und als mechanischer Gleichrichter arbeiten federlose Zwillings-Klinkenräder.

Kaliber-Steckbriefe

Cal 1232

D = 28,0 mm (12 ½'''), H = 6,1 mm, 17 Steine

AUTOMATIK-BAUGRUPPE als komplette Einheit aufs Basiswerk geschraubt, Hammer-Aufzug in beide Richtungen über einen Wippenhebel mit 2 wechselseitig wirksamen Klinken, die beiderseits des Hebeldrehpunktes angeordnet sind, dem kombinierten Aufzugs- und Reduktionsrad aufs Kronrad. Abkopplung des Handaufzugsgetriebes nur bei gänzlich eingedrückter Aufzugskrone.

BASISUHRWERK: 2-schenklige Schraubenunruh aus Nickel, Nivarox-Spirale, 18.000 Halbschw./Std., Incabloc-Stoßsicherung, direkte Zentralsekunde.

Kaliber-Liste · Lanco

Kaliber	Durchmesser Linien	Durchmesser mm	Höhe mm	Zusatz-Einrichtungen	Halb-Schw./Stunde	St.	Gang-Res. Std.	Anmerkungen Modell	Jahrg.	Abb.
1033	10 1/2			SCD	18.000	17				
1035	"			SCD, QG	"	"				
1105	11 1/2			SCD	19.800					
1106	"			SCD, QG	"					
1133	11			SCD	18.000					
1145	11 1/2			SCD	19.800		45		1967	
1146	"			SCD, QG	"		"		1967	xx
1231	12				18.000					
1232	12 1/2	28,0	6,1	SCD	"	17		Lanco-Matic	ca. 49	xx
1233	12	27,2	5,4	SCD	18.000	17		Lanco-Rotor	1951	
1233 N	"	"	"	SCD, QG	"	"		"		xx
1235	"	"	"	SCD, QG	"					
1235 N	"	"	"	SCD, QG	"					
1259	12			SCD, QG	18.000					
1261	"			SCD	"					
1261 N	"			SCD	"					
1262	"			SCD, QG	"					
1262 N	"			SCD, QG	"					
1278	12			SCD	18.000					
6146	11 1/2			SCD, QG	19.800					

Lanco-Cal 1232
Herren-Automatic «Lanco-Matic» der Firma Lanco um 1949 mit dem Kaliber 1232.
Edelstahlgehäuse mit Schraubboden.
Hammer-Schwungmasse beidseitig über einen Wippenhebel aufziehend.
Abkopplung des Handaufzugsgetriebes nur bei gänzlich eingedrückter Aufzugskrone (3 Rastpositionen!).
Schraubenunruh aus Nickel, Nivarox-Spirale, Incabloc-Stoßsicherung (Zifferblatt und Gehäuse mit Gebrauchsspuren).

Cal 1233 N

D = 27,2 mm (12'''), H = 5,4 mm, 17 Steine
AUTOMATIK-BAUGRUPPE aufs Basiswerk gesetzt, Zentralrotor mit Schwermetallreif, Aufzug in beide Drehrichtungen über 2 Gleitritzel unter separatem Kloben, von denen das eine direkt, das zweite über ein Zwischentrieb ins erste von 2 Reduktionsrädern eingreift (davon das erste mit Federklinke) aufs Sperrad. Trennung vom Handaufzugsgetriebe durch federndes Gleitritzel zwischen Kronrad und Trieb des zweiten Reduktionsrades.
BASISUHRWERK: 2-schenklige Schraubenunruh aus Nickel, Nivarox-Spirale, 18.000 Halbschw./Std., Incabloc-Stoßsicherung, beweglicher Spiralklötzchenträger, direkte Zentralsekunde. Datumsanzeige mit langsamem Wechsel.

Cal 1146

D = 11 ½''', 21 Steine
AUTOMATIK-BAUGRUPPE unter separatem Kloben ins Basiswerk integriert, kugelgelagerter Zentralrotor, Aufzug in beide Drehrichtungen über federlose Zwillings-Klinkenräder und insgesamt 2 Reduktionsräder aufs Kronrad.
BASISUHRWERK: 3-schenklige schraubenlose Glucydur-Unruh, Nivarox-Spirale, 19.800 Halbschw./Std., Incabloc-Stoßsicherung, beweglicher Spiralklötzchenträger, direkte Zentralsekunde. Datumsanzeige mit langsamem Wechsel.

Lanco-Cal 1233 N

Herren-Automatic der Firma Lanco um 1952 mit dem «Lanco-Rotor»-Kaliber 1233 N.
Edelstahlgehäuse mit Schraubboden.
Rotor mit Schwermetallreif, beidseitig über einen Gleitritzel-Wechsler aufziehend, Abkopplung des Handaufzugsgetriebes.
Schraubenunruh aus Nickel, Nivarox-Spirale, Incabloc-Stoßsicherung.

Lanco-Cal 1146

Herren-Automatic der Firma Lanco um 1970 mit dem Kaliber 1146.
Vergoldetes Gehäuse mit Schraubboden aus Edelstahl, Aufzugskrone mit Lanco-Symbol.
Kugelgelagerter monometallischer Rotor, beidseitig über einen Klinkenrad-Wechsler aufziehend.
Schraubenlose Glucydur-Unruh, Nivarox-Spirale, Incabloc-Stoßsicherung.

Zur Kaliber-Entwicklung

Jean Lassale, Direktor der Firma Bouchet-Lassale S.A. in Genf, stellte 1978 das bisher weltweit flachste Automatic-Kaliber (Cal 2000) mit einer Werkhöhe von 2,08 mm vor. Erreichen ließ sich diese Abmessung nur durch das Verlassen der bisher üblichen zweiseitigen Zahnrad-Lagerung und Einsatz der einseitigen, also des «fliegenden» Zahnrades mit Hilfe eines Miniatur-Kugellagers. Sogar das Federhaus wird an seiner Peripherie von 3 Kugellagern «schwimmend» gehalten. Der dadurch erreichte Wegfall der beidseitigen Federkern-Lagerstellen ermöglicht eine Höhenausdehnung des Federhauses über die gesamte Dicke des Basisuhrwerks. Ein weiteres Kugellager im Innern verbessert den Reibungskoeffizienten des Federkerns. Nur der Anker und die schnellschwingende Unruh sind unter separaten Brücken beidseitig in Rubinen gelagert. Wegen des geringen Gewichts der Unruh und der kleinen Abstände zur Platine bzw. Unruhbrücke konnte auf eine Stoßsicherung verzichtet werden. Eine weitere konstruktive Besonderheit ist die Anordnung fast aller Zahnräder auf der Zifferblattseite der Monoblock-Platine.

Das Basisuhrwerk wird auch als selbständige Einheit (Cal 1200) mit einer Höhe von 1,20 mm eingebaut und besitzt neben 9 Rubin-Steinen 14 Kugellager. Durch Aufschrauben der kompletten Automatik-Baugruppe entsteht das Kaliber 2000 mit dann insgesamt 18 Kugellagern, wobei der sehr flache Zentralrotor aus Platin in einer Drehrichtung aufzieht.

Dieses mikromechanische Spitzenprodukt konnte nur durch die Inanspruchnahme der modernsten Bearbeitungsverfahren, die Verwendung neuartiger Materialien sowie die Erfahrungen der Schweizer Uhrenindustrie in ihrem gesamten Querschnitt verwirklicht werden. Die zu dieser Zeit krisenbedingten Zwänge zur Konzentration der Schweizer Uhrenhersteller wirkten sich eher kooperationsfördernd aus. Besonders zu erwähnen ist hierbei die Firma Tavescap S.A. aus Tavannes als die Herstellerin der Miniatur-Kugellager, an deren Ausführung bei diesen minimalen Abmessungen bisher unvorstellbare Genauigkeitsanforderungen gestellt werden mußten.

Leider wurde die Firma Bouchet-Lassale auch ein Opfer der fernöstlichen Quarzuhr-Offensive. Den Namen erwarb Seiko für ihre flachen Quarzuhr-Modelle, während die restlichen Rohwerke 1983 von Piaget aufgekauft wurden.

Kaliber-Steckbrief

Cal 2000

D = 20,4 mm (9'''), H = 2,08 mm, 9 Steine, 18 Kugellager

AUTOMATIK-BAUGRUPPE als komplette Einheit aufs Basiswerk geschraubt. Kugelgelagerter Zentralrotor aus Platin, Aufzug in einer Drehrichtung über ein federndes Gleitritzel, 3 Reduktionsräder (davon das erste mit Sperrfeder), 1 Zwischenrad aufs Sperrad (Getriebeuntersetzung von 1:150).

BASISUHRWERK (Cal 1200: H = 1,20 mm): Schraubenlose Glucydur-Unruh mit 3 gekröpften Schenkeln unter einer Unruh-Brücke, autokompensierende Flachspirale, 28.800 Halbschw./Std., ohne Stoßsicherung, außermittig verlagertes Großbodenrad, indirekt geführter Minutenzeiger, «schwimmend» gelagertes Federhaus (durch 3 periphere Kugellager) mit 44 Std. Gangreserve.

Zur Kaliber-Entwicklung

Paul Brack gründete 1852 die Manufaktur «Lavina S. A.» in Villeret. Als einzige Automatic-Entwicklung der Firma wurde 1957 die «Vimatic» (Cal 150 A) vorgestellt. Hierbei verwendete man als Basisuhrwerk das Handaufzugskaliber 150 (10 ½'''), auf das eine komplette Automatik-Einheit mit einem beidseitig über federlose Klinkenräder aufziehenden Zentralrotor montiert wurde. Bei Handaufzug ist das Automatic-Getriebe zu dessen Schonung über eine Kronrad-Kupplung abgetrennt.

Zeitschriften-Reklame (aus JSH 1950)

Kaliber-Liste · Lavina

Kaliber	Durchmesser Linien	Durchmesser mm	Höhe mm	Zusatz-Einrichtungen	Halb-Schw./ Stunde	St.	Gang-Res. Std.	Anmerkungen Modell	Jahrg.	Abb.
150 A	11 1/2	26,3	6,05	SCD	18.000	21	40	Vimatic	1957	

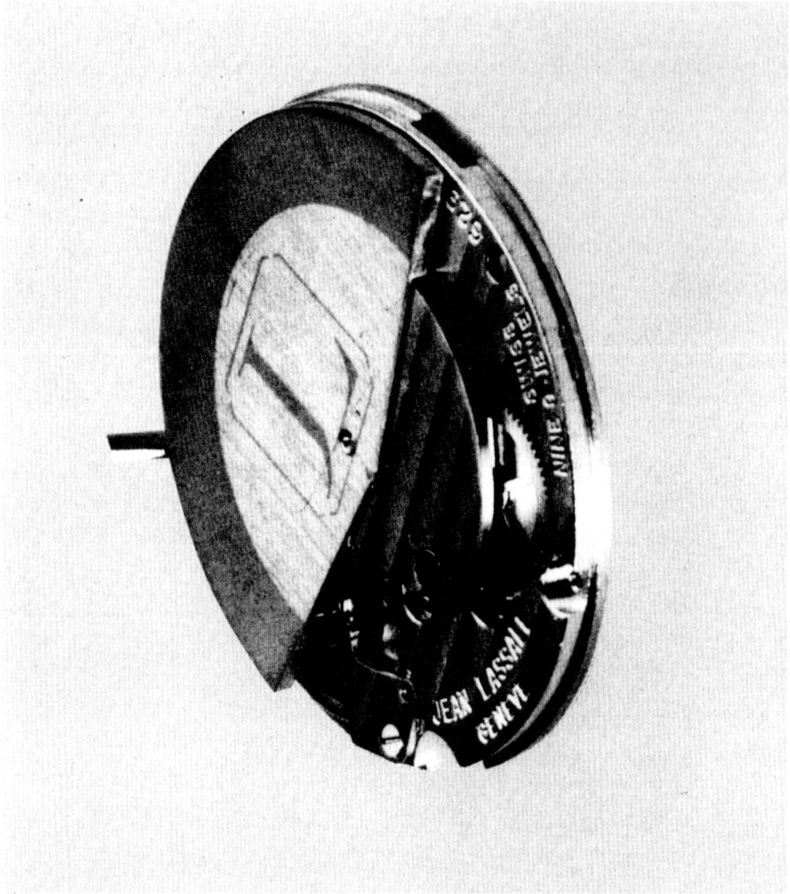

Lassale-Cal 2000

Extrem flaches Herren-Modell der Firma Jean Lassale von 1978 mit dem bisher flachsten Automatic-Kaliber 2000.

Verschraubtes Gehäuse mit integriertem Band aus Edelstahl oder 18k-Gold.

Kugelgelagerter Platinrotor, einseitig über ein Gleitritzel aufziehend.

Abb. C zeigt das Basisuhrwerk (Cal 1200) (ohne Automatic-Baugruppe): Schraubenlose Glucydur-Unruh, autokompensierende Flachspirale, ohne Stoßsicherung.

Alle Zahnräder sind nur einseitig, also «fliegend» gelagert und laufen auf insgesamt 18 Miniatur-Kugellagern.

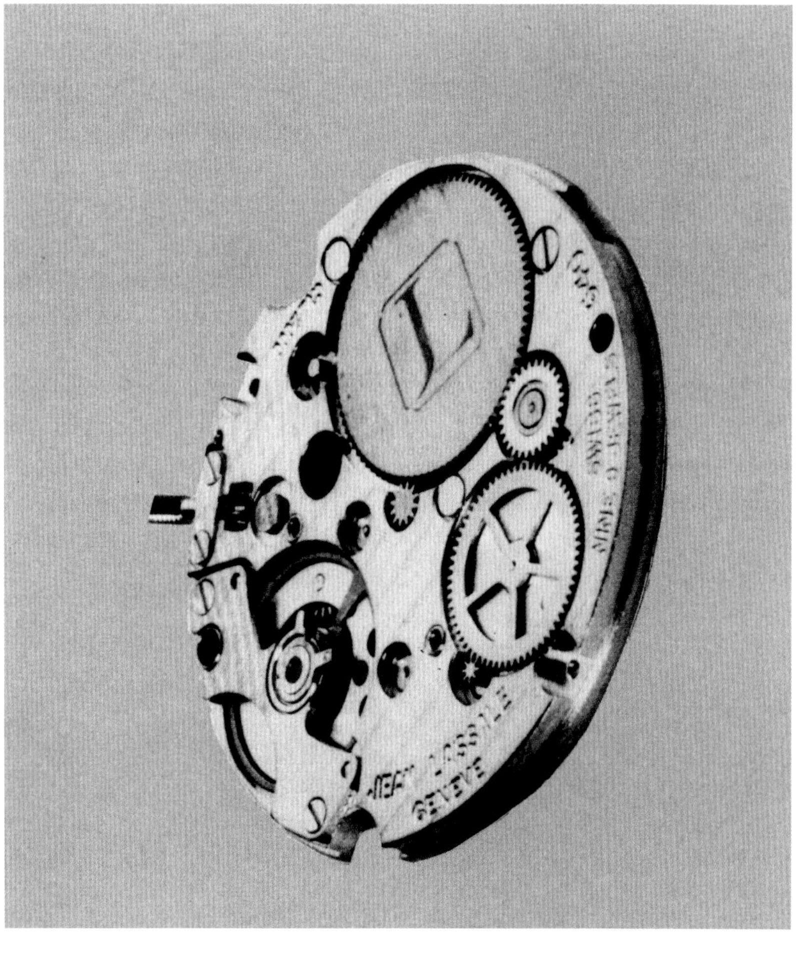

Zur Kaliber-Entwicklung

Gegründet 1884 durch Alfred Lugrin in L'Orient, schloß sich die Manufaktur mit Omega und Tissot 1932 zur SSIH (Société Suisse pour l'Industrie Horlogère S.A.) zusammen.

Das Kaliber 3600 ist die erste Automatic dieser Firma und wurde 1953 herausgebracht. Es handelt sich um eine einfach aufgebaute, aber solide Konstruktion mit einseitig aufziehendem Rotor und exzentrischer Sekunde.

Auch die nächste Automatic-Entwicklung, das Kaliber 4650 vom Jahre 1955, ist nach dem gleichen Funktionsprinzip aufgebaut. Es ist aber ein relativ kleines Werk, das speziell in die damals modischen quadratischen Uhrenmodelle eingesetzt wurde und obwohl mit Zentralsekunde versehen, flacher als sein Vorgängermodell ausfiel. Bemerkenswert ist hier die Funktion des zentral unter dem Rotor gelagerten Ritzels, das als kombiniertes Aufzugs- und Sperrad arbeitet.

Nachdem die Firma Zenith 1969 den ersten Automatic-Chronographen vorgestellt hatte, lag es für Lemania als renommierten Chronographen-Hersteller nahe, ebenfalls einen eigenen zu entwickeln – das Kaliber 1341 aus dem Jahre 1971. Obwohl der Betrieb des Chronographen-Mechanismus eine stärkere Antriebsfeder erfordert, glaubte man mit einem einseitig wirkenden Rotor-Aufzug auskommen zu können. Aus Platzgründen mußten die Lemania-Ingenieure zu einer Sonderkonstruktion für das Reduktionsgetriebe greifen: Unter dem als Breguetkupplung ausgebildeten Aufzugs-Klinkenrad befindet sich auf derselben Welle das als Planetengetriebe gestaltete erste Reduktionsrad, hier aus Kunststoff gefertigt.

Auf der Basis dieser Konstruktion baute die Firma ebenso das Werk für ihre Segelsport-Automatic «Regatta», das Kaliber 1345, auch als «Aquastar» bekannt.

Heute zählt Lemania mit ihrem letzten, um 1980 entwickelten Kaliber 5100 zu den vier Schweizer Herstellern von automatischen Chronographen. Die Automatic-Baugruppe dieses Chronographen erinnert sehr an den Aufbau der ersten Lemania-Automatic Cal 3600. Der Chronographen-Mechanismus ist hier aber schwer zugänglich zwischen Zifferblatt und Basisplatine angeordnet.

Kaliber-Steckbriefe

Cal 3600

D = 27,0 mm (12'''), H = 6,5 mm, 21 Steine

AUTOMATIK-BAUGRUPPE unter einem Kloben aufs Basisuhrwerk geschraubt, monometallischer Zentralrotor, Aufzug in einer Richtung über eine Blattfeder am Rotor und dem Zentralritzel, 2 Reduktionsräder (davon das erste mit Sperrfeder) aufs doppelte Sperrad. Komplette wechselseitige Entkopplung von Hand- und Automatikaufzug durch die Sperrad-Kupplung.

BASISUHRWERK: 2-schenklige Schraubenunruh aus Glucydur, Nivarox-Spirale, 18.000 Halbschw./Std., Incabloc-Stoßsicherung, exzentrische Sekunde.

Cal 3610

s. Cal 3600, mit Sperrklinke im Reduktionsgetriebe.

Cal 4650

D = 23,3 mm (10 ½'''), H = 6,0 mm, 21 Steine

AUTOMATIK-BAUGRUPPE als komplette Einheit aufs Basiswerk geschraubt, monometallischer Zentralrotor, Aufzug in einer Drehrichtung mit Hilfe einer blattförmigen Rotorfeder und dem zentralgelagerten Aufzugsritzel, in das gleichzeitig auch die Sperrfeder eingreift, über 2 Reduktionsräder aus Berylliumbronze aufs Sperrad, Trennung vom Handaufzugsgetriebe durch Zahnradwippe zwischen Kron- und Sperrad.

BASISUHRWERK: 2-schenklige Schraubenunruh aus Glucydur, Nivarox-Spirale, 18.000 Halbschw./Std., Incabloc-Stoßsicherung, indirekte Zentralsekunde.

Cal 1341

D = 31,0 mm (13 ¾'''), H = 8,0 mm, 17 Steine

AUTOMATIK-BAUGRUPPE neben den Chronographen-Mechanismus (mit Kulissenschaltung) aufs Basiswerk gesetzt, kugelgelagerter Zentralrotor mit Schwermetallreif, Aufzug in einer Richtung über 1 Zwischenrad, 1 Klinkenrad mit Breguetkupplung und Sperrfeder, 2 Reduktionsräder (davon das erste als Planetenradgetriebe) aufs Kronrad.

BASISUHRWERK: 3-schenklige schraubenlose Nickelunruh, Nivarox-Spirale, 28.000 Halbschw./Std., Kif-Ultraflex-Stoßsicherung, beweglicher Spiralklötzchenträger. Datumsanzeige mit augenblicklichem Wechsel und Schnellkorrektur.

Cal 1345

s. Cal 1341, jedoch mit vereinfachtem Chronographen-Mechanismus.

Kaliber-Liste · Lemania

Kaliber	Durchmesser Linien	Durchmesser mm	Höhe mm	Zusatz-Einrichtungen	Halb-Schw./Stunde	St.	Gang-Res. Std.	Anmerkungen Modell	Jahrg.	Abb.
1341	13 3/4	31,0	8,0	s, QG, RDR, CHR	28.800	17			1971	xx
1345	"	"	"	SCI, CHR	"	"		Aquastar	1971	xx
2980	13 3/4	30,8	6,8	SCD, QG, RDR, REV	21.600	19		s. Omega „Memomatic“	ca. 72	(xx)
3600	12	27,0	6,5	s	18.000	21			1953	xx
3610	"	"	"	s	"	"			1954	xx
4650	10 1/2	23,3	6,0	SCI	18.000	21			1955	xx
4651	"	"	"	SCI	"					
5082		31,0	8,2	s, QG, JG, RDR, CHR	21.600		45			
5100		"	"	s, QG, JG, RDR, CHR	28.800	17	50		ca. 80	

Lemania-Cal 3600

Herren-Automatic der Firma Lemania von 1953 mit dem Kaliber 3600.

18k-Goldgehäuse mit Druckboden.

Messingrotor einseitig über ein Getriebe vom Harwood-Typ aufziehend. Aufzugsklinke in Form einer Blattfeder am Rotor, kleiner Getriebekloben (bei 0[30]) erkennbar.

Glucydur-Schraubenunruh, Nivarox-Spirale, Incabloc-Stoßsicherung (Aufzugskrone nicht original).

Lemania-Cal 3610

Herren-Automatic der Firma Lemania von 1954 mit dem Kaliber 3610.
Vergoldetes Gehäuse mit Schraubboden aus Edelstahl, Aufzugskrone mit Lemania-Emblem.
Werk identisch mit Kaliber 3600 (s. S. 182), jedoch Ersatz der Sperrfeder durch eine Sperrklinke (bei 1^{00}).

Lemania-Cal 4650

Herren-Automatic der Firma Lemania von 1955 mit dem Kaliber 4650.

Quadratisches 18k-Goldgehäuse, Zifferblattauflagen und Zeiger aus Gold.

Messingrotor einseitig über ein Getriebe vom Harwood-Typ aufziehend, Aufzugsklinke in Form einer Blattfeder am Rotor; Sperrfeder (bei 3^{00}*) wirkt parallel dazu auf das bewegliche Zentralritzel.*

Glucydur-Schraubenunruh, Nivarox-Spirale, Incabloc-Stoßsicherung (Zifferblatt fleckig, Gehäusekanten rundpoliert, Sekundenzeiger und Aufzugskrone nicht original).

Lemania-Cal 1341

Automatic-Chronograph der Marke «Wakmann» mit einem Lemania Kaliber 1341 von 1971.

Vergoldetes Gehäuse mit Druckboden.

Krone bei der «11» dient zur Angleichung von Datum und Wochentag. Kugelgelagerter Rotor mit Schwermetallreif, einseitig über eine Breguetkupplung aufziehend. Automatic-Getriebe teilweise ins Basiswerk integriert (bei 11⁰⁰).

Chronographen-Werk mit Kulissenhebel-Schaltung.

Schraubenlose Nickel-Unruh, Nivarox-Spirale, Kif-Ultraflex-Stoßsicherung.

Lemania-Cal 1345

Segelsport-Automatic «Regatta» der Firma Lemania von 1971 mit dem Kaliber 1345 («Aquastar»).
Tonneauförmiges Edelstahlgehäuse mit Schraubboden.
15 Minuten vor dem Regattastart erfolgt das Auslösen des rückwärts bis Null zählenden Chronographen-Mechanismus. Nach je 5 Minuten wechselt die Farbe in allen 5 Zifferblatt-Fenstern von Blau über Rot nach Grau.
Automatik-Getriebe und Uhrwerk identisch mit Kaliber 1341 (s. S. 185), jedoch mit vereinfachtem Chronographen-Mechanismus.

Zur Kaliber-Entwicklung

Die Manufaktur wurde 1867 von Ernest Francillon in St. Imier im Schweizer Jura gegründet, der auf einem langgestreckten Grundstück «Les Longines» sein erstes Produktionsgebäude errichtete.

Für ihre erste automatische Armbanduhr entwickelte Longines einen Exzenter-Aufzug, der beide Drehrichtungen des Rotors zum Aufziehen nutzt. In diesem 1945 vorgestellten Kaliber 22 A sind die allgemein üblichen federnden Klinken am Aufzugsrad durch ein federloses Zahnrad-Richtgesperr ersetzt. Zum Schutz der dünnen Rotorachse gegen Stöße ist der periphere Schwermetallreif elastisch an der Rotorscheibe aufgehängt.

Im Nachfolge-Kaliber 19 A aus dem Jahre 1952 ist ebenfalls dieser Exzenter-Aufzug zu finden. Seine Aufzugsleistung konnte aber verbessert werden, so daß der kleiner und leichter gestaltete Rotor ohne Stoßsicherung auskommt.

Sechs Jahre später bringt Longines mit dem Kaliber 290 eine Neuentwicklung heraus, dessen Aufbau Ähnlichkeiten mit AS-Werken zeigt. Entsprechend findet sich in diesem Kaliber ein gänzlich anderes Wechsler-Prinzip. Es handelt sich um Zwillings-Klinkenräder mit federlosen Sperrankern. Das Basisuhrwerk ist nach platzsparenden Gesichtspunkten mit einer direkten Sekunde und einem indirekt geführten Minutenzeiger aufgebaut. Außerdem ist die gesamte Fläche unter dem flachen Zentralrotor für das Basisuhrwerk nutzbar, so daß ein Nachteil der bisherigen Longines-Automaten behoben ist, nämlich das relativ kleine Basisuhrwerk. Dem Käuferinteresse dieser Jahre nachkommend, wurde dieses Kaliber in geringeren Stückzahlen auch mit einer Gangreserveanzeige unter der Nr. 292 bzw. 294 hergestellt.

Um 1960 bezieht man von der Firma Cyma ein Rohwerk, das mit seinem sehr interessanten Exzenter-Aufzug als konsequente Weiterentwicklung der ersten Longines-Automatic gelten könnte, und baut es unter der Kaliber-Nr. 380 in das «Flagship»-Modell ein.

1962 kann Longines ein eigenes flaches Automatic-Werk vorstellen, das Kaliber 340 mit dem etwas außermittig versetzten großen Rotor, der über einen innenverzahnten Außenring mit dem Getriebe verkoppelt ist. Dieses ist ins Basiswerk integriert und arbeitet mit einem neuen, patentierten Satellitenrad-Gesperr als Wechsler, dessen Funktion als eine Art Doppel-Klinkenrad aber auf dem alten firmeneigenen Patent des Zahnrad-Richtgesperrs basiert.

Zeitschriften-Reklame (aus JSH 1955)

Es ist anzunehmen, daß die Produktionskosten dieses sehr aufwendig konzipierten Kalibers nicht mehr konkurrenzfähig waren und man sich daher um 1965 gezwungen sah, ein wesentlich einfacher aufgebautes Werk herauszubringen (Cal 501). Auch dessen Konstruktionsart erinnert sehr an den typischen AS-Aufbau, z. B. bei den mit Doppelklinken ausgestatteten Wechslerrädern, und es liegt nahe, hier ein für Longines reserviertes AS-Ebauche zu vermuten.

Mit dem «Ultrachron»-Kaliber 430 bringt die Firma 1967, nach dem «HF-Chronometer» von Girard Perregaux, einen sogenannten Schnellschwinger mit 36.000 Halbschwingungen pro Stunde heraus. Beide Kaliber sind mit der von der Fabriques d'Assortiments Réunies entwickelten Anker-Hemmung «Clinergic 21» ausgerüstet, mit der ohne wesentliche Justagemaßnahmen ein mittlerer täglicher Gang von 3 sec zu erreichen war.

Da die Langzeit-Gangbeständigkeit dieser Schnellschwinger noch größere Probleme bereitete, wurden sie bald zu «Ladenhütern». Bis zur Fertigstellung eines eigenen optimierten Hochfrequenzwerkes der zweiten Generation, dem Kaliber 6641 mit nur noch 28.800 Halbschwingungen pro Stunde im Jahre 1972, sieht sich daher Longines gezwungen, modifizierte Eta-Werke einzubauen (Cal 633.1).

Grundsätzlich erfordern alle Schnellschwinger wegen ihres erhöhten Energiebedarfs eine stärkere, also dickere Antriebsfeder. Das bedeutet bei gleichbleibenden Federhausabmessungen eine verminderte Gangreserve. Die Ingenieure von Longines lösten dieses Problem durch den Einbau eines zweiten Federhauses in das 1975 zur Fertigungsreife entwickelte Kaliber 890. Die Gesamtumdrehungszahl beider hintereinandergeschalteter Federhäuser erhöht sich bis zum vollständigen Ablauf von bisher 6 auf 17, was eine Vergrößerung der Gangreserve von 36 Stunden (z. B. beim Cal 6641) auf 48 Stunden bedeutet. Dieses von Alfred Hellwig im Chronometerbau erprobte Antriebsprinzip bietet in der Automatic noch zusätzliche Vorteile. Denn neben dem verbesserten Isochronismus (Gleichmäßigkeit) der Unruhschwingung durch die gleichförmiger abgegebene Antriebsenergie können auch die zum vorzeitigen Getriebeverschleiß führenden stärkeren Drehmomente durch die erhöhte Ablaufgeschwindigkeit der Federhäuser reduziert werden. Daraus resultiert eine zurückgenommene Aufzugsleistung mit einem leichteren Rotor und einem kleineren Untersetzungsverhältnis des Automatik-Getriebes.

Während diese Werkskonstruktion mit den konzentrisch übereinanderliegenden Federhäusern und dem beidseitig wirksamen Rotor-Aufzug noch relativ hoch ist, kann zwei Jahre später im Folgekaliber 980 die Werkshöhe durch das Nebeneinanderplazieren beider Federhäuser und Vereinfachung des Automatik-Getriebes bei einseitigem Aufzug auf 2,95 mm abgesenkt werden. Mit Zentralsekunde und Datum gilt es über fast ein Jahrzehnt nicht nur als das flachste Automatic-Kaliber dieser Art, sondern ist auch von seiner Getriebekonzeption her als eines der modernsten einzustufen.

Kaliber-Steckbriefe

Cal 22 AS

D = 28,8 mm (13'''), H = 6,5 mm

AUTOMATIK-BAUGRUPPE aufs Basiswerk gesetzt, Zentralrotor mit peripher federnd aufgehängtem Schwermetallreif, Aufzug in beiden Drehrichtungen über einen Rotor-Exzenter, der die federnde Klinkenträger-Wippe über eine Rolle auslenkt, kombiniertes Aufzugs- und Reduktionsrad über eine Rolle auslenkt, aufs Sperrad. Aufzugs- und Sperr-«Klinken» in Form von kleinen verschiebbaren Zahnscheiben gegen feststehende Zahnsegmente.

BASISUHRWERK: 2-schenklige Schraubenunruh aus Glucydur, Nivarox-Spirale, 18.000 Halbschw./Std., Shock-Resist-Stoßsicherung, indirekte Zentralsekunde.

Cal 19 ASD

D = 25,3 mm (11 ¼'''), H = 6,95 mm, 19 Steine

AUTOMATIK-BAUGRUPPE aufs Basisuhrwerk geschraubt, Zentralrotor mit Schwermetallreif, Aufzug in beiden Drehrichtungen über einen Rotor-Exzenter, der die federnde Klinkenträger-Wippe über eine Rolle auslenkt, kombiniertes Aufzugs- u. Reduktionsrad über eine Rolle auslenkt, aufs Sperrad.

BASISUHRWERK: 2-schenklige Schraubenunruh aus Glucydur, Nivarox-Spirale, 18.000 Halbschw./Std., Incabloc-Stoßsicherung, indirekte Zentralsekunde. Datumsanzeige mit langsamem Wechsel.

Cal 14.17

D = 14,2 x 17,3 mm (6 ¼ x 7 ½'''), H = 5,25 mm, 17 Steine

AUTOMATIK-BAUGRUPPE als selbständige Einheit aufs Basisuhrwerk geschraubt, Zentralrotor mit Schwermetallreif, Aufzug in beiden Drehrichtungen über federlose Zwillings-Klinkenräder mit Satellitenrad-Gesperr, 1 Reduktionsrad, 1 Zwischenrad aufs Sperrrad.

BASISUHRWERK: 2-schenklige Schraubenunruh aus Glucydur, Nivarox-Spirale, 19.800 Halbschw./Std., Incabloc-Stoßsicherung, ohne Sekundenanzeige, Zeigerstellung und Handaufzug über Wippenmechanismus.

Cal 291

D = 25,6 mm (11 ½'''), H = 6,0 mm, 24 Steine

AUTOMATIK-BAUGRUPPE aufs Basiswerk geschraubt, rubingelagerter Zentralrotor aus Schwermetall, Aufzug in beiden Drehrichtungen über federlose Zwillings-Klinkenräder, 1 Reduktionsrad aufs Sperrad.

BASISUHRWERK: 2-schenklige Schraubenunruh aus Glucydur, Nivarox-Spirale, 19.800 Halbschw./Std., Incabloc-Stoßsicherung, direkte Zentralsekunde, indirekt geführter Minutenzeiger. Datumsanzeige mit augenblicklichem Wechsel.

Cal 294

s. Cal 291, jedoch mit zusätzlicher Anzeige der Gangreserve durch Relativbewegung einer zentralen Scheibe (Abtrieb) und eines konzentrischen Ziffernringes (Aufzug) ohne Differentialgetriebe.

Longines-Cal 22 AS
Herren-Modell der Firma Longines um 1948 mit ihrem ersten Automatic-Kaliber 22 (AS) ab 1945. Vergoldetes (80 µ) Gehäuse mit Druckboden. Rotor mit federnd aufgehängtem Schwermetallreif, beidseitig über einen patent. Exzenterwechsler aufziehend (bei 2⁰⁰). Glucydur-Schraubenunruh, Nivarox-Spirale, Shock-Resist Stoßsicherung (Aufzugskrone nicht original).

Longines-Cal 19 ASD
Herren-Automatic der Firma Longines von 1956 als Modell «Conquest Calendar» mit dem Kaliber 19 ASD.
18k-Goldgehäuse mit Schraubboden (mit eingearbeitetem blauen Emailplättchen s. S. 187), Zifferblattauflagen und Zeiger sowie Aufzugskrone mit Longines-Schriftzug in Gold.
Rotor mit Schwermetallreif, beidseitig über einen Exzenterwechsler aufziehend (bei 11^{00}).
Glucydur-Schraubenunruh, Nivarox-Spirale, Incabloc-Stoßsicherung (Zifferblatt mit feinfleckigen Farbpigmentstörungen).

Longines-Cal 14.17

Damen-Automatic der Firma Longines von 1956 mit dem Formkaliber 14.17.
Edelstahlgehäuse mit Druckboden, Aufzugskrone mit Longines-Schriftzug.
Rotor mit Schwermetallreif beidseitig über einen Klinkenrad-Wechsler aufziehend (bei 9 und 12^{oo}).
Glucydur-Schraubenunruh, Nivarox-Spirale, Incabloc-Stoßsicherung (Zifferblattrand mit Druckspuren).

Longines-Cal 291

Herren-Automatic der Firma Longines von 1958 mit dem Kaliber 291. Edelstahlgehäuse mit Druckboden, Aufzugskrone mit Longines-Schriftzug.
Rotor mit Schwermetallreif und Schnellentriegelung, beidseitig über einen Klinkenrad-Wechsler aufziehend (bei 5^{00}).
Glucydur-Schraubenunruh, Nivarox-Spirale, Incabloc-Stoßsicherung (ersetztes Uhrglas ohne Datumslupe).

Longines-Cal 294

Herren-Automatic Modell «Conquest» der Firma Longines von 1958 mit dem Kaliber 294.

Edelstahlgehäuse mit Schraubboden (mit eingearbeitetem grünen Emailplättchen s. S. 187).

Gangreserveanzeige über Zentralscheibe und rotierenden Skalenring.

Werk identisch mit Kaliber 291 (s. S. 192) (Aufzugskrone nicht original, Gehäuse mit leichten Gebrauchsspuren, ersetztes Uhrglas ohne Datumslupe).

Longines-Cal 380

Herren-Automatic Modell «Flagship» der Firma Longines um 1960 (Cal 380) mit einem Cyma-Rohwerk (vergleiche S. 88).
Edelstahlgehäuse mit Goldlünette und Goldhaube, Schraubboden aus Edelstahl mit eingraviertem Segelschiff, Aufzugskrone mit Longines-Schriftzug. Zifferblattauflagen und Zeiger aus Gold. Rotor mit Schwermetallreif und Stoßsicherung (durch federnde Achse und Sicherheits-Werkring), beidseitig über einen Exzenterwechsler aufziehend (im Zentrum erkennbar), Abkopplung des Handaufzugsgetriebes.
Glucydur-Schraubenunruh, Nivarox-Spirale, Kif-Flector-Stoßsicherung.

Longines-Cal 342

Herren-Automatic der Firma Longines um 1965 mit dem Kaliber 342.
Vergoldetes Gehäuse mit Druckboden aus Edelstahl, Aufzugskrone mit Longines-Schriftzug.
Etwas außermittig versetzter, kugelgelagerter Schwermetallrotor mit Außenzahnkranz, beidseitig über einen patent. Satellitenrad Wechsler aufziehend.
Schraubenlose Glucydur-Unruh, Nivarox-Spirale, Kif-Ultraflex-Stoßsicherung, Rükkerfeinstellung über Exzenterschraube.

Longines-Cal 505

Herren-Automatic Modell «Admiral» der Firma Longines um 1965 mit dem Kaliber 505.
18k-Goldgehäuse mit Schraubboden und eingelassenem Symbol, Aufzugskrone mit Longines-Schriftzug. Zifferblattauflagen und Zeiger aus Gold.
Rotor mit Schwermetallreif, beidseitig über einen Klinkenrad-Wechsler aufziehend (bei 5 und 7^{oo}).
Schraubenlose Glucydur-Unruh, Nivarox-Spirale, Kif-Ultraflex-Stoßsicherung (Gehäuse mit leichten Gebrauchsspuren, Aufzugskrone abgenutzt).

Longines-Cal 431

Herren-Automatic Modell «Admiral» der Firma Longines von 1967 mit dem Schnellschwinger-Kaliber 431.

Edelstahlgehäuse mit Schraubboden, Aufzugskrone mit Longines-Emblem.

Kugelgelagerter Rotor mit Schwermetallreif, beidseitig über einen patent. Satellitenrad-Wechsler aufziehend (bei 2^{00}), Abkopplung des Handaufzugsgetriebes. Automatik-Getriebe unter separater Brucke ins Basiswerk integriert.

Schraubenlose Glucydur-Unruh, autokompensierende Flachspirale, Kif-Ultraflex-Stoßsicherung, Rückerfeinstellung über Exzenterschraube.

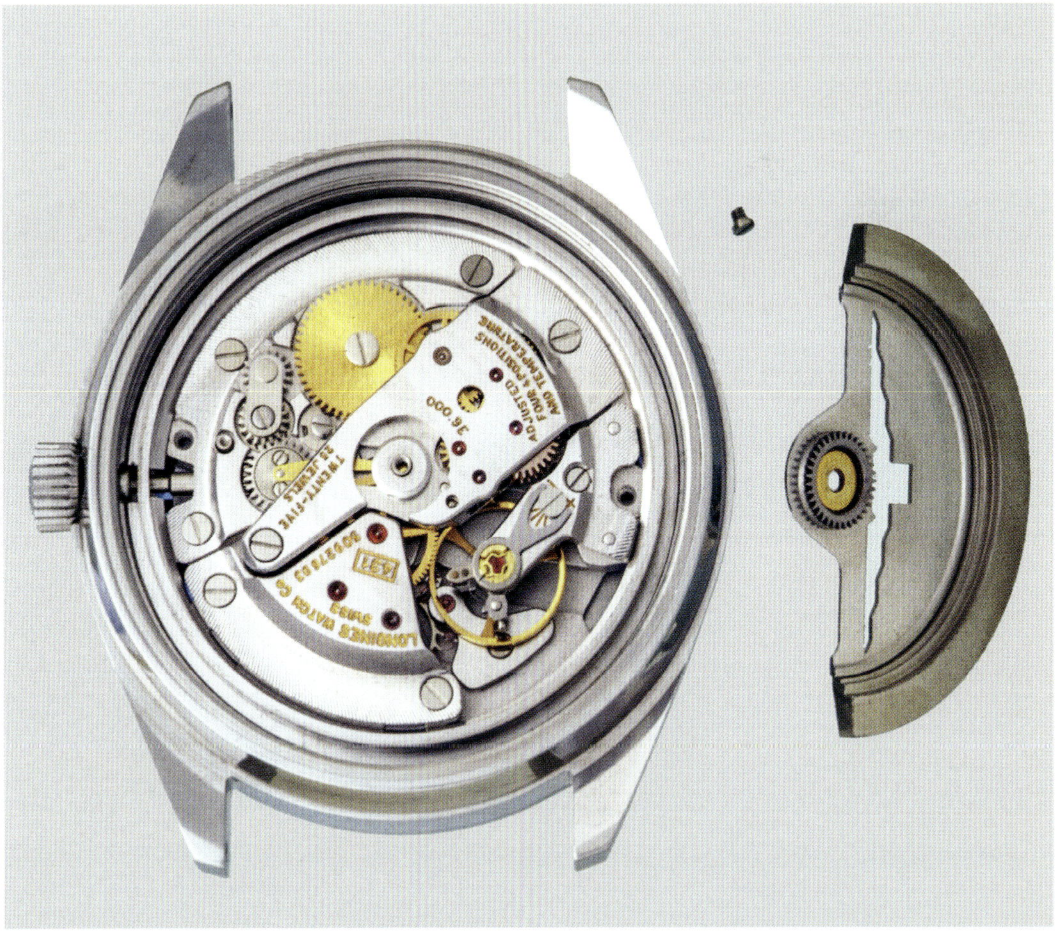

Longines-Cal 633.1

Herren-Automatic der Firma Longines um 1972 (Cal 633.1) mit einem Eta-Rohwerk (Schnellschwinger).

Vergoldetes Gehäuse mit Schraubboden aus Edelstahl, Aufzugskrone mit Longines-Emblem.

Kugelgelagerter Rotor mit Schwermetallreif, beidseitig über einen Klinkenrad-Wechsler aufziehend (teilweise verdeckt bei 2^{00}), Abkopplung des Handaufzugsgetriebes.

Schraubenlose Glucydur-Unruh, Incabloc-Stoßsicherung, Triovis-Feinsteller.

Longines-Cal 890.2

Herren-Automatic Modell «Admiral» der Firma Longines von 1975 mit dem Doppelfederhaus-Kaliber 890.2.

Quadratisches 14k-Goldgehäuse. Zifferblattauflagen und Zeiger aus Gold.

Kugelgelagerter Rotor mit Schwermetallreif, beidseitig über einen Klinkenrad-Wechsler aufziehend, Entkopplung vom Handaufzugsgetriebe.

Schraubenlose Glucydur-Unruh, Nivarox-Spirale, Kif-Ultraflex-Stoßsicherung, Spirofin-Feinsteller, 2 hintereinander wirkende, aber übereinander gelagerte Federhäuser (bei 7^{oo}) (Zifferblattrand mit Druckspuren, Gehäusekanten rundpoliert).

Longines-Cal 980.1

Flache Herren-Automatic der Firma Longines von 1978 mit dem Doppelfederhaus-Kaliber 980.1 als Schnellschwinger.

Vergoldetes Gehäuse mit Schraubboden aus Edelstahl, Aufzugskrone mit Longines-Schriftzug und -Emblem.

Kugelgelagerter Schwermetallrotor, einseitig über ein Klinkenrad beide hintereinander geschaltete Federhäuser aufziehend (bei 5 und 7^{oo}*).*

Schraubenlose Glucydur-Unruh, autokompensierende Flachspirale, Kif-Ultraflex-Stoßsicherung, Spirofin-Feinsteller.

Kaliber-Liste · Longines

Kaliber	Durchmesser Linien	Durchmesser mm	Höhe mm	Zusatz-Einrichtungen	Halb-Schw./Stunde	St.	Gang-Res. Std.	Anmerkungen Modell	Jahrg.	Abb.
14.17	6 1/4 x	14,2 x	5,25		19.800	17			1956	xx
	7 1/2	17,3								
19 A	11 1/4	25,3	5,05	s	18.000		36		1952	
19 AD	"	"		QG	"		"			
19 AS	"	"	6,0	SCI	"		"	Conquest	1954	
19 ASD	"	"	6,95	SCI, QG	"		"	Conquest Calendar	1956	xx
22 A	13	28,8	5,4	s	18.000		36		1945	
22 AS (AN)	"	"	6,5	SCI	"		"			xx
290	11 1/2	25,6	6,0	SCD	19.800	24	45		1958	
291	"	"	"	SCD, QG	"	"	"			xx
292	"	"	"	SCD, QG, RM	"	"	"		ca. 58	
294	"	"	"	SCD, QG, RMA	"	"	"			xx
340	12	27,0	4,45	SCD	19.800	17			1962	
341	"	"	4,85	SCD, QG	"	"				
342	"	"	4,6	SCD	"	"				xx
343	"	"	5,1	SCD, QG	"	"				
345	"	"	"	SCD, QG	"	"				
350	"	"	4,45	o./m.s	"	"				
351	"	"	4,85	o./m.s, QG	"	"				
352	"	"	4,6	o./m.s	"	"				
353	"	"	5,1	o./m.s, QG	"	"				
355	"	"	"	QG	"	"				
380	12 1/2	28,0	5,2	SCD	18.000	27	40	Cyma-Ebauche 480	ca. 60	xx
								Flagship		
430	11 1/2	25,6	4,3	SCI	36.000	17	36		1967	
431	"	"	4,8	SCI, QG	"	"	"	Admiral		xx
432	"	"			"	"	"			
433	"	"		QG	"	"	"			
470	6 3/4				19.800			Certina-Ebauche		
472	"				21.600			Certina-Ebauche		
501	11 1/2			SCD, QG	19.800	17				
503	"			SCD, QG, JG	"	"				
505	"			SCD, QG, RDR	"	"			ca. 65	xx
507	"			SCD, QG, RDR, ST	"	"				
L 561	7 3/4	17,2	4,8	SCD, QG, RDR, ST	28.800	17/25				
L 633.1	11 1/2		4,6	SCD, QG, RDR, ST	28.800	25		Eta-Ebauche	ca. 72	xx
6641	11 1/2	25,6	4,3	SCI	28.800	25		Basiskaliber 430		
6642	"	"	"		"	17				
6651	"	"	4,8	SCI, QG	"	25				
6652	"	"	"	SCI, QG	"	17				

Kaliber-Liste · Longines

Kaliber	Durchmesser Linien	Durchmesser mm	Höhe mm	Zusatz-Einrichtungen	Halb-Schw./Stunde	St.	Gang-Res. Std.	Anmerkungen Modell	Jahrg.	Abb.
L 890.2	12	27,0	5,2	SCI, QG, RDR, ST	28.800	17	46	2 Federhäuser	1975	xx
L 892.1	"	"		SCI, ST	"	25	"	"	1975	
L 892.2	"	"		SCI, ST	"	17	"	"		
L 893.1	"	"	5,2		"	25	"	"		
L 893.2	"	"	"		"	17	"	"		
L 990.1	11 1/2	25,6	2,95	SCI, QG, RDR, ST	28.800	25	44	2 Federhäuser	1977	xx
L 990.2	"	"	"	SCI, QG, RDR, ST	"	17	"	"		
L 992.1	"	"	"	SCI, ST	"	25	"	"		
L 992.2	"	"	"	SCI, ST	"	17	"	"		
L 993.1	"	"	"		"	25	"	"		
L 993.2	"	"	"		"	17	"	"		
L 994.1	"	"	"	QG, RDR	"	25	"	"		
L 994.2	"	"	"	QG, RDR	"	17	"	"		

Cal 380
Cyma-Ebauche, D = 28,0 mm (12 ½'''), H = 5,2 mm, 27 Steine

AUTOMATIK-BAUGRUPPE als komplette Einheit aufs Basiswerk geschraubt, rubingelagerter Zentralrotor mit Schwermetallreif und Spezialstoßsicherung (Achsfederung und Kippbegrenzung durch Werksring), Aufzug in beiden Drehrichtungen mittels Rotor-Exzenter über 2 wechselseitig wirkende Klinkenhebel mit rubingelagerten Rollen auf ein zentralgelagertes Aufzugsrad, 1 Reduktionsrad aufs Sperrad. Entkopplung vom Handaufzugsgetriebe durch Zahnradwippe zwischen Kron- und Reduktionsrad.

BASISUHRWERK: 2-schenklige Schraubenunruh aus Glucydur, Nivarox-Spirale, 18.000 Halbschw./Std., Kif-Flector-Stoßsicherung, direkte Zentralsekunde, indirekt geführter Minutenzeiger.

Cal 342
D = 27 mm (12'''), H = 4,45 mm, 17 Steine

AUTOMATIK-BAUGRUPPE ins Basiswerk integriert, außermittig versetzter großer kugelgelagerter Rotor mit Schwermetallreif und axialer Stoßsicherung, Aufzug in beiden Drehrichtungen über peripher am Rotor befestigten Ring mit Innenverzahnung, doppeltem Satellitenrad-Gesperr, 2 Reduktionsräder aufs Sperrad.

BASISUHRWERK: 3-schenklige schraubenlose Glucydur-Unruh, Nivarox-Spirale, 19.800 Halbschw./Std., Kif-Ultraflex-Stoßsicherung, beweglicher Spiralklötzchenträger, Rücker-Feinstellung mittels Exzenterschraube, direkte Zentralsekunde über doppeltes Kleinbodenrad. Handaufzug und Zeigerstellung über Wippenmechanismus.

Cal 505
D = 25,6 mm (11 ½'''), 17 Steine

AUTOMATIK-BAUGRUPPE ins Basiswerk teilintegriert, Zentralrotor mit Schwermetallreif, Aufzug in beiden Drehrichtungen über federlose Zwillings-Klinkenräder, 1 Reduktionsrad aufs Kronrad.

BASISUHRWERK: 3-schenklige schraubenlose Glucydur-Unruh, Nivarox-Spirale, 19.800 Halbschw./Std., Kif-Ultraflex-Stoßsicherung, beweglicher Spiralklötzchenträger, direkte Zentralsekunde, eloxiertes Federhaus GL. Datumsanzeige mit augenblicklichem Wechsel.

Cal 431
D = 25,6 mm (11 ½'''), H = 4,8 mm, 25 Steine

AUTOMATIK-BAUGRUPPE als komplette Einheit ins Basiswerk integriert, kugelgelagerter Zentralrotor mit Schwermetallreif, Aufzug in beiden Drehrichtungen über doppeltes Satellitenrad-Gesperr, 2 Reduktionsräder aufs Sperrad. Entkopplung vom Handaufzugsmechanismus durch Zahnradwippe zwischen Kron- und Sperrad.

BASISUHRWERK: 3-schenklige schraubenlose Glucydur-Unruh, Nivarox-Spirale, 36.000 Halbschw./Std., Kif-Ultraflex-Stoßsicherung, beweglicher Spiralklötzchenträger, Rückerfeinstellung mittels Exzenterschraube, Clinergic-21-Ankerhemmung, indirekte Zentralsekunde, Datumsanzeige mit augenblicklichem Wechsel.

Cal 633.1
Eta-Ebauche, D = 25,6 mm (11 ½'''), H = 4,6 mm, 25 Steine

AUTOMATIK-BAUGRUPPE als komplette Einheit aufs Basiswerk geschraubt, kugelgelagerter Zentralrotor mit Schwermetallreif, Aufzug in beiden Drehrichtungen über federlose Zwillings-Klinkenräder, 2 Reduktionsräder aufs Sperrad. Entkopplung vom Handaufzugsmechanismus durch verschiebbares Kronrad.

BASISUHRWERK: 3-schenklige schraubenlose Glucydur-Unruh, Nivarox-Spirale, 28.800 Halbschw./Std., Incabloc-Stoßsicherung, Triovis-Feinreguliervorrichtung, direkte Zentralsekunde, indirekt geführter Minutenzeiger. Stoppsekunde, Datumsanzeige mit augenblicklichem Wechsel und Schnellkorrektur.

Cal 890.2
D = 27,0 mm (12'''), H = 5,2 mm, 17 Steine
AUTOMATIK-BAUGRUPPE ins Basiswerk integriert, kugelgelagerter Zentralrotor mit Schwermetallreif, Aufzug in beiden Drehrichtungen über ein doppeltes federloses Klinkenrad-Gesperr, 1 Reduktionsrad aufs obere Federhaus, Entkopplung vom Handaufzugsmechanismus durch ein Wippenrad.
BASISUHRWERK: 3-schenklige schraubenlose Glucydur-Unruh, Nivarox-Spirale, 28.800 Halbschw./Std., Kif-Ultraflex-Stoßsicherung, Spirofin-Feinregulierung, indirekte Zentralsekunde, indirekt geführter Minutenzeiger, 2 in Reihe geschaltete, koaxial übereinander angeordnete Federhäuser. Stoppsekunde, Datumsanzeige mit augenblicklichem Wechsel und Schnellkorrektur.

Cal 990.1
D = 25,6 mm (11 ½'''), H = 2,95 mm, 25 Steine
AUTOMATIK-BAUGRUPPE ins Basiswerk integriert, kugelgelagerter Zentralrotor mit Schwermetallreif, Aufzug in einer Drehrichtung über ein kombiniertes Klinken- und Sperrad, 1 Reduktionsrad aufs Sperrad des kleineren Federhauses.
BASISUHRWERK: 3-schenklige schraubenlose Glucydur-Unruh, Nivarox-Spirale, 28.800 Halbschw./Std., Kif-Stoßsicherung, Spirofin-Feinstellvorrichtung, indirekte Zentralsekunde, indirekt geführter Minutenzeiger, Serienschaltung von 2 nebeneinander liegenden Federhäusern (insgesamt 17 Umläufe!). Stoppsekunde, Datumsanzeige mit augenblicklichem Wechsel und Schnellkorrektur.

Zeitschriften-Reklame (aus JSH 1956)

Zur Kaliber-Entwicklung

Die Manufaktur «Martel Watch & Co, S. A.» wurde 1911 von Georg Pellaton-Steudler in Les Ponts-de-Martel gegründet. In der zweiten Hälfte der fünfziger Jahre entwickelte man je ein Automatic-Kaliber für Damenuhren (Cal 613) und für Herrenmodelle (Cal 1115 bzw. 1118). Beide sind mit einem Zentralrotor ausgerüstet und basieren auf einem Basisuhrwerk mit Steinanker-Hemmung und direkter Zentralsekunde.

Kaliber-Liste · Martel

Kaliber	Durchmesser Linien	Durchmesser mm	Höhe mm	Zusatz-Einrichtungen	Halb-Schw./Stunde	St.	Gang-Res. Std.	Anmerkungen Modell	Jahrg.	Abb.
613	6 3/4	15,3	4,6						ca. 58	
1115	11 1/2	25,6	5,3	SCD	18.000			„Victorious“	ca. 56	
1118	"	"		SCD, QG	"			"		

Zeitschriften-Reklame (aus UJ 1966)

Zur Kaliber-Entwicklung

Die Gründung der Firma Marvin Watch Co S. A. erfolgte 1850 durch die Gebrüder M. und E. Ditesheim in St. Imier. 1894 wurde der Firmensitz nach La Chaux-de-Fonds verlegt.

Neben Rohwerken und kompletten Uhren mit Handaufzug entwickelte Marvin auch ein einziges Automatic-Werk, das 1955 vorgestellte Kaliber 580. Diese sehr solide aufgebaute Konstruktion besitzt einen beidseitig wirksamen Rotor-Aufzug und ein hochwertiges Basisuhrwerk und wurde als Kaliber 580 P auch mit Chronometer-Zertifikat geliefert. Bemerkenswert ist die wechselseitige Entkopplungsvorrichtung zwischen Handaufzugs- und Automatik-Getriebe.

Weitere Uhrenmodelle der Firma sind mit Fremdwerken bestückt, z.B. wurde um 1946 das AS-Kaliber 1250 eingebaut.

Kaliber-Steckbrief

Cal 580 P

D = 26 mm (11 ½'''), H = 5,8 mm, 25 Steine
AUTOMATIK-BAUGRUPPE aufs Basiswerk geschraubt, rubingelagerter Zentralrotor mit Schwermetallreif. Aufzug in beide Drehrichtungen über Wippenwechsler, 1 Spannrad mit Sperrklinke, 2 Reduktionsräder aufs Kronrad. Wechselseitige Entkopplung zwischen Automatik- und Handaufzugsgetriebe durch doppeltes Kronrad bzw. Nockenkupplung des letzten Reduktionsrades.
BASISUHRWERK: 2-schenklige Schraubenunruh aus Glucydur, Nivarox-Spirale, 18.000 Halbschw./Std., Incabloc-Stoßsicherung, direkte Zentralsekunde.

Kaliber-Liste · Marvin

Kaliber	Durchmesser Linien	Durchmesser mm	Höhe mm	Zusatz-Einrichtungen	Halb-Schw./Stunde	St.	Gang-Res. Std.	Anmerkungen Modell	Jahrg.	Abb.
580	11 1/2	26	5,8	SCD	18.000	25				
580 C	"	"	6,6	SCD, QG	"	"		Autodate	1955	
580 P	"	"	5,8	SCD	"	"		Flying Dutchman (Chronometer)	1956	xx

Marvin-Cal 580 P

Herren-Automatic Modell «Flying Dutchman» der Firma Marvin von 1956 mit dem Kaliber 580 P in Chronometerausführung.

Tonneauförmiges 18 k-Goldgehäuse mit Schraubboden.

Rubingelagerter Rotor mit Schwermetallreif, beidseitig über einen Wippenwechsler aufziehend (bei 5^{00}), komplette wechselseitige Entkopplung von Automatik und Handaufzugsgetriebe.

Glucydur-Schraubenunruh, Nivarox-Spirale, Incabloc-Stoßsicherung (Oberflächenbeschichtung des Zifferblattes beschädigt, Aufzugskrone nicht original).

Zur Kaliber-Entwicklung

Das Unternehmen wurde 1917 von G. Schaeren in Biel gegründet und brachte 1937 den ersten wasserdichten als «Multi-Centerchrono» bekannten Armbandchronographen heraus.

Schon Anfang der vierziger Jahre legte Mido als eine der ersten Schweizer Firmen das Schwergewicht der Produktion auf die sportliche automatische Armbanduhr und war damit in Übersee besonders erfolgreich. Durch Bezug von Fremdwerken, die ausnahmslos vom Rohwerkehersteller AS stammten, konnte man in hoher Qualitätsstufe preiswerte, wasserdichte und robuste Automatics anbieten.

Als «Multifort-Superautomatic» erschienen ab 1935 die ersten Uhrenmodelle mit einseitigem Hammer-Aufzug. Deren Automatik-Baugruppe ist noch ziemlich komplex aus 16 einzelnen Bestandteilen (ohne Schrauben) zusammengesetzt, bot aber andererseits auch die wartungsfreundliche Anordnung von Aufzugs- und Sperrklinke unter separaten Platinen.

Unter derselben Modellbezeichnung stellte Mido 1951 die erste Rotor-Automatic für Damen vor (Cal 707), der 1954 das Herrenkaliber mit Rotor, die «Powerwind» (Cal 917 P), folgte. Auf der Basis dieser Werkskonstruktion entstand eine ganze Palette verschieden großer Kaliber von 18 mm (Cal 707 P) bis 28 mm Durchmesser (Cal 917 PC), wobei hier die Anzahl der Bestandteile, aus denen sich die Automatik-Baugruppe zusammensetzt, auf 7 reduziert werden konnte.

Aufsehen erregte die neue Modellkollektion «Ocean Star» auf der Baseler Uhrenmesse 1960, deren Einteil-Gehäuse mit dem eingepreßten Permafit-Glas eine verbesserte Abdichtung gegen Luft (Kondenswasserbildung) und Wasser garantierte.

Das Äußere dieser Uhr wird bei versenkter Krone und kurzen Bandanstößen vorrangig vom markanten Zifferblatt geprägt und gilt auch heute noch als unverwechselbares Design der Mido-Uhren. An die Werke ist bei diesem Gehäusetyp nur mit einer passenden Spannring-Zange zu gelangen, um das mit einem inneren Druckring armierte Spezialglas abheben zu können und bei bestimmter Stellung der Krone das Werk herausfallen zu lassen. Als kleinste Automatic überhaupt stellte man unter dem Namen «Minimido» 1968 eine Damenuhr vor, die mit dem 6linigen AS-Kaliber 1775 ausgerüstet wurde.

Kaliber-Steckbriefe

Cal 817

AS-Ebauche

D = 24,5 mm (10 ½''')

AUTOMATIK-BAUGRUPPE aufs Basiswerk montiert. Einseitiger Hammer-Aufzug über Aufzugsklinke am Hammer, zentralgelagertes Aufzugsrad, 2 Reduktionsräder (davon das erste mit Sperrklinke, das zweite als Breguetkupplung zur Abtrennung bei Handaufzug) aufs Sperrad.

BASISUHRWERK: 2-schenklige Schraubenunruh aus Glucydur, Nivarox-Spirale, 18.000 Halbschw./Std., Incabloc-Stoßsicherung, indirekte Zentralsekunde.

Cal 0917

AS-Ebauche

D = 25,8 mm (11'''), H = 5,5 mm, 17 Steine

AUTOMATIK-BAUGRUPPE unter 2 Kloben aufs Basiswerk geschraubt. Hammer-Aufzug in einer Richtung über Aufzugsklinke am Hammer, zentral gelagertes Aufzugsrad, 2 Reduktionsräder, davon das erste mit Sperrklinke, das zweite mit Breguetkupplung zur Abtrennung bei Handaufzug, aufs Kronrad. Alle Klinken über separate Platinen zugänglich.

BASISUHRWERK: 2-schenklige Schraubenunruh aus Glucydur, Nivarox-Spirale, 18.000 Halbschw./Std., Incabloc-Stoßsicherung, Incastar-Feinsteller mit beweglichem Spiralklötzchenträger, indirekte Zentralsekunde.

Cal 917 P

AS-Ebauche

D = 28 mm (12'''), H = 5,5 mm, 17 Steine

AUTOMATIK-BAUGRUPPE aufs Basiswerk geschraubt. Monometallischer Zentralrotor, Aufzug in beide Drehrichtungen über federlose Zwillings-Klinkenräder mit Sperranker, 1 Reduktionsrad aufs Sperrad.

BASISUHRWERK: 2-schenklige Schraubenunruh aus Glucydur, Nivarox-Spirale, 18.000 Halbschw./Std., Incabloc-Stoßsicherung, Incastar-Feinsteller mit beweglichem Spiralklötzchenträger, indirekte Zentralsekunde.

Cal 1117 PC

AS-Ebauche

D = 13''', H = 4,5 mm, 17 Steine

AUTOMATIK-BAUGRUPPE ins Basiswerk integriert. Großer Rotor mit Schwermetallreif aus der Werksmitte versetzt gelagert, Aufzug in beide Drehrichtungen über ein Zwischenrad, federlose Zwillings-Klinkenräder mit Sperranker, 2 Reduktionsräder auf ein dem Sperrad entsprechendes, unter dem Zifferblatt liegendes Federkern-Rad.

BASISUHRWERK: 2-schenklige Schraubenunruh aus Glucydur, Nivarox-Spirale, 18.000 Halbschw./Std., Incabloc-Stoßsicherung, beweglicher Spiralklötzchenträger, Rückerfeinstellung über verzahnte Scheibe, direkte Zentralsekunde. Datumsanzeige mit augenblicklichem Wechsel.

Cal 0617 P

AS-Ebauche

D = 15,3 mm (6 ¾'''), 17 Steine

AUTOMATIK-BAUGRUPPE als komplette Einheit aufs Basiswerk geschraubt. Zentralrotor mit Schwermetallreif, Aufzug in beide Drehrichtungen über federlose Zwillings-Klinkenräder mit Sperranker, 1 Reduktionsrad aufs Sperrad.

BASISUHRWERK: 2-schenklige schraubenlose Glucydur-Unruh, Nivarox-Spirale, 18.000 Halbschw./Std., Incabloc-Stoßsicherung, Incastar-Feinsteller mit beweglichem Spiralklötzchenträger, indirekte Zentralsekunde.

Cal 1127 OC

AS-Ebauche

D = 13''', 17 Steine

AUTOMATIK-BAUGRUPPE ins Basiswerk integriert. Kugelgelagerter Zentralrotor aus Schwermetall, Aufzug in einer Drehrichtung über das 1. Reduktionsrad, 1 Klinkenrad mit federnder Klinke, das 2. Reduktionsrad aufs Kronrad.

BASISUHRWERK: 3-schenklige schraubenlose Glucydur-Unruh, Nivarox-Spirale, 18.000 Halbschw./Std., Incabloc-Stoßsicherung, beweglicher Spiralklötzchenträger, Rückerfeinstellung mit Schraube und Schwanen-

Mido-Cal 817
Medium-Automatic der Firma Mido von 1941, Modell «Multifort» mit einem AS-Rohwerk. Edelstahlgehäuse mit Schraubboden. Hammer einseitig über ein Getriebe vom Harwood-Typ aufziehend, Abkopplung bei Handaufzug. Glucydur-Unruh, Nivarox-Spirale, Incabloc-Stoßsicherung.

halsfeder, direkte Zentralsekunde, Eloxal-Federhaus GL. Datumsanzeige mit augenblicklichem Wechsel.

Cal 1147 OCD

s. Cal 1127 OC, jedoch mit 19.800 Halbschw./Std. und zusätzlicher Anzeige des Wochentages.

Mido-Cal 0917

Herren-Automatic Modell «Multifort» der Firma Mido um 1943 mit einem AS-Rohwerk.
14k-Goldgehäuse mit Schraubboden.
Hammer einseitig über ein Getriebe vom Harwood-Typ aufziehend, Sperrklinke unter separater Platine (bei 9^{oo}), Abkopplung bei Handaufzug.
Glucydur-Unruh, Nivarox-Spirale, Incabloc-Stoßsicherung, Incastar-Feinsteller (Zifferblatt und Zeiger korrodiert).

Mido-Cal 917 P

Herren-Automatic Modell «Multifort» der Firma Mido von 1954 mit dem ersten «Powerwind»-Kaliber 917 P (reserviertes AS-Rohwerk).

Vergoldetes Gehäuse mit Schraubboden aus Edelstahl, Aufzugskrone mit Mido-Schriftzug.

Monometallischer Rotor, beidseitig über einen Klinkenrad-Wechsler aufziehend (bei 9 und 12°°).

Glucydur-Schraubenunruh, Nivarox-Spirale, Incabloc-Stoßsicherung, Incastar-Feinsteller (Gehäuse mit Gebrauchsspuren, Bandanstöße verbogen).

Mido-Cal 1117 PC

Herren-Automatic Modell «Ocean Star» der Firma Mido von 1960 mit dem Kaliber 1117 PC (AS-Rohwerk).
Einteiliges Edelstahlgehäuse mit Permafit-Einpreßglas und geteilter Aufzugswelle, Aufzugskrone mit Mido-Schriftzug (Zugang zum Werk nur mit Hilfe einer speziellen Glasabhebezange möglich).
Werk identisch mit dem AS-Kaliber 1656 (s. S. 36), jedoch mit Feinregulierung über verzahnte Scheibe.

Mido-Cal 0617 P

Damen-Automatic Modell «Multifort» der Firma Mido um 1960 mit dem Kaliber 0617 P (AS-Rohwerk).

Edelstahlgehäuse mit Schraubboden, Aufzugskrone mit Mido-Schriftzug.

Rotor mit Schwermetallreif, beidseitig über Klinkenrad-Wechsler aufziehend (bei 10 und 12^{oo}).

Schraubenlose Glucydur-Unruh, Nivarox Spirale, Incabloc-Stoßsicherung, Incastar-Feinsteller.

Mido-Cal 1127 OC

Herren-Automatic Modell «Ocean Star» der Firma Mido um 1963 mit dem Kaliber 1127 OC (AS-Rohwerk).

Einteiliges 14k-Goldgehäuse mit dem Permafit-Einpreßglas, herausziehbare Welle (nach Abnahme des Uhrglases von vorn), Aufzugskrone mit Mido-Schriftzug. Zifferblattauflagen und Zeiger aus Gold.

Kugelgelagerter Schwermetallrotor, einseitig über ein Klinkenrad aufziehend. Automatik-Getriebe in einem ovalen Platinenausschnitt versenkt (bei 6^{00}).

Schraubenlose Glucydur-Unruh, Nivarox-Spirale, Incabloc-Stoßsicherung, Schwanenhals-Feinsteller.

Mido-Cal 1147 OCD

Herren-Automatic Modell «Ocean Star» der Firma Mido um 1965 mit dem «dato-day»-Kaliber 1147 OCD.

Einteiliges Edelstahlgehäuse mit dem Permafit-Einpreßglas und der geteilten Aufzugswelle, Aufzugskrone mit Mido-Schriftzug.

Werk identisch mit Cal 1127 OC (s. S. 212), jedoch mit auf 19 800 erhöhten Halbschw./Std.

Kaliber-Liste · Mido

Kaliber	Durchmesser Linien	mm	Höhe mm	Zusatz-Einrichtungen	Halb-Schw./ Stunde	St.	Gang-Res. Std	Anmerkungen Model	Jahrg.	Abb.
607 P	6¾	15,3	5,4		18.000	17				
607 P/PO	6¾	15,3		SCI		17				xx
607 P/P-I/PO-I	6¾	15,3		SCI						
620	6	13,6			21.600			„Minimido“	1968	
637 P/PO	6¾	15,3		SCI	19.800					
0637-P/PO	6¾	15,3		SCI	19.800					
707	7½	17,0	5,2	SCI	18.000	17			1951	
707 P	7¾	18,0		SCI	18.000	17				
707 PC	7¾	18,0		SCI, QG	18.000	17				

Kaliber-Liste · Mido

Kaliber	Durchmesser		Höhe	Zusatz-Einrichtungen	Halb-Schw./ Stunde	St.	Gang-Res. Std.	Anmerkungen Modell	Jahrg.	Abb.
	Linien	mm	mm							
707	7 1/2	17,0	5,2	SCI	18.000	17			1951	
707 P 707 PC	7 3/4 "	18 "		SCI SCI, QG	18.000 "	17 "				
717	9		5,05	SCI	18.000	17			1938	
737 737 C /C-1 /C-2 737 OC-1	7 3/4 " "			SCD SCD, QG SCD, QG	21.600 " "					
816 817	10 1/2 "	24,5 "		 SCI	18.000 "			AS 1081 "	1939 1941	 xx
916 916 P	12 "	 28,0	4,85 5,5	s s	18.000 "	17 "		As 1081		
0916 P	11	25,8	5,5	s	18.000	17				
00916 P	10 1/2	24,5	5,5	s	18.000	17			1938	
917	12	28,0	5,3	SCI	18.000	17			1942	
917 P /PO 917 PC /PCO	12 "	28,0 "	5,5	SCI SCI, QG	18.000 "	17 "		Powerwind	1954	xx
0917 /P 0917 PC	11 "	25,8 "	5,5	SCI SCI, QG	18.000 "	17 "		AS 1191		xx
00917 P	10 1/2	24,5	5,5	SCI	18.000	17				
D 917	12			SCI, QA	18.000	17				
1016 1017	12 "			 SCI	18.000 "					
1117 P /P-1 1117 PC /PC-1	13 "			SCD SCD, QG	18.000 "	17 "		 AS 1678	1959 1960	 xx
01117 P /P-1 01117 PC /PC-1	12 "			SCD SCD, QG	18.000 "	17 "				
1127 O 1127 OC	13 "			SCD SCD, QG	18.000 "	17 "		 AS 1717 (11 1/2 ")	 ca. 63	 xx
1137 O 1137 OC	13 "			SCD SCD, QG	19.800 "					
01137 O 01137 OC	12 1/2 "			SCD SCD, QG	19.800					
001137	11 1/2			SCD	19.800					
1147 /O 1147 C /OC 1147 OCD	13 " "			SCD SCD, QG SCD, QG, JG	19.800 " "				 ca. 67	 xx
01147 O 01147 OC 01147 OCD	12 1/2 " "			SCD SCD, QG SCD, QG, JG	19.800 " "					
001147 001147 C /OC 001147 OCD	11 1/2 " "			SCD SCD, QG SCD, QG, JG	19.800 " "					

Zur Kaliber-Entwicklung

Die Manufaktur wurde 1881 von Achilles Ditesheim in La Chaux-de-Fonds unter seinem Namen gegründet und 1905 in «Movado Watch Co.» umbenannt.

Die unter der Modellbezeichnung «Tempomatic» im Jahre 1946 vorgestellte Armbanduhr (Cal 220) ist die erste eigene Movado-Automatic.

Als Schwungmasse arbeitet ein einseitig aufziehender Hammer. Das Automatik-Getriebe ist als komplette Baugruppe auf das relativ große Basiswerk geschraubt, so daß ein entsprechend dimensioniertes Federhaus mit der damals ungewöhnlich hohen Gangreserve von 56 Stunden untergebracht werden konnte.

In den folgenden Jahren wurden auf der Basis dieses Kalibers einige Modelle mit Zusatzeinrichtungen ausgestattet. So besitzt die «Calendoplan» eine Datumsanzeige, die «Calendomatic» einen einfachen Kalender, d. h. die Anzeige von Datum, Wochentag und Monat.

Die im Jahre 1950 folgende Neuentwicklung, das Kaliber 115, auch als «Futuramic» bezeichnet, war die flachste Automatic dieser Zeit. Erreicht wurde dies durch ein besonders schmales peripheres Hammergewicht aus Schwermetall und die gemeinsame Lagerung des Hammers und des Minutenrades in einem Lagerstein. Das erfordert wiederum eine sorgfältige Stoßsicherung dieser Lagerstelle gegen Bruch. Der Schwungmassenschenkel ist daher S-förmig ausgebildet, um die Stöße abfedern zu können. Aus Gründen der Bauhöhenreduktion ist dieses Werk auch nur mit einem kleinen Sekundenzeiger ausgestattet, in dessen Zifferblattbereich bei der «Calendolux» (ab 1952) Datum und Wochentag in einem separaten Fenster angezeigt werden. Die ersten Movado-Automatics mit Rotor erschienen 1956 in der «Queenmatic» als Damenkaliber 165 und in Herrengröße als «Kingmatic» (Cal 431). Der Drehbereich des Rotors liegt hier nicht neben, sondern über dem Basisuhrwerk, so daß für dieses die gesamte Gehäuseinnenfläche zur Verfügung steht. Unruh und Federhaus lassen sich entsprechend groß gestalten, wodurch Chronometerqualität erzielt wird (Cal 436). Auch bei diesen Werken ist der Schwermetallreif des Rotors mit dem bei Movado typischen S-förmig ausgebildeten Schenkel abgefedert. Der Aufzug erfolgt in beide Drehrichtungen über einen sorgfältig ausgeführten und in Rubinen gelagerten Wippenwechsler. Das Handaufzugsgetriebe ist während des automatischen Aufzugs durch eine ausschwenkende Zahnradwippe zwischen Kron- und Sperrad abgetrennt, um die Reibungsverluste zu reduzieren.

1960 wird dieses etwas abgewandelte Herrenkaliber mit einer schneller schwingenden Unruh versehen (Cal 531), womit sich die Gangleistung weiter steigern ließ. Mit der Entwicklung des neuen Kalibers 380 ff wurde eine weitere Verminderung der Werksdicke angestrebt. Erstmalig bei Movado ist der Rotor kugelgelagert, und der gesamte Handaufzugsmechanismus ist unter das Zifferblatt verlagert. Das Federhaus besteht aus einer eloxierten Aluminiumlegierung Antikorodal 15B und garantiert über Jahre eine gleichbleibende Funktion des Gleitzaumes; die Aufzugsfeder ist unzerbrechlich und mit einer selbstschmierenden Schicht versehen.

1968 ist die Firma aus wirtschaftlichen Gründen zu einer Kooperation mit der Zenith-Manufaktur gezwungen. Gemeinsam erfolgt die Entwicklung des ersten Automatic-Chronographen, der 1969 bei Movado als «Datachron» mit der einheitlichen Kaliber-Nr. 3019 PHC vorgestellt wird.

Kaliber-Steckbriefe

Cal 220

D = 28,8 mm (12 ¾'''), H = 5,7 mm, 17 Steine

AUTOMATIK-BAUGRUPPE als komplette Einheit aufs Basiswerk geschraubt, rubingelagerter Hammer, Aufzug in einer Richtung über federnde Aufzugsklinke am Rotor, zentralgelagertes Aufzugsrad, 3 Reduktionsräder (davon das erste mit federnder Sperrklinke) aufs doppelte Sperrad zur Abtrennung bei Handaufzug.

BASISUHRWERK (10 ½'''): 2-schenklige Schraubenunruh aus Glucydur, autokompensierende Breguetspirale, 18.000 Halbschw./Std., Incabloc-Stoßsicherung, indirekte Zentralsekunde.

Cal 118

D = 26,5 mm (11 ½'''), 17 Steine

AUTOMATIK-BAUGRUPPE aufs Basiswerk gesetzt, Hammer mit Schwermetallreif, untere Hammerlagerung gemeinsam mit dem Minutenrad, schmaler S-förmiger Schwungmassenschenkel zur Lagerstoßsicherung, Aufzug in einer Richtung über Klinkenträger-Wippe, kombiniertes Aufzugs- und Reduktionsrad aufs Kronrad.

BASISUHRWERK: 2-schenklige Schraubenunruh aus Glucydur, Nivarox-Spirale, 18.000 Halbschw./Std., Incabloc-Stoßsicherung, exzentrische Sekunde. Datums- und Wochentagsanzeige in Ausschnitten im Bereich des kleinen Sekundenzeigers.

Cal 223 A

D = 28,8 mm (12 ¾'''), 17 Steine

Werksaufbau s. Cal 220, jedoch mit einfachem Kalender (Datums-, Wochentags- und Monatsanzeige).

Cal 438

D = 25,5 mm (11 ¼'''), 28 Steine

AUTOMATIK-BAUGRUPPE als komplette Einheit aufs Basiswerk geschraubt, rubingelagerter Zentralrotor mit Schwermetallreif, breiter, aber flacher S-förmiger Schwungmassenschenkel zur Lager-Stoßsicherung, Aufzug in beide Drehrichtungen über rubingelagerten Wippenwechsler, 3 Reduktionsräder (davon das erste mit rubingelagerter federnder Klinke) aufs doppelte Sperrad, Sperrad-Kupplung zur Trennung vom Handaufzugsgetriebe, Zahnradwippe zwischen Kron- und unterem Sperrad zur Entkopplung bei Handaufzug.

BASISUHRWERK: 2-schenklige Schraubenunruh aus Glucydur, Nivarox-Spirale, 18.000 Halbschw./Std., Incabloc-Stoßsicherung, direkte Zentralsekunde. Datumsanzeige mit langsamem Wechsel.

Cal 531

D = 26,5 mm (11 ¾'''), 28 Steine

Werksaufbau fast identisch mit Cal 438, jedoch mit 21.600 Halbschw./Std.

Movado-Cal 220

Herren-Automatic Modell «Solidomatic» der Firma Movado von 1946 mit dem «Tempomatic»-Kaliber 220.
Edelstahlgehäuse mit Druckboden und Staubdeckel.
Rubingelagerte Hammer-Schwungmasse, einseitig über ein Getriebe vom Harwood-Typ aufziehend, Abkopplung bei Handaufzug.
Glucydur-Schraubenunruh, autokompensierende Breguetspirale, Incabloc-Stoßsicherung.

Movado-Cal 118

Herren-Automatic Modell «Calendolux» der Firma Movado von 1953 mit dem Kaliber 118 als flachstes der Zeit. Vergoldetes Gehäuse (40 µ) mit Druckboden. Anzeige von Datum und Wochentag im Bereich des kleinen Sekundenzeigers. Datums-Schnellkorrektur mit Druckstift bei der «4». Rubingelagerte Hammer-Schwungmasse mit Schwermetallreif und federndem S-förmigen Schenkel, einseitig über eine Klinkenträger-Wippe aufziehend (bei 8^{00}).

Glucydur-Schraubenunruh, Nivarox-Spirale, Incabloc-Stoßsicherung (Sekundenzeiger nicht original).

Movado-Cal 223 A

Herren-Automatic Modell «Calendomatic» der Firma Movado um 1952 mit dem Kaliber 223 A.

14k-Goldgehäuse mit Schraubboden, Aufzugskrone mit Movado-Emblem.

Datumszeiger mit peripherem Datumskranz und Schnellkorrektur über Druckstift bei der «8», Wochentag und Monat im Fenster (Monats-Schnellkorrektur über Druckstift bei der «9»).

Rubingelagerter Hammer mit Schwermetallreif, einseitig über ein Getriebe vom Harwood-Typ aufziehend, Abkopplung bei Handaufzug. Automatik-Baugruppe als komplette Einheit abnehmbar.

Glucydur-Schraubenunruh, autokompensierende Breguetspirale, Incabloc-Stoßsicherung (Gehäuse und Werk mit Gebrauchsspuren).

Movado-Cal 438
Herren-Automatic Modell «Kingmatic Calendar» der Firma Movado von 1959 mit dem ersten Rotor-Kaliber 438 der Firma.
Edelstahlgehäuse mit Schraubboden, Aufzugskrone mit Movado-«Hand»-Emblem.
Rubingelagerter Rotor mit Schwermetallreif am federnden S-förmigen Schenkel, beidseitig über einen Wippenwechsler aufziehend (bei 11^{00}), komplette wechselseitige Entkopplung von Automatik- und Handaufzugsgetriebe.
Glucydur-Schraubenunruh, Nivarox-Spirale, Incabloc-Stoßsicherung.

Movado-Cal 531

Herren-Automatic Modell «Kingmatic» der Firma Movado um 1959 mit dem Kaliber 531. Edelstahlgehäuse mit Schraubboden, Aufzugskrone mit dem modernen Movado-Emblem. Werk identisch mit dem Kaliber 438 (s. S. 219), jedoch mit höherer Schwingungszahl und anderer Rotorform.

Movado-Cal 395 E
Herren-Automatic Modell «Kingmatic S» der Firma Movado von 1965 mit dem Kaliber 395 E. Vergoldetes Gehäuse mit Schraubboden aus Edelstahl, Aufzugskrone mit modernem Movado-Emblem.
Kugelgelagerter Schwermetallrotor, beidseitig über einen Wippenwechsler aufziehend (bei 3^oo^).
Schraubenlose Glucydur-Unruh, Nivarox-Spirale, Incabloc-Stoßsicherung (Gehäuse mit Gebrauchsspuren).

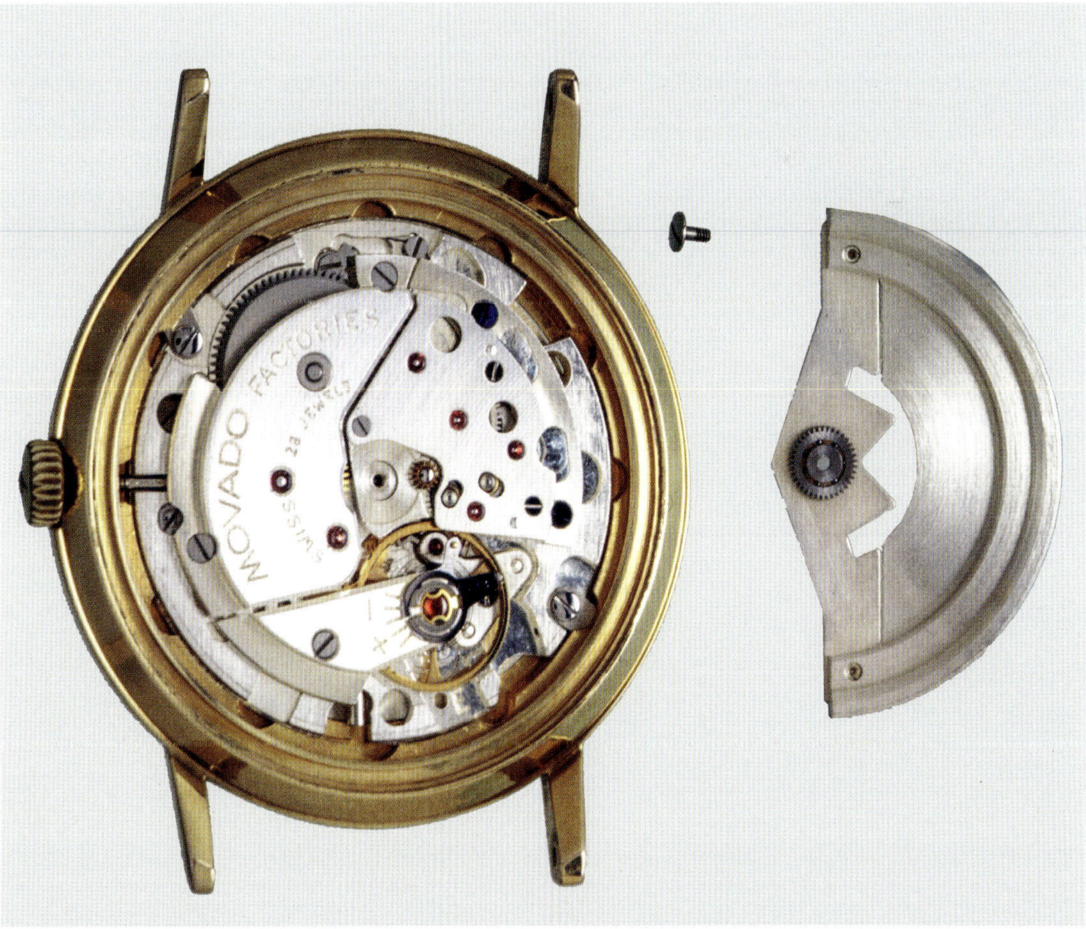

Movado-Cal 230
Automatic-Werk für das flache Herrenmodell «Gentleman» der Firma Movado um 1966 (Cal 230) mit dem Mikrorotor-Kaliber der Firma Universal (s. S. 308).

Cal 395 E

D = 25,3 mm (11 ½'''), H = 3,95 mm, 28 Steine

AUTOMATIK-BAUGRUPPE als komplette Einheit ins Basiswerk integriert, kugelgelagerter Zentralrotor mit Schwermetallreif, Aufzug in beide Drehrichtungen über rubingelagerten Wippenwechsler, insgesamt 2 Zwischenräder, 2 Reduktionsräder (davon das erste mit rubingelagerter Federklinke) aufs Sperrad (unter dem Zifferblatt).

BASISUHRWERK: 3-schenklige schraubenlose Glucydur-Unruh, Nivarox-Spirale, 21.600 Halbschw./Std., Incabloc-Stoßsicherung, direkte Zentralsekunde, indirekt geführter Minutenzeiger, eloxiertes Antikorodial 15B-Federhaus. Wippenmechanik zum Handaufzug und spielfreie Zeigerstellung über Doppelzahnräder.

Cal 230

Universal-Ebauche (s. dort Cal 2-66)
D = 27,6 mm (12 ¼'''), H = 2,5 mm, 25 Steine

Kaliber-Liste · Movado

Kaliber	Durchmesser Linien	mm	Höhe mm	Zusatz-Einrichtungen	Halb-Schw./ Stunde	St.	Gang-Res. Std.	Anmerkungen Modell	Jahrg.	Abb.
115	11 1/2	26,5	4,3	s	18.000	17		Futuramic	1950	
116	"	"	"	s	"	21		Chronometer		
117	"	"		s, OG, JG	"	17		Calendolux	1953	xx
165/166	7 1/4	16,5			18.000	30		Queenmatic	1956	
167/169	"	"		SCI	"	"		"		
220	12	27,0		SCI	18.000	17	56	Tempomativ	1946	xx
220 M	12 3/4	28,8		SCI	"	"	"	"		
221	12	27,0		SCI	"	"	"	(Schwermetallreif)		

Kaliber-Liste · Movado

Kaliber	Durchmesser Linien	Durchmesser mm	Höhe mm	Zusatz-Einrichtungen	Halb-Schw./Stunde	St.	Gang-Res. Std.	Anmerkungen Modell	Jahrg.	Abb.
221 A	12 3/4	28,8	5,7	SCI	18.000	17	56	(Schwermetallreif)		
222	12	27,0		SCI, QG	"	"	"	Calendoplan	ca. 52	
223	12	"		SCI, QA, JG, MG	"	"	"	Calendomatic	1948	
223 A	12 3/4	28,8		SCI, QA, JG, MG	"	"	"	"	ca. 52	xx
224 /A	12	27,0		SCI, QG	"	"	"	Calendoplan	ca. 53	
225	12	"		SCI, QA, JG, MG	"	"	"	Calendomatic		
225 M	12 3/4	28,8		SCI, QA, JG, MG	"	"	"	"		
226 /A	12 3/4	"		SCI	"	"	"	Tempomatic		
228 /A	12 3/4	"		SCI, QA, JG, MG	"	"	"	Calendomatic		
230	12 1/4	27,6	2,5		19.800	25	48	Gentleman (Universal-Ebauche)	ca. 66	xx
331	11 1/2	26,5	4,3	s	18.000	17		s. Cal 115	1951	
331	"	"		s, QG, JG	"	"		Calendolux, s. Cal 118	1953	
380	11 1/4	25,3	3,95	SCD	21.600	28	50	Kingmatic S	1963	
388	"	"		SCD, QG	"	"	"	"		
389	"	"		SCD, QG	"	"	"	"		
395 /A....F	"	"	3,95	SCD	"	"	"	"	1965	xx
400	11 1/4			SCD	36.000					
405	"			SCD, QG, JG	"					
408	"			SCD, QG	"					
421	7 1/4				19.800					
423	"			SCI	"					
425	"				"					
427	"				"					
431 /A	11 1/4	25,5		SCD	18.000	28		Kingmatic	1956	
436	"	"		SCD	"	"		Chronometer		
438	"	"		SCD	"	"		Kingmatic Calendar	1959	xx
531	11 3/4	26,5		SCD	21.600	28		Kingmatic	ca. 59	xx
532	"	"		SCD	"	"		"		
536	"	"		SCD	"	"		Kingmatic Chronometer		
538	"	"		SCD, QG	"	"		Kingmatic Calendoplan		
608	11 1/2			SCD, QG	18.000	25		(Eta-Ebauche Cal 2472)		
1425	7 1/4				19.800					
1427	"			SCI	"					
2552 PC	11 1/2	25,6	5,63	SCD, QG	21.600	23		(Zenith- Ebauche Cal 2552 PC)		
2562 PC	"	"	"	SCD, QG	"	"		(Zenith-Ebauche Cal 2562 PC)		
3019 PHC		30	6,5	S, QG, RDR, CHR	36.000	31	50	Datachron, s. Zenith	1969	(xx)
3019 PHF		"		S, QG, JG, MG, PH RDR, CHR	"	"	"	Datron, s. Zenith		

Zur Kaliber-Entwicklung

Die Firma wurde 1848 durch Louis Brandt in La Chaux-de-Fonds gegründet und zog 1880 nach Biel um. 1903 wurde der bisherige Firmenname «Louis Brandt & Fils» nach einem 1894 entwickelten Uhrenkaliber in «Omega Watch Co» umbenannt. Mit der Manufaktur «Charles Tissot & Fils» begann 1925 in Le Locle eine intensive Zusammenarbeit. 1930 erzwang die Weltwirtschaftskrise den Zusammenschluß mit den Firmen Cortebert, Hamilton, Lanco, Lemania, Rayville und Tissot zu der SSIH (Holding Société Suisse pour l'Industrie Horlogère). Die Abwehr der fernöstlichen Exportoffensive erforderte ab 1971 weitere Firmenkonzentrationen mit der Angliederung der Niedrigpreis-Marken Agon, Buler, Continental und Ferex zu der ESTH (Economic Swiss Time Holding) und etwas später die Gründung der SMH (Société Microelectronique Horlogère), des Dachverbandes der Schweizer Uhrenindustrie mit den Marken Longines, Omega, Rado, Swatch und Tissot.

Unter der Kaliberbezeichnung 28.10 RA PC brachte Omega 1943 ihre erste Automatic heraus, die mit dem damals schon häufig anzutreffenden einseitigen Hammer-Aufzug versehen ist.

Mit einigen wenigen konstruktiven Verbesserungen, wie z. B. den verdeckten, lose eingelegten Prellfedern, nach häufigen Brüchen der festgeschraubten sichtbaren Spiralen und zusätzlichen Ausstattungsmerkmalen wie Zentralsekunde und Datumsanzeige wurden Kaliber dieses Grundmodells bis 1955 in großen Stückzahlen hergestellt. Sie zeichneten sich durch Funktionssicherheit und hohe Gangbeständigkeit aus und erhielten ab 1950 erste Preise bei den Präzisionswettbewerben der Observatorien Genf und Neuenburg.

Daher sah sich Omega erst 1955 genötigt, ihre Uhrenmodelle mit Rotorkalibern auszurüsten, wie es ihnen die Konkurrenten schon seit Jahren mit zunehmendem Erfolg vormachten.

Die verbesserte Aufzugsleistung eines zweiseitig wirksamen Rotors ermöglichte es Omega, mit der «Ladymatic» ihre erste Damen-Automatic (Cal 450/455) vorzustellen. Über eine speziell konstruierte Klinkenträger-Wippe konnte trotz der erstaunlich geringen Werksabmessungen von 7 ¾''' eine Gangreserve von 36 Stunden gewährleistet werden.

Auch die Herrenkaliber 470 bzw. 490 ff sind mit einem zweiseitig wirksamen Rotor-Aufzug, hier jedoch über einen Wippenwechsler, ausgestattet, wurden aber 1959 wegen stärkerer Verschleißerscheinungen besonders an dem mit einer federnden Sperrklinke versehenen 1. Reduktionsrad von einer modernen Konstruktion, die außerordentlich erfolgreiche Kaliberfamilie 550 ff, abgelöst. Durch Integration des automatischen Getriebes in das Basiswerk, was sich erst mit Hilfe des patentierten Drehsinnswandlers (federloses Doppel-Satellitenrad-Gesperr!) realisieren ließ, konnte hier die Werksdicke deutlich reduziert werden. Gleichzeitig ersetzten die Entwicklungsingenieure die Schraubenunruh durch eine 4-schenklige glatte Ringunruh. Unter Einsatz präziser Fertigungs- und Kontrollverfahren gelang es der Manufaktur, auf der Basis dieser Konstruktion das Produktionsschwergewicht auf die Herstellung der Automatic zu verlagern. Mit ihrer «Constellation» konnte damals Omega zahlenmäßig mehr automatische Armbandchronometer absetzen als die Firma Rolex und brach 1963 mit diesem Kaliber als einzige Marke alle Präzisionsrekorde in der Kategorie Armbanduhren!

Mit dem neu konzipierten Kaliber 590 ff versuchte die Firma 1960 parallel dazu ein preiswertes Automatik-Werk anzubieten, das besonders unter dem Aspekt der Großserienfertigung entworfen wurde und deutlich dicker ausfiel. Das Satellitenrad-Gesperr ist hier durch einfachere Zwillings-Klinkenräder mit Federscheiben ersetzt worden.

Im Jahre 1963 konnte Omega ein weiteres automatisches Damenkaliber (Cal 660) vorstellen, dessen verbesserte Aufzugsleistung ebenfalls durch das doppelte Satellitenrad-Gesperr erreicht wird, und das in der etwas größeren Version als Kaliber 683 ff sogar mit Chronometer-Zertifikat angeboten werden konnte.

Dem Zwang der Zeit zu immer flacheren Uhren folgend, entwickelte Omega 1966 eine sehr niedrige Automatic (Cal 710). Deren Werkshöhe von nur 3 mm wurde durch neue Getriebeanordnungen im Basisuhrwerk, wie den indirekt geführten Minutenzeiger, und durch besonders enge Fertigungstoleranzen erreicht, die eine weitere Verminderung der Höhenabstände zwischen den einzelnen Zahnrädern und den Hemmungsteilen ermöglichten.

Unter der Modellbezeichnung «Memomatic» baute Omega 1969 erstmals eine vollautomatische Wecker-Armbanduhr, bei der im Gegensatz zu der von der Firma Jaeger Le Coultre hergestellten auch das Weckwerk über ein gemeinsames Federhaus automatisch aufgezogen wird. Ein sinnvoller Mechanismus gewährleistet, daß für die Weckfunktion nur 1 Federhausumlauf zur Verfügung gestellt wird und somit noch eine ausreichende Gangreserve für das Uhrwerk übrig bleibt.

Die Weckzeit läßt sich über zwei im Zifferblattzentrum angeordnete Indexscheiben minutengenau einstellen. Omega verwendet hier, wie auch bei dem zwei Jahre später herausgebrachten Automatic-Chronographen Cal 1040, Rohwerke der Firma Lemania.

Mit dem Kaliber 1000 ff brachte Omega, ebenfalls im Jahre 1969, ihre erste Automatic mit schnellschwingender Unruh auf den Markt, deren Zuverlässigkeit aber nicht überzeugen konnte. Man sah sich daher in der letzten Automatic-Entwicklung, dem Kaliber 1010 ff, gezwungen, die Werkshöhe von 4,0 mm wieder auf 4,8 mm zu vergrößern.

Rückblickend ist festzustellen, daß Omega-Uhren weniger durch spektakuläre Neuerungen in der Automatic-Entwicklung, sondern vorwiegend durch ihre Zuverlässigkeit und Präzision auffallen und damit den guten Ruf dieser großen Schweizer Marke bestätigen.

Mit der «Constellation» und der «Seamaster» sollen hier nur die beiden bekanntesten Uhrenmodelle erwähnt werden, die auch jeweils durch ein im Gehäuseboden eingeprägtes Symbol gekennzeichnet sind. Während die «Constellation» als Präzisionsuhr nur mit Chronometerzertifikat geliefert wurde (Sternwarten-Symbol), ist die «Seamaster» ein robustes, wassergeschütztes Sportmodell. Rückschlüsse auf das jeweils eingebaute Kaliber lassen sich aber aus diesen Bezeichnungen nicht ableiten.

Omega-Cal 28.10 RA PC

Erste Herren-Automatic der Firma Omega von 1943 mit dem Kaliber 28.10 RA PC.
9k-Goldgehäuse mit Druckboden.
Hammer rubingelagert, einseitig über eine Klinkenträger-Wippe aufziehend.
Glucydur-Schraubenunruh, Nivarox-Spirale, Incabloc-Stoßsicherung (Aufzugskrone erneuert).

Omega-Cal 28.10 RA SC PC

Herren-Automatic der Firma Omega von 1945 mit dem Kaliber 28.10 RA SC PC.

18k-Goldgehäuse mit Druckboden, Zifferblattauflagen und Zeiger aus Gold.

Werk bis auf die Zentralsekunde identisch mit Cal 28.10 RA PC, s. S. 225. (Zifferblatt und Werk teilweise korrodiert, Gehäuse mit Gebrauchsspuren).

Omega-Cal 342

Herren-Automatic Modell «Seamaster» der Firma Omega von 1949 mit dem Kaliber 342.

18k-Goldgehäuse mit Schraubboden, Aufzugskrone mit Omega-Symbol, Zifferblattauflagen und Zeiger aus Gold.

Werk identisch mit Cal 28.10 RA PC (s. S. 225), jedoch mit verdeckten Prellfedern (bei 6°°).

Omega-Cal 354

Herren-Automatic der Firma Omega von 1953 mit dem Kaliber 354.

18k-Goldgehäuse mit Schraubboden, goldene Aufzugskrone mit Omega-Symbol, Zifferblattauflagen und Zeiger aus Gold.

Werk identisch mit Cal 28.10 RA SC PC (s. S. 226), jedoch mit verdeckten Prellfedern und einem Schwanenhals-Feinsteller (Werk mit geringen Korrosionsspuren).

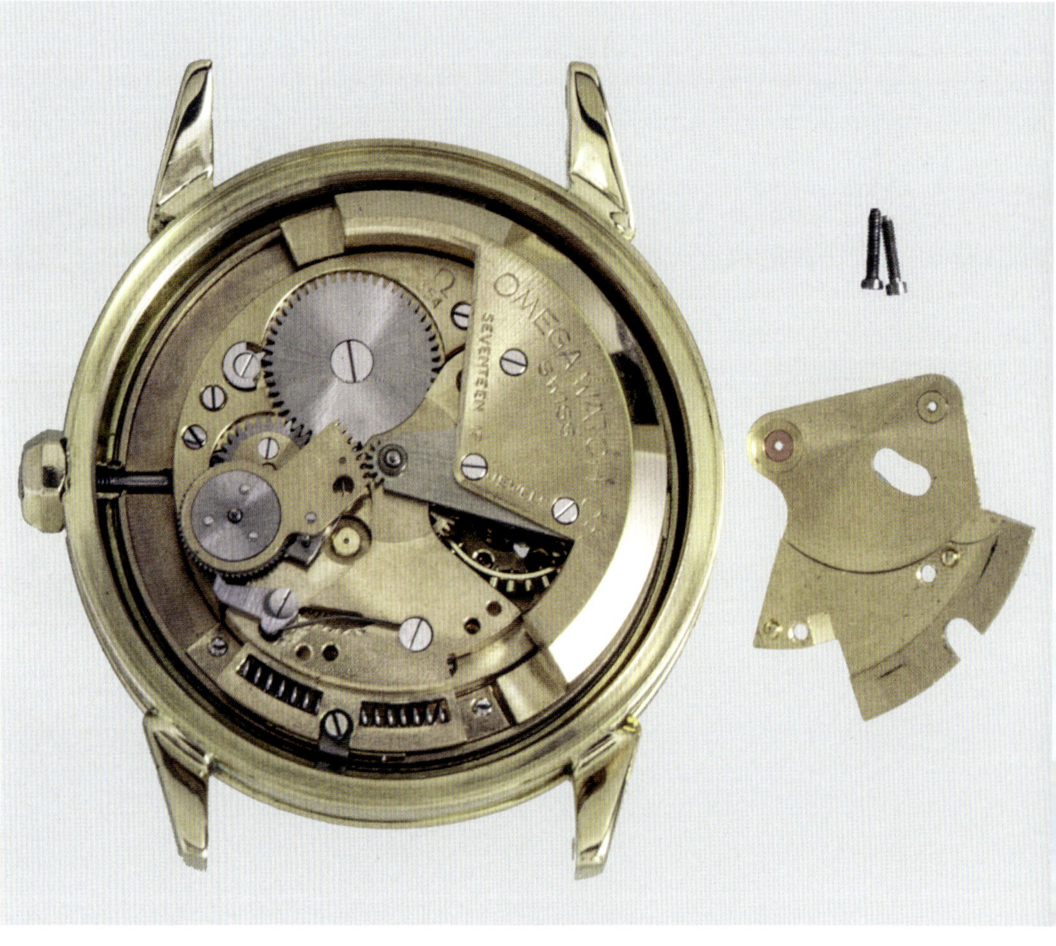

Omega-Cal 355

Herren-Automatic Modell «Seamaster Calendar» der Firma Omega von 1953 mit dem Kaliber 355. Edelstahlgehäuse mit Goldhaube und Schraubboden, Aufzugskrone mit Omega-Symbol, Zifferblattauflagen und Zeiger aus Gold.
Werk identisch mit Cal 28.10 RA SC PC (s. S. 226), jedoch mit Datum und verdeckten Prellfedern sowie mit einer Schwanenhals-Feinstellung (Werk und Gehäuse mit leichten Gebrauchsspuren).

Omega-Cal 455

Erste Damen-Automatic Modell «Ladymatic» der Firma Omega von 1955 mit dem Kaliber 455.
Quadratisches 18k-Goldgehäuse mit Druckboden, Aufzugskrone mit Omega-Symbol, Zifferblattauflagen aus Gold.
Monometallischer Rotor, beidseitig über eine patent. Klinkenträger-Wippe aufziehend (s. Abb. C).
Glucydur-Schraubenunruh, Nivarox-Spirale, Kif-Flector-Stoßsicherung (Zifferblatt und Zeiger stark korrodiert, Gehäuse mit deutlichen Gebrauchsspuren).

Kaliber 455

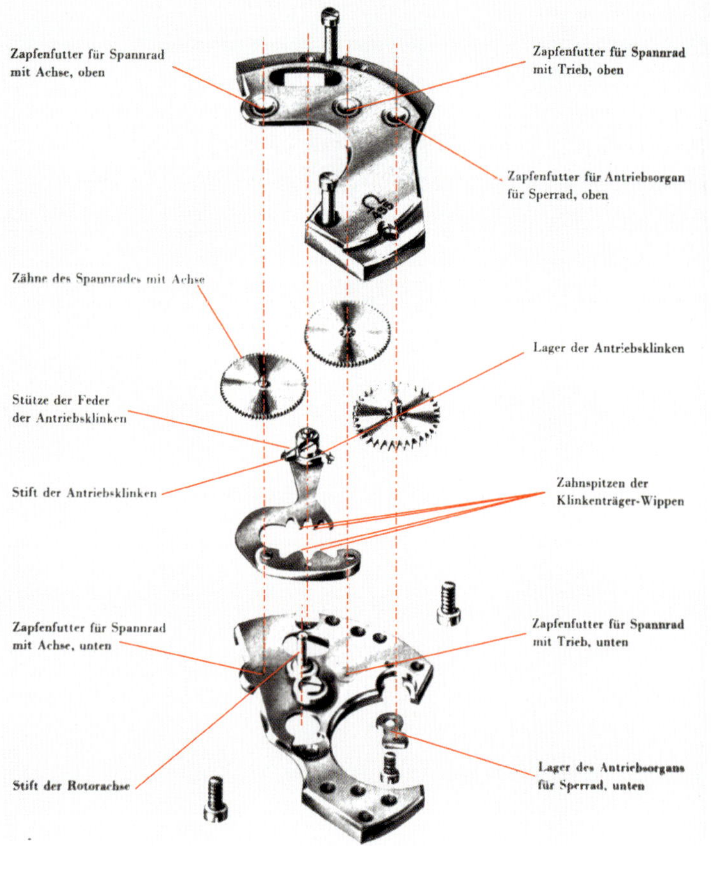

Omega-Cal 471

Herren-Automatic Modell «Seamaster» von 1955 mit dem ersten Rotor-Kaliber 471 der Firma Omega.
Edelstahlgehäuse mit abgedichtetem Druckboden, Aufzugskrone mit Omega-Symbol.
Rotor mit Schwermetallreif, beidseitig über einen Wippenwechsler (bei 6°°) aufziehend, Abkopplung des Handaufzugsgetriebes.
Glucydur-Schraubenunruh, Nivarox-Spirale, Incabloc-Stoßsicherung, Rückerfeinstellung über seitliche Schraube.

Foto: *www.uhren-muser.de*

Foto: *www.uhren-muser.de*

Omega-Cal 501
Automatic-Werk der Firma Omega von 1956 mit dem Kaliber 501 für Herrenuhren.
Werk weitgehend identisch mit Kaliber 471 (s. S. 231), jedoch mit Rückerfeinstellung

Omega-Cal 561

Herren-Automatic als Chronometer-Modell «Constellation» der Firma Omega ab 1959 mit dem Kaliber 561.

18k-Goldgehäuse mit Schraubboden (eingeprägtes Sternwarten-Symbol), Zifferblatt und Zeiger aus Gold.

Rotor mit Schwermetallreif, beidseitig über einen patent. Satellitenrad-Wechsler aufziehend, Abkopplung des Handaufzugsgetriebes.

Schraubenlose große Glucydur-Unruh, Nivarox-Spirale, Incabloc-Stoßsicherung, Rückerfeinstellung über Schwanenhals-Schraube (Aufzugskrone nicht passend, Rotoroberfläche korrodiert).

Omega-Cal 564

Herren-Automatic als Chronometer-Modell «Seamaster» der Firma Omega von 1966 mit dem Kaliber 564.

Edelstahlgehäuse mit Schraubboden (eingeprägtes Seepferdchen-Symbol), Aufzugskrone mit Omega-Symbol.

Werk identisch mit Cal 561 (s. S. 233), jedoch mit Datums-Schnellkorrektur.

Omega-Cal 685

Damen-Automatic der Firma Omega von 1971 mit dem Kaliber 685.

Edelstahlgehäuse mit Schraubboden, Aufzugskrone mit Omega-Symbol.

Rotor mit Schwermetallreif, beidseitig über einen Satellitenrad-Wechsler aufziehend, Abkopplung vom Handaufzugsgetriebe.

Schraubenlose Glucydur-Unruh, Nivarox-Spirale, Incabloc-Stoßsicherung, Rückerfeinstellung über seitliche Schraube.

Omega-Cal 980
Automatic-Wecker Modell «Memomatic» der Firma Omega von 1969 mit dem Kaliber 980. Edelstahlgehäuse mit Schraubboden, Aufzugskrone mit Omega-Symbol.- Stellknopf bei der «2» für Weckerstopp und minutengenaues Einstellen der Weckzeit. Datums-Schnellkorrektur über den Druckstift bei der «3». Kugelgelagerter Rotor mit Schwermetallreif, beidseitig über einen Satellitenrad-Wechsler aufziehend (bei 1^{00}). Automatischer Aufzug des Läutwerks über das gemeinsame Federhaus (bei 11^{00}), Läuthammer gegen Tonfeder (bei 2^{00}).
Schraubenlose Glucydur-Unruh, Nivarox-Spirale, Incabloc-Stoßsicherung, Rückerfeinstellung über Exzenterschraube.

Omega-Cal 1001

Herren-Automatic als Chronometer-Modell «Constellation» der Firma Omega von 1969 mit dem Schnellschwinger-Kaliber 1001.

Edelstahlgehäuse mit Schraubboden (eingeprägtes Sternwarten-Symbol), Aufzugskrone mit dem Omega-Symbol.

Schwermetallrotor beidseitig über einen Satellitenrad-Wechsler aufziehend, Abkopplung vom Handaufzugsgetriebe.

Schraubenlose Glucydur-Unruh, Nivarox-Spirale, Incabloc-Stoßsicherung, Rückerfeinstellung durch Exzenterschraube.

Omega-Cal 1010

Herren-Automatic Modell «Seamaster» der Firma Omega von 1972 mit dem Kaliber 1010.
Gehäuse mit Schraubboden und verschraubter Aufzugskrone (mit Omega-Emblem) sowie angepaßtes Armband aus Edelstahl. Einseitig sperrende Drehlünette.
Werk identisch mit Cal 1001, jedoch etwas stabiler ausgeführt.

Omega-Cal 1040

Automatic-Chronograph Modell «Seamaster» der Firma Omega von 1971 mit dem Schnellschwinger-Kaliber 1040.

Vergoldetes Gehäuse mit Schraubboden aus Edelstahl, Aufzugskrone mit Omega-Symbol.

Zentraler Sekundenstopp- und Minutenzählzeiger (mit Querbalken), 12-Stundenzähler am Hilfszifferblatt bei der «6».

24-Stundenanzeige und mitlaufender kleiner Sekundenzeiger bei der «9».

Kugelgelagerter Rotor mit Schwermetallreif, beidseitig über einen Satellitenrad-Wechsler aufziehend (bei 11°°).

Chronographen-Mechanismus mit Kulissenhebel-Schaltung.

Schraubenlose Glucydur-Unruh, Nivarox-Spirale, Incabloc-Stoßsicherung, Rückerfeinstellung mit Exzenterschraube (Gehäuse mit deutlichen Gebrauchsspuren).

Kaliber-Steckbriefe

Cal 28.10 RA PC

D = 28,1 mm, H = 4,8 mm, 17 Steine

AUTOMATIK-BAUGRUPPE: Rubingelagerter Hammer, durch sichtbare Prellfedern begrenzt, Aufzug in einer Richtung über Klinkenträger-Wippe aufs Kronrad.

BASISUHRWERK: 2-schenklige Schraubenunruh aus Glucydur, Nivarox-Spirale, 19.800 Halbschw./Std., Incabloc-Stoßsicherung, kleine Sekunde.

Cal 28.10 RA SC PC

D = 28,1 mm, H = 5,4 mm, 17 Steine

s. Cal 28.10 RA PC, jedoch mit indirekter Zentralsekunde über doppeltes Kleinbodenrad.

Cal 342

D = 28,1 mm, H = 4,8 mm, 17 Steine

s. Cal 28.10 RA PC, jedoch mit verdeckten, lose eingelegten Prellfedern.

Cal 354

D = 28,1 mm, H = 5,4 mm, 17 Steine

s. Cal 28.10 RA SC PC, jedoch mit lose eingelegten, verdeckten Prellfedern.

Cal 355

D = 28,1 mm, H = 6,1 mm, 17 Steine

s. Cal 354, jedoch mit Schwanenhals-Feinregulierung und Datumsanzeige mit langsamem Wechsel.

Cal 455

D = 16,0 mm (7 ¾'''), H = 5,5 mm, 17 Steine

AUTOMATIK-BAUGRUPPE als komplette Einheit aufs Basiswerk montiert. Monometallischer Zenralrotor mit Gleitlagerung, Aufzug in beide Drehrichtungen über eine Rotorscheibe mit je 3 Zähnen und 3 Stiften, die in eine Klinkenträger-Wippe eingreifen; deren doppelte Aufzugsklinke bewegt wechselseitig 2 miteinander im Eingriff stehende Aufzugsräder, 1 Reduktionsrad aufs Sperrad.

BASISUHRWERK: 2-schenklige Schraubenunruh aus Glucydur, Nivarox-Spirale, 19.800 Halbschw./Std., Kif-Flector-Stoßsicherung, beweglicher Spiralklötzchenträger, indirekte Zentralsekunde.

Cal 471

D = 25,0 mm, H = 5,5 mm, 20 Steine

AUTOMATIK-BAUGRUPPE als komplette Einheit aufs Basiswerk geschraubt, Zentralrotor mit Schwermetallreif, Aufzug in beiden Drehrichtungen über Wippenwechsler, 2 Reduktionsräder (davon das 1. mit federnder Klinke) aufs doppelte Sperrad, das das Handaufzugsgetriebe abkoppelt.

BASISUHRWERK: 2-schenklige Schraubenunruh aus Glucydur, Nivarox-Spirale, 19.800 Halbschw./Std., Incabloc-Stoßsicherung, zweiteiliger Rückerzeiger mit Feinstellung durch seitliche Schraube, indirekte Zentralsekunde.

Cal 501

D = 28,0 mm, H = 5,55 mm, 19 Steine

s. Cal 571, jedoch mit größerem Rotor und Schwanenhals-Feinstellung.

Cal 561

D = 27,9 mm, H = 5,0 mm, 24 Steine

AUTOMATIK-BAUGRUPPE als komplette Brückeneinheit ins Basiswerk integriert, Zentralrotor mit Schwermetallreif, Aufzug in beide Drehrichtungen über federloses doppeltes Satellitenrad-Gesperr (Omega-Patent), 1 Reduktionsrad aufs doppelte Sperrad, das das Handaufzugsgetriebe abkoppelt.

BASISUHRWERK: 4-schenklige schraubenlose Glucydur-Unruh, Nivarox-Spirale, 19.800 Halbschw./Std., Incabloc-Stoßsicherung, beweglicher Spiralklötzchenträger, Schwanenhals-Feinsteller, indirekte Zentralsekunde. Datumsanzeige mit langsamem Wechsel.

Cal 564

D = 27,9 mm, H = 5,0 mm, 24 Steine

s. Cal 561, jedoch mit zusätzlicher Datums-Schnellkorrektur.

Cal 685

D = 17,5 mm, H = 5,05 mm, 25 Steine

AUTOMATIK-BAUGRUPPE als komplette Brückeneinheit teilweise ins Basiswerk integriert, Zentralrotor mit Schwermetallreif, Aufzug in beide Drehrichtungen über federloses doppeltes Satellitenrad-Gesperr, Entkopplung vom Handaufzugsgetriebe durch federndes Schiebetrieb zwischen Kron- und Sperrad.

BASISUHRWERK: 4-schenklige schraubenlose Glucydur-Unruh, Nivarox-Spirale, 21.600 Halbschw./Std., Incabloc-Stoßsicherung, beweglicher Spiralklötzchenträger, Rückerfeinstellung durch seitliche Schraube, indirekte Zentralsekunde. Datumsanzeige mit langsamem Wechsel.

Cal 980

(Lemania-Ebauche)

D = 30,8 mm, H = 7,8 mm, 19 Steine

AUTOMATIK-BAUGRUPPE unter separatem Kloben ins Basiswerk integriert, kugelgelagerter Zentralrotor mit Schwermetallreif, Aufzug in beide Drehrichtungen über federloses doppeltes Satellitenrad-Gesperr, 1 Reduktionsrad aufs Sperrad (unter dem Zifferblatt).

WECKER-VORRICHTUNG ins Basiswerk integriert. Antrieb des Läutwerks durch das gemeinsame Federhaus, das für die Weckfunktion auf 1 Umdrehung begrenzt ist, über das Reduktionsrad des Automatic-Getriebes und ein 2. Reduktionsrad, das aus Raumgründen als Planetengetriebe ausgeführt ist, auf den Wecker-Hammer mit Tonfeder.

BASISUHRWERK: 3-schenklige schraubenlose Glucydur-Unruh, Nivarox-Spirale, 21.600 Halbschw./Std., Incabloc-Stoßsicherung, geteilter Rücker über Exzenterschraube feinstellbar, beweglicher Spiralklötzchenträger, direkte Zentralsekunde. Datums-Schnellkorrektur über separaten Gehäusestift.

Cal 1001

D = 27,9 mm, H = 4,0 mm, 20 Steine

AUTOMATIK-BAUGRUPPE ins Basiswerk integriert, Zentralrotor aus Schwermetall, Aufzug in beide Drehrichtungen über federloses doppeltes Satellitenrad-Gesperr, 1 Reduktionsrad aufs Sperrad. Zahnradwippe zwischen Kron- und Sperrad zur Entkopplung vom Handaufzugsgetriebe.

BASISUHRWERK: 4-schenklige schraubenlose Glucydur-Unruh, Nivarox-Spirale, 28.000 Halbschw./Std., Incabloc-Stoßsicherung, beweglicher Spiralklötzchenträger, Rückerfeinstellung mittels Exzenterschraube, indirekte Zentralsekunde, indirekt geführter Minutenzeiger. Stoppsekunde, Datumsanzeige mit augenblicklichem Wechsel und Schnellkorrektur.

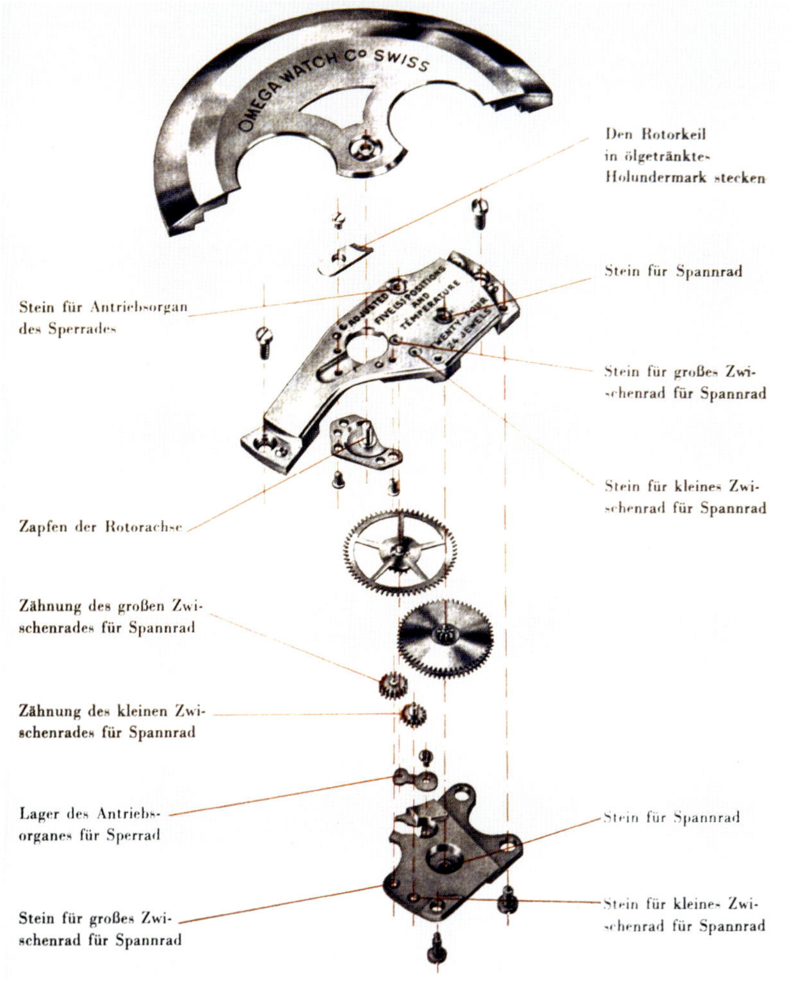

Explosivdarstellung einer Automatic-Baugruppe (Omega-Kaliber 561): In der Mitte der Satellitenrad-Wechsler als doppeltes Zahnrichtgesperr (Spannrad), darüber das einzige Reduktionsrad.

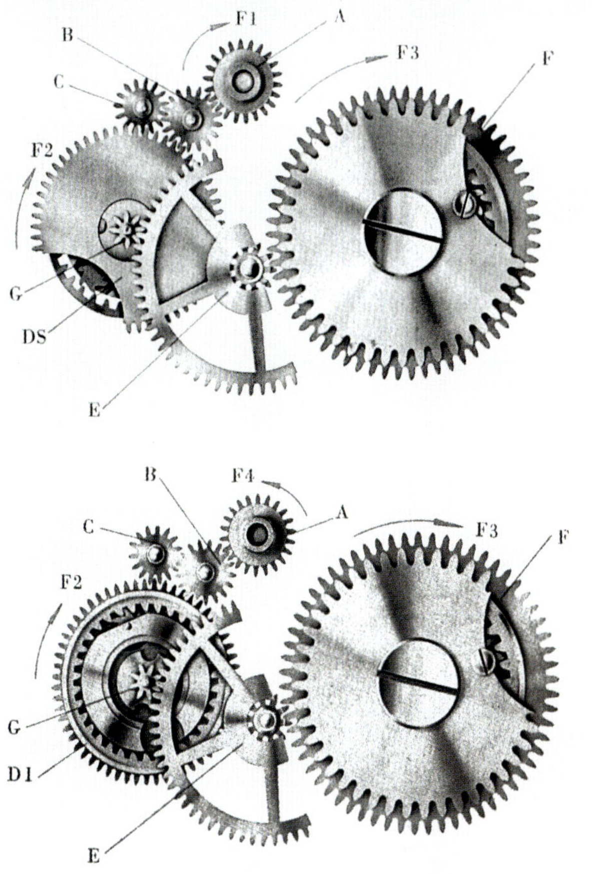

Funktionsbild des Automatikgetriebes (Omega-Cal 561) für beide Drehrichtungen des Rotors: Doppeltes Satellitenrad-Gesperr (links) mit Sicht auf die richtungsabhängige klemmende Spezialverzahnung von Satellitenrad und innenverzahntem Sonnenrad (DS – oberes, DI – unteres Sonnenrad, A – Rotorritzel, B – Zwischenrad, C – Umkehrrad, E – Reduktionsrad, F – doppeltes Sperrad auf dem Federhaus, ebenfalls als Satellitenrad-Gesperr)

Cal 1010

D = 27,9 mm, H = 4,8 mm, 17 Steine
s. Cal 1001

Cal 1040

(Lemania-Ebauche)
D = 31,0 mm, H = 8,0 mm, 22 Steine
AUTOMATIK-BAUGRUPPE ins Basiswerk teilintegriert, kugelgelagerter Zentralrotor mit Schwermetallreif, Aufzug in beide Drehrichtungen über federloses doppeltes Satellitenrad-Gesperr, 2 Reduktionsräder (davon das 1. als Planeten-Getriebe ausgebildet) aufs Kronrad.
Chronographen-Vorrichtung mit Kulissenhebel-Schaltung aufs Basiswerk montiert.
BASISUHRWERK: 3-schenklige schraubenlose Glucydur-Unruh, Nivarox-Spirale, 28.000 Halbschw./Std., Incabloc-Stoßsicherung, beweglicher Spiralklötzchenträger, Rückerfeinstellung mit Exzenterschraube, indirekt geführtes Minutenrad. Datumsanzeige mit augenblicklichem Wechsel und Schnellkorrektur.

Kaliber-Liste · Omega

Kaliber	Durchmesser Linien	Durchmesser mm	Höhe mm	Zusatz-Einrichtungen	Halb-Schw./Stunde	St.	Gang-Res. Std.	Anmerkungen Modell	Jahrg.	Abb.
28.10 RA PC		28,1	4,8	s	19.800	17	36		1943	xx
28.10 RA SC PC		"	5,4	SCI	"	"	"		1945	xx
30.10 RA PC		30,1	4,55	s	"	"	"		1943	
330		"	"	s	"	"	"	s. 30.10 RA PC	1943	
331		"	"	s	"	"	"	Centenaire-Chronom. (JUB 30.10 RA PC)	1947	
332		"	"	s	"	"	"		1949	
333		"	"	s	"	"	"		1950	
340		28,1	4,8	s	"	"	"	s. 28.10 RA PC	1943	
341		"	"	s	"	"	"	Centenaire-Chronom. (JUB 28.10 RA PC)	1947	
342		"	"	s	"	"	"		1949	xx
343		"	"	s	"	"	"		1950	
344		"	"	s	"	"	"		1953	
350		"	5,4	SCI	"	"	"	s. 28.10 RA SC PC	1945	
351		"	"	SCI	"	"	"		1949	
352		"	"	SCI	"	"	"		1950	
353		"	6,1	SCI, QG	"	"	"		1951	
354		"	5,4	SCI	"	"	"		1953	xx
355		"	6,1	SCI, QG	"	"	"		1953	xx
450	7 3/4	16,0		s	19.800	17	36	Ladymatic	1955	
455	"	"	5,5	SCI	"	"	"	"	1955	xx
470	11	25,0	5,5	SCI	19.800	17	40		1955	
471	"	"	"	SCI	"	19/20	"		1955/56	xx
490		28,0	"	s	"	17	"		1956	
491		"	"	s	"	19	"		1956	
500		"	5,55	SCI	"	17	"		1956	
501		"	"	SCI	"	19	"		1956	xx
502		"	6,4	SCI, QG	"	17	"		1956	
503		"	"	SCI, QG	"	19/20	"		1956	
504		"	"	SCI, QG	"	24	"		1957	
505		"	5,55	SCI	"	24	"		1957	
550	12 1/4	27,9	4,5	SCI	19.800	17	50		1959	
551	"	"	"	SCI	"	24	"	Constellation-Chron.	1959	
552	"	"	"	SCI	"	"	"		1959	
560	"	"	5,0	SCI, QG	"	17	"		1959	
561	"	"	"	SCI	"	24	"	Constellation-Chron.	1959	xx
562	"	"	"	SCI, QG	"	"	"		1959	
563	"	"	"	SCI, QG, RDR	"	17	"		1966	
564	"	"	"	SCI, QG, RDR	"	24	"	Chronometer	1966	xx
565	"	"	"	SCI, QG, RDR	"	"	"		1966	
570		24,9	4,5	SCI	19.800	17			1959	
571		"	"	SCI	"	24			1959	

Kaliber-Liste · Omega

Kaliber	Durchmesser		Höhe	Zusatz-Einrichtungen	Halb-Schw./Stunde	St.	Gang-Res. Std.	Anmerkungen Modell	Jahrg.	Abb.
	Linien	mm	mm							
590		27,8	5,35	SCI	19.800	17	49		1960	
591		"	"	SCI	"	20	"		1960	
592		"	"	SCI	"	17	"		1960	
593		"	"	SCI	"	20	"		1961	
660		15,0	4,85		19.800	17			1963	
661		"	"		"	24			1963	
670		17,5	"	SCI	"	17	45		1963	
671		"	"	SCI	"	24	"		1963	
672		"	"	SCI	"	"	"	Chronometer	1968	
680		"	5,0	SCI, QG	"	17	"		1963	
681		"	"	SCI, QG	"	24	"		1963	
682		"	"	SCI, QG	"	"	"	Chronometer	1968	
683		"	5,05	SCI, QG	21.600	17	"		1971	
684		"	"	SCI, QG	"	24	"		1971	
685		"	"	SCI, QG	"	"	"		1971	xx
710		25,0	3,0	SCI	19.800	17	43		1966	
711		"	"	SCI (24 Std.)	"	24	"		1966	
712		"	"	SCI/s	"	"	"	Chronometer	1967	
750		27,9	5,68	SCI, QG, JG, RDR	19.800	17		modif. Cal 550	1967	
751		"	"	SCI, QG, JG, RDR (24 h)	"	24		"	1967	
752		"	"	SCI, QG, JG, RDR	"	"		"	1967	
980		30,8	7,8	SCD, QG, RDR, REV	21.600	19	48 +1	Memomatic	1969	xx
1000		27,9	4,0	SCI, QG, RDR, ST	28.800	17	50		1969	
1001		"	"	SCI, QG, RDR, ST	"	20	"	Constellation-Chron.	1969	xx
1002		"	"	SCI, QG, RDR, ST	"	"	"		1969	
1010		27,9	4,8	SCI, QG, RDR, ST	28.800	17			1972	xx
1011		"	"	SCI, QG, RDR, ST	"			Chronometer		
1012		"	"	SCI, QG, RDR, ST	"					
1020		"		SCI, QG, JG, RDR, ST	"					
1021		"		SCI, QG, JG, RDR, ST	"			Chronometer		
1022		"		SCI, QG, JG, RDR, ST	"					
1040		31,0	8,0	QG, RDR, CHR	28.000	22		Chronograf	1971	xx
1480		25,6		SCD, QG, RDR	21.600					
1481		"		SCD, QG, RDR	"					

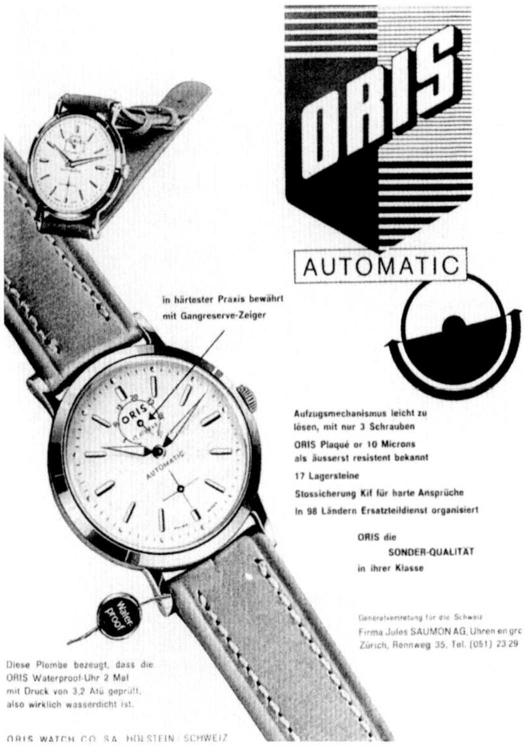

Zeitschriften-Reklame (aus SUZ 1960)

Zur Kaliber-Entwicklung

Georges Christian und Paul Cattin gründeten 1904 in Hölstein das Unternehmen, das im Jahre 1938 ca. 1000 Personen beschäftigte, die vorwiegend Stiftanker-Uhren herstellten. 1971 erfolgte der Beitritt zur ASUAG (Allgemeine Schweizerische Uhrenindustrie AG).

Auch die erste Automatic-Entwicklung, das Kaliber 605 von 1953, ist mit einer Stiftankerhemmung versehen und zieht über Zwillings-Klinkenräder beidseitig mit Hilfe eines Zentralrotors auf. Obwohl das Werk relativ klein ist, konnte noch ein Differentialgetriebe über dem Federhaus untergebracht werden, wobei die Anzeige der Gangreserve am Hilfszifferblatt unter der 12 erfolgt.

Nach der Aufhebung einer alten Konvention, die u. a. Oris verpflichtete, nur Stiftanker-Uhren zu bauen, konnte 1966 das neue Automatic-Kaliber 645 mit einer Steinankerhemmung ausgerüstet und bis 1986 produziert werden. Die Gleichrichtung der beidseitig wirksamen Rotorbewegungen erfolgt hier über einen zentral gelagerten Hebelwechsler.

Kaliber-Steckbrief

Cal 605

D = 27 mm (12'''), 7 Steine

AUTOMATIK-BAUGRUPPE als komplette Einheit aufs Basiswerk geschraubt, Zentralrotor (monometallisch), Aufzug in beide Drehrichtungen über Zwillings-Klinkenräder, 2 Reduktionsräder und eine Triebwelle aufs Sperrad unter dem Zifferblatt.

BASISUHRWERK: 2-schenklige schraubenlose Nickel-Unruh, Nivarox-Spirale, 18.000 Halbschw./Std., Kif-Stoßsicherung, Stiftankerhemmung, exzentrische Sekunde. Differentialgetriebe über dem Federhaus zur Anzeige der Gangreserve.

Kaliber-Liste · Oris

Kaliber	Durchmesser Linien	Durchmesser mm	Höhe mm	Zusatz-Einrichtungen	Halb-Schw./Stunde	St.	Gang-Res. Std.	Anmerkungen Modell	Jahrg.	Abb.
601	12	27			18.000			(Stiftanker)		
605	12	27		s, RMA	18.000	7/17	35	(Stiftanker)	1953	xx
645	12	27	6,25	SCD, QG	18.000	21/25	40		1966	
648	"	"	6,85	SCD, QG, JG, RDR	"	21	"		1969	

Oris-Cal 605

Herren-Automatic der Firma Oris von 1953 mit dem Kaliber 605.

Verchromtes Gehäuse mit Schraubboden aus Aluminium. Anzeige der Gangreserve am Hilfszifferblatt unter der «12».

Monometallischer Rotor beidseitig über einen Klinkenrad-Wechsler aufziehend (bei 5^{30} und 7^{00}).

Ringunruh, Nivarox Spirale, Kif Protechoc Stoßsicherung, Stiftanker-Hemmung nach Roskopf (Gehäuse-Verchromung fleckig).

Zur Kaliber-Entwicklung

Im Jahre 1839 gründete der polnische Emigrant Antoine Norbert de Patek mit dem Exiltschechen Frantisek Czapek die Manufaktur «Patek, Czapek & Co.» in Genf, die 1851 nach dem Beitritt von Jean Adrien Philippe in «Patek Philippe & Co.» (PPC) umbenannt wurde. Adrien Philippe erfand schon 1842 den Kronenaufzug und trug indirekt auch dazu bei, daß sich die Chancen für eine Weiterentwicklung der selbstaufziehenden Taschenuhr verschlechterten. Denn durch diese Neuerung entfiel das sehr umständliche Hantieren mit einem separaten Aufzugsschlüssel und damit ein Hauptargument für den automatischen Aufzug.

Es ist sicher falsch, daraus eine Firmenphilosophie gegen die automatische Armbanduhr ableiten zu wollen. Wahrscheinlich war die geringe Nachfrage aus der recht konservativ eingestellten Kundschaft ein Grund für die relativ späte Entwicklung eines eigenen Automatic-Kalibers im Jahre 1953. Mit dieser Konstruktion, dem Kaliber 12-600 AT, versuchte die Firma dann auch gleich ein Spitzenprodukt der Automatic-Technologie anzubieten: Als Schwungmasse wurde ein massiver Rotor aus 18-karätigem Gold gewählt, der über den aufwendig aufgebauten Exzenter-Wechsler für einen sehr effizienten Selbstaufzug des Präzisionsuhrwerkes sorgt. Aber schon nach kurzer Zeit sahen sich die Konstrukteure zu Korrekturen gezwungen, wie z. B. eine stabilere Werksfestigung im Gehäuse, der Einbau eines Miniatur-Kugellagers am Exzenter sowie eines Rubinsteines zwischen den Klinkenhebeln. Zur weiteren Verbesserung der Gangleistung wurde die Schraubenunruh durch eine patentierte Gyromax-Unruh ersetzt.

Der Werksaufbau des ab 1960 hergestellten Kalibers 27-460 wurde vom Vorgänger übernommen, durch den Einsatz eines Rotor-Kugellagers ließ sich aber seine Höhe reduzieren. 1961 erhielt dieses Werk einen Datumsmechanismus (Cal 27-460 M), und ab 1962 konnte die erste Automatic mit «ewigem» Kalender, das Kaliber 27-460 Q, durch Einfügen eines entsprechenden Moduls zwischen Basiswerk und Zifferblatt vorgestellt werden.

Um der allgemeinen Forderung nach einem flacheren Werk zu genügen, entwickelte PPC 1969 das Kaliber 350. Hierbei ging man von der bewährten Zentralrotor-Konstruktion ab und wählte einen peripher auf Kugeln laufenden Halbring-Rotor. In dessen freibleibenden Innenbereich ließ sich das gleichhohe Werk mit integriertem Automatic-Getriebe unterbringen, wodurch aber die Aufzugskrone auf die Rückseite der Uhr verlegt werden mußte. Als Vorbild diente den Ingenieuren das von der Rohwerkefabrik FHF 1959 entwickelte Kaliber 65.

Leider erwies sich diese Konstruktion als recht störanfällig und gleichzeitig wenig reparaturfreundlich aufgebaut. Die Modelle der «Goldenen Ellipse» sind damit ausgerüstet worden. Erst zehn Jahre später wurde das gesamte automatische Getriebe neu entwickelt und unter der Kaliberbezeichnung 1-350 herausgebracht. Der jetzt aus 18-karätigem Gold hergestellte Halbring-Rotor leistet hier nur noch in einer Richtung Aufzugsarbeit. Die Anzahl der Übertragungselemente im Reduktionsgetriebe ließ sich dadurch von 7 auf 5 vermindern, die Bauhöhe blieb aber gleich.

Zwischenzeitlich behalf man sich mit einem sehr flachen Rohwerk der Firma Jaeger LeCoultre, das modifiziert als Kaliber 28-255 ohne bzw. als 28-255 C mit Datumsanzeige von 1970 bis 1980 unter anderem in die ersten Nautilus-Modelle eingebaut wurde.

1977 stellte Patek mit dem Kaliber 240 eine der flachsten Automatic-Konstruktionen überhaupt vor, das ab 1985 als Cal 240 Q die Nachfolge für die auslaufende erste Automatic mit «ewigem» Kalender antreten sollte und noch heute produziert wird. Auch hier wurde auf Vorbilder wie die 1958 von Universal und Buren entwickelten Microrotor- bzw. Planetenrotor-Automatics zurückgegriffen, jedoch ließ sich durch Vereinfachung des Selbstaufzugsgetriebes die besonders geringe Bauhöhe verwirklichen. Denn im Gegensatz zu den Vorbildern erfolgt der Aufzug nur in einer Richtung und erfordert einen sehr wirksamen Planeten-Rotor, der hier aus 22-karätigem Gold besteht und auf einem Kugellager läuft.

1981 wurde das bisher letzte Automatic-Kaliber von Patek unter der Werksbezeichnung 335 SC entwickelt, das 1983 durch Änderung des Datumsmechanismus als Kaliber 310 SC flacher gestaltet werden konnte. Es handelt sich wieder um eine Konstruktion mit Zentralrotor, hier aus 18-karätigem Gold, der nur einseitig wirksam ist.

Kaliber-Steckbriefe

Cal 12-600 AT

D = 27,0 mm (12'''), H = 5,45 mm, 30 Steine

AUTOMATIK-BAUGRUPPE unter 2 Platinen aufs Basiswerk geschraubt. Rubingelagerter Zentralrotor aus 18k-Gold, Aufzug in beide Drehrichtungen über separates Exzenterrad, primären und nachgeschaltetem sekundären Klinkenhebel, die wechselseitig mit je einer Klinke das kombinierte Aufzugs- und Reduktionsrad weiterschalten, 2. Reduktionsrad aufs Kronrad.

BASISUHRWERK: Unruh, autokompensierende Breguetspirale, 19.800 Halbschw./Std., Super-Shock-Stoßsicherung, Schwanenhals-Feinregulierung, Ankerrad-Lagerung mit Decksteinen, exzentrische Sekunde, Nerfos-Gleitzaum.

Anmerkung: Zwischen der Seriennummer 760.000 und 760.950 wurden unter anderem folgende Änderungen vorgenommen:

1. Verstärkung der Rotor-Achse,
2. Ersatz des Exzenterrad-Nockens durch ein Kugellager (1956),
3. Rubinstein zwischen primärem und sekundärem Klinkenhebel,
4. Ersatz der Glucydur-Schraubenunruh durch die Gyromax-Unruh,
5. Anzahl der Werks-Befestigungsösen von 2 auf 3 erhöht.

Cal 27-460

D = 27,0 mm (12'''), H = 4,6 mm, 37 Steine

AUTOMATIK-BAUGRUPPE s. Cal. 12-600 AT, jedoch mit Kugellagerung des Zentralrotors.

BASISUHRWERK: s. Cal. 12-600 AT, jedoch mit beweglichem Spiralklötzchenträger.

Anmerkungen:

1. Eloxiertes Federhaus aus Aluminiumlegierung ab Seriennummer 1.115.600,

Patek Philippe-Cal 12-600 AT

Herren-Automatic der Firma Patek Philippe um 1958 mit dem nachgebesserten ersten Automatic-Kaliber 12-600 AT ab 1953.

18k-Goldgehäuse mit Druckboden, Goldkrone mit PP-Symbol. Zifferblattauflagen und Zeiger aus Gold. Rubingelagerter Goldrotor (18 k), beidseitig über einen Exzenterwechsler aufziehend (bei 11^{00}).

Gyromax-Unruh, autokompensierende Breguetspirale, Super-Shock-Resist-Stoßsicherung, Rückerfeinstellung durch seitliche Schraube mit Schwanenhalsfeder.

Patek Philippe-Cal 27-460

Herren-Automatic der Firma Patek Philippe um 1965 mit dem Kaiber 27-460.
18k-Goldgehäuse mit Schraubboden, Aufzugskrone mit PP-Symbol aus Gold.
Werk weitgehend identisch mit Kaliber 12-600 AT (s. S. 247), jedoch mit kugelgelagertem Rotor, Kif-Ultraflex-Stoßsicherung, ohne Rücker.

Foto: *www.uhren-muser.de*

Patek Philippe Cal 1-350
Herren-Automatic Ref. 3563-3 (Calatrava) der Firma Patek Philippe ab 1982 mit dem Kaliber 1-350.
18 k Goldgehäuse mit Milanaise Armband, flache Bodenkrone und Zeiger aus Gold, rückwärtiger Aufzug, Zifferblatt Gold, blau, strukturiertes „Clous de Paris" Dekor.
Halbringrotor aus 18 k Gold auf einem Außenkugellager laufend, einseitig über einen innenverzahnten Rotorkranz und Klinkenrad aufziehend.
Gyromax-Unruh, autokompensierende Bregetspirale,
Kif-Ultraflex-Stoßsicherung, ohne Rücker. Korrektur der Abfalleinstellung über Exzenterschraube am Unruhkloben.

Foto: *www.uhren-muser.de*

Patek Philippe Cal 28-255 C

Herren-Automatic Ref. 3700/1 A-200 (Nautilus Jumbo) der Firma Patek Philippe ca. 1978 mit dem Kaliber28-255 C /reserviertes Rohwerk von Jaeger LeCoultre).

Verschraubtes Gehäuse mit integriertem Armband aus Edelstahl oder 18 k Gold, tauchdicht bis 120 m. Sigma-Zifferblatt anthrazit mit Balkenstrucktur. Zentralgelagerter Rotor mit Goldreif (21 k) Gold und Außenring, durch 4 periphere Rubinrollen unterstützt, beidseitig über einen Wippenwechsler aufziehend, Abkopplung bei Handaufzug.

Gyromax-Unruh, autokompensierende Flachspirale,
Kif-Ultraflex-Stoßsicherung, ohne Rücker. Korrektur der Abfalleinstellung über Exzenterschraube am Unruhkloben.

Foto: *www.uhren-muser.de*

Patek Philippe Cal 335 SC

Herren-Automatic Ref. 3800/001 (Nautilus Jumbo) der Firma Patek Philippe ca. 1981 mit dem Kaliber 355 SC /reserviertes Rohwerk von Jaeger LeCoultre). Verschraubtes Gehäuse mit integriertem Armband aus Edelstahl oder 18 k Gold, tauchdicht bis 120 m. Zifferblatt doré, Balkenstrucktur. Zentralgelagerter Goldrotor (18 k), einseitig über ein Klinkenrad aufziehend, Schraubenlose Glucydur-Unruh, Nivarox-Spirale, Incabloc-Stoßsicherung, Triovis-Feinsteller.

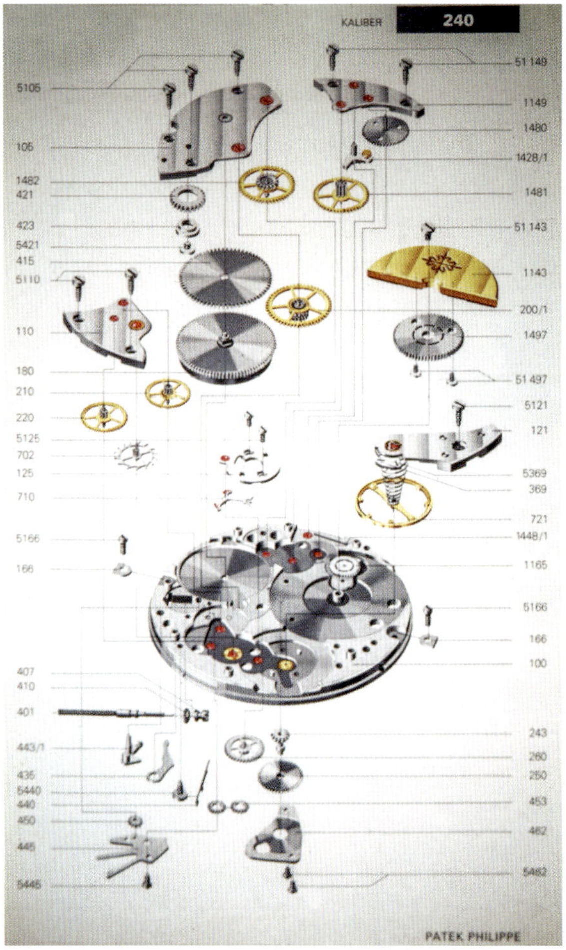

Patek Philippe-Cal 240/Q

Herren-Automatic mit «ewigem» Kalender der Firma Patek Philippe ab 1985 mit dem Kaliber 240 Q. 18k-Goldgehäuse.

Kugelgelagerter Mikrorotor aus 22karätigem Gold (1143), einseitig über eine Zahnrad-Wippe (1165) aufziehend.

Gyromax-Unruh, autokompensierende Flachspirale, Kif-Ultraflex-Stoßsicherung, ohne Rücker (Zahlen in Klammern beziehen sich auf die Explosivdarstellung).

Kalender-Modul zwischen Zifferblatt und Basiswerk (Cal 240).

Kaliber-Liste · PPC

Kaliber	Durchmesser Linien	mm	Höhe mm	Zusatz-Einrichtungen	Halb-Schw./Stunde	St.	Gang-Res. Std.	Anmerkungen Modell	Jahrg.	Abb.
12-600 AT	12	27,0	5,45	s	19.800	30			53 (-60)	xx
27-460	12	27,0	4,6	s	19.800	37			60 (-70)	xx
27-460 M	"	"	5,35	s, QG	"	"			61 (-70)	
27-460 Q	"	"		„ewiger" Kalender	"				1962	
27-460 QB	"	"		„ew." Kal. m. Schaltjahr	"				80 (-85)	
350	12 1/2	28,0	3,5	SCD	21.600	28		Ringrotor, beids. Aufz.	1969	
1-350	"	"	"	SCD	"	"		Ringrotor, eins. Aufz.	79 (-85)	xx
335 SC	11 1/2	26,0	3,45	SCI, QG, RDR	28.800	29	44		1981	xx
310 SC	"	"	3,15	SCI, QG, RDR	"	"	"	Datumsmech. geändert	1983	
28-255	12 1/2	28,0	2,55		19.800	36		Jaeger Le Coultre Eb.	70 (-80)	
28-255 C	"	"	3,15	QG	"	"		"	70 (-80)	xx
240	12	27,0	2,4		21.600	27	48	Mikro-Rotor	1977	xx
240 Q	13 1/4	30,0	3,75	„ewiger" Kalender	"	"	"	"	1985	

2. Anzahl der Rubinkugeln im Rotorlager ab Seriennummer 1.110.600 von 5 auf 7 erhöht,
3. Ankerhemmung ab Seriennummer 1.115.000 aus Berylliumbronze statt aus Stahl.

Cal 1-350

D = 28,0 mm (12 ½'''), H = 3,5 mm, 28 Steine

AUTOMATIK-BAUGRUPPE ins Basiswerk integriert. Halbring-Rotor aus 18k-Gold mit peripherem Kugellager, Aufzug in eine Drehrichtung über innenverzahnten Rotorkranz, Klinkenrad, 2 Reduktionsräder und ein Spannrad aufs Sperrad.

BASISUHRWERK: 2-schenklige Gyromax-Unruh mit innenliegenden Ausgleichsscheiben, autokompensierende Breguetspirale, 21.600 Halbschw./Std., Kif-Stoßsicherung, beweglicher, feststellbarer Spiralklötzchenträger, ohne Rücker, direkte Zentralsekunde. Zeigerstellung und Handaufzug über Bodenkrone.

Cal 28-255 C

Jaeger LeCoultre-Ebauche

D = 28,0 mm (12 ½'''), H = 3,15 mm, 36 Steine

AUTOMATIK-BAUGRUPPE unter gemeinsamer Platine ins Basiswerk integriert. Rubingelagerter Zentralrotor mit 21k-Goldreif und peripherem Ring zur Lagerunterstützung durch 4 in die Basisplatine versenkt gelagerte Rubinrollen, Aufzug in beide Drehrichtungen über ein kugelgelagertes Zwischenrad, 1 kleines Stahl-Reduktionsrad, Wippenwechsler, 2 weitere Reduktionsräder (davon das erste mit Federklinke), 1 Kupplungsrad zur Entkopplung bei Handaufzug, aufs Sperrad.

BASISUHRWERK: 2-schenklige Gyromax-Unruh, flache Nivarox-Spirale, 19.800 Halbschw./Std., Kif-Ultraflex-Stoßsicherung, beweglicher Spiralklötzchenträger, ohne Rükkerzeiger, Ankerrad im kombinierten Steinfutter gelagert, ohne Sekunde, «fliegend» gelagertes Federhaus. Datumsanzeige mit augenblicklichem Wechsel.

Cal 335 SC

D = 26,0 mm (11 ½'''), H = 3,45 mm, 29 Steine

AUTOMATIK-BAUGRUPPE ins Basiswerk integriert. Kugelgelagerter Zentralrotor aus 18k-Gold, Aufzug in einer Drehrichtung über ein kombiniertes Aufzugsklinken- und Sperrad, 1 Reduktionsrad, 1 Zwischenrad aufs Sperrad des Federhauses.

BASISUHRWERK: 3-schenklige schraubenlose Glucydur-Unruh, Nivarox-Flachspirale, 28.800 Halbschw./Std., Incabloc-Stoßsicherung, Triovis-Feinsteller mit beweglichem Spiralklötzchenträger, Ankerrad zwischen kombinierten Steinfuttern gelagert, indirekte Zentralsekunde, exzentrisch verlagertes Minutenrad mit indirekt geführtem Minutenzeiger. Halbaugenblicklich wechselnde Datumsanzeige mit Schnellkorrektur.

Cal 240 Q

D = 30,0 mm, H = 3,75 mm, 27 Steine

AUTOMATIK-BAUGRUPPE: Außermittig ins Werk versenkter, kugelgelagerter «Mikro»-Rotor aus 22k-Gold, Aufzug in einer Drehrichtung über ein kugelgelagertes Zwischenrad auf einer federnden Wippe, 3 Reduktionsräder (davon das erste als Stahlrad mit Federklinke) aufs Sperrad.

BASISUHRWERK: 2-schenklige Gyromax-Unruh, autokompensierende Flach-Spirale, 21.600 Halbschw./Std., Kif-Ultraflex-Stoßsicherung, beweglicher Spiralklötzchenträger, Ankerrad in kombinierten Steinfuttern gelagert, ohne Sekunde, indirekt geführter Minutenzeiger. «Ewiger» Kalender als Zusatzmodul zwischen Zifferblatt und Werk.

Zur Kaliber-Entwicklung

Gegründet wurde die Phenix Watch Co S.A. 1873 von Dubail, Monnin und Frossard in Porrentruy. 1962 Zusammenschluß mit den Firmen Buser, Revue und Vulcain zur MSR (Manufactures d'Horlogerie Suisse Réunies S.A.).

Die erste eigene Automatic baute Phenix Ende der dreißiger Jahre und brachte sie unter ihrem Markennamen «Eros» heraus. Sie ist mit einem einseitig wirksamen Hammer-Aufzug ausgerüstet, der als komplette Baugruppe topfförmig über das bewährte Handaufzugskaliber 89 gestülpt wurde. Vom Basisuhrwerk ist durch eine Öffnung nur der Rückerzeiger zugänglich, so daß diese Bauart wie bei der Rolex-Perpetual einen zusätzlichen Staubschutz bietet.

Für die beidseitig aufziehende Rotor-Automatic (Cal 200) von 1954 entwickelte Phenix ein einfaches Exzenter-Hebelgetriebe. Der stark untersetzende lange Klinkenhebel erfordert bei dieser Konstruktion außer dem kombinierten Aufzugs- und Reduktionsrad kein weiteres Getriebeelement und gewährleistet zusammen mit dem dreinockig geformten Rotor-Exzenter einen sehr wirksamen Selbstaufzug. Dabei läuft der Rotor auf einem zentralen Rollenlager – daher der Name «Rollamatic» – und ist, wenn auch in geringem Maße, durch einen Federriegel axial stoßgesichert.

Weitere Automatic-Werke sind von Phenix anscheinend nicht herausgebracht worden; das aufgelistete Kaliber 400 ist wahrscheinlich ein Fremdwerk.

Kaliber-Steckbriefe

Cal (89) – Eros

D = 26 mm (11 ½'''), 18 Steine

AUTOMATIK-BAUGRUPPE topfförmig über das Basiswerk (Phenix Cal 89) gedrückt und mit einer Schraube befestigt. Hammer-Aufzug in einer Richtung über Hammerklinke, zentralgelagertem Klinkenrad, 2 Reduktionsräder, davon das erste mit Federklinke, aufs Sperrad.

BASISUHRWERK (Cal 89: 8 ¾''', H = 3,6 mm, 15 Steine): 2-schenklige Schraubenunruh aus Glucydur, autokompensierende Flachspirale, 18.000 Halbschw./Std., ohne Stoßsicherung, exzentrische Sekunde.

Cal 200 («Rollador» von Nivada)

D = 26,0 mm (11 ½'''), H = 6,35 mm, 21 Steine

AUTOMATIK-BAUGRUPPE als komplette Einheit rahmenförmig aufs Basiswerk geschraubt. Rollengelagerter Zentralrotor mit Schwermetallreif, Aufzug in beide Drehrichtungen über dreinockigen Rotor-Exzenter, Klinkenhebel mit rubingelagerter Stahlrolle, peripher gelagertem Aufzugsrad aufs Sperrad, Doppelsperrad-Kupplung zum Abtrennen des Handaufzugsgetriebes.

BASISUHRWERK: 2-schenklige Schraubenunruh aus Glucydur, Nivarox-Spirale, 18.000 Halbschw./Std., Incabloc-Stoßsicherung, direkte Zentralsekunde.

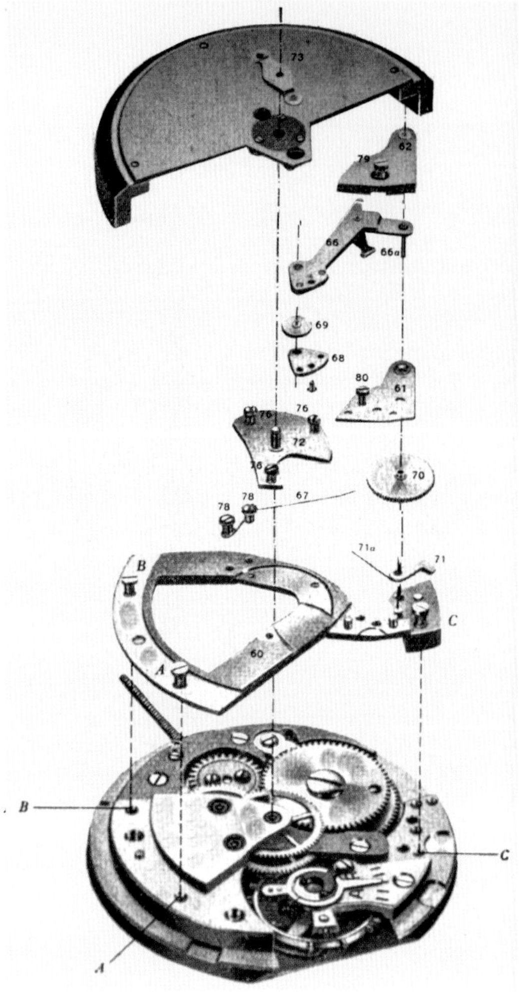

Explosivdarstellung des Phenix-Kalibers 200 (Automatik-Baugruppe):
66 – Klinkenhebel mit 66a – Aufzugsklinke
70 – Klinkenrad
71 – Sperrklinke.

Kaliber-Liste · Phenix

Kaliber	Durchmesser Linien	Durchmesser mm	Höhe mm	Zusatz-Einrichtungen	Halb-Schw./Stunde	St.	Gang-Res. Std.	Anmerkungen Modell	Jahrg.	Abb.
(89)	11 1/2	26,0		s	18.000	18		Eros	ca. 40	xx
200	11 1/2	26,0	6,35	SCD	18.000	17/21	40	Rollamatic, s. Rollador v. Nivada	1954	xx
205	"	"		SCD, QG	"	"	"			
400	11 1/2	25,6	5,2	SC	18.000					

Phenix/Eros-Cal (89)

Herren-Automatic der Marke «Eros» um 1940 mit einem Handaufzugs-Kaliber 89 der Firma Phenix.

Verchromtes Staybrite-Gehäuse, Edelstahlboden mit Bajonettverschluß.

Hammer-Schwungmasse einseitig über ein Automatik-Getriebe vom Harwood-Typ aufziehend.

Automatic-Baugruppe als komplette Einheit zum Staubschutz topfförmig über das Basisuhrwerk gestülpt.

Glucydur-Schraubenunruh, Nivarox-Spirale, ohne Stoßsicherung.

Phenix-Cal 200

Herren-Automatic Modell «Rollador» der Marke «Nivada» um 1955 mit dem Rollamatic-Rohwerk 200 der Firma Phenix.

Quadratisches vergoldetes Gehäuse mit Druckschalenboden aus Edelstahl.

Rollengelagerter Rotor mit Schwermetallreif, beidseitig über einen 3nockigen Exzenterwechsler aufziehend.

Glucydur-Schraubenunruh, Nivarox-Spirale, Incabloc-Stoßsicherung.

Zur Kaliber-Entwicklung

Die Firma Piaget S.A. wurde 1874 von Georges Piaget in La Côte-aux-Fées gegründet und befand sich bis zur Übernahme der Aktienmehrheit durch die Firma Cartier im Jahre 1988 in Familienbesitz. Nach dem Zweiten Weltkrieg bauten die Gründerenkel Gérald und Valentin Piaget das Unternehmen zu einem bedeutenden Hersteller von Schmuckuhren auf und übernahmen 1964 die Firma Baume & Mercier. Während die Uhrwerke weiter im Stammbetrieb produziert wurden, erfolgte die Fertigung der Gehäuse, der Armbänder und des Schmucks in den zugekauften Spezialbetrieben in Genf.

1959 stellte Piaget eine Automatic vor, die in Zusammenarbeit mit der benachbarten Firma Complication entwickelt wurde und überraschte damit die gesamte Schweizer Konkurrenz. Es handelt sich um das Kaliber 12 P, das mit 2,3 mm Dicke bis 1978 als das weltweit flachste galt. Die Manufaktur hatte bis dahin keinerlei Erfahrung mit dem Bau von automatischen Uhren und baute nur Fremdwerke, z. B. von AS, in ihre Modelle ein.

Als Vorbild für diese Konstruktion diente die Buren- bzw. Universal-Entwicklung mit dem ins Werk versenkten, außermittig verlagerten kleinen Rotor, der im Kaliber 12 P aus 24-karätigem Gold besteht. Der Aufzug erfolgt in beide Drehrichtungen über ein aufwendiges Getriebe, wobei für den Drehsinnswandler Klinkenräder mit speziell geformten Zähnen als Zahnricht-Gesperr verwendet werden. Die Unruh ist zwischen präzisen Girocap-Kombisteinfuttern gelagert. Auf eine Stoßsicherung glaubte man verzichten zu können, da bei der kleinen und leichten Ringunruh ein Zapfenbruch auch weniger zu befürchten ist, besonders wenn man davon ausgehen kann, daß dieses Werk nur für elegante Uhrenmodelle und nicht für Strapazieruhren vorgesehen war.

Mit dem Aufkauf der restlichen Rohwerke des Lassale-Kalibers 2000 im Jahre 1983 verfügte Piaget erneut über die bis heute absolut flachste Automatic-Konstruktion und führt dieses Kaliber firmenintern unter der Bezeichnung 25 P. Zwischenzeitlich griff man auf Rohwerke der Firma Frederic Piguet, das Kaliber P 70, zurück.

Kaliber-Steckbriefe

Cal 12 P

D = 28,1 mm (12'''), H = 2,30 mm, 30 Steine

AUTOMATIK-BAUGRUPPE mit dem aus 24k-Gold bestehenden Mikrorotor ins Basiswerk integriert. Aufzug in beide Drehrichtungen über Doppel-Klinkenrad (Zahnrichtgesperr!) mit Umkehrrad, insgesamt 3 Reduktionsräder aufs Sperrad.

BASISUHRWERK: 2-schenklige schraubenlose Glucydur-Unruh, autokompensierende Flachspirale, 19.800 Halbschw./Std., Girocap-Kombilagerung der Unruh (keine Stoßsicherung!), Anker und Ankerrad aus Gold, indirekt geführter Minutenzeiger, Eloxal-Federhaus.

Cal 25 P (2)

Ebauche Lassale (2000)

D = 20,4 mm (9'''), H = 2,08 mm, 9 Steine, 18 Kugellager

AUTOMATIK-BAUGRUPPE als komplette Einheit mit 2 Schrauben aufs Basiswerk montiert. Kugelgelagerter Zentralrotor mit Schwermetallreif, Aufzug in einer Drehrichtung über federndes Gleitritzel mit einseitiger Führung, 3 Reduktionsräder (davon das erste mit Sperrfeder), 1 Zwischenrad aufs Sperrad.

Zeitschriften-Reklame (aus JSH 1949)

BASISUHRWERK (H = 1,20 mm): 3-schenklige schraubenlose Glucydur-Unruh, autokompensierende Flachspirale, 21.600 Halbschw./Std., Kif-Ultraflex-Stoßsicherung, aussermittig verlagertes Großbodenrad mit indirekt geführtem Minutenzeiger, «schwimmend» gelagertes Federhaus durch 3 am Umfang angeordnete Kugellager.

Kaliber-Liste · Piaget

Kaliber	Durchmesser Linien	Durchmesser mm	Höhe mm	Zusatz-Einrichtungen	Halb-Schw./Stunde	St.	Gang-Res. Std.	Anmerkungen Modell	Jahrg.	Abb.
12 P	12	27	2,3		19.800	30			1959	xx
25 P /2	9	20,4	2,08		21.600	9	50	Lassale 2000 mit 18 Kugellagern	1983	xx
P 70	11 1/2	26	2,4		18.000	35		Ebauche Fr. Piguet P 70		(xx)

Piaget-Cal 12 P

Herren-Automatic der Firma Piaget um 1965 mit dem weltweit (von 1959 bis 1978) flachsten automatischen Kaliber 12 P.

18k-Goldgehäuse mit Druckboden, Zifferblatt und Zeiger aus Gold.

Mikrorotor aus Gold (24 k), beidseitig über einen Klinkenrad-Wechsler aufziehend.

Schraubenlose Glucydur-Unruh, autokompensierende Flachspirale, ohne Stoßsicherung (Rotorbrücke und Werkring mit Korrosionsspuren).

Piaget-Cal 25 P/2

Extrem flaches Automatic-Werk in Mediumgröße der Firma Piaget ab 1983 mit dem Kaliber 25 P/2 (Lassale-Rohwerk 2000, s. S. 180)
Kugelgelagerter Rotor mit Schwermetallreif, einseitig über ein Gleitritzel aufziehend.
Schraubenlose Glucydur-Unruh, autokompensierende Flachspirale, Kif-Ultraflex-Stoßsicherung.
Alle Zahnräder sind nur einseitig («fliegend») gelagert und laufen auf insgesamt 18 Kugellagern.

Zeitschriften-Reklame (aus JSH 1949)

Zur Kaliber-Entwicklung

Die Manufaktur Pierce S.A. wurde 1883 von Lévy Frères in Biel gegründet und produzierte auch in Moutier preiswerte Uhren mit Zylinder- und Ankerhemmung sowie einen einfachen Armband-Chronographen mit spezieller Rutschkupplung.

Nach einem firmeneigenen Patent von 1933 über eine auf zwei Stäben geradlinig geführte Schwungmasse, fertigte Pierce ab ca. 1940 eine Rüttel-Automatic, die als letzte dieser Aufzugsart überhaupt zu gelten hat. Als Basisuhrwerk wurde das Kaliber 861 verwendet, unter Weglassung der Handaufzugs-Mechanik. Im Gegensatz zur «Rolls» und der «Wig-Wag» rüttelt hier nicht mehr das gesamte Uhrwerk, sondern nur ein speziell geformtes Gleitgewicht über dem Basiswerk hin und her. Der einseitige Aufzug erfolgt durch eine Zahnstange, die an der Schwungmasse befestigt ist. Letztere wird bei einem Hub von maximal 3 mm elastisch durch Blattfedern vom Gehäuse abgefangen. Eine auf dem Führungsstab befindliche Spiralfeder führt die Schwungmasse in die Ausgangsposition zurück. Pierce wertete diese Automatic ab 1945 durch Ausrüstung mit einer Zentralsekunde, einer stabileren Schwungmassen-Befestigung und der Möglichkeit zum Handaufzug auf. Eine Sperrad-Kupplung trennt während des automatischen Betriebs die Handaufzugs-Mechanik ab, um zusätzliche Reibungsverluste zu vermeiden. Die raumsparende Plazierung des Reduktionsgetriebes innerhalb der zentralen Schwungmassen-Ausfräsung ermöglichte den für damalige Verhältnisse flachen Werksaufbau. Die unbefriedigende Aufzugsleistung dieser Rüttel-Automatic gegenüber der Konkurrenz des Hammer- und Rotor-Aufzugs führte jedoch erst ca. 1954 zur Einstellung der Produktion.

Kaliber-Steckbrief

Cal 861

D = 28,0 mm (12 ½'''), H = 5,1 mm, 21 Steine

AUTOMATIK-BAUGRUPPE aufs Basiswerk geschraubt. Auf 2 Führungsstäben hin- und hergleitendes, spitzoval geformtes Aufzugsgewicht, in dessen zentralem Ausschnitt das Reduktionsgetriebe liegt, Hubweg ca. 3 mm, Abfangen der Schwungmasse am Gehäuse durch Blattfedern. Aufzug in einer Richtung über federnde Zahnstange, 2 Reduktionsräder, davon das erste mit Sperrklinke, aufs obere Sperrad. Abtrennung des Handaufzugsgetriebes bei Selbstaufzug durch Sperrad-Kupplung (Zahnrad-Richtgesperr).

BASISUHRWERK (8 ¾'''): 2-schenklige Schraubenunruh aus Nickel, autokompensierende Flachspirale, 18.000 Halbschw./Std., Incabloc-Stoßsicherung, indirekte Zentralsekunde, Gangreserve 40 Std.

Kaliber-Liste · Pierce

Kaliber	Durchmesser Linien	Durchmesser mm	Höhe mm	Zusatz-Einrichtungen	Halb-Schw./Stunde	St.	Gang-Res. Std.	Anmerkungen Modell	Jahrg.	Abb.
(861)	12 1/2	28	5,1		18.000	17	36	Basis-Cal. 861 (8 3/4''')	ca. 40	
(861)	"	"		SCI	"	17 / 21	"	"	ca. 45	xx

Pierce-Cal 861

Herren-Automatic der Firma Pierce um 1947 mit dem Kaliber 861 ab 1945.
18k-Goldgehäuse mit Druckboden. Auf Stangen gleitendes Rüttelgewicht, einseitig über eine Zahnstange (am Rüttelgewicht) aufziehend.
Schraubenunruh aus Nickel, Nivarox-Spirale, Incabloc-Stoßsicherung (Stifte für den unteren Bandsteg herausgebrochen).

Zur Kaliber-Entwicklung

Das Unternehmen wurde 1858 von Louis Elysée Piguet in Le Brassus gegründet und beschränkt sich bis heute auf die Herstellung hochwertiger Rohwerke. Der jetzige Inhaber Jacques Piguet ist als Mitinhaber der benachbarten Firma Blancpain auch deren Rohwerke-Lieferant.

Um 1970 konnte unter der Kaliberbezeichnung P 70 das erste Automatic-Werk fertiggestellt werden. Die zukünftigen Bezieher dieses Kalibers wie z. B. Breguet und Corum wünschten für ihre eleganten Uhrenmodelle eine besonders flache Konstruktion. Deshalb wurde das höheerfordernde Übereinanderplazieren von zentralen Lagerstellen durch geringfügiges außermittiges Versetzen der Rotorlagerung vermieden und das Federhaus offen, also ohne Deckel und Boden, gestaltet. Der Rotor ist wie auch bei den späteren Kalibern nur einseitig wirksam. Auf eine Sekunden- und Datumsanzeige wurde verzichtet.

Das 1986 fertig entwickelte Kaliber 951 fällt mit der Zentralsekunde und dem Datumsmechanismus wieder etwas dicker aus, ist dafür aber mit 9''' besonders klein und auch für Damenuhren geeignet. Der Zentralrotor ist kugelgelagert. Interessant ist das Funktionsprinzip des kombinierten Aufzugs- und Sperrades, das als Zahnrichtgesperr arbeitet.

Das nachfolgend konstruierte Kaliber 11.50 ist mit zwei identischen, hintereinandergeschalteten Federhäusern ausgerüstet und erreicht damit eine ungewöhnlich hohe Gangreserve von 100 Stunden. Das recht komplex aufgebaute Automatik-Getriebe enthält insgesamt 6 Übertragungsorgane.

Die letzte Entwicklung von 1988 ist für die Firma Blancpain unter der Kaliberbezeichnung 1185 reserviert. Es handelt sich hier um ein sehr flaches automatisches Chronographen-Kaliber.

Kaliber-Steckbriefe

Cal P 70

D = 26,0 mm (11 ½'''), H = 2,4 mm, 35 Steine

AUTOMATIK-BAUGRUPPE ins Basiswerk integriert. Großer, etwas außermittig verlagerter Schwermetall-Rotor, Aufzug in einer Drehrichtung über 1 Zwischenrad, federndes Hebelrad, 3 Reduktionsräder (davon das erste mit Sperrklinke) aufs Sperrad. Abkopplung des Handaufzugs-Getriebes durch Zahnrad-Wippe zwischen Kron- und Sperrad (unter dem Zifferblatt!).

BASISUHRWERK: 2-schenklige schraubenlose Glucydur-Unruh, autokompensierende Flachspirale, 18.000 Halbschw./Std., Kif-Ultraflex-Stoßsicherung, beweglicher Spiralklötzchenträger, Ankerrad im kombinierten Duofix-Steinfutter gelagert, indirekt geführter Minutenzeiger, offenes Federhaus.

Cal 951

D = 20,2 mm (9'''), H = 3,2 mm, 19 Steine

AUTOMATIK-BAUGRUPPE ins Basiswerk integriert. Kugelgelagerter Zentralrotor aus Schwermetall, Aufzug in einer Drehrichtung über ein federloses kombiniertes Aufzugs- und Sperrad als Zahnrichtgesperr, 2 Reduktionsräder aufs Sperrad.

BASISUHRWERK: 3-schenklige schraubenlose Glucydur-Unruh, autokompensierende Flachspirale, 21.600 Halbschw./Std., Kif-Ultraflex-Stoßsicherung, beweglicher Spiralklötzchenträger, direkte Zentralsekunde, indirekt geführter Minutenzeiger. Anzeige des Datums.

Cal 11.50

D = 25,6 mm (11 ½'''), H = 5,25 mm, 29 Steine

AUTOMATIK-BAUGRUPPE ins Basiswerk integriert. Kugelgelagerter Zentralrotor aus Schwermetall. Aufzug in einer Drehrichtung über 1 Zwischenrad, federloses Klinkenrad mit Sperrad im Nebenschluß (beide mit einem Zahnricht-Gesperr), 1 Reduktionsrad, 2 Zwischenräder aufs Sperrad des ersten Federhauses. Abkopplung des Handaufzugsmechanismus durch Zahnrad-Wippe zwischen Kron- und Sperrad des ersten Federhauses.

BASISUHRWERK: 3-schenklige schraubenlose Glucydur-Unruh, autokompensierende Flachspirale, 21.600 Halbschw./Std., Kif-Ultraflex-Stoßsicherung, Spirofin-Feinsteller mit beweglichem Spiralklötzchenträger, 21zähniges Ankerrad, direkte Zentralsekunde, indirekt geführter Minutenzeiger, 2 identische Federhäuser (hintereinandergeschaltet).

Kaliber-Liste · Piguet, Fr.

Kaliber	Durchmesser Linien	Durchmesser mm	Höhe mm	Zusatz-Einrichtungen	Halb-Schw./Stunde	St.	Gang-Res. Std.	Anmerkungen Modell	Jahrg.	Abb.
P 70	11 1/2	26,0	2,4		18.000	35	50		ca. 70	xx
P 71	12	27,4	"		"	"	"	Mikroverzahnung		
951 / 952	9	20,4	3,25	SCD, QG	21.600	17	45		1986	xx
953	"	"	"	SCD	"	19	"			
1150	11 1/2	25,6	3,25	SCD, QG, RDR	21.600	29	100!	2 Federhäuser i. Serie		xx
1153	"	"	"	SCD	"	"	"	"		
1160	"	"	"	s, QG, RDR	"	"	"	"		
1163	"	"	"	s	"	"	"	"		
1185	11 1/2	26,0	5,5	QG, RDR, CHR	21.600	36	41	f. Blancpain res.	1988	
9511	10 1/2	23,3	3,25	SCD, QG	21.600	19	45	Basiskal. 951		

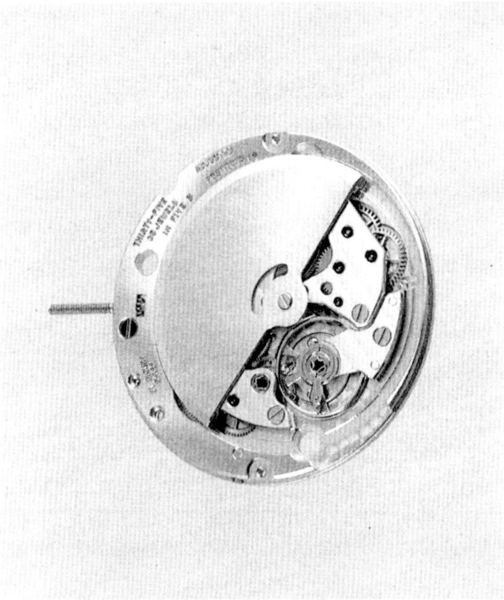

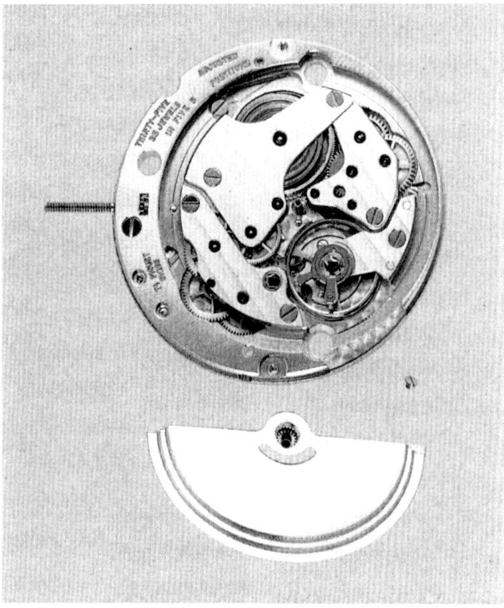

Fr. Piguet-Cal P 70, 951, 11.50

Sehr flaches Automatic-Kaliber P 70 für Herrenuhren der Firma Fr. Piguet um 1970.

Etwas außermittig verlagerter Schwermetall-Rotor, einseitig über ein Hebelrad aufziehend.

Schraubenlose Glucydur-Unruh, autokompensierende Flachspirale, Kif-Ultraflex-Stoßsicherung.

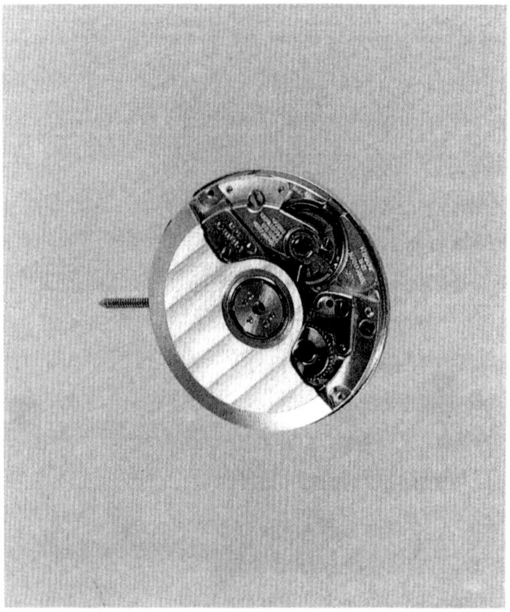

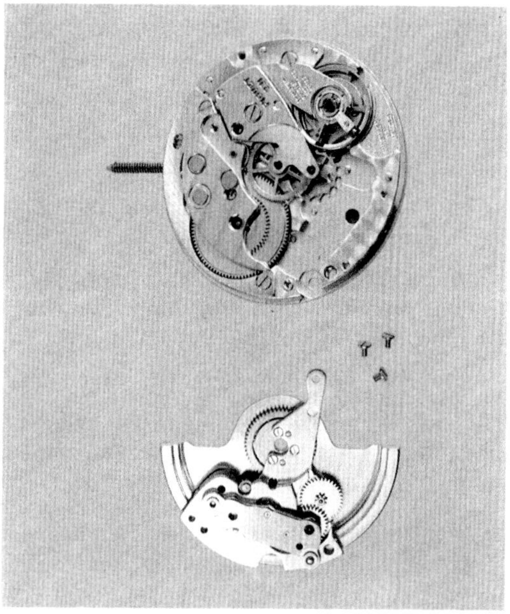

Automatic-Kaliber 951 in Mediumgröße ab 1986.

Kugelgelagerter Schwermetall-Rotor, einseitig über ein Klinkenrad aufziehend.

Schraubenlose Glucydur-Unruh, autokompensierende Flachspirale, Kif-Ultraflex-Stoßsicherung.

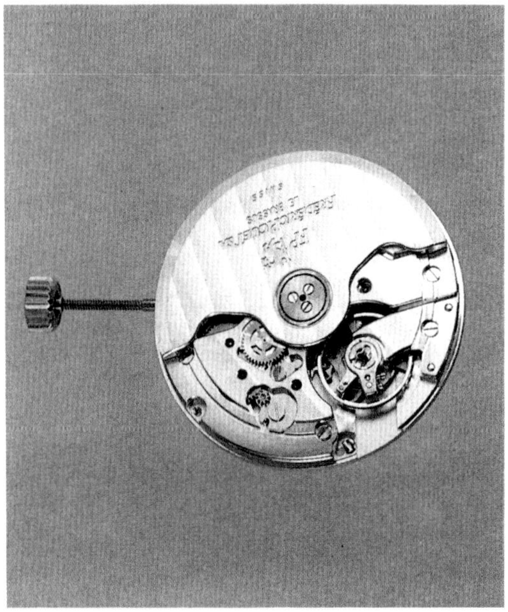

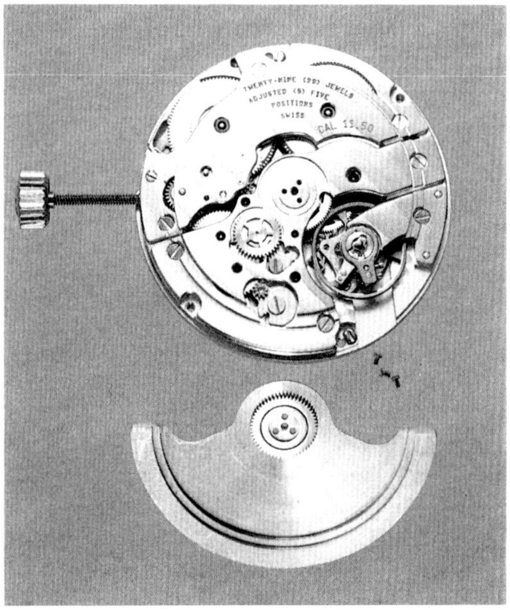

Automatic-Kaliber 11.50 für Herrenuhren um 1988.

Kugelgelagerter Schwermetall-Rotor einseitig über ein Klinkenrad zwei hintereinandergeschaltete Federhäuser aufziehend, mit einer maximalen Gangreserve von 4 Tagen.

Schraubenlose Glucydur-Unruh, autokompensierende Flachspirale, Kif-Ultraflex-Stoßsicherung, Spirofin-Feinsteller.

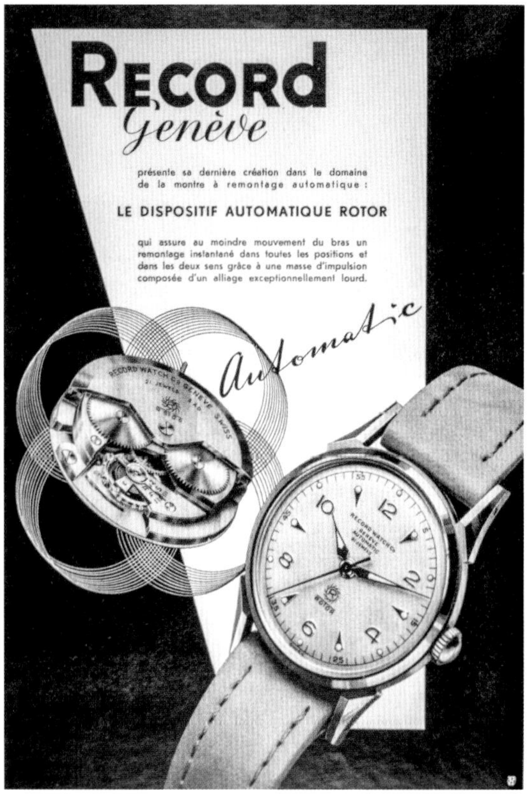

Zeitschriften-Reklame (aus JSH 1953)

Zur Kaliber-Entwicklung

Gegründet wurde die Firma «Record Watch Co. S. A.» 1899 in Genf. Ein Zweigbetrieb entstand später in Tramelan. Bekannt sind ihre Handaufzugs-Armbanduhren mit einfachem Kalender und Mondphasenanzeige.

Als erste eigene Automatic-Entwicklung wurde 1944 das Kaliber 161 vorgestellt. Es handelt sich um eine einseitig aufziehende Hammer-Automatic vom Harwood-Typ, wobei das große Reduktionsrad auffällt. Eine Kronrad Kupplung schont das Reduktionsgetriebe bei Handaufzug. Etwas später ist diese Konstruktion auch mit einer Zentralsekunde ausgerüstet worden (Cal 172).

Bei der Nachfolgeentwicklung von 1952 handelt es sich um eine beidseitig aufziehende Rotor-Automatic, die sowohl mit exzentrischer als auch mit Zentralsekunde, mit Datum und mit zusätzlicher Anzeige der Gangreserve versehen wurde. Die Gangreserve wird an einem Hilfszifferblatt unter der 12 angezeigt, wobei die Relativstellung des sich ebenfalls drehenden Ziffernringes zum Zeiger abgelesen wird. Das aufwendige Differentialgetriebe ließ sich dadurch einsparen. Auch bei dieser Konstruktion blieb wenig Platz für das Basisuhrwerk, so daß ebenso wie in der Hammer-Automatic nur ein relativ kleines Kaliber von 9 ¾''' eingesetzt werden konnte.

Über die Werke mit den höheren Kaliber-Nummern kann leider keine Aussage gemacht werden, sehr wahrscheinlich handelt es sich aber um Fremdwerke.

Kaliber-Steckbrief

Cal 172

D = 25,95 mm (11 ½'''), H = 5,95 mm, 20 Steine

AUTOMATIK-BAUGRUPPE aufs Basiswerk geschraubt. Hammerbewegung durch sichtbare Prellfedern begrenzt, Aufzug in einer Drehrichtung über Aufzugsklinke am Hammer, zentralgelagertes Aufzugsritzel, 1 grosses kombiniertes Reduktions- und Sperrad aufs Kronrad mit innenliegender Kupplung zur Abtrennung bei Handaufzug.

BASISUHRWERK (9 ¾'''): 2-schenklige geschlossene Schraubenunruh, Nivarox-Spirale, 18.000 Halbschw./Std., Incabloc-Stoßsicherung, indirekte Zentralsekunde.

Kaliber-Liste · Record

Kaliber	Durchmesser Linien	Durchmesser mm	Höhe mm	Zusatz-Einrichtungen	Halb-Schw./Stunde	St.	Gang-Res. Std.	Anmerkungen Modell	Jahrg.	Abb.
161	11 1/2	25,95	5,2	s	18.000				1944	xx
162	"	"	5,95	SCI	"	20				
171	"	"	5,2	s	"					
172	"	"	5,95	SCI	"	20				
174	11 1/2	26		s	18.000	21			1952	
174	"	"	6,35	SCI	"	"		(s. Reklame)	1953	xx
174	"	"		SCI, QG	"	"		„Datofix“	1954	
174	"	"		SCI, QG, RMA	"	"		"	1954	
510	12	27	5,1	SCI	19.800	21	50		1959	
511	"	"	"		"	"	"			
515	"	"	"	SCI, QG	"	"	"			
516	"	"	"	QG	"	"	"			
520	"	"	"	SCI	"	"	"			
521	13		"	SCI	"	"	"			
525	"		"	SCI, QG	"	"	"			
526	"		"	QG	"	"	"			

Record-Cal 172

Herren-Automatic der Firma Record um 1946 mit dem Kaliber 172. Edelstahlgehäuse mit Schraubboden. Hammer-Schwungmasse einseitig über ein Getriebe vom Harwood-Typ aufziehend, Abkopplung bei Handaufzug.
Schraubenunruh aus Nickel, Nivarox-Spirale, Incabloc-Stoßsicherung.

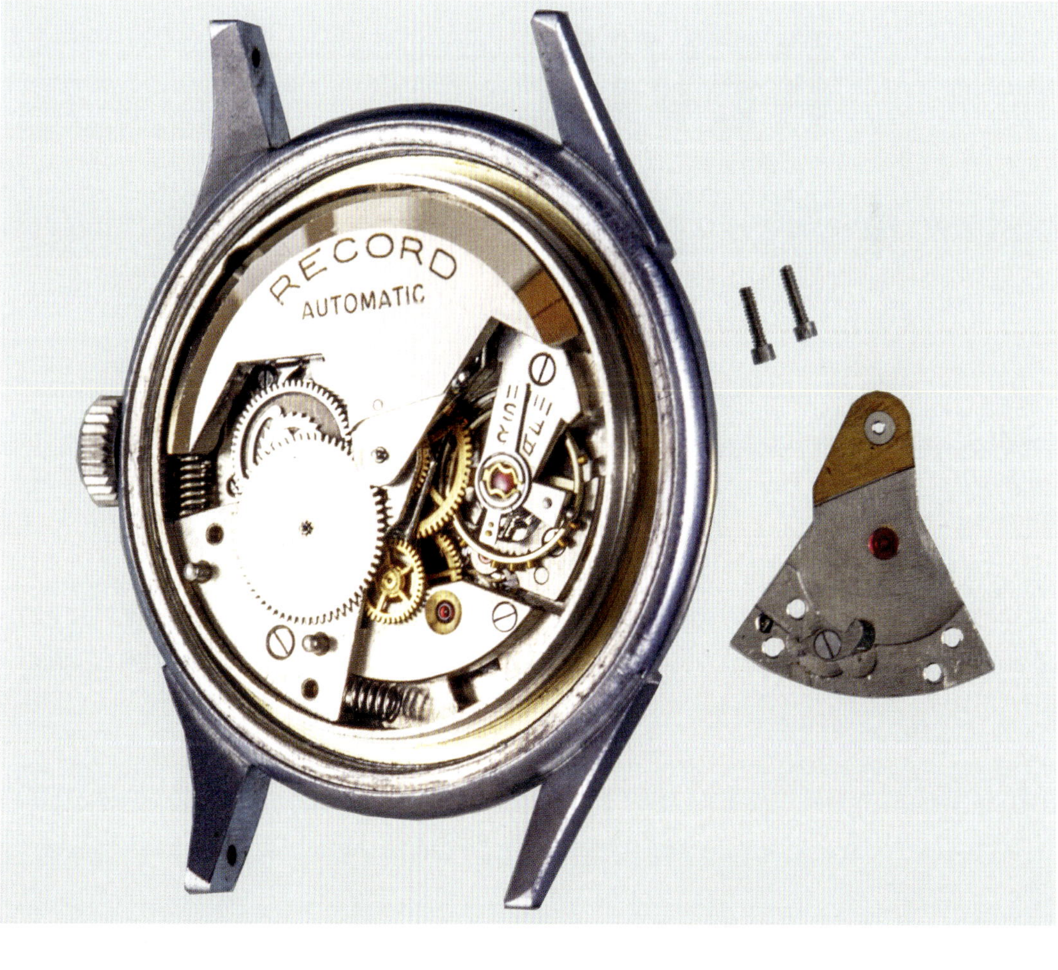

Zeitschriften-Reklame (aus SUZ 1949)

Zur Kaliber-Entwicklung

Gideon Thommen gründete 1853 die Firma in Waldenburg unter dem Namen Revue-Thommen S.A. Wirtschaftliche Gründe erzwangen 1962 den Zusammenschluß mit den Firmen Phenix Watch, Buser und Vulcain zur Manufactures d'Horlogerie Suisse Réunies S. A. (MSR).

Als Novum stellte Revue gleich in ihrer ersten Automatic um 1948 einen Hammer-Aufzug vor, der in beiden Drehrichtungen Aufzugsarbeit leistet und damit auch bei geringeren Armbewegungen den sicheren Betrieb der Uhr gewährleistet. Es ist das Kaliber 80, dessen Aufzugsmechanismus aus zwei sich gegeneinander bewegenden Klinkenträger-Wippen besteht. Je nach Drehrichtung des Hammers erfolgt der Aufzug über die Klinke der einen Wippe, während die der anderen im Leerlauf über die Zähne des Klinkenrades gleitet. Trotz dieser Sonderkonstruktion gilt dieses Werk mit 4,75 mm Höhe als das flachste seiner Zeit mit exzentrischer Sekunde. Die Nachrüstung mit einer direkten Zentralsekunde ließ sich nur mit der Erhöhung der Werksdicke um 1 mm bewerkstelligen.

Auch in der folgenden, unter dem Namen «Rotor-King» 1958 herausgebrachten Automatic wird ein ungewöhnliches Aufzugsgetriebe verwendet. Es handelt sich hier um einen auf Rubinrollen gleitenden Kulissenhebel-Mechanismus, dessen Hin- und Herbewegung durch den Rotor-Exzenter erzwungen wird, wobei in beiden Drehrichtungen des Rotors aufgezogen wird. Auch das Basisuhrwerk ist auf die Erzielung hoher Gangleistungen ausgelegt: Unruh und Federhaus sind besonders groß dimensioniert, auffallend ist auch die Rückerfeinstellung über ein Schneckengetriebe.

Die «Exactomatic» von 1967 stellt das erste Automatic-Kaliber dar, das unter dem Dach des MSR-Verbandes entwickelt wurde, und dessen Aufbau sich sehr an bewährte Konstruktionen anderer Hersteller anlehnt. Es handelt sich um ein Werk, dessen kugelgelagerter Schwermetallrotor über federlose Zwillings-Klinkenräder in beide Drehrichtungen aufzieht, das außerdem mit direkter Zentralsekunde und augenblicklich wechselndem Datum ausgestattet ist.

Zwischenzeitlich greift die Firma auf Fremdwerke zurück, z. B. um 1955 auf die von Eta und in den siebziger Jahren auf AS-Rohwerke in der «Directime», bei der die Anzeige von Stunde, Minute und Sekunde in Zifferblattausschnitten erfolgt.

Revue-Cal 80

Erste Herren-Automatic der Firma Revue um 1948 mit dem Kaliber 80. 14k-Goldgehäuse mit Druckboden.

Hammer-Schwungmasse beidseitig über eine doppelte Klinkenträger-Wippe aufziehend, als erste dieses Typs.

Glucydur-Schraubenunruh, Nivarox-Spirale, Incabloc-Stoßsicherung.

Revue-Cal 87.1

Herren-Automatic Modell «Rotor-King» der Firma Revue von 1958 mit dem Kaliber 87.1.

Quadratisches 18k-Goldgehäuse mit Druckboden, Aufzugskrone mit Revue-Schriftzug.

Rotor mit Schwermetallreif, beidseitig über einen Kulissenexzenter-Wechsler aufziehend, Abkopplung vom Handaufzugsgetriebe.

Große Glucydur-Schraubenunruh, Nivarox-Spirale, Incabloc-Stoßsicherung, Rückerfeinstellung über Schneckenscheibe (Zifferblatt mit Korrosionsspuren).

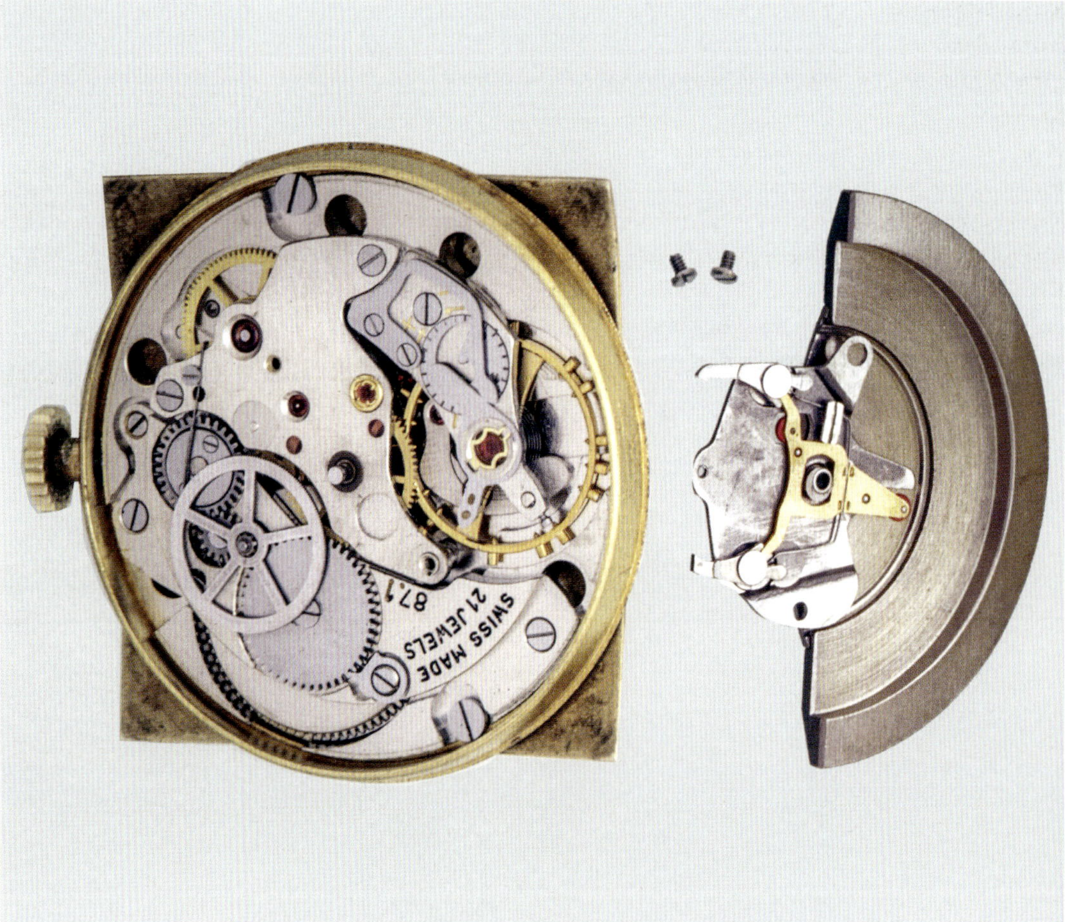

Revue/MSR-Cal T 56

Herren-Automatic Modell «Meteor IV» der Firma Revue/MSR um 1967 mit dem «Exactomatic»-Kaliber T 56.

Vergoldetes tonneauförmiges Gehäuse mit Schraubboden aus Edelstahl, Aufzugskrone mit MSR-Symbol.

Kugelgelagerter Schwermetallrotor, beidseitig über einen Klinkenrad-Wechsler aufziehend (bei 2^{00}).

Schraubenlose Glucydur-Unruh, Nivarox-Spirale, Incabloc-Stoßsicherung, Rückerfeinstellung über Exzenterschraube.

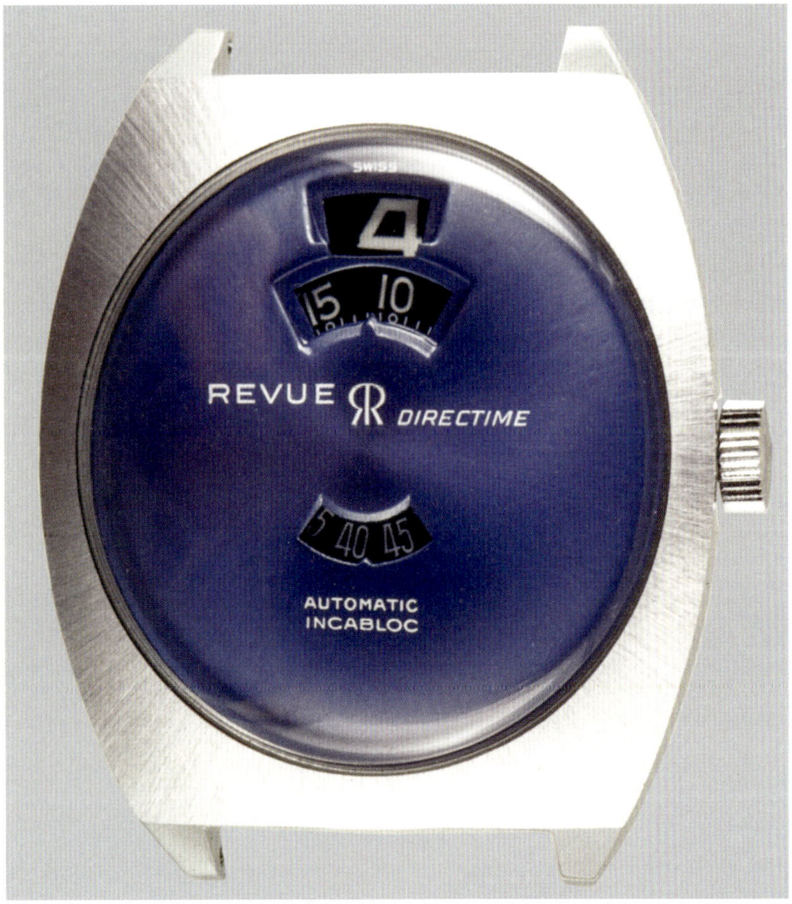

Revue-Directime

Herren-Automatic Modell «Directime» der Firma Revue um 1966 mit dem AS-Rohwerk (Cal 1902).
Tonneauförmiges Edelstahlgehäuse mit Schraubboden.
«Digitalisierte» Angabe von Stunden, Minuten und Sekunden in Zifferblatt-Ausschnitten.
Rotor mit Schwermetallreif, einseitig über ein Hebelrad aufziehend (bei 9^{00}*).*
Schraubenlose Glucydur-Unruh, Nivarox-Spirale, Incabloc-Stoßsicherung.

Kaliber-Liste · Revue/MSR

Kaliber	Durchmesser Linien	Durchmesser mm	Höhe mm	Zusatz-Einrichtungen	Halb-Schw./Stunde	St.	Gang-Res. Std.	Anmerkungen Modell	Jahrg.	Abb.
80	12 1/2	28,2	4,75	s	18.000				ca. 48	
80	"	"	5,7	SCI	"	20			ca. 49	xx
87	11 1/4	25,2	4,5	SCD	18.000	21	50	Rotor-King	1958	
87	"	"	5,0	SCD, QG	"	"	"	"	1958	
87.1	"	"	4,5	SCD	"	"	"	"	1958	xx
T 1	11 1/2			SCD	18.000			Eta-Ebauche		
T 5	11 1/2			SCD, QG	19.800	22	54	Exactomatic	ca. 67	
T 53	"			SCD	"	"	"	"		
T 56	"			SCD, QG	"	"	"	"		
T 57	"			SCD, QG, JG	"	"	"	"		xx

Kaliber-Steckbriefe

Cal 80

D = 28,2 mm (12 ½'''), H = 5,7 mm, 20 Steine

AUTOMATIK-BAUGRUPPE aufs Basiswerk geschraubt, Hammer-Aufzug in beide Drehrichtungen, durch Prellfedern begrenzt, über zwei, sich entgegengesetzt bewegende Klinkenträger-Wippen mit einem kombinierten Aufzugs- und Reduktionsrad, aufs Kronrad.
BASISUHRWERK (9 ¾'''): 2-schenklige Schraubenunruh aus Glucydur, Nivarox-Spirale, 18.000 Halbschw./Std., Incabloc-Stoßsicherung, indirekte Zentralsekunde.

Cal 87.1

D = 25,2 mm (11 ¼'''), H = 4,5 mm, 21 Steine

AUTOMATIK-BAUGRUPPE aufs Basiswerk gesetzt, Zentralrotor mit Schwermetallreif, Aufzug in beide Drehrichtungen über einen Exzenter am Rotor, rubinrollengeführten Kulissenhebel mit 2 federnden Hebelklinken, die jeweils wechselseitig auf ein feingezahntes Aufzugsrad wirken, aufs Sperrad. Entkopplung vom Handaufzugsmechanismus durch Zahnrad-Wippe zwischen Kronrad und dem Trieb des Aufzugsrades.
BASISUHRWERK: 2-schenklige Schraubenunruh aus Glucydur, Nivarox-Spirale, 18.000 Halbschw./Std., Incabloc-Stoßsicherung, Rückerfeinstellung über Schneckengetriebe, Cirocap-Kombilagerung des Ankerrades, direkte Zentralsekunde.

Cal MSR T 56

D = 11 ½''', 22 Steine

AUTOMATIK-BAUGRUPPE aufs Basiswerk geschraubt, kugelgelagerter Zentralrotor aus Schwermetall, Aufzug in beide Drehrichtungen über federlose Zwillings-Klinkenräder, 2 Reduktionsräder aufs Sperrad.
BASISUHRWERK: 3-schenklige schraubenlose Glucydur-Unruh, Nivarox-Spirale, 19.800 Halbschw./Std., Incabloc-Stoßsicherung, beweglicher Spiralklötzchenträger, Rückerfeinstellung über Exzenterschraube, direkte Zentralsekunde. Datumsanzeige mit augenblicklichem Wechsel.

Zur Kaliber-Entwicklung

Fritz Meyer gründete 1888 in Solothurn die Manufaktur, die sich nach dem Eintritt des Kompagnons «Meyer & Stüdeli S.A.» (MST) nannte und um das Jahr 1948 ihren Firmennamen in «Roamer Watch Co S.A.» änderte. Das erste Automatic-Kaliber (Cal 410) wurde Ende der vierziger Jahre vorgestellt. Es handelt sich um eine Rotor-Automatic, deren Drehsinnswandler aus Zwillings-Klinkenrädern mit Federklinken besteht und deren Automatikblock topfförmig über das Basiswerk gestülpt ist, so daß dieses fast vollständig verdeckt ist. Über eine patentierte Zahnradwippe wird der Handaufzugsmechanismus bei automatischem Betrieb abgekoppelt.

Mit der nächsten Entwicklung von 1952, dem Kaliber 420, werden einige Schwächen der ersten Konstruktion beseitigt: Die durch die Federklinken störanfälligen Klinkenräder sind durch einen robusten Wippenwechsler ersetzt, und über eine zweite Zahnradwippe wird nun auch das Automatik-Getriebe während des Handaufzuges abgekoppelt und damit geschont. Diese unter dem Namen «Rotopower» bekannte Uhr ist später auch als «Rotodate» mit einer Datumsanzeige ausgestattet worden.

Bemerkenswert ist das patentierte wasserdichte Roamer-Gehäuse, das aus einem topfförmigen, das Werk umschließenden Bodenteil besteht und über das zuerst ein Stülpglas und danach das Mittelteil gepreßt wird. Die Aufzugswelle ist geteilt und mit einer abgedichteten Krone versehen.

Die robuste, aber ziemlich klobige Uhr wurde um ca. 1958 durch das flachere Kaliber 436 abgelöst, das als die aufwendigste Automatic-Konstruktion der Firma einzustufen ist. Das Automatik-Getriebe ist hier ins Werk integriert, der Drehsinnswandler besteht aus patentierten Kugelfreiläufen und der Zentralrotor läuft auf einem Miniatur-Kugellager. Da alle Kugeln aus Rubinen bestehen, kommt die erstaunliche Anzahl von 44 Funktionssteinen zusammen – ein Werbeargument, das die Uhr eigentlich zum Beweis ihrer Vorzüge nicht nötig hat. Der hohe Wirkungsgrad des Selbstaufzuges erlaubt aus Gründen der Vereinfachung den Verzicht auf die Entkopplungseinrichtung zwischen Automatik- und Handaufzugsgetriebe. Auch das Basisuhrwerk ist mit einer hochwertigen Gangpartie und einer patentierten Feinregulierung ausgerüstet.

Bei härteren Stoßbelastungen zerbrachen jedoch öfters die Rubinkugeln im Rotorlager, so daß sie z. T. im Kaliber 471 durch Stahlkugeln ersetzt werden mußten, was auch bei den Freiläufen vorgenommen wurde.

Roamer verwendete bis 1966 dieses Kaliber, u. a. für die bekannte «Stingray», baute auch Fremdwerke von Felsa (Cal 441) und Eta (Cal 474) ein. Das trifft besonders auf die Automatic-Modelle für Damen zu, die ausschließlich mit Eta-Werken ausgerüstet sind (z. B. Cal 472).

Die letzte Automatic-Konstruktion ist das Kaliber 522 aus dem Jahre 1972. Design und Verarbeitungsqualität dieses Werkes lassen schon den verstärkten Zwang zur rationellen Produktion erkennen, obwohl auch hier der Rotor mit einem Miniatur-Kugellager versehen ist und in beide Drehrichtungen aufzieht.

Kaliber-Steckbriefe

Cal 420

D = 26,0 mm (11 ½'''), H = 6,4 mm, 21 Steine

AUTOMATIK-BAUGRUPPE aufs Basiswerk gesetzt, Zentralrotor mit Schwermetallreif, Aufzug in beide Drehrichtungen über Wippenwechsler, 2 Reduktionsräder, davon das erste mit federnder Klinke, aufs Sperrad (unter dem Zifferblatt). Wechselseitige Entkopplung zwischen Automatik- und Handaufzugsgetriebe durch 2 Zahnradwippen.

BASISUHRWERK: 2-schenklige Schraubenunruh aus Glucydur, Nivarox-Spirale, 18.000 Halbschw./Std., Incabloc-Stoßsicherung, beweglicher Spiralklötzchenträger, direkte Zentralsekunde.

Cal 436

D = 26,0 mm (11 ½'''), H = 4,55 mm, 44 Steine

AUTOMATIK-BAUGRUPPE ins Basiswerk integriert, kugelgelagerter Zentralrotor mit Schwermetallreif, Aufzug in beide Drehrichtungen über 2 Freilaufkupplungen (patent.) und insgesamt 3 Reduktionsräder aufs Sperrad.

BASISUHRWERK: 3-schenklige schraubenlose Glucydur-Unruh, Nivarox-Spirale, 21.600 Halbschw./Std., Incabloc-Stoßsicherung, patentierte Rückerfeinstellung über Exzenterschraube und beweglicher Spiralklötzchenträger, direkte Zentralsekunde, Zusatzrad zwischen Sekunden- und Ankerrad, Antikorodial-Federhaus, servicegerechte Entspannvorrichtung der Antriebsfeder.

Zusammensetzung der 44 Funktionssteine:

Basisuhrwerk	19
Reduktionsgetriebe	8
Freiläufe (2 x 5 Kugeln)	10
Rotorlager-Kugeln	7

Cal 441

Felsa-Ebauche (Cal 4002)

D = 26,0 mm (11 ½'''), 21 Steine

AUTOMATIK-BAUGRUPPE aufs Basiswerk gesetzt, rubingelagerter Zentralrotor mit peripherer Schwermetalleinlage, Aufzug in beide Drehrichtungen über Wippenwechsler, 2 Reduktionsräder aufs Kronrad.

BASISUHRWERK: 2-schenklige Schraubenunruh aus Glucydur, Nivarox-Spirale, 18.000 Halbschw./Std., Incabloc-Stoßsicherung, direkte Zentralsekunde über doppeltes Kleinbodenrad. Datumsanzeige mit langsamem Wechsel.

Cal 471

s. Cal 436, jedoch mit leicht veränderten Freiläufen und z. T. mit Stahlkugellager, Datumsanzeige mit augenblicklichem Wechsel.

Cal 472

Eta Ebauche (Cal 2550)

D = 17,5 mm (7 ¾'''), 23 Steine

AUTOMATIK-BAUGRUPPE als komplette Einheit aufs Basiswerk geschraubt, Zentralrotor mit Schwermetallreif, Aufzug in beide Drehrichtungen über federlose Zwillings-Klinkenräder, 2 Reduktionsräder aufs Sperrrad, Entkopplung vom Handaufzugsmechanismus durch verschiebbares Kronrad.

BASISUHRWERK: 3-schenklige schraubenlose Glucydur-Unruh, Nivarox-Spirale, 21.600 Halbschw./Std., Incabloc-Stoßsicherung, beweglicher Spiralklötzchenträger, direkte Zentralsekunde, indirekt geführter Minutenzeiger.

Roamer-Cal 420
Herren-Automatic Modell «Rotopower» der Firma Roamer um 1950 mit dem Kaliber 420.
Patent. Stülpgehäuse aus Edelstahl mit geteilter Aufzugswelle. Rotor mit Schwermetallreif, beidseitig über einen Wippenwechsler aufziehend (bei 4^{oo}), komplette wechselseitige Abkopplung von Automatik- und Handaufzugsgetriebe.
Glucydur-Schraubenunruh, Nivarox-Spirale, Incabloc-Stoßsicherung (Werk und Gehäuse mit Gebrauchsspuren).

Roamer-Cal 436

Herren-Automatic Modell «Rotopower 44» der Firma Roamer um 1958 mit dem Kaliber 436. Vergoldetes Stülpgehäuse mit Schalenboden aus Edelstahl, geteilte Aufzugswelle und Aufzugskrone mit RW-Symbol (Roamer Watch). Kugelgelagerter Rotor mit Schwermetallreif, beidseitig über einen Kugelfreilauf-Wechsler aufziehend (bei 2^{00} ins Werk versenkt). Schraubenlose Glucydur-Unruh, Nivarox-Spirale, Incabloc-Stoßsicherung, Rückerfeinstellung über Exzenterschraube, 44 Rubine.

Roamer-Cal 441

Herren-Automatic Modell «Rotodate» der Firma Roamer um 1960 (Cal 441) mit einem Felsa-Rohwerk.

Patent. Stülpgehäuse aus 14 k Gold mit geteilter Aufzugswelle und Aufzugskrone mit RW-Symbol.

Werk identisch mit Felsa-Cal 4000 (s. S. 135).

Roamer-Cal 471

Herren-Automatic Modell «Stingray Rotodate 44» der Firma Roamer (MST) von 1959 mit dem Kaliber 471.

Vergoldetes quadratisches Stülpgehäuse mit Schalenboden aus Edelstahl und geteilter Aufzugswelle, Aufzugskrone mit r-Symbol. Werk weitgehend identisch mit Kaliber 436 (s. S. 274).

Roamer-Cal 472

Damen-Automatic Modell «Stingray Matic» der Firma Roamer um 1965 mit dem Kaliber 472 (Eta-Rohwerk).

Vergoldetes Stülpgehäuse mit Schalenboden aus Edelstahl und geteilter Aufzugswelle, Aufzugskrone mit r-Symbol.

Rotor mit Schwermetallreif, beidseitig über einen patent. Klinkenrad-Wechsler aufziehend (bei 2 und 3°° in Abb. B), Abkopplung vom Handaufzugsgetriebe. Automatik-Baugruppe als komplette Einheit abnehmbar.

Schraubenlose Glucydur-Unruh, Nivarox-Spirale, Incabloc-Stoßsicherung (Gehäuse mit stärkeren Gebrauchsspuren).

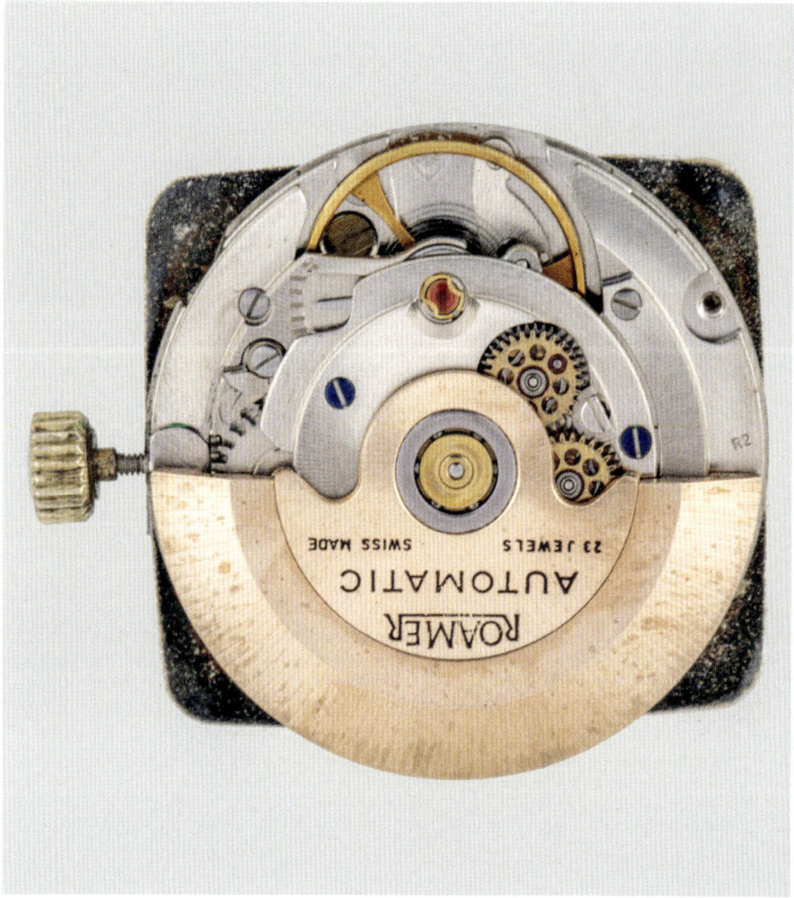

Roamer-Cal 474

Herren-Automatic Modell «Limelight» der Firma Roamer von 1966 mit dem Kaliber 474 (Eta-Rohwerk Cal 2522 R).
Querrechteckiges vergoldetes Gehäuse mit Schalenboden aus Edelstahl.
Kugelgelagerter Rotor mit Schwermetallreif, beidseitig über einen Klinkenrad-Wechsler aufziehend (bei 2^{00}), Abkopplung vom Handaufzugsgetriebe.
Große schraubenlose Glucydur-Unruh, Nivarox-Spirale, Incabloc-Stoßsicherung (Gehäuse und Werk mit Gebrauchsspuren, Aufzugskrone nicht original).

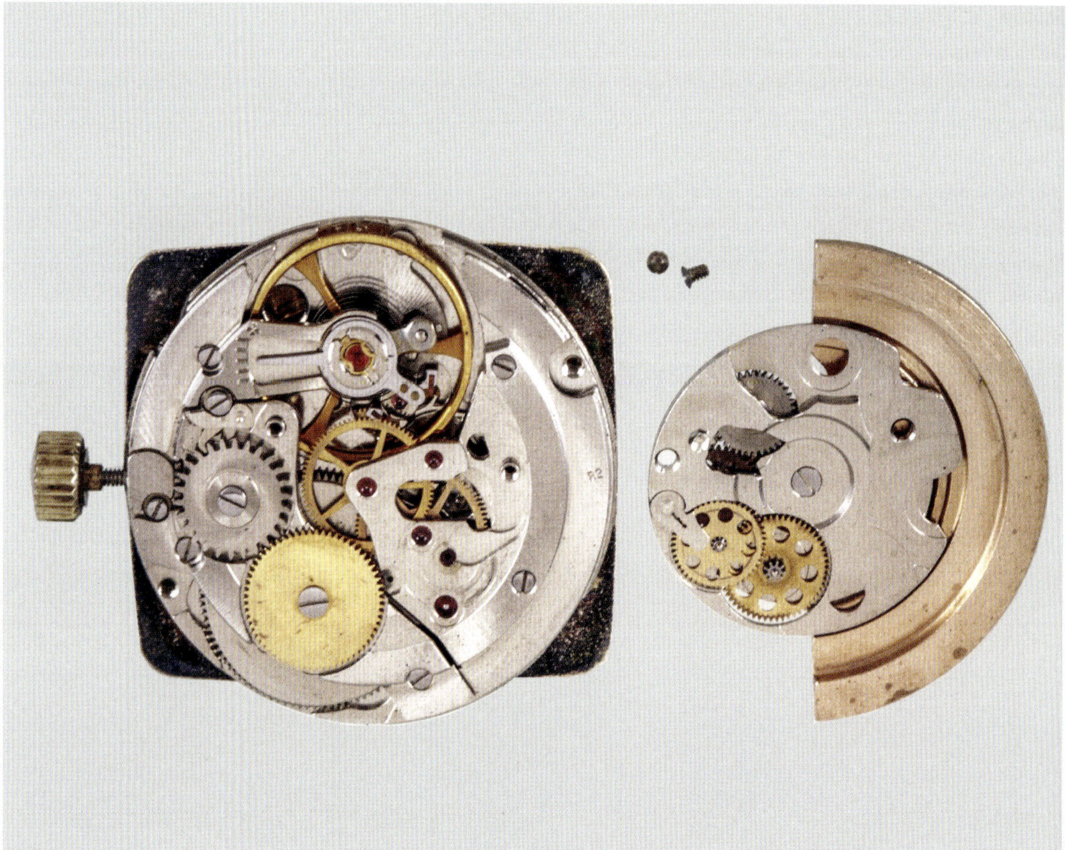

Roamer-Cal 522

Herren-Automatic Modell «Searock» der Firma Roamer von 1972 mit dem Kaliber 522.
Tonneauförmiges Edelstahlgehäuse mit Schraubboden, Aufzugskrone mit r-Symbol.
Kugelgelagerter Rotor mit Schwermetallreif, beidseitig über einen Klinkenrad-Wechsler aufziehend.
Schraubenlose Nickel-Unruh, Nivarox-Spirale, Incabloc-Stoßsicherung.

Kaliber-Liste · Roamer/MST

Kaliber	Durchmesser Linien	Durchmesser mm	Höhe mm	Zusatz-Einrichtungen	Halb-Schw./Stunde	St.	Gang-Res. Std.	Anmerkungen Modell	Jahrg.	Abb.
410	11 1/2	26,0	6,3	s	18.000	17			ca. 50	
411	"	"		SCI	"	"				
420	11 1/2	26,0	6,4	SCD	18.000	21	36	Rotopower	1952	xx
421	"	"	7,3	SCD, QG	"	"	"	"		
426	7	15,8			18.000					
428				QG					1957	
436	11 1/2	26,0	4,55	SCD	21.600	44	42	Rotopower 44	ca. 58	xx
437	"	"	5,4	SCD, QG	"	"	"			
439	7 3/4	17,5		SCD	18.000					
441	11 1/2	26,0		SCD, QG	18.000	21	43	Rotodate, Felsa-Ebauche		xx
452	"	"		SCD, QG	"					
465	7 3/4	17,5		SCD, QG	18.000					
470	11 1/2	26,0	4,55	SCD	21.600	44	44		1959	
471	"	"	5,4	SCD, QG	"	44/28	"	Stingray/Vanguard 316	1959	xx
472	7 3/4	17,5		SCD	21.600	23		Stingray Matic, Eta-Ebauche		xx
473	"	"		SCD, QG	"	"				
474	11 1/2	26,0		SCD, QG	18.000	23		Limelight, Eta-Ebauche	1966	xx
477	11 1/2	26,0		SCD, QG	18.000					
478	"	"		SCD, QG, JG	21.600					
479	"	"		SCD, QG	"					
522	11 1/2	26,0	5,0	SCD, QG, RDR	21.600	17		Searock	1972	xx

Cal 474

Eta-Ebauche (Cal 2522 R)
D = 26,0 mm (11 ½'''), 23 Steine

AUTOMATIK-BAUGRUPPE als komplette Einheit aufs Basiswerk geschraubt, kugelgelagerter Zentralrotor mit Schwermetallreif, Aufzug in beide Drehrichtungen über federlose Zwillings-Klinkenräder, 2 Reduktionsräder aufs Sperrad, verschiebbar gelagertes Kronrad zur Trennung vom Handaufzugsmechanismus.

BASISUHRWERK: 3-schenklige schraubenlose Glucydur-Unruh, Nivarox-Spirale, 18.000 Halbschw./Std., Incabloc-Stoßsicherung, beweglicher Spiralklötzchenträger, direkte Zentralsekunde, indirekt geführter Minutenzeiger. Datumsanzeige mit augenblicklichem Wechsel.

Cal 522

D = 26,0 mm (11 ½'''), H = 5,0 mm, 17 Steine

AUTOMATIK-BAUGRUPPE ins Basiswerk integriert, kugelgelagerter Zentralrotor mit Schwermetallreif, Aufzug in beide Drehrichtungen über federlose Zwillings-Klinkenräder, 2 Reduktionsräder aufs Kronrad.

BASISUHRWERK: 3-schenklige schraubenlose Nickel-Unruh, Nivarox-Spirale, 21.600 Halbschw./Std., Incabloc-Stoßsicherung, beweglicher Spiralklötzchenträger, direkte Zentralsekunde, indirekt geführter Minutenzeiger. Datumsanzeige mit augenblicklichem Wechsel und Schnellkorrektur.

Zur Kaliber-Entwicklung

Zeitschriften-Reklame (aus JSH 1945)

Der Deutsche Hans Wilsdorf (1881–1960) gründete 1905 die Uhrengroßhandlung «Wilsdorf & Davis» in London und vertrieb u. a. die Uhren des Schweizers Jean Aegler aus Biel. 1908 ließ sich Wilsdorf den Namen «Rolex» als Marke schützen. 1914 erhielt eine Rolex als erste Armbanduhr das Chronometer-Zertifikat der Klasse A des Kew-Observatoriums in London.

Ab 1920 wurden die von der Firma Aegler S.A. in Biel produzierten Werke von der nun nach Genf verlagerten Firma Montres Rolex S. A. mit Gehäusen versehen und vertrieben.

Mit der ersten wasserdichten Armbanduhr, dem 1926 vorgestellten Oyster-Modell (Oyster = Auster), durchschwamm die Londonerin Mercedes Gleitze 1927 den Ärmelkanal. Rolex vermarktete dieses Ereignis mit einem in der Uhrenbranche bisher ungewohnt großen Werbeaufwand.

Zusammen mit seinem Chefkonstrukteur Borer entwickelte Wilsdorf ein automatisches Kaliber (620 NA), das in der «Oyster Perpetual» 1931 herausgebracht und ein Jahr später patentiert wurde. Erstmalig in einer Armbanduhr arbeitet hier ein Rotor als Schwungmasse, der in einer Drehrichtung wirksam ist. Bei automatischem Betrieb wird als Novum der Handaufzugsmechanismus selbständig abgetrennt und erhöht somit dessen Wirkungsgrad. Dadurch läßt sich schon nach einer durchschnittlichen Tragezeit von 6 Stunden eine Gangreserve von 35 Stunden aufbauen. Gegen das schädliche Unruhprellen durch die Überspannung der Antriebsfeder schützt ein Gleitzaum im Federhaus. Die komplette Automatikeinheit befindet sich in einem topfartigen Gestell, das abdichtend wie ein Hut auf das Basisuhrwerk geschraubt wird. Dafür ließ sich nur ein relativ kleines Handaufzugswerk einsetzen, das aber als Präzisionswerk ausgerüstet und entsprechend feingestellt werden konnte.

Durch die Zusammenfassung mehrerer Rolex-Innovationen ließen sich in einem «Oyster Perpetual Chronometer» alle wesentlichen Forderungen an eine moderne Armbanduhr erfüllen, die die Eigenschaften Robustheit, Bedienungskomfort und Genauigkeit umfassen. Damit gelang es Rolex auf Anhieb, ein zukunftsweisendes Automatic-Konzept zu entwickeln und somit den Grundstein für den bis heute anhaltenden Erfolg zu legen.

Auf der Basis dieser ersten Rotor-Automatic baute man mit nur geringen Abwandlungen bis 1950 Werke, deren Größe und Bezeichnung jeweils vom verwendeten Basisuhrwerk bestimmt wurden:

Cal 420	Basisuhrwerk	Cal 400 (7 ¾‴)
Cal 520, 530	"	Cal 500 (8 ¾‴)
Cal 620–645	"	Cal 600 (9 ¾‴)
Cal 720–780	"	Cal 700 (10 ½‴).

Die Ausrüstung dieser Kaliber-Reihe wird im Laufe der Jahre komplettiert, und zwar mit einer Stoßsicherung der Unruhwelle, der indirekten Zentralsekunde und 1945 als erste Automatic mit einer Datumsanzeige

Kaliber-Liste · Rolex

Kaliber	Durchmesser Linien	Durchmesser mm	Höhe mm	Zusatz-Einrichtungen	Halb-Schw./Stunde	St.	Gang-Res. Std.	Anmerkungen Modell	Jahrg.	Abb.
420 PA	8 1/2	19,4			18.000	18		auf Cal 400	1941	
520 AR	10 3/4	24,0			18.000	17		auf Cal 500	1936	
530 AR	"	"		SCI	"	"		"	1936	
620 NA	11 3/4	26,4	7,5	s	18.000	17	40	auf Cal 600	1931	xx
630 NA	"	"		SCI	"	18	"	"		xx
635 (A 260)	"	"	6,5		"		"	"		
640	"	"		QG, JG, PH	"		"	"		
645 (A 260)	"	"		SCI	"	18+2	"	"	1950	xx
720 (A 295)	13	29,5			18.000	18		auf Cal 700	1940	
730	"	"		SCI	"	18+2		"	1945	
740	"	"		SCI, QG	"	18		", 1. Datums-Aut.	1945	
745	"	"		SCI, QG	"	18+2		"	1952	
765 (A 296)	"	"		SCI, QG	"	"		"	1950	
775	"	"		SCI	"	"		"	1950	
780	"	"		QG, JG, PH	"	18		"	1952	
1030	12 1/2	28,1	5,85	SCI	18.000	25			1950	xx
1035	"	"		SCI, QG	"					
1036	"	"		SCI, QG (GMT)	"					
1040	"	"		SCI	"					
1055	"	"		SCI, QG	"			250.000-tes Chronom.	1954	
1065	"	"		SCI, QG (M, GMT)	"				1955	
1066	"	"		SCI, QG (M, GMT)	"				1957	
1080	"	"		SCI	"					
1120	8 3/4	19,7			19.800	27			1953	
1130	"	"		SCI	"	26			1955	
1135	"	"		SCI, QG	"	"			1955	
1160	"	"	5,5	SCI	"				1964	
1161	"	"		SCI	"				1964	
1165	"	"		SCI, QG	"				1965	
1166	"	"		SCI, QG	"				1967	
1520	12 1/2	28,1	5,75	SCI	19.800				1963	
1525	"	"	6,3	SCI, QG	"				1965	
1530	"	"	5,75	SCI	18.000				1957	
1535	"	"	6,3	SCI, QG	"				1957	
1555	"	"	7,03	SCI, QG, JG	"				1959	
1556	"	"	"	SCI, QG, JG	19.800				1965	
1560	"	"	5,75	SCI	18.000				1965	
1565	"	"	6,3	SCI, QG	"				1959	
1565 GMT	"	"	6,47	SCI, QG (GMT)	"				1962	
1570	"	"	5,75	SCI	19.800	25			1965	xx
1575	"	"	6,3	SCI, QG					1965	
1575 GMT	"	"	6,47	SCI, QG, ST (GMT)		26				
1580	"	"		SCI, ST (M)					1963	
2030	8 3/4	19,7	5,4	SCI, ST	28.800	28			1970	
2035	"	"	5,83	SCI, QG, ST	"	"			1970	

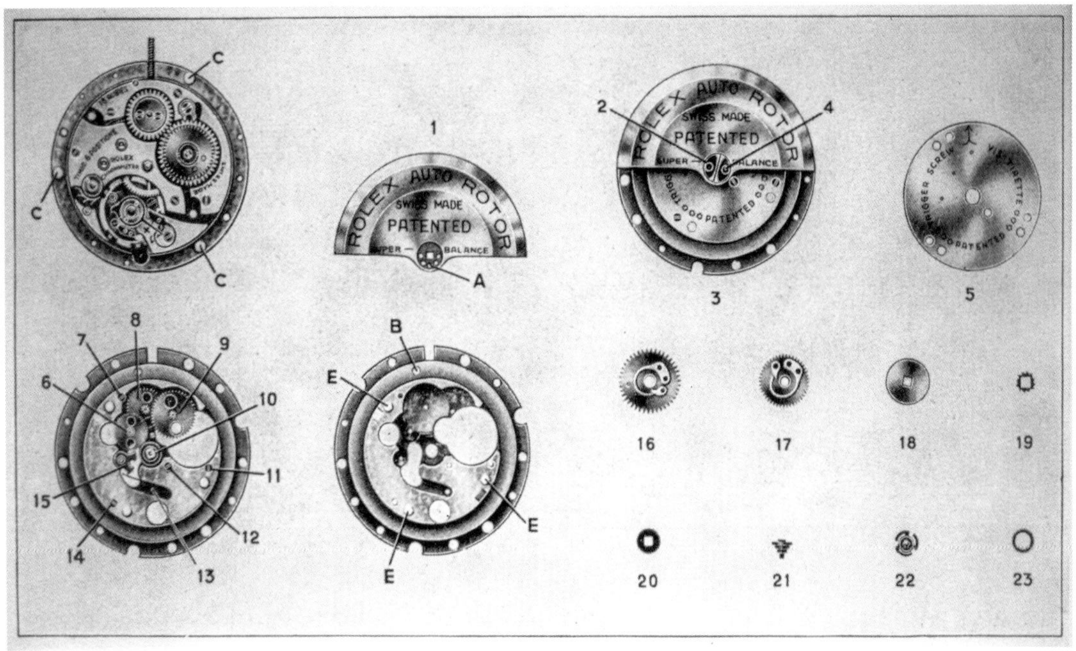

Bestandteil-Bildkatalog des Rolex-Kalibers 620 NA: Links unten ist das Automatic-Getriebe nach Abnahme der oberen Platte (5) zu erkennen.

(Cal 740). Nur durch die konstruktive Veränderung der Sperrad-Kupplung konnte die Werkshöhe beim Kaliber 745 um 1 mm reduziert werden. Denn die ausgeprägte Dicke der bisherigen Rolex-Werke führte notgedrungen zu einer plumpen Gehäuseform mit dem gewölbten Schraubboden, die in den USA als «Bubble Back» bezeichnet wird.

Erst 1950 folgt mit dem Kaliber 1030 eine neue Automatic-Konstruktion, die sich u. a. durch den beidseitigen Aufzug vom Vorgänger unterscheidet. Als Wechselrichter werden Zwillingsräder mit federlosen Ankerklinken eingesetzt, die aus einer verschleißarmen, rot eloxierten Aluminiumlegierung bestehen.

Der Zentralrotor dreht sich jetzt über dem großen Basisuhrwerk, das die gesamte Gehäuseinnenfläche ausfüllt und durch den Einbau einer größeren Unruh und größeren Federhauses die weitere Verbesserung der Chronometerqualität ermöglichte. Die Firma Rolex konnte damit im Jahre 1954 ihren 250.000sten Armband-Chronometer ausrüsten.

In den folgenden Jahren verbessern die Konstrukteure u. a. das Basisuhrwerk durch den Einbau einer schraubenlosen Ringunruh mit erhöhter Schwingungszahl.

Die Ablösung dieser sehr bewährten Automatic-Konstruktion erfolgt erst 1970 durch das mittelgroße Kaliber 2030 bzw. 1977 durch das große Kaliber 3035.

Während bei beiden die Automatik-Baugruppe nur unwesentlich verändert vom Vorgänger übernommen wird, rüstet Rolex das Basisuhrwerk nach den modernsten Erkenntnissen der Präzisionstechnik aus: Alle Zahnräder bestehen aus Berylliumbronze und sind mit einer Mikroverzahnung versehen. Damit und durch das schnelldrehende Federhaus wird eine besonders gleichförmige Energieübertragung auf das schnellschwingende Regulierorgan gewährleistet, das mit einer Clinergic 21-Ankerhemmung von FAR (Fabriques d'Assortiments Réunies) arbeitet. Auffallend ist der fehlende Rücker, der hier durch zwei Paar patentierte Microstella-Reguliermuttern innen am Unruhreif ersetzt wurde. Über eine zusätzliche Schraube im Fuß des Unruhklobens kann das axiale Unruhspiel eingestellt werden. Auch der gesamte Getriebeaufbau wurde mit der Einführung der direkten Zentralsekunde und des außermittig verlagerten Minutenrades grundlegend verändert.

Ohne Zweifel gebührt Rolex damit das Privileg, für die allgemeine Entwicklung und die Akzeptanz der Automatic den bedeutendsten Beitrag geliefert zu haben.

Kaliber-Liste · Rolex

Kaliber	Durchmesser Linien	Durchmesser mm	Höhe mm	Zusatz-Einrichtungen	Halb-Schw./Stunde	St.	Gang-Res. Std.	Anmerkungen Modell	Jahrg.	Abb.
2130	8 3/4	19,7	5,4	SCI, ST	28.800	29			1984	
2135	"	"	5,83	SCI, QG, RDR, ST	"					
3035	12 1/2	28,1	6,35	SCD, QG, RDR, ST	28.800	27	50		1977	xx
3055	"	"	7,11	SCD, QG, JG, RDR, ST	"	"	"			
3075	"	"	6,35	SCD, QG, RDR, ST (GMT)	"	"	"		1983	
3085	"	"	6,8	SCD, QG, ST (GMT)						
3135	12 1/2	28,1	6,0	SCD, QG, RDR, ST	28.800	31		mit Unruhbrücke	ca. 88	

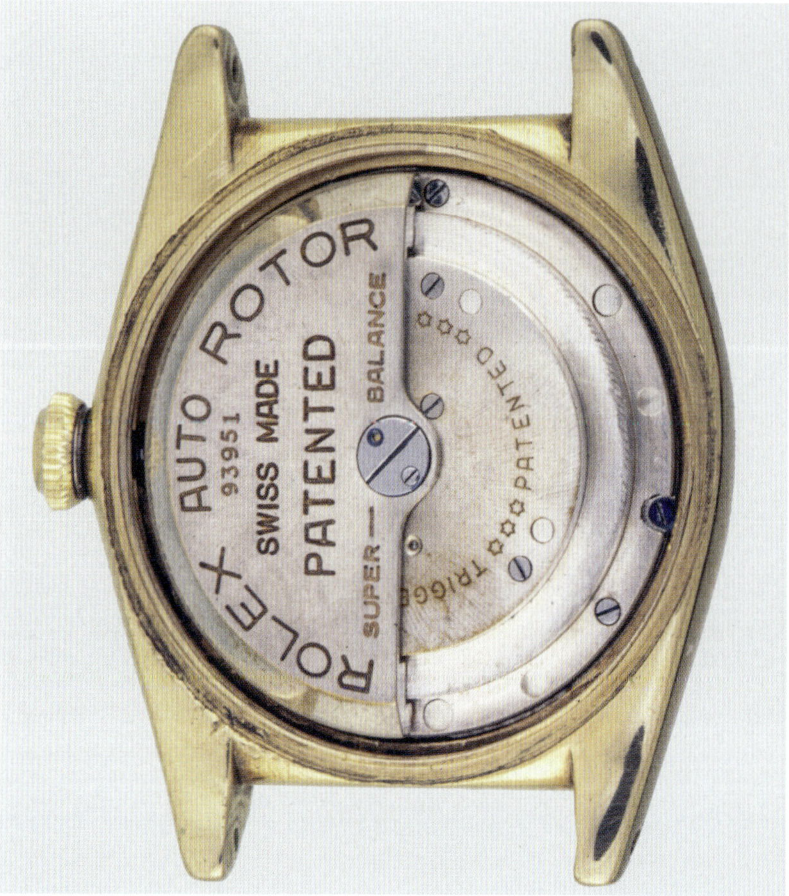

Rolex-Cal 620 NA

Herren-Automatic Modell «Oyster Perpetual» der Firma Rolex um 1933 mit dem weltweit ersten Rotor-Kaliber 620 NA ab 1931. Vergoldetes Gehäuse mit Schraubboden aus Edelstahl und verschraubter Aufzugskrone mit Rolex-Schriftzug («bubble back»). Messingrotor einseitig uber eine Breguetkupplung aufziehend, komplette Abkopplung zwischen Automatik- und Handaufzugsgetriebe. Automatic-Baugruppe als komplette Einheit verdeckt vollständig das Präzisionsuhrwerk. «Super-Balance»-Schraubenunruh, Breguetspirale, ohne Stoßsicherung (Zifferblatt «aufgefrischt», Gehäuse nachvergoldet, Schraubkrone nicht passend, Werk mit Gebrauchsspuren, Schwanenhalsfeder fehlt).

Rolex-Cal 630 NA
Herren-Automatic Modell «Oyster Perpetual» der Firma Rolex um 1938 als Chronometer «Super Precision» mit dem Kaliber 630 NA.
Edelstahlgehäuse mit Schraubboden und verschraubter Krone mit Rolex-Schriftzug («bubble back»).
Werk identisch mit Cal 620 NA, jedoch mit Zentralsekunde (Sekundenzeiger nicht original, Werkoberfläche leicht korrodiert).

Rolex-Cal 645

Herren-Automatic als Chronometer-Modell «Oyster Perpetual» der Firma Rolex um 1950 mit dem Kaliber 645.

18k-Goldgehäuse mit Schraubboden und verschraubter Aufzugskrone (mit Kronensymbol).

Werk im wesentlichen identisch mit Cal 630, jedoch flacher ausgeführt und mit einer Monorex-Stoßsicherung versehen (Zifferblattauflagen und Zeiger korrodiert).

Rolex-Cal 1030

Herren-Automatic als Chronometer-Modell «Oyster Perpetual» der Firma Rolex um 1957 mit dem Kaliber 1030.
Edelstahlgehäuse mit Schraubboden und verschraubter Aufzugskrone (mit Kronensymbol).
Rotor mit Schwermetallreif, beidseitig über einen Klinkenrad-Wechsler aufziehend, Abkopplung vom Handaufzugsgetriebe.
Glucydur-Schraubenunruh, autokompensierende Breguetspirale, Kif-Flector-Stoßsicherung (Zifferblatt «vergraut», Indizes, Zeiger und Werksoberfläche korrodiert).

Rolex-Cal 1575 GMT

Herren-Automatic als Chronometer-Modell «Oyster Perpetual Explorer II» der Firma Rolex um 1970 mit dem Kaliber 1575 GMT (Basiskaliber 1570).

Edelstahlgehäuse mit Schraubboden und verschraubter Aufzugskrone (mit Kronensymbol). 24-Stundenanzeige über 4. Zentralzeiger. Rotor mit Schwermetallreif, beidseitig über einen Klinkenrad-Wechsler aufziehend (rot eloxiert), Automatik-Baugruppe als komplette Einheit abnehmbar.

Glucydur-Schraubenunruh, autokompensierende Breguetspirale, Kif-Ultraflex-Stoßsicherung, ohne Rücker.

Rolex-Cal 2030

Damen-Automatic Modell «Oyster Perpetual» der Firma Rolex um 1975 mit dem Kaliber 2030.

Edelstahlgehäuse mit Schraubboden, Lünette und Aufzugskrone aus Gold.

Rotor mit Schwermetallreif, beidseitig über einen Klinkenrad-Wechsler aufziehend (rot eloxiert), Abkopplung des Handaufzugsgetriebes. Automatik-Baugruppe als komplette Einheit abnehmbar. Schraubenlose Glucydur-Unruh, autokompensierende Flachspirale, Kif-Ultraflex-Stoßsicherung, Spirofin-Feinsteller (Zifferblatt und Zeiger korrodiert, Werksschrauben z. T. angerostet, Gebrauchsspuren an Gehäuse und Werk).

Rolex-Cal 3035

Herren-Automatic als Chronometer-Modell «Oyster Perpetual» der Firma Rolex um 1982 mit dem «Datejust»-Kaliber 3035.
Edelstahlgehäuse mit Schraubboden und verschraubter Aufzugskrone (mit Kronensymbol).
Rotor mit Schwermetallreif, beidseitig über einen Klinkenrad-Wechsler aufziehend (rot eloxiert), Abkopplung vom Handaufzugsgetriebe. Automatik-Baugruppe als komplette Einheit abnehmbar. Glucydur-Ringunruh mit zwei Paar Microstella-Gewichtsschrauben, autokompensierender Breguetspirale, Kif-Ultraflex-Stoßsicherung, ohne Rücker.

Kaliber-Steckbriefe

Cal 620 NA

D = 26,4 mm (11 ¾'''), H = 7,5 mm, 17 Steine

AUTOMATIK-BAUGRUPPE als komplette Einheit hutförmig auf das Basiswerk gesetzt, monometallischer Zentralrotor, Aufzug in einer Drehrichtung über zentralgelagertes Breguetrad mit Klinkenfeder, 3 Reduktionsräder, davon das erste mit federnder Klinke, aufs doppelte Sperrad, das als Klinkenkupplung zur wechselseitigen Abkopplung zwischen Automatik- und Handaufzugsgetriebe ausgebildet ist.

BASISUHRWERK (Cal 600: D = 9 ¾'''): 2-schenklige monometallische Schraubenunruh (Super-Balance), Breguetspirale, 18.000 Halbschw./Std., ohne Stoßsicherung, Schwanenhals-Feinregulierung des Rückers, Ankerrad zwischen Decksteinen gelagert, exzentrische Sekunde.

Cal 630 NA

D = 26,4 mm (11 ¾'''), 18 Steine

s. Cal 620 NA, jedoch mit indirekter Zentralsekunde.

Cal 645

D = 26,4 mm (11 ¾'''), 20 Steine

Werksaufbau s. Cal 630 NA, jedoch mit größerem Rotor, Durchbrüchen in der Automatik-Platine zur Rückerverstellung, Monorex-Stoßsicherung und Breguetkupplung auf dem Sperrad.

Cal 1030

D = 28,1 mm (12 ½'''), H = 5,85 mm, 25 Steine

AUTOMATIK-BAUGRUPPE als komplette Einheit aufs Basiswerk geschraubt. Zentralrotor mit Schwermetallreif, Aufzug in beide Drehrichtungen über federlose Zwillings-Klinkenräder aus rot eloxierter Aluminiumlegierung, 2 Reduktionsräder aufs doppelte Sperrad (zur Abtrennung des Handaufzugsgetriebes).

BASISUHRWERK: 2-schenklige Schraubenunruh aus Glucydur, autokompensierende Breguetspirale, 18.000 Halbschw./Std., Kif-Flector-Stoßsicherung, Ankerradlagerung im kombinierten Duofix-Steinfutter, indirekte Zentralsekunde.

Cal 1575 GTM

D = 28,1 mm (12 ½'''), H = 6,47 mm, 26 Steine

AUTOMATIK-BAUGRUPPE als komplette Einheit aufs Basiswerk geschraubt. Zentralrotor mit Schwermetallreif, Aufzug in beide Drehrichtungen über federlose Zwillings-Klinkenräder aus rot eloxierter Aluminiumlegierung, 1 Reduktionsrad aufs Sperrad.

BASISUHRWERK: 2-schenklige Schraubenunruh aus Glucydur, autokompensierende Breguetspirale, 19.800 Halbschw./Std., Kif-Ultraflex-Stoßsicherung, arretierbarer beweglicher Spiralklötzchenträger ohne Spiralschlüssel, Ankerradlagerung als kombiniertes Duofix-Steinfutter, indirekte Zentralsekunde. Sekundenstopp, zentraler 24-Stundenzeiger, Datumsanzeige.

Cal 2030

D = 19,7 mm (8 ¾'''), H = 5,4 mm, 28 Steine

AUTOMATIK-BAUGRUPPE als komplette Einheit aufs Basiswerk geschraubt. Zentralrotor mit Schwermetallreif, Aufzug in beide Drehrichtungen über federlose Zwillings-Klinkenräder aus rot eloxierter Al-Legierung, 1 Reduktionsrad aufs Sperrad. Abtrennung des Handaufzugsgetriebes durch Umstelltrieb zwischen Kron- und Sperrad.

BASISUHRWERK: 4-schenklige schraubenlose Glucydur-Unruh, autokompensierende Flachspirale mit Greiner-Spiralrolle, 28.800 Halbschw./Std., Kif-Ultraflex-Stoßsicherung, Spirofin-Feinsteller mit 2 Rückerstiften aus Rubin und beweglichem Spiralklötzchenträger, Clinergic-21-Ankerhemmung, Ankerradlagerung als kombiniertes Duofix-Steinfutter, indirekte Zentralsekunde mit magnetischer Bremsung. Datumsanzeige mit augenblicklichem Wechsel.

Cal 3035

D = 28,1 mm (12 ½'''), H = 6,25 mm, 27 Steine

AUTOMATIK-BAUGRUPPE als komplette Einheit aufs Basiswerk geschraubt. Zentralrotor mit Schwermetallreif, Aufzug in beide Drehrichtungen über federlose Zwillings-Klinkenräder aus rot eloxierter Al-Legierung, 1 Reduktionsrad aufs Sperrad. Abtrennung des Handaufzugsgetriebes durch Umstelltrieb zwischen Kron- und Sperrad.

BASISUHRWERK: 4-schenklige Ringunruh aus Glucydur mit 2 Paar Microstella-Gewichtsschrauben, autokompensierende Breguetspirale, 28.800 Halbschw./Std., Kif-Ultraflex-Stoßsicherung, beweglicher Spiralklötzchenträger, regulierbares Höhenspiel der Unruh über Klobenschraube, Clinergic-21-Ankerhemmung, Ankerradlagerung als kombiniertes Duofix-Steinfutter, direkte Zentralsekunde, indirekt geführter Minutenzeiger, schnelldrehendes Federhaus (n = 10). Stoppsekunde, augenblicklicher Datumswechsel und Schnellkorrektur.

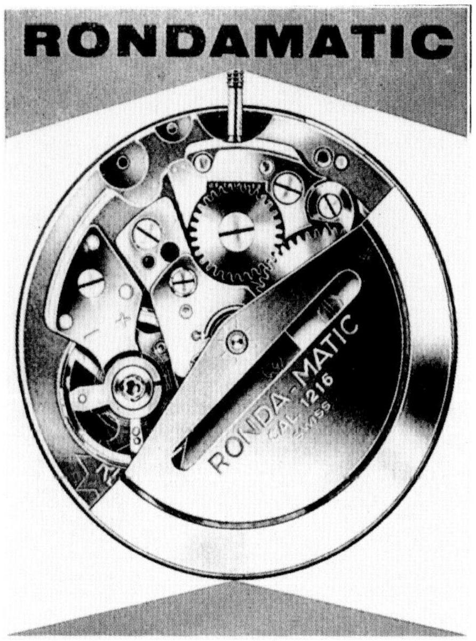

Zeitschriften-Reklame (aus The Swiss Watch 1972)

Zur Kaliber-Entwicklung

William Mosset gründete 1946 in Lausen die Firma Ronda S. A. und begann mit der Produktion von einzelnen Uhrenbestandteilen. 1961 erhielt er vom Eidgenössischen Volkswirtschafts-Department die Erlaubnis, in eigener Regie vollständige Stiftanker-Werke herzustellen. Nach der Aufhebung der Stiftanker-Konvention im Jahre 1966 lieferte Ronda auch Rohwerke mit Steinanker-Hemmung und modernem Getriebeaufbau. Der Aufzug des meistverwendeten Zentralrotors wie auch des im Kaliber 2539 D eingebauten Mikrorotors erfolgt nur in einer Drehrichtung und ermöglicht eine einfache und robuste Automatic-Baugruppe.

Kaliber-Steckbrief

Cal 1239-21 (RAX)

D = 27 mm (12'''), 17 Steine

AUTOMATIK-BAUGRUPPE aufs Basiswerk geschraubt. Zentralrotor mit Schwermetallreif und Gleitlager, Aufzug in einer Drehrichtung über federndes Gleitritzel, 2 Reduktionsräder aufs Sperrad.

BASISUHRWERK: 2-schenklige schraubenlose Nickel-Unruh, Nivarox-Spirale, 21.600 Halbschw./Std., Kif-Protechoc-Stoßsicherung, beweglicher Spiralklötzchenträger, Steinanker-Hemmung, direkte Zentralsekunde, indirekt geführter Minutenzeiger. Datumsanzeige mit augenblicklichem Wechsel und Schnellkorrektur, Anzeige des Wochentages.

Kaliber-Liste · Ronda

Kaliber	Durchmesser Linien	Durchmesser mm	Höhe mm	Zusatz-Einrichtungen	Halb-Schw./Stunde	St.	Gang-Res. Std.	Anmerkungen Modell	Jahrg.	Abb.
Stiftanker-Kaliber (RL):										
1216-21	12	27			18.000					
1216-21	"	"	5,5	SCD	21.600				ca. 72	
1218-21	"	"		SCD, QG, RDR	"				"	
1219-21	"	"		SCD, QG, JG, RDR	"				"	
1226	12	27		REV	21.600				ca. 72	
1226-21	"	"		REV, SCD (Digital)	"					
9018	8 3/4	20		SCD, QG	21.600	17				
Steinanker-Kaliber (RAX):										
1236-21	12	27			21.600					
1237-21	"	"		CLD	"					
1238-21	"	"		CLD	"					
1239-21	"	"		SCD, QG, JG	"	17				xx
1246-21	12	27		SCD (Digital)	21.600					
2539 D	11 1/2	26	4,25	SCD, QG, JG, RDR	21.600	22	40	(Mikro-Rotor)	1986	

Ronda-Cal 1239-21

Herren-Automatic der Marke «Sicura» um 1975 mit dem Ronda-Kaliber 1239-21 (RAX).

Tonneauförmiges vergoldetes Gehäuse mit Schraubboden aus Edelstahl.

Rotor mit Schwermetallreif, einseitig über ein Gleitritzel aufziehend (bei 12^{00}).

Schraubenlose Nickel-Unruh, Nivarox-Spirale, Kif-Protechoc-Stoßsicherung.

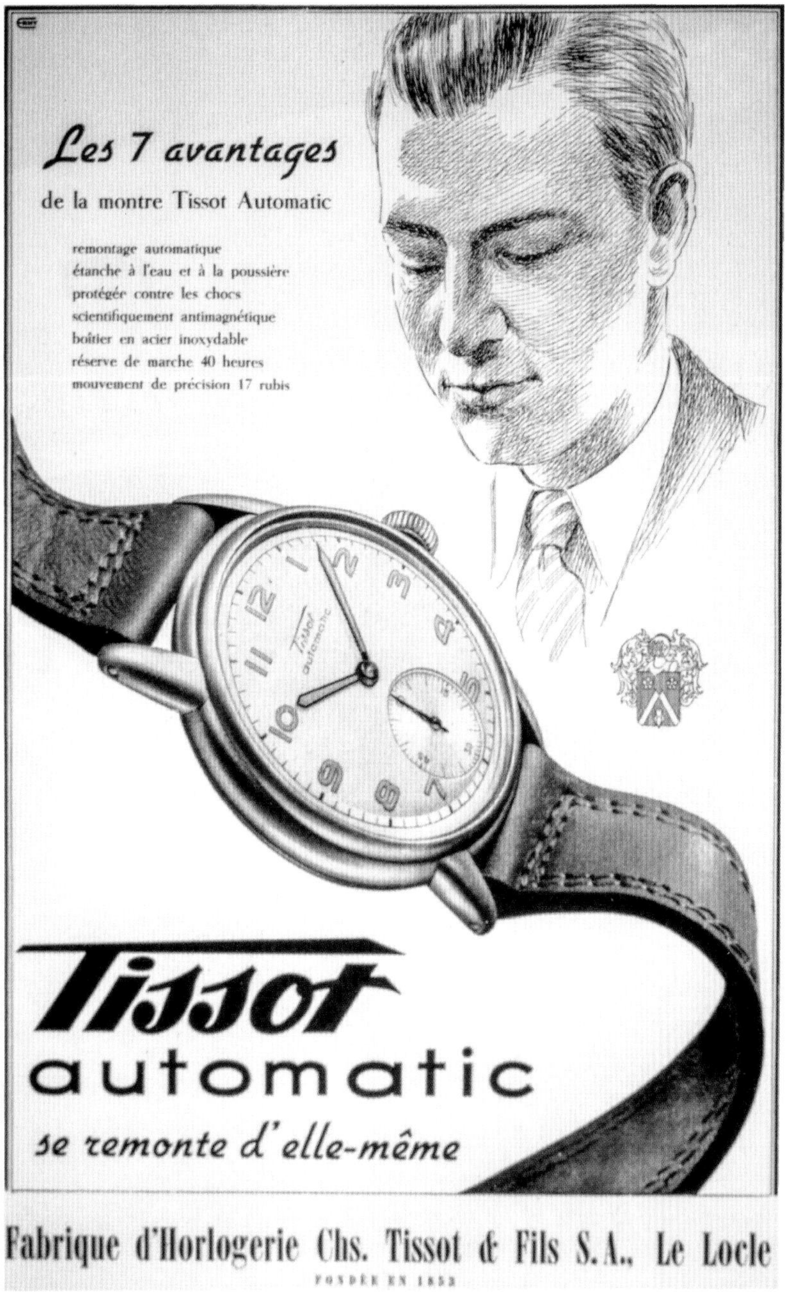

Zeitschriften-Reklame (aus JSH 1945)

Zur Kaliber-Entwicklung

Charles F. Tissot gründete 1853 die Manufaktur in Le Locle, die sich 1930 mit Omega und weiteren Firmen zur SSIH (Holding Société Suisse pour l'Industrie Horlogère) zusammenschloß, nachdem schon einige Jahre vorher mit Omega kooperiert wurde. Die weitere Firmenentwicklung wird durch Omega geprägt; Tissot-eigene Kaliberentwicklungen ergänzen deren Programm in der Kategorie der preiswerten Uhren.

So weist das erste Automatic-Kaliber aus dem Jahre 1944 starke Ähnlichkeiten mit dem der Firma Omega auf. Es handelt sich um eine Hammer-Automatic mit einseitigem Aufzug in typischer Bauweise mit der Kaliber-Nummer 28-1.

Zum 100jährigen Firmenjubiläum wurde die «Navigator»-Weltzeituhr vorgestellt, die mit diesem, aber etwas abgewandelten Kaliber bestückt ist (Cal 28.5 N-21). Hier läßt sich mit einem einfachen Mechanismus über die Krone die Lokalzeit einstellen, ohne daß sich die als Zifferblattscheibe mitdrehende Weltzeitskala in ihrer Position verändert (siehe Abb. S. 295).

Als eigenständige Neuentwicklung ist die 1953 herausgebrachte Rotor-Automatic einzustufen, die beidseitig über den für Tissot typischen, zentralgelagerten Wippenwechsler aufzieht. Die nachfolgenden Kaliberkonstruktionen basieren auf diesem Werk und zeigen nur geringe Veränderungen im Aufbau.

Kaliber-Steckbriefe

Cal 28.5-1

D = 28,5 mm (12 ½'''), H = 5,05 mm, 17 Steine
AUTOMATIK-BAUGRUPPE aufs Basiswerk geschraubt, rubingelagerter Hammer durch Prellfedern begrenzt, Aufzug in einer Drehrichtung über Klinkenträger-Wippe, kombiniertes Aufzugs- und Reduktionsrad aufs Kronrad.

Reklame für die automatische Weltzeituhr «Navigator» der Firma Tissot von 1953. Durch Betätigung des Drückers bei der «2» wird die Weltzeitscheibe vom Zeigerstellwerk abgekoppelt.

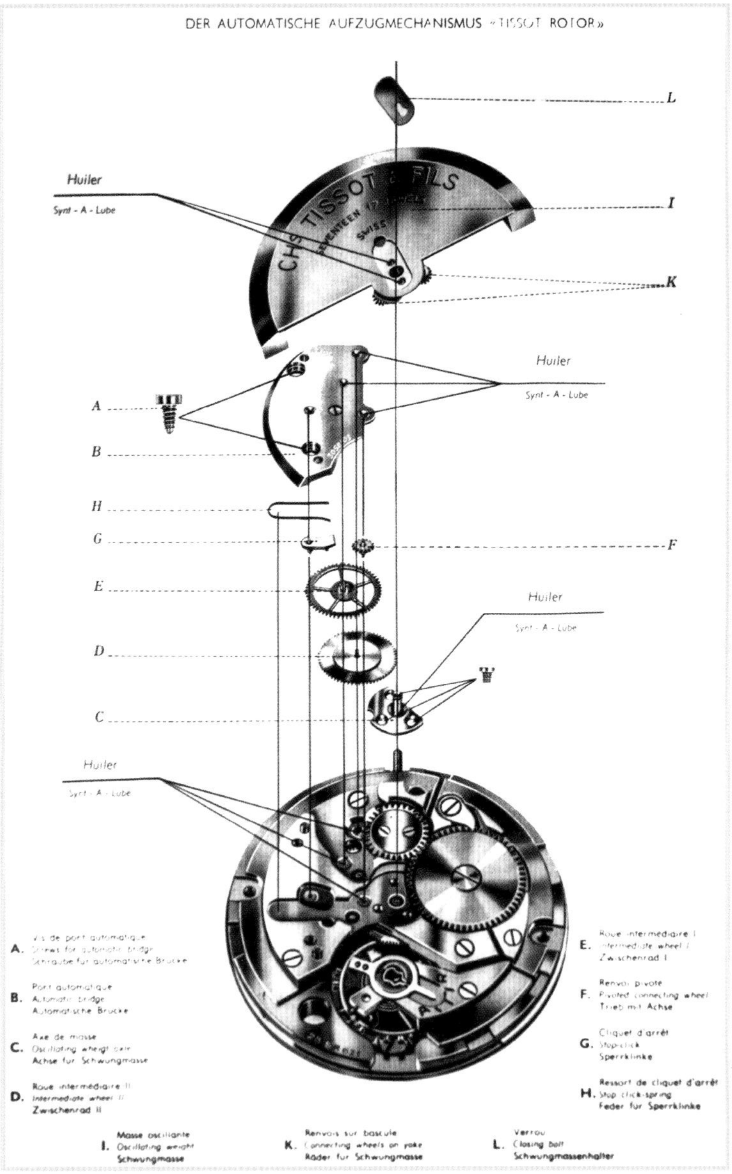

Explosivdarstellung des Tissot-Kalibers 28.5 R 621 (Ölplan).

BASISUHRWERK: 2-schenklige Schraubenunruh aus Nickel, Nivarox-Spirale, 19.800 Halbschw./Std., Incabloc-Stoßsicherung, exzentrische Sekunde.

Cal 28.5 R-21

D = 28,5 mm (12 ½'''), H = 6,05 mm, 17 Steine

AUTOMATIK-BAUGRUPPE aufs Basiswerk geschraubt, monometallischer Zentralrotor, Aufzug in beide Drehrichtungen über einen zentralgelagerten Wippenwechsler mit kleinem Zwischenrad, 2 Reduktionsräder, davon das erste mit federnder Klinke, aufs Kronrad. Bei Handaufzug Abtrennung des Automatik-Getriebes durch Kupplung im 2. Reduktionsrad.

BASISUHRWERK: 2-schenklige Schraubenunruh aus Nickel, Nivarox-Spirale, 19.800 Halbschw./Std., Incabloc-Stoßsicherung, direkte Zentralsekunde.

Cal 784-2

D = 26,0 mm (11 ½'''), 21 Steine

AUTOMATIK-BAUGRUPPE als komplette Einheit aufs Basiswerk geschraubt, Zentralrotor mit Schwermetallreif, Aufzug in beide Drehrichtungen über zentralgelagerten Wippenwechsler mit kleinem Zwischenrad, 2 Reduktionsräder, davon das erste mit federnder Klinke, aufs Kronrad.

BASISUHRWERK: 3-schenklige schraubenlose Nickelunruh, Nivarox-Spirale, 18.000 Halbschw./Std., Incabloc-Stoßsicherung, beweglicher Spiralklötzchenträger, Rückerfeinstellung über Exzenterschraube, direkte Zentralsekunde. Stoppsekunde, Datumsanzeige mit augenblicklichem Wechsel.

Cal 2481

D = 26,0 mm (11 ½'''), H = 5,2 mm, 21 Steine

Werksaufbau s. Cal 784-2, jedoch mit 21.600 Halbschw./Std., Datumsanzeige mit augenblicklichem Wechsel und Schnellkorrektur.

Tissot-Cal 28.5-1

Herren-Automatic Modell T 400 der Firma Tissot um 1950 mit dem Kaliber 28.5-1. Quadratisches 14k-Goldgehäuse mit Druckschalenboden.

Hammer-Schwungmasse einseitig über eine Klinkenträger-Wippe aufziehend (bei 8^{00}). Schraubenunruh aus Nickel, Nivarox-Spirale, Incabloc-Stoßsicherung.

Tissot-Cal 28.5R-21

Herren-Automatic Modell «Seastar» der Firma Tissot von 1953 mit dem Kaliber 28.5R-21.
Edelstahlgehäuse mit Schraubboden, Aufzugskrone mit Tissot-Schriftzug.
Rotor mit Schwermetallreif, beidseitig über einen zentralen Wippenwechsler aufziehend (unter dem Rotor), Abkopplung bei Handaufzug.
Schraubenunruh aus Nickel, Nivarox-Spirale, Incabloc-Stoßsicherung.

Tissot-Cal 784-2

Herren-Automatic Modell «Sideral S» der Firma Tissot um 1970 mit dem Kaliber 784-2.

Gehäuse (einteilig) und Armband aus Kunststoff (Ausbau des Werks nur nach Abnahme des Uhrglases und des Zifferblatts möglich), Aufzugskrone mit T-Symbol.

Rotor mit Schwermetallreif, beidseitig über einen zentralen Wippenwechsler aufziehend (unter dem Rotor).

Schraubenlose Nickel-Unruh, Nivarox-Spirale, Incabloc-Stoßsicherung, Rückerfeinstellung über Exzenterschraube.

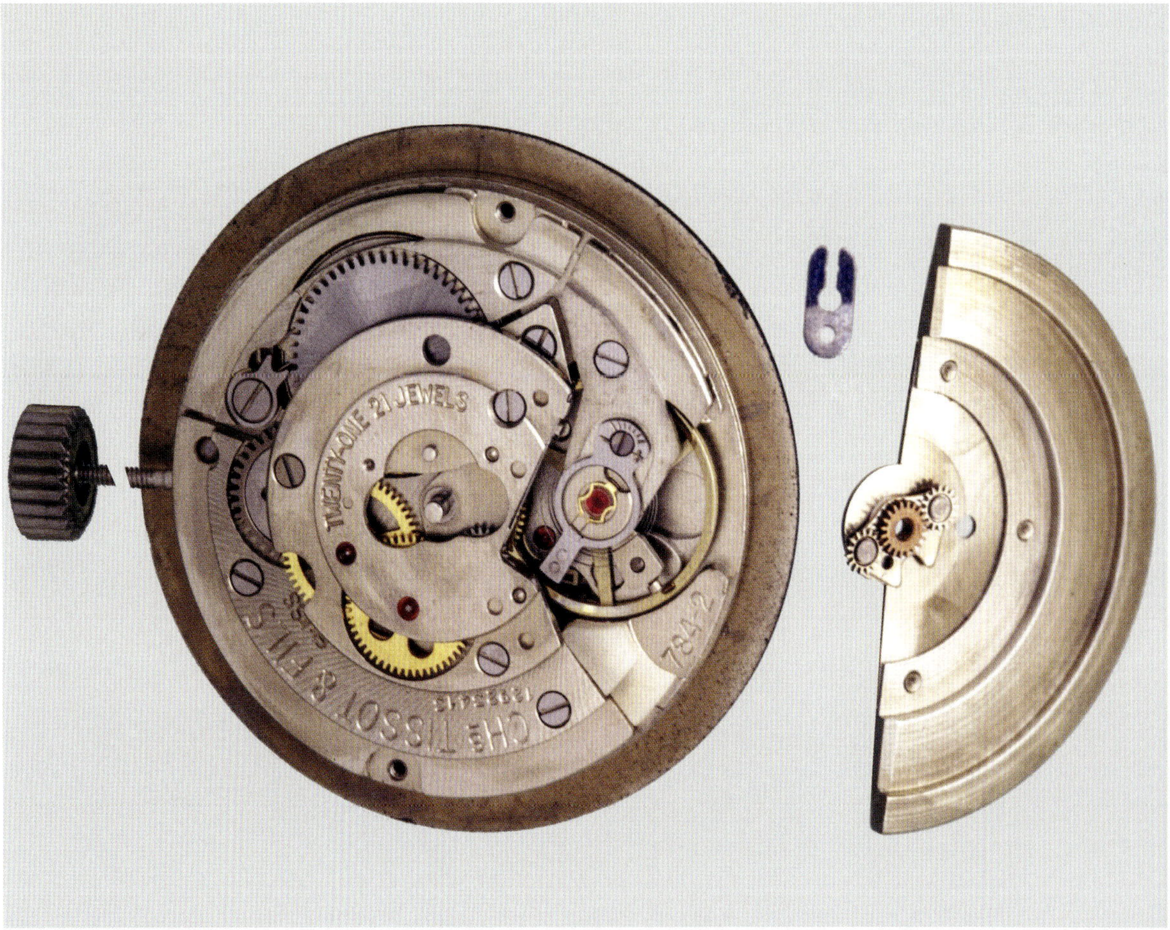

Tissot-Cal 2481

Herren-Automatic Modell «Seastar» der Firma Tissot um 1975 mit dem Kaliber 2481. Tonneauförmiges vergoldetes Gehäuse mit Schraubboden aus Edelstahl, Aufzugskrone mit T-Symbol.

Werk weitgehend identisch mit Cal 784-2 (s. S. 298).

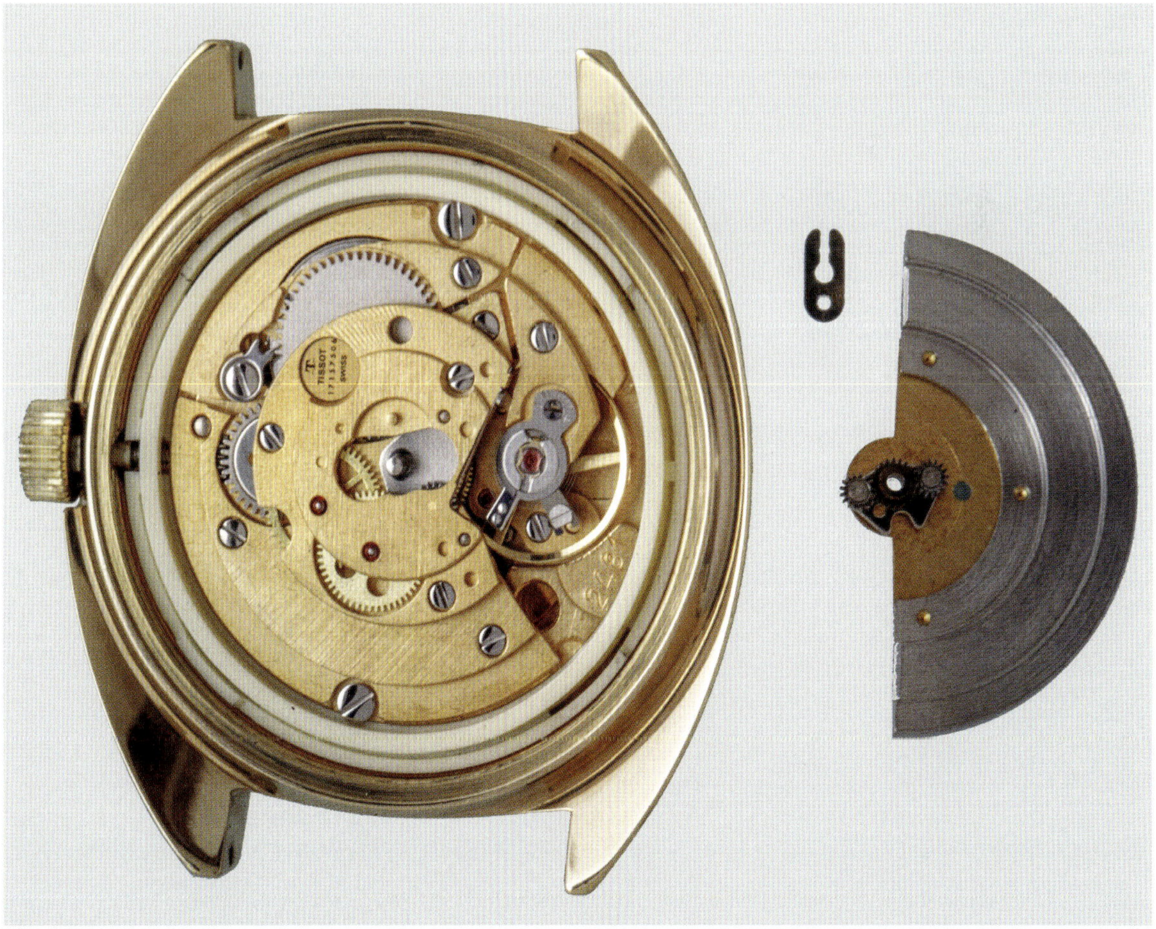

Kaliber-Liste · Tissot

Kaliber	Durchmesser		Höhe	Zusatz-Einrichtungen	Halb-Schw./ Stunde	St.	Gang-Res. Std.	Anmerkungen Modell	Jahrg.	Abb.
	Linien	mm	mm							
17.2 R-21	7 3/4	17,2	5,3	SCD	18.000	17		Eta-Ebauche		
28-1	12 1/2	28,0	5,05	s	19.800	17	40		1944	
28-21	"	"	6,0	SCI	"	"	"			
28.5-1	"	28,5	5,05	s	"	"	"		1950	xx
28.5-21	"	"	6,0	SCI	"	"	"		1952	
28.5 N-21	"	"	6,6	SCI, 24 h	"	"	"	Navigator	1951	
28.5 R-21	12 1/2	28,5	6,05	SCD	19.800	17	40	Centenary	1953	xx
28.5 R-621	"	"	6,45	SCD, QG	"	"	"		1954	
31-1	13 1/2	31,0	5,05	s	19.800	17	40			
31-21	"	"	6,0	SCI	"	"	"			
717	7 3/4	17,2	5,3	SCD	18.000	21		Eta-Ebauche		
718	"	"	5,6	SCD, QG	"	"		"		
743	"	"		SCD	21.600					
744	"	"		SCD, QG	"					
760	"	"		SCD	"					
783/-1/-2	11 1/2	26	5,2	SCD	18.000	21			ca. 60	
784	"	"	"	SCD	"	"				
784-1/-2	"	"		SCD, QG/ST	"	"			1970	xx
785	"	"		SCD	"					
786	"	"		SCD, QG	"	"				
788 T 12	"	"		SCD, QG 24 h	"			Navigator		
794	11 1/2	26		SCD, QG, JG	18.000			Visoday		
823	12 1/2	28,5	6,05	SCD, QG	19.800	17	40	s. Cal 28.5 R-21		
824	"	"	6,45	SCD, QG	"	"	"	s. Cal 28.5 R-621		
2321	7 3/4	17,2	4,8	SCD, QG	28.800	17		Eta- Ebauche		
2322	"	"	"	SCD, QG	21.600	"		"		
2341	"	"	5,35	SCD, QG, JG	28.800	"		"		
2342	"	"	"	SCD, QG, JG	21.600	"		"		
2381	"	"	4,8	SCD, QG	28.800	21		"		
2382	"	"	"	SCD, QG	21.600	"		"		
2391	"	"	5,35	SCD, QG, JG	28.800	"		"		
2392	"	"	"	SCD, QG, JG	21.600	"		"		
2481	11 1/2	26	5,2	SCD, QG	21.600	21			ca. 75	xx
2531	"	"		SCD, QG	21.600					
2571	"	"		SCD, QG, JG						
2780	"	"	6,6						1977	

Zur Kaliber-Entwicklung

Die Firma Rolex S. A. vertrieb unter dem Markennamen «Tudor» preiswertere Uhren, wobei bewährte Rohwerke der Ebauches S. A. zuerst von AS, später von Eta in ihre Oyster-Gehäuse eingeschalt wurden.

Eine Ausnahme bildet die eigens für die Tudormarke um 1950 von Rolex entwickelte «Rotor-Prince», das Kaliber 390. Es handelt sich hierbei um ein robustes und ziemlich hohes Automatic-Werk mit beidseitig aufziehendem Zentralrotor. Ähnlichkeiten der Bauteile zu dem zeitgleichen Rolex-Kaliber 1030 sind unverkennbar, so z. B. die Rotor-Form, die Malteserfeder zur Rotor-Arretierung und die Federscheiben der Zwillings-Klinkenräder (hier zu den älteren Perpetual-Werken).

Kaliber-Steckbrief

Cal 390

D = 28,5 mm (12 ½'''), H = 6,25 mm, 17 Steine

AUTOMATIK-BAUGRUPPE aufs Basiswerk geschraubt. Zentralrotor mit Schwermetallreif und Gleitlager, Aufzug in beide Drehrichtungen über Zwillings-Klinkenräder mit Federscheiben, 2 Reduktionsräder aufs Sperrrad.

BASISUHRWERK: 2-schenklige Schraubenunruh aus Glucydur, Nivarox-Spirale, 18.000 Halbschw./Std., Kif-Trior(alt)-Stoßsicherung, direkte Zentralsekunde.

Kaliber-Liste · Tudor

Kaliber	Durchmesser Linien	Durchmesser mm	Höhe mm	Zusatz-Einrichtungen	Halb-Schw./Stunde	St.	Gang-Res. Std.	Anmerkungen Modell	Jahrg.	Abb.
390	12 1/2	28,5	6,25	SCD	18.000	17		„Rotor-Prince“	ca. 50	xx
395	"	"		SCD, QG	"	"				
1250	11	24,8		SCD	18.000			AS 1250 m. Breguetsp.	ca. 47	
1410	9 1/4	20,4	5,35	SCI	18.000	17		AS 1320		
1411	10 1/2	23,3	5,35	SCI	18.000	17		AS 1364		
1412	9 3/4	20,4		SCI, QG	18.000	17		AS		
1413	10 1/2	23,3		SCI, QG	18.000	17		AS		
1566	7	16,3	5,31		18.000	17/25		AS 1477		
1895	13 3/4	31,5	5,25	SCD, QG, JG	21.600	25		AS 1895	1969	
2446	7 3/4	17,5	5,3	SCD	18.000	21		Eta 2365		
2447	"	"	5,6	SCD, QG	"	"		Eta		
2461	11 1/2	26,0	5,2	SCD	18.000	25		Eta 2459		
2462	"	"	"	SCD, QG	"	"		Eta 2460		
2483	"	"	"	SCD	"	"		Eta	1967	
2484	"	"	"	SCD, QG	"	"		Eta	1967	
2554	7 3/4	17,5	4,5	SCD	21.600	21		Eta 2550	1967	
2555	"	"	"	SCD, QG	"	"		Eta	1967	
2650	7 3/4	17,5	4,8	SCD	21.600	21		Eta 2650	1972	
2651	"	"	"	SCD, QG	"	"		Eta	1982	
2670	"	"	"	SCD	28.800	25		Eta	1977	
2671	"	"	"	SCD, QG	"	"		Eta	1975	
2772	11 1/2	26,0	5,2	SCD, QG	21.600	25		Eta 2772	1969	
2776	"	"	"	SCD	"	"		Eta 2776	1974	
2783	"	"	"	SCD, QG	"	"		Eta 2776	1981	
2784	"	"	"	SCD, QG	28.800	"		Eta 2784	1973	
2824-1	11 1/2	25,6	4,6	SCD, QG	28.800	25		Eta	1980	
2834-1	13	29	5,05	SCD, QG, JG	"	"		Eta	1980	

Tudor-Cal 390

Herren-Automatic Modell «Oyster-Prince» der Marke «Tudor» (Rolex) mit dem Kaliber 390.
Edelstahlgehäuse mit Schraubboden und verschraubter Aufzugskrone mit Tudor-Symbol.
Rotor mit Schwermetallreif, beidseitig über einen Klinkenrad-Wechsler aufziehend.
Glucydur-Schraubenunruh, Nivarox-Spirale, Kif-Trior-Stoßsicherung (Zifferblatt «vergraut», Auflagen, Zeiger und Werk korrodiert).

Zur Kaliber-Entwicklung

G. Perret und L. Berthoud gründeten 1884 die Manufaktur «Universal» in Le Locle und verlegten später den Sitz des Unternehmens nach Genf.

Die erste Automatic-Entwicklung der Firma von 1947 hat einen konventionell aufgebauten, einseitig wirksamen Hammer-Aufzug und wird etwas später mit Zentralsekunde bzw. als «Monodatic» mit Datumsanzeige ausgerüstet.

Dagegen stellte Universal 1958 mit dem «Microtor» einen vollkommen neuen Automatic-Typ vor (Cal 215). Hier ist der kleine Rotor gänzlich ins Basiswerk versenkt und erlaubt somit den freien Zugang zu den anderen, jetzt nebeneinander liegenden Baugruppen wie dem Reduktionsgetriebe, Federhaus, Räderwerk und Unruh. Die gesamte Werkshöhe steht also für den Aufbau der einzelnen Getriebegruppen zur Verfügung; die diskreten Bauelemente wie Zahnräder, Federhaus, Hemmung können somit sicherer gelagert werden als bei den flachen, übereinander angeordneten Baugruppen mit Zentralrotor.

Um den Wirkungsgrad-Verlust des kleinen Rotors einigermaßen kompensieren zu können, ist die Schwungmasse höher und besteht vollständig aus Schwermetall. Der Aufzug erfolgt in beide Drehrichtungen über einen Wippenwechsler, der ausnahmsweise weniger zugänglich unterhalb des Rotors plaziert werden mußte. Das Reduktionsgetriebe ist starker untersetzt, um schon bei geringsten Armbewegungen eine Aufzugswirkung zu erhalten. Bei automatischem Betrieb wird der Handaufzugsmechanismus über eine Sperrad-Kupplung abgetrennt – Reibungsverluste lassen sich dadurch vermindern.

Die zeitgleiche Entwicklung des sehr ähnlich aufgebauten Planetenrotor-Kalibers durch die Firma Buren wird bis heute als Zufall betrachtet. Jedenfalls gebührt Universal das Verdienst, mit dieser Konstruktion das bis dahin flachste Automatic-Kaliber mit Zentralsekunde geschaffen zu haben (4,1 mm hoch), ohne dabei Kompromisse im Hinblick auf die Ganggenauigkeit machen zu müssen.

Die bekannten Polerouter-Modelle von Universal, die als offizielle Pilotenuhren der schwedischen Fluglinie SAS bei der Eröffnung des Linienfluges von Kopenhagen nach Los Angeles am 15. November 1954 auf der Nordpolroute mit dabei waren, wurden später auch mit diesem Werk bestückt.

Zwischen 1963 und 1965 sah sich Universal gezwungen, Rohwerke der Firma Movado unter dem etwas mißverständlichen Namen «Super-Microtor» einzubauen, wobei es sich hier aber um einen normal großen Zentralrotor handelt.

Die Weiterentwicklung des «Microtors» führte 1965 zu dem besonders flachen Kaliber 66. Die auf nur 2,5 mm reduzierte Werkshöhe wurde durch folgende Maßnahmen erreicht: Auf eine Sekundenanzeige wurde verzichtet – die Schwungmasse ist zwar flacher, im Durchmesser aber größer, so daß sie jetzt die Werksmitte überstreicht und damit die außermittige Verlagerung des Minutenrades erforderlich macht. Rotor und anschließender Wippenwechsler sind mit insgesamt 4 Miniatur-Kugellagern versehen, und der Handaufzugsmechanismus befindet sich jetzt auf der Zifferblattseite.

Die Universalmodelle «White Shadow» und «Golden Shadow» in Stahl- bzw. Goldgehäusen sind mit diesem Werk ausgerüstet.

Kaliber-Steckbriefe

Cal 138 C

D = 28,2 mm (12 ¼'''), H = 6,0 mm, 17 Steine

AUTOMATIK-BAUGRUPPE aufs Basiswerk geschraubt, rubingelagerter Hammer, Aufzug in einer Richtung über Klinkenträger-Wippe, kombiniertes Aufzugs- und Reduktionsrad aufs Kronrad.

BASISUHRWERK (9 ¾'''): 2-schenklige Schraubenunruh aus Glucydur, Nivarox-Spirale, 18.000 Halbschw./Std., Incabloc-Stoßsicherung, exzentrische Sekunde. Datumsanzeige mit langsamem Wechsel.

Cal 139

D = 28,2 mm (12 ¼'''), H = 5,55 mm, 17 Steine

s. Cal 138 C, jedoch mit indirekter Zentralsekunde.

Zeitschriften-Reklame (aus JSH 1948)

Cal 215-9

D = 28 mm (12 ¼'''), H = 4,1 mm, 28 Steine

AUTOMATIK-BAUGRUPPE einschließlich kleinem, außermittig gelagerten Schwermetall-Rotor ins Basiswerk integriert, Aufzug in beide Drehrichtungen über Wippenwechsler, 2 Reduktionsräder (davon das erste mit Federklinke) aufs Sperrad. Komplette, gegenseitige Entkopplung von Handaufzugs- und Automatik-Getriebe durch doppeltes Sperrad mit integrierter Klinkenscheibe.

BASISUHRWERK: 2-schenklige schraubenlose Glucydur-Unruh, Nivarox-Spirale (Kl. I), 18.000 Halbschw./Std., Incabloc-Stoßsicherung, beweglicher Spiralklötzchenträger, Ankerrad-Lagerung als kombiniertes Steinfutter Girocap, indirekte Zentralsekunde, indirekt geführter Minutenzeiger.

Cal 256 C (Movado-Ebauche)

D = 25,3 mm (11 ¼'''), H = 3,9 mm, 28 Steine

AUTOMATIK-BAUGRUPPE als komplette Einheit ins Basiswerk integriert, kugelgelagerter Zentralrotor mit Schwermetallreif, Aufzug in beide Drehrichtungen über rubingelagerten Wippenwechsler, insgesamt 2 Zwischenräder, 2 Reduktionsräder (davon

Universal-Cal 138 C

Herren-Automatic Modell «Monodatic» der Firma Universal von 1951 mit dem Kaliber 138 C.

Edelstahlgehäuse mit Schraubboden, Aufzugskrone mit U-Symbol. Hammer-Schwungmasse, einseitig über eine Klinkenträger-Wippe aufziehend (bei 10^{00}*).*

Glucydur-Schraubenunruh, Nivarox-Spirale, Incabloc-Stoßsicherung.

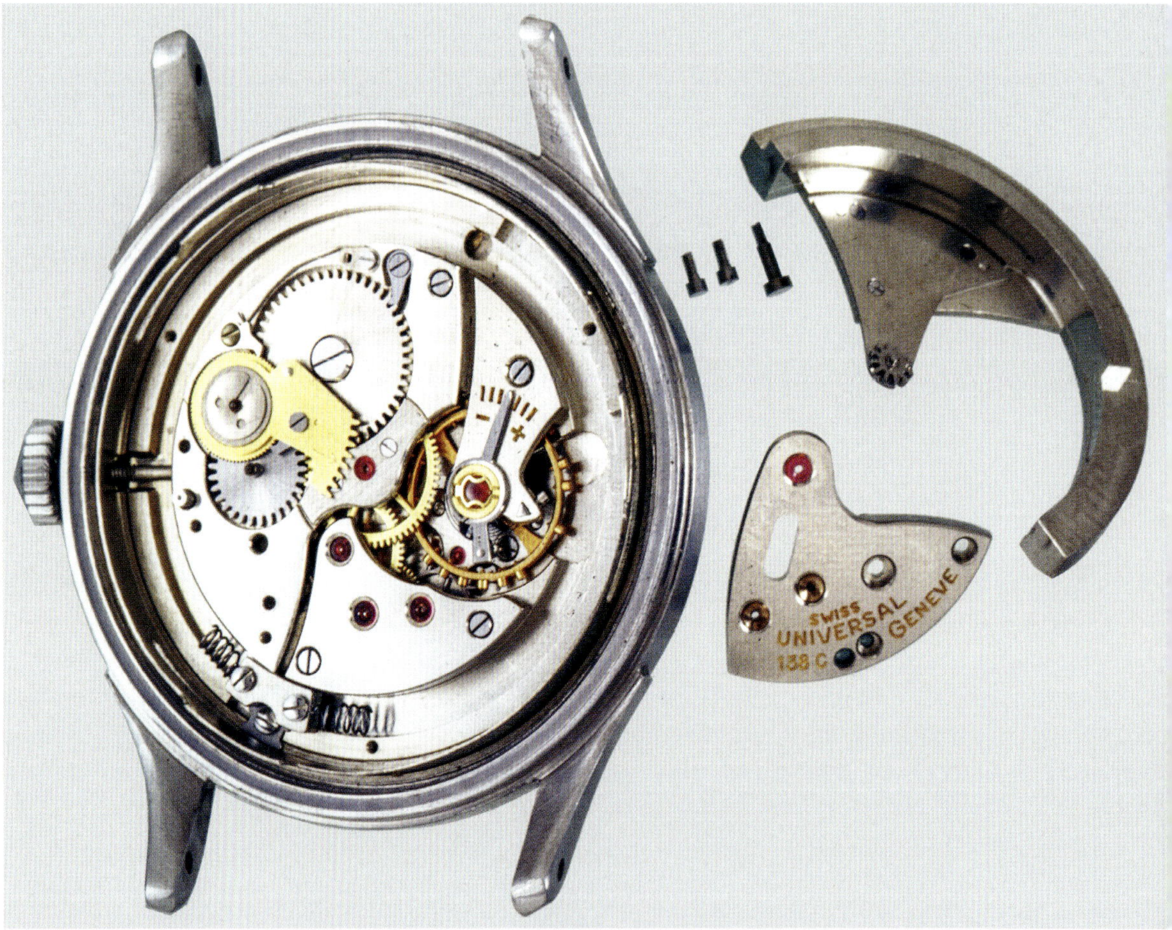

Universal-Cal 139

Herren-Automatic der Firma Universal von 1948 mit dem Kaliber 139. Edelstahlgehäuse mit Schraubboden.
Werk identisch mit Cal 138 C (s. S. 304), jedoch mit Zentralsekunde. Blattfedern am Werkring zur elastischen Werksaufhängung.

Universal-Cal 215-9

Herren-Automatic Modell «Polerouter Jet» der Firma Universal um 1960 mit dem «Microtor»-Kaliber 215-9. Edelstahlgehäuse mit Schraubboden, Aufzugskrone mit U-Symbol. Ins Werk versenkter Mikrorotor aus Schwermetall, beidseitig über einen Wippenwechsler aufziehend (unter der gebläuten Rotorplatine). Komplette wechselseitige Abkopplung von Automatik- und Handaufzugsgetriebe.

Schraubenlose Glucydur-Unruh, Nivarox-Spirale, Incabloc-Stoßsicherung.

Universal-Cal 256 C

Herren-Automatic der Firma Universal um 1965 mit dem «Super-Microtor»-Kaliber 256 C (Movado-Rohwerk).
18k-Goldgehäuse mit Schraubboden, goldene Aufzugskrone mit U-Symbol.
Werk weitgehend identisch mit dem Movado-Cal 395 E (s. S. 221), jedoch mit Spirofix-Feinsteller.

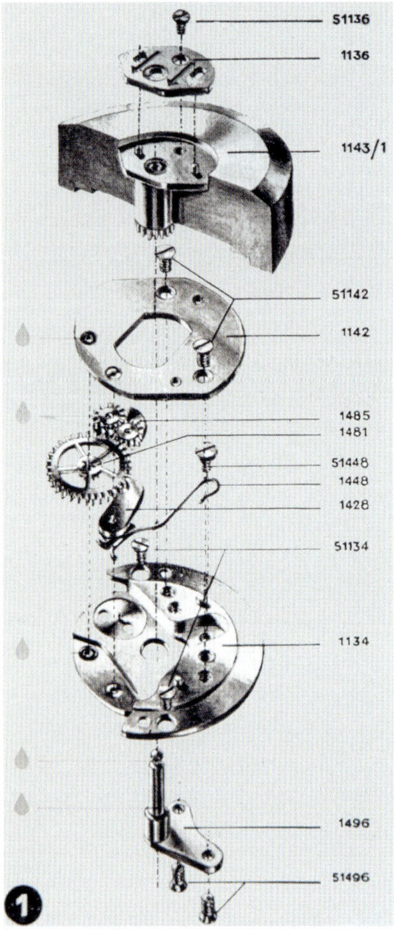

Universal-Cal 2-66

Sehr flache Herren-Automatic Modell «White Shadow» der Firma Universal um 1975 mit dem Kaliber 2-66.

Edelstahlgehäuse mit Druckboden, Aufzugskrone mit U-Symbol. Ins Werk versenkter kugelgelagerter Mikrorotor aus Schwermetall, beidseitig über einen kugelgelagerten Wippenwechsler aufziehend (bei 1⁰⁰), komplette wechselseitige Abkopplung von Automatik- und Handaufzugsgetriebe.

Schraubenlose Glucydur-Unruh, Nivarox-Spirale, Incabloc-Stoßsicherung.

Explosivdarstellung des Universal-Kalibers 215-9 (Automatic-Baugruppe):

- *1143/1 Mikrorotor*
- *1428 Sperrklinke*
- *1481 kombiniertes Sperr- und Reduktionsrad*
- *1485 Wippenwechsler.*

Kaliber-Liste · Universal

Kaliber	Durchmesser Linien	Durchmesser mm	Höhe mm	Zusatz-Einrichtungen	Halb-Schw./Stunde	St.	Gang-Res. Std.	Anmerkungen Modell	Jahrg.	Abb.
24	7 1/4	16,2	4,25		19.800		40			
1-24	"	"	4,75	SCI	"		42			
25	"	"	"	SCI	"		"			
1-25	"	"	"	SCI	"		"			
66	12 1/4	27,6	2,5		19.800	25	48		1965	
1-66	"	"	"		"	"	"			
2-66	"	"	"		"	"	"	White-Shadow		xx
1-67	"	"		QG	"					
68	12 1/2		4,1	SCI	18.000			Microtor		
1-68	"		"	SCI	"			"		
69	"		5,15	SCI, QG	"			"		
1-69	"		"	SCI, QG	"			"	ca. 60	xx
71	13	30	6,1	SCD, QG						
75/76	7 3/4	17,2	5,3	SCD	18.000	25		Eta-Ebauche		
138	12 1/2	28,2	4,85	s	18.000	17	32		1947	
138 SS	"	"	5,55	SCI	"	"	"			
138 C	"	"	6,0	QG	"	"	"	Monodatic	1951	xx
139	"	"	5,55	SCI	"	"	40		1948	xx
215	12 1/2	28	4,1	SCI	18.000	28	60	Microtor	1958	
215.1	"	"	5,15	SCI, QG	"	"	"	"		
215.2	"	"	4,7	SCI, QG	"	"	"	"		
215.07	"	"	4,1	SCI	"	17	"	"		
215.17/ .27	"	"	4,7	SCI, QG	"	28		"		
215.9 / .97	"	"	4,1	SCI	"	28/17		"		
218	"			SCI	"			"		
218-2/-27	"			SCI, QG	"			"		
218-9/-97	"			SCI	"	28		"		
255 /A	11 1/4	25,3	3,9	SCD	21.600	28	50	Super-Microtor (Movado-Ebauche)	1963	
256 /A/B/C	"	"	"	SCD	"	"	"	"		xx
275	11 3/4			SCD, QG	"			"		

das erste mit rubingelagerter Federklinke) aufs Sperrad (unter dem Zifferblatt).
BASISUHRWERK: 3-schenklige schraubenlose Glucydur-Unruh, Nivarox-Spirale, 21.600 Halbschw./Std., Incabloc-Stoßsicherung, Spirofix-Feinsteller mit beweglichem Spiralklötzchenträger, direkte Zentralsekunde, indirekt geführter Minutenzeiger, eloxiertes Aluminium-Federhaus (Antikorodial 15 B).
Wippenmechanik zum Handaufzug und spielfreie Zeigerstellung über Doppelzahnräder.

Cal 2-66

D = 27,6 mm (12 ¼'''), H = 2,5 mm, 25 Steine
AUTOMATIK-BAUGRUPPE einschließlich kleinem, außermittig auf Kugeln gelagerten Schwermetall-Rotor ins Basiswerk integriert, Aufzug in beide Drehrichtungen über Wippenwechsler (3 Kugellager!), 3 Reduktionsräder (davon das erste mit Federklinke) aufs Sperrad, das mit dem Handaufzugsmechanismus unter dem Zifferblatt liegt. Entkopplung von Handaufzugs- und Automatik-Getriebe.
BASISUHRWERK: 3-schenklige schraubenlose Glucydur-Unruh, Nivarox-Spirale, 19.800 Halbschw./Std., Incabloc-Stoßsicherung, beweglicher Spiralklötzchenträger, Ankerrad-Lagerung als kombiniertes Steinfutter Girocap, indirekt geführter Minutenzeiger, ohne Sekunde.

Zur Kaliber-Entwicklung

Jean-Marc Vacheron gründete 1755 die Manufaktur in Genf. Erst 1819 trat François Constantin als kaufmännischer Mitinhaber der Firma bei. Der 1839 als technischer Leiter eingestellte Georges-Auguste Leschot führte erstmalig die maschinelle Teile-Vorfertigung in die Uhrenindustrie ein. 1880 ließ man sich das Malteserkreuz als Firmenzeichen schützen. Die erste Armbanduhr des Unternehmens wurde 1910 gebaut.

Aus der 1938 mit Jaeger LeCoultre vereinbarten Zusammenarbeit resultierte auch die zukünftige Firmenstrategie, die Rohwerke ihrer automatischen Armbanduhren nicht selbst zu entwickeln, sondern sie von Jaeger LeCoultre zu beziehen.

Die erste VC-Automatic wurde um das Jahr 1950 vorgestellt. Man verwendete hierbei das schon einige Jahre vorher von Jaeger LeCoultre in ihre «Powermatic» eingebaute Werk mit einseitig aufziehendem Hammer, das fast unverändert übernommen wurde (Cal 477).

Der Rotor-Aufzug erscheint erstmalig um 1955 in den VC-Uhren. Es handelt sich um das etwas größer ausgeführte Jaeger LeCoultre-Kaliber 493 aus dem Jahre 1951, das speziell für VC und später auch für Audemars Piguet reserviert wurde. Dieses Werk (VC-Cal 498 ohne und Cal 499 mit Zentralsekunde) besitzt einen auf 4 Stahlkugeln verdeckt unter seinem Mittelteil laufenden Zentralrotor, der die Uhr beidseitig mit Hilfe eines robusten Wippenwechslers aufzieht. Zur Schonung des Automatic-Getriebes wird bei Handaufzug dieses durch eine Kronradkupplung abgetrennt.

In den folgenden Jahren wird dieses Werk fast unverändert, aber unter neuen Kaliber-Nummern von VC eingebaut und erst um das Jahr 1959 als Kaliber 1072 deutlich erkennbar verbessert: Anstelle der 4 Stahlkugeln erhält der Rotor 4 Rubinrollen, die jetzt sichtbar in Ausfräsungen des Mittelteils angeordnet sind. Das Rotor-Gewicht besteht aus 18-karätigem Gold. Die störanfällige Sperrklinke im Reduktionsgetriebe ist wartungsfreundlich unter einer separaten Platine angeordnet. Etwa ein Jahr später wird die mit einer Breguetspirale ausgerüstete Schraubenunruh durch eine noch bessere Gangleistungen bietende Gyromax-Unruh ersetzt (Cal 1072/1).

Eine sehr flache Automatic-Konstruktion konnte man 1967 mit dem Kaliber 1120 vorstellen, das später durch Einbau eines Zusatz-Moduls auch mit «ewigem» Kalender und Mondphase in den VC-Modellen erscheint. Zur sicheren Führung des großen, zentralgelagerten Rotors dient ein peripher angebrachter Ring aus Beryllium, der auf 4 in die Basisplatine versenkt gelagerten Rubinrollen läuft. Auch hier wird bei Handaufzug das empfindliche Automatic-Getriebe mit dem Wippenwechsler durch eine Kupplung abgetrennt. Jaeger LeCoultre reservierte dieses Rohwerk nicht nur für VC, sondern auch für Audemars Piguet und Patek Philippe.

Kaliber-Steckbriefe

Cal 477/1

Ebauche Jaeger LeCoultre (Cal 476)
Siehe Seite 162, jedoch mit autokompensierender Breguetspirale.

Cal P 1019/2

Ebauche Jaeger LeCoultre
D = 29,0 mm (13'''), H = 5,4 mm, 21 Steine
AUTOMATIK-BAUGRUPPE als komplette Einheit aufs Basiswerk geschraubt (3 gebläute Schrauben!). Zentralrotor mit Schwermetall-Reif auf 4 Stahlkugeln parazentral laufend, Aufzug in beide Drehrichtungen über Wippenwechsler, 2 Reduktionsräder, davon das erste mit Sperrklinke, aufs doppelte Kronrad. Kronradkupplung zur Abtrennung bei Handaufzug.
BASISUHRWERK: 2-schenklige Schraubenunruh aus Glucydur, autokompensierende Breguetspirale, 18.000 Halbschw./Std., JLC-Stoßsicherung, Schwanenhalsfeder zur Rücker-Feinstellung, indirekte Zentralsekunde.

Cal K 1072

Ebauche Jaeger LeCoultre
D = 29,5 mm (13'''), H = 5,4 mm, 29 Steine
s. u. Cal P 1019/2, jedoch mit 18-karätigem Rotor-Goldreif, Ersatz der Stahlkugeln durch 4 sichtbare Rubinrollen in Ausfräsungen des Rotormittelteils, Sperrklinke am ersten Reduktionsrad unter separater Platine, Kif-Flector Stoßsicherung, Datumsanzeige mit langsamem Wechsel.

Cal K 1120

Ebauche Jaeger LeCoultre
D = 26 mm (12 ½'''), H = 2,45 mm, 36 Steine
AUTOMATIK-BAUGRUPPE ins Basiswerk unter gemeinsamer Platine integriert. Rubingelagerter Zentralrotor mit 21k-Goldreif und peripherem Beryllium-Ring auf 4 Rubinrollen gleitend. Aufzug in beide Drehrichtungen über ein kugelgelagertes Zwischenrad aus Stahl, das erste Reduktionsrad, den Wippenwechsler, 2 weitere Reduktionsräder (davon das erste mit Sperrklinke), ein weiteres Kupplungsrad zur Abtrennung bei Handaufzug, aufs Sperrad.
BASISUHRWERK: 2-schenklige Gyromax-Unruh, Nivarox-Spirale, 19.800 Halbschw./Std., Kif-Ultraflex-Stoßsicherung, beweglicher Spiralklötzchenträger ohne Spiralrücker, Ankerrad in kombinierten Steinfuttern gelagert, ohne Sekunde, einseitig «fliegend» gelagertes Federhaus.

Vacheron Constantin-Cal 477/1
Herren-Automatic der Firma Vacheron Constantin um 1950 mit dem Kaliber 477/1 (Rohwerk von Jaeger LeCoultre).
18k-Goldgehäuse mit Schraubboden, Zeigerblattauflagen und Zeiger aus Gold.
Werk weitgehend identisch mit dem Jaeger-LeCoultre-Kaliber 476 (s. auch Cal 481 auf S. 162, Aufzugskrone nicht original).

Kaliber-Liste · Vacheron Constantin

Kaliber	Durchmesser		Höhe	Zusatz-Einrichtungen	Halb-Schw./Stunde	St.	Gang-Res.	Anmerkungen Modell	Jahrg.	Abb.
	Linien	mm	mm				Std.			
477 /1	13	29,56	6,0	SCI	18.000	17		Ebauche J. Le Coultre	ca. 50	xx
498	13	29,0	5,1		18.000			Ebauche J. Le Coultre	ca. 55	
499	"	"	5,4	SCI	"			"		
K 1008	"	29,5	"	SCI	"	19		s. Cal 499	ca. 57	
P1019 /1 /2	"	"	"	SCI	"	21		s. Cal 499		xx
K1072 /1	"	"		SCI, QG	"	29		s. Cal 499	ca. 59	xx
K 1120	12 1/2	26	2,45		19.800	36	50	Ebauche J. Le Coultre	1967	xx
K 1121	"	"	6,05	QG	"	"	"	"		
K 1122	"	"	3,4	SCI, QG (?)	"		"	"		

Vacheron Constantin-Cal P 1019/2
Herren-Automatic der Firma Vacheron Constantin um 1957 mit dem Kaliber P 1019/2 (reserviertes Rohwerk von Jaeger LeCoultre).
18k-Goldgehäuse mit Schraubboden, Aufzugskrone mit Malteserkreuz aus Gold, ebenso wie Zifferblattauflagen und Zeiger.
Durch 4 Kugeln unterstützter Rotor mit Schwermetallreif, beidseitig über einen Wippenwechsler aufziehend, Abkopplung bei Handaufzug.
Glucydur-Schraubenunruh, autokompensierende Breguetspirale, JLC-Stoßsicherung, Rückerfeinstellung durch seitliche Schraube mit Schwanenhalsfeder.

Vacheron Constantin-Cal K 1072

Herren-Automatic der Firma Vacheron Constantin um 1965 mit dem Kaliber K 1072 (reserviertes Rohwerk von Jaeger LeCoultre).

18k-Weißgoldgehäuse mit Schraubboden, Aufzugskrone mit Malteserkreuz ebenso wie Zifferblattauflagen und Zeiger aus Weißgold.

Durch 4 sichtbare Rubinrollen unterstützter Rotor mit Goldreif (18 k). Werk sonst identisch zum Kaliber P 1019/2 (s. S. 312), jedoch mit Kif-Flector-Stoßsicherung und separater Sperrklinkenplatine (bei 12^{00}).

Vacheron Constantin-Cal K 1120

Sehr flache Herren-Automatic der Firma Vacheron Constantin von 1967 mit dem Kaliber K 1120 (reserviertes Rohwerk von Jaeger LeCoultre).

18k-Goldgehäuse mit Druckboden, Zifferblattauflagen und Zeiger aus Gold.

Zentralgelagerter Rotor mit Goldreif (21k) und Außenring, durch 4 periphere Rubinrollen unterstützt (bei 1, 4, 7 und 10^{00}), beidseitig über einen Wippenwechsler aufziehend (bei 2^{30}), Abkopplung bei Handaufzug.

Gyromax-Unruh, autokompensierende Flachspirale, Kif-Ultraflex-Stoßsicherung, ohne Rücker (Aufzugskrone nicht original).

Zur Kaliber-Entwicklung

Unter dem Firmennamen «J. & C. Reymond Frères» begannen die Gebrüder John und Charles Reymond im Jahre 1901 in Les Bijoux die Produktion von Chronographen-Baugruppen. Erst ab 1910 stellte man Chronographen-Rohwerke her und kennzeichnete sie mit dem Firmenkürzel «R». 1929 nennt sich das Unternehmen in «Valjoux S.A.» um, abgeleitet von Vallée de Joux, dem Tal, in dem Les Bijoux liegt. Relativ spät erfolgt die Angliederung an die Ebauches S.A. im Jahre 1944.

Das einzige automatische Chronographen-Kaliber wurde 1974 unter der Bezeichnung 7750 herausgebracht. Es handelt sich um einen Schnellschwinger mit 21.600 oder 28.800 Halbschwingungen pro Stunde, auf dem neben dem Chronographen-Mechanismus auch das Automatic-Getriebe angeordnet ist, dessen Rotor nur einseitig aufzieht.

Dieses robuste Werk mit seinem effizienten Aufzug wird bis in die heutige Zeit von vielen, auch namhaften Firmen, in ihre Uhrenmodelle eingebaut, z. B. von IWC.

Kaliber-Steckbrief

Cal 7750

D = 30,0 mm (13 ¼'''), H = 7,9 mm, 17 Steine

AUTOMATIK-BAUGRUPPE aufs Basiswerk montiert. Kugelgelagerter Zentralrotor mit Schwermetallreif, Aufzug in einer Richtung über kombiniertes Klinken- und Sperrad (mit blattförmiger Sperrfeder), 2 Reduktionsräder aufs Sperrad des Federhauses.

Chronographen-Mechanismus neben dem Automatic-Getriebe aufs Basiswerk gesetzt, Kulissenhebel-Schaltung.

BASISUHRWERK: 3-schenklige schraubenlose Nickel-Unruh, Nivarox-Spirale, 21.600 Halbschw./Std., Incabloc-Stoßsicherung, Rücker-Feinstellung über Exzenterhebel, beweglicher Spiralklötzchenträger, exzentrische Sekunde. Anzeige des Datums und des Wochentages mit Schnellkorrektur.

Valjoux-Cal 7750

Automatic-Chronograph der Firma Helvetia um 1975 mit dem Valjoux-Kaliber 7750.

Tonneauförmiges Edelstahlgehäuse mit Schraubboden.

Kugelgelagerter Rotor mit Schwermetallreif, einseitig über ein Klinkenrad aufziehend (bei 6[30]).

Chronographen-Mechanismus mit Kulissenhebel-Schaltung.

Schraubenlose Nickel-Unruh, Nivarox-Spirale, Incabloc-Stoßsicherung, Rückerfeinstellung über Exzenterhebel.

Zur Kaliber-Entwicklung

Gegründet wurde die Manufaktur im Jahre 1865 von George Favre-Jacot in Le Locle. In Genf, wohin der Firmensitz später verlagert wurde, ließ sie sich unter dem Namen «Zenith» ins Handelsregister eintragen.

Die erste Automatic erschien 1948 mit einem Hammer-Aufzug, das Kaliber 133. Durch besondere konstruktive Neuerungen, wie das außermittig verlagerte Minutenrad, die direkte Zentralsekunde und die Unterbringung des großen Federhauses weit peripher in den «toten» Drehwinkel des Hammers, ließ sich der Werksaufbau für damalige Verhältnisse außerordentlich niedrig halten. Zenith war mit diesem Werk sehr erfolgreich, galt es doch längere Zeit als die flachste Automatic-Konstruktion mit Zentralsekunde und konnte durch Erhöhung der Schwingungszahl auf 21.600 Halbschwingungen pro Stunde (Cal 133.8) auch mit Chronometer-Zertifikat geliefert werden.

Erst 1954 stellte die Firma daher ihre erste Rotor-Konstruktion vor, das Kaliber 2522 P, auch als «Zenith-Rotor» bekannt, dessen Aufbau deutlich klobiger ausfiel. Auf der Basis des «Zenith-Rotors» folgten 1959 das verbesserte Kaliber 2542 PC mit erhöhter Schwingungszahl und Datum und ca. 1968 das Schnellschwinger-Kaliber 2562 PC in Chronometerqualität mit insgesamt 2 Miniatur-Kugellagern.

Eine ganz ungewöhnliche Getriebekonstruktion entwickelten die Zenith-Ingenieure für das 1967 vorgestellte Damenkaliber 1724, das den Namen «Zenitissimo» erhielt. Sie gingen dabei von der Vorstellung aus, daß die lange Getriebekette, die zuerst zur Drehzahl-Reduktion vom Rotor zum Federhaus und wiederum zur Drehzahl-Erhöhung vom Federhaus zur Hemmung erforderlich ist, durch die Zwischenschaltung eines Differentialgetriebes verkürzt werden kann. Die Anzahl der Zahnräder läßt sich vermindern, was besonders bei kleinen Werken von Vorteil ist. Das Differential ist als Planeten-Ausgleichsgetriebe an die Stelle des Kleinbodenrades getreten. Bei kräftigem Rotor-Aufzug wird das Drehmoment einmal direkt über das Differential auf das Sekundenrad und damit auf die Hemmung übertragen, zieht gleichzeitig aber auch das Federhaus entgegen dessen Ablaufdrehrichtung via Minutenrad auf.

Bei geringerer oder ausbleibender Rotor-Leistung arbeitet das Differential wie ein normales Kleinbodenrad; der Hauptanteil des Drehmoments für die Hemmung wird jetzt vom Federhaus geliefert. Der Handaufzug kann vollkommen getrennt über das Sperrad erfolgen und erspart damit eine zusätzliche Abkopplungs-Vorrichtung zum Automatic-Getriebe.

Auch das 1969 herausgebrachte Chronographen-Kaliber 3019 PHC ist eine Weltneuheit und erhält nicht zu Unrecht den Namen «El Primero» – der Erste. Zenith gelang es, mit diesem noch relativ flach ausfallenden Werk den Schnellschwinger (36.000 Halbschw./Std.) als Basisuhrwerk mit dem Chronographen-Mechanismus und einem automatischen Aufzug zu kombinieren. Damit lassen sich Zeiten auf 1/10 Sekunde genau stoppen. Das große Federhaus erfordert einen sehr effizienten Selbstaufzug, was durch den großen kugelgelagerten Schwermetall-Rotor und die Drehsinnswandlung gewährleistet wird.

Kaliber-Steckbriefe

Cal 133.8

D = 29,5 mm (13 '''), H = 4,9 mm, 20 Steine

AUTOMATIK-BAUGRUPPE teilweise ins Basiswerk integriert, rubingelagerter Hammer, Aufzug in einer Richtung über Klinke und zentrales Aufzugsrad am Hammer, 2 Reduktionsräder (davon das erste mit Federklinke) aufs Sperrad. Entkopplung vom Handaufzugsmechanismus durch Breguet-kupplung zwischen Kron- und Sperrad.

BASISUHRWERK: 2-schenklige Schraubenunruh aus Glucydur, Nivarox-Spirale, 21.600 Halbschw./Std., Incabloc-Stoßsicherung, direkte Zentralsekunde.

Cal 2522 P

D = 25,6 mm (11 ½'''), H = 5,63 mm, 28 Steine

AUTOMATIK-BAUGRUPPE als komplette Einheit teilweise ins Basiswerk integriert, rubingelagerter Zentralrotor mit Schwermetallreif, Aufzug in beide Drehrichtungen über federlose Zwillings-Klinkenräder aufs Kronrad.

BASISUHRWERK: 2-schenklige Schraubenunruh aus Glucydur, Nivarox-Spirale, 18.000 Halbschw./Std., Incabloc-Stoßsicherung, direkte Zentralsekunde.

Cal 2542 PC

D = 25,6 mm (11 ½'''), H = 5,63 mm, 25 Steine

AUTOMATIK-BAUGRUPPE s. Cal 2522 P

BASISUHRWERK: 3-schenklige schraubenlose Glucydur-Unruh, Nivarox-Spirale, 21.600 Halbschw./Std., Incabloc-Stoßsicherung, beweglicher Spiralklötzchenträger, Rückerfeinstellung mit Exzenterschraube, direkte Zentralsekunde (alle Räder aus Berylliumbronze!). Datumsanzeige mit augenblicklichem Wechsel.

Cal 1725

D = 17,5 mm (7 ¾'''), H = 4,35 mm, 25 Steine

AUTOMATIK-BAUGRUPPE aufs Basiswerk geschraubt, kugelgelagerter Schwermetall-Rotor, Aufzug in beide Drehrichtungen über Gleitritzel, 1 Reduktionsrad, Planeten-Ausgleichsgetriebe, retrograd über das exzentrisch verlagerte Minutenrad aufs Federhaus, vollständige Entkopplung zwischen Automatik- und Handaufzugsgetriebe.

BASISUHRWERK: 3-schenklige schraubenlose Glucydur-Unruh, Nivarox-Spirale, 19.800 Halbschw./Std., Incabloc-Stoßsicherung, beweglicher Spiralklötzchenträger, Rückerfeinstellung über Zahnscheibe, zentrales Sekundenrad ohne Zeigerwelle, indirekt geführter Minutenzeiger.

Cal 2562 PC

D = 25,6 mm (11 ½'''), H = 5,63 mm, 23 Steine

AUTOMATIK-BAUGRUPPE s. Cal 2522 P, jedoch mit kugelgelagertem Rotor und kugelgelagertem Kronrad.

BASISUHRWERK s. Cal 2542 PC, jedoch mit 28.800 Halbschw./Std. und Datumsanzeige.

Cal 3019 PHC

D = 30,0 mm, H = 6,5 mm, 31 Steine

AUTOMATIK-BAUGRUPPE aufs Basiswerk montiert, kugelgelagerter Zentralrotor mit Schwermetallreif, Aufzug in beide Drehrichtungen über Doppelklinkenrad mit Klinkenfedern und Umkehrrad, insgesamt 2 Reduktionsräder aufs Kronrad.

Zenith-Cal 133.8

Herren-Automatic der Firma Zenith um 1952 mit dem Kaliber 133.8. Vergoldetes Gehäuse (80 μ) mit Schraubboden aus Edelstahl.

Rubingelagerter Hammer einseitig über ein Getriebe vom Harwood-Typ aufziehend, Abkopplung vom Handaufzugsgetriebe.

Glucydur-Schraubenunruh, Nivarox-Spirale, Incabloc-Stoßsicherung. Blattfeder zur elastischen Abstützung des Werks am Schraubboden.

Zenith-Cal 2522 P

Herren-Automatic der Firma Zenith von 1954 mit dem Kaliber 2522 P.
18k-Goldgehäuse mit Schraubboden, Aufzugskrone mit Sternsymbol. Rubingelagerter Rotor mit Schwermetallreif, beidseitig über einen Klinkenrad-Wechsler aufziehend (bei 6 und 7^{00}).
Glucydur-Schraubenunruh, Nivarox-Spirale, Incabloc-Stoßsicherung, Rücker mit Doppelzeiger.

Zenith-Cal 2542 PC

Herren-Automatic der Firma Zenith von 1959 mit dem Kaliber 2542 PC. Edelstahlgehäuse mit Schraubboden, Aufzugskrone mit Sternsymbol. Werksaufbau weitgehend identisch mit Cal 2522 PC (s. S. 319), jedoch mit schraubenloser Glucydur-Unruh und Rückerfeinstellung über Exzenterschraube.

Zenith-Cal 1725

Damen-Automatic Modell «Zenitissimo» der Firma Zenith von 1967 mit dem Kaliber 1725.

Rechteckiges Edelstahlgehäuse mit schalenförmigem Druckboden, Aufzugskrone mit Sternsymbol.

Kugelgelagerter Schwermetallrotor, beidseitig über einen Gleitritzel-Wechsler aufziehend (bei 3^{30}), direkte Energie-Übertragung mit Hilfe eines Planeten-Ausgleichsgetriebes auf das Sekundenrad.

Schraubenlose Glucydur-Unruh, Nivarox-Spirale, Incabloc-Stoßsicherung, Rückerfeinstellung über Zahnscheibe.

Zenith-Cal 2562 PC

Herren-Automatic als Chronometer-Modell «Captain de luxe» der Firma Zenith um 1970 mit dem Schnellschwinger-Kaliber 2562 PC. Schweres abgeschrägtes 18k-Goldgehäuse (40 g) mit Schraubboden, Aufzugskrone mit Sternsymbol sowie Zifferblatt und Zeiger aus Gold. Kugelgelagerter Rotor mit Schwermetallreif, beidseitig über einen Klinkenrad-Wechsler auf das kugelgelagerte Kronrad (bei 9^{00}) aufziehend. Werksaufbau sonst identisch mit Cal 2522 P bzw. 2542 PC (s. S. 319 bzw. 320).

Zenith-Cal 3019 PHC

Automatic-Chronograph «El Primero» als Taucheruhr der Firma Zenith um 1975 mit dem weltweit ersten automatischen Chronographen-Kaliber 3019 PHC (Schnellschwinger) ab 1969.
Tonneauförmiges Edelstahlgehäuse mit verglastem Schraubboden, verschraubte Aufzugskrone mit Sternsymbol.
Kugelgelagerter Rotor mit Schwermetallreif, beidseitig über einen Klinkenrad-Wechsler aufziehend (bei 11^{00}).
Chronographen-Mechanismus mit Schaltrad (bei 6^{30}).
Schraubenlose Glucydur-Unruh, Nivarox-Spirale, Incabloc-Stoßsicherung, Rückerfeinstellung über Exzenterschraube.

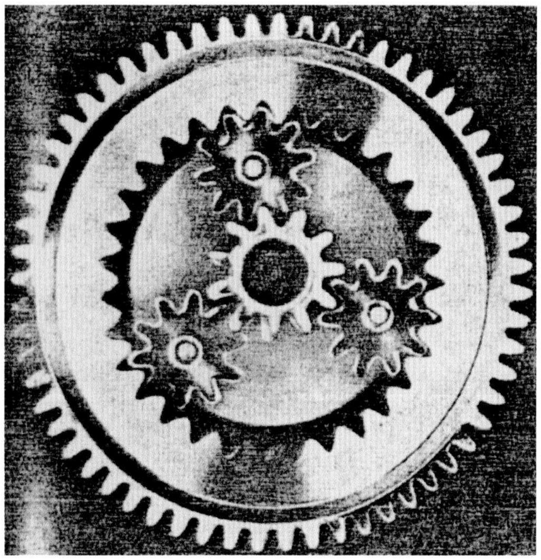

Einsicht in das Planeten-Ausgleichsgetriebe der «Zenitissimo» (Cal 1725)

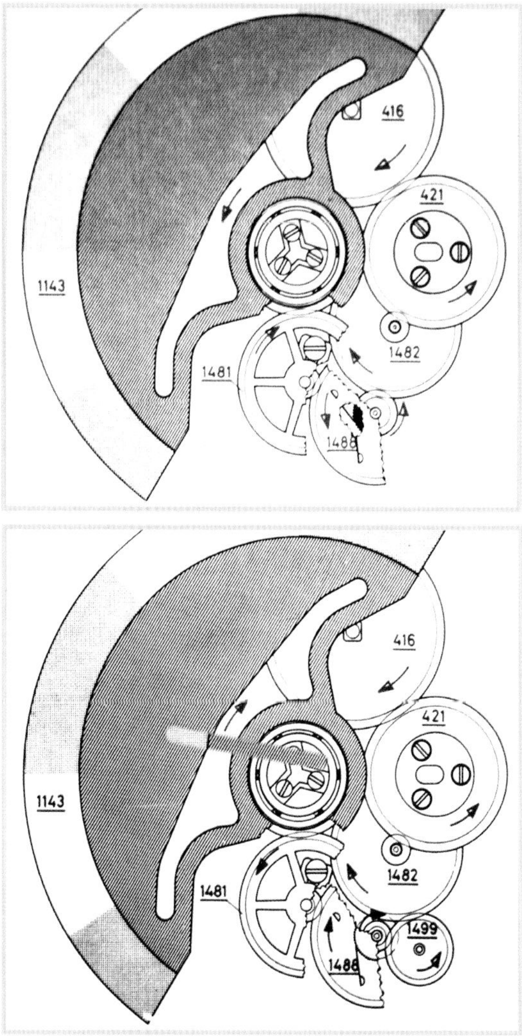

Funktionsprinzip des Automatic-Getriebes im Chronographen-Kaliber 3019 PHC der Firma Zenith.
Rotor (1143) dreht entgegen dem Uhrzeigersinn (oberes Schema): Drehmomentübertragung über das 1. Reduktionsrad (1481) auf das untere Doppelklinkenrad (1488) und von dessen Klinkenritzel über das 2. Reduktionsrad (1482) und das Kronrad (421) auf das Sperrad (416) des Federhauses (das nicht eingezeichnete Umkehrrad 1499 dreht passiv mit).
Rotor (1143) dreht im Uhrzeigersinn (unteres Schema): Drehmomentübertragung über das 1. Reduktionsrad (1481) auf das obere Doppelklinkenrad (1488) und von dessen Ritzel auf das zwischengeschaltete Umkehrrad (1499), von dort über das 2. Reduktionsrad (1482) über das Kronrad (421) aufs Sperrad (416) des Federhauses.

Chronograph-Mechanismus mit Schaltrad neben dem Automatik-Getriebe aufs Basiswerk gesetzt.
BASISUHRWERK: 3-schenklige schraubenlose Glucydur-Unruh, Nivarox-Spirale, 36.000 Halbschw./Std., Incabloc-Stoßsicherung, beweglicher Spiralklötzchenträger, Rückerfeinstellung über Exzenterschraube, exzentrische Sekunde. Datumsanzeige mit augenblicklichem Wechsel und Schnellkorrektur.

Kaliber-Liste · Zenith

Kaliber	Durchmesser Linien	Durchmesser mm	Höhe mm	Zusatz-Einrichtungen	Halb-Schw./Stunde	St.	Gang-Res. Std.	Anmerkungen Modell	Jahrg.	Abb.
71	13	29,5		SCD, QG	21.600				ca. 52	
133	"	26,5	4,9	SCD	18.000				1948	
133.8	"	"	"	SCD	21.600	20	40		ca. 52	xx
1724	7 3/4	17,5		SCD	19.800	25		Zenitissimo	1967	
1725	"	"	4,35		"	"		"	1967	xx
2522 P	11 1/2	25,6	5,63	SCD	18.000	28	40		1954	xx
2522 PC	"	"	"	SCD, QG	"	"	"			
2532 P	"	"	4,35	SCD	21.600	"	45			
2532 PC	"	"	5,63	SCD, QG	"	"	"		1959	
2542 PC	"	"	"	SCD, QG	"	25	"		1959	xx
2562 PC	"	"	"	SCD, QG	28.800	23	48	Chronometer	ca. 68	xx
2572 PC	"	"	"	SCD, GG, RDR	"	17	"			
3019 PHC		30,0	6,5	QG, RDR, CHR	36.000	31	50	El Primero/Espada	1969	xx
3019 PHF				QG, JG, PH, RDR, CHR	"	"	"	"		

Zur Kaliber-Entwicklung

Das Unternehmen wurde 1882 von Ariste Calame in Le Locle gegründet. Zodiac (der Tierkreis) entwickelte selbst keine automatischen Werke und baute in ihre Uhrenmodelle für Damen Rohwerke der Firma Eta und in die für Herren AS-Kaliber ein.

Im Jahre 1948 brachte man fast zeitgleich mit Jaeger LeCoultre eine Automatic mit Gangreserveanzeige heraus, die «Astrographic». Auch hier dient als Basiswerk das Hammer-Kaliber 1298 von AS, das von Zodiac mit einem Differentialgetriebe komplettiert wurde. Die nächste «Astrographic» aus dem Jahre 1953 arbeitet mit dem Rotorkaliber 1424 von AS und gibt die Gangreserve über einen 4. Zentralzeiger an.

Von 1961 bis Mitte der siebziger Jahre bildet eine Basiskonstruktion die Standardausrüstung aller automatischen Herrenmodelle. Es handelt sich hier um ein Gemeinschafts-Kaliber mit den Firmen Doxa, Eberhard, Favre-Leuba und Girard-Perregaux, das innerhalb der CHP (Communautée Horlogère de Précision) von AS hergestellt wurde.

Die 1961 vorgestellte Herrenkollektion «Olympos» ist mit diesem Kaliber 70 bestückt und fällt durch ihre einer griechischen Amphore nachempfundene Gehäuseform auf. Sie ist bis zu 5 Atm. Druck wasserdicht, hat eine geschützte Krone bei der «2» und zeigt die Stunden über eine markierte Scheibe an.

Anfang der siebziger Jahre folgte die Modellreihe «Astrographic» mit den hoch abgeschrägten Edelstahlgehäusen in ovaler oder rechteckig abgerundeter Form, die ihren Namen von der punktförmigen Sekundenmarke erhalten hat, die wie ein Satellit um das Zifferblatt kreist. Alle drei Zeiger sind durch entsprechend markierte, durchsichtige Scheiben ersetzt, die übereinander angeordnet sind, und deren Antrieb «mysteriös» erscheint.

Die «Astrographic SST» von 1973 ist als Schnellschwinger auf der Basis des CHP-Kalibers mit der Clinergic 21-Hemmung von FAR (Fabriques d'Assortiments Réunies) ausgestattet worden und erreichte Chronometerqualität.

Zeitschriften-Reklame (aus SUZ 1949)

Zodiac-Cal 1225

Herren-Automatic Modell «Autographic» der Firma Zodiac um 1949 mit dem Kaliber 1225 (AS-Rohwerk) als eines der ersten Modelle mit Gangreserveanzeige (am Hilfszifferblatt über der «6»). Edelstahlgehäuse mit Schraubboden.

Hammer-Schwungmasse einseitig über eine Klinkenträger-Scheibe aufziehend. Automatik-Baugruppe als komplette Einheit abnehmbar. Glucydur Schraubenunruh, Nivarox-Spirale, Incabloc-Stoßsicherung.

Zodiac-Cal 1424 N

Herren-Automatic Modell «Autographic» der Firma Zodiac von 1954 mit dem Kaliber 1424 N (AS-Rohwerk).

Vergoldetes Gehäuse mit Schraubboden aus Edelstahl, Aufzugskrone mit Zodiac-Emblem.

Anzeige der Gangreserve über einen 4. Zentralzeiger.

Werk weitgehend identisch mit AS-Kaliber 1382 N (s. S. 33), jedoch mit Glucydur-Schraubenunruh.

Zodiac-Cal 88 D

Herren-Automatic als Modell «Astrographic SST» der Firma Zodiac von 1973 mit dem Schnellschwinger-Kaliber 88 D (CHP-Rohwerk der Firma AS).
Rechteckiges, abgerundetes und abgeschrägtes Edelstahlgehäuse mit Schraubboden, Aufzugskrone mit Zodiac-Symbol.
Mineralglas mit aufgedrucktem Index-Ring, sog. mysteriöse Anzeige über transparente Zeigerscheiben mit rotierendem Sekundenpunkt.
Rotor mit Schwermetallreif, beidseitig über einen Klinkenrad Wechsler aufziehend (bei 1 und 4^{00}).
Schraubenlose Glucydur-Unruh, Nivarox-Spirale, Incabloc-Stoßsicherung, Triovis-Feinsteller.

Kaliber-Steckbriefe

Cal 1225

AS-Ebauche 1298
D = 28,0 mm (12 ¼'''), 17 Steine
AUTOMATIK-BAUGRUPPE als komplette Einheit aufs Basiswerk geschraubt. Hammer-Aufzug in einer Richtung über teilverzahnte Klinkenträger-Scheibe, kombiniertes Aufzugs- und Reduktionsrad aufs Kronrad.
BASISUHRWERK: 2-schenklige Schraubenunruh aus Glucydur, Nivarox-Spirale, 18.000 Halbschw./Std., Incabloc-Stoßsicherung, direkte Zentralsekunde. Anzeige der Gangreserve über Differentialgetriebe mit Stirnzahnrädern.

Cal 1424 N

AS-Ebauche 1424 N
D = 26,0 mm (11 ½'''), H = 6,0 mm, 17 Steine
AUTOMATIK-BAUGRUPPE aufs Basiswerk geschraubt, Zentralrotor mit Schwermetallreif, Aufzug in beide Drehrichtungen über Wippenwechsler, 1 Spannrad mit Sperrklinke unter separater Platine, 2 Reduktionsräder, davon das 2. mit Breguetkupplung zur Trennung bei Handaufzug, aufs Kronrad.
BASISUHRWERK: 2-schenklige Schraubenunruh aus Glucydur, Nivarox-Spirale, 18.000 Halbschw./Std., Incabloc-Stoßsicherung, direkte Zentralsekunde. Anzeige der Gangreserve über ein Kugelrad-Differentialgetriebe.

Cal 88 D

AS-Ebauche (CHP)
D = 25,6 mm (11 ½'''), H = 5,05 mm, 21 Steine
AUTOMATIK-BAUGRUPPE ins Basiswerk teilintegriert, Zentralrotor mit Schwermetallreif, Aufzug in beide Drehrichtungen über federlose Zwillings-Klinkenräder, 1 Reduktionsrad aufs Sperrad.
BASISUHRWERK: 3-schenklige schraubenlose Glucydur-Unruh, Nivarox-Spirale, 36.000 Halbschw./Std., Incabloc-Stoßsicherung, Triovis-Feinsteller mit beweglichem Spiralklötzchenträger, Clinergic 21-Hemmung, direkte Zentralsekunde, indirekt geführter Minutenzeiger. Datumsanzeige mit augenblicklichem Wechsel und Schnellkorrektur, Stoppsekunde.

Kaliber-Liste · Zodiac

Kaliber	Durchmesser		Höhe	Zusatz-Einrichtungen	Halb-Schw./Stunde	St.	Gang-Res. Std.	Anmerkungen Modell	Jahrg.	Abb.
	Linien	mm	mm							
34	7 3/4	17,2	4,8	SCD, QG	28.000			Eta-Ebauche	ca. 71	
35	"	"	5,35	SCD, QG, JG	"			"	ca. 71	
46	7 3/4	17,2	4,5	SCD	21.600			Eta-Ebauche	ca. 66	
47	"	"		SCD, QG	"			"		
70	11 1/2	25,6	4,75	SCD, ST	21.600	17	40	AS-Ebauche (CHP-Werk)	1961	
72	"	"	5,05	SCD, QG, ST	"	"	"	"		
72 b	"	"	"	SCD, QG, RDR, ST	"	"	"	"		
74	"	"	6,5	SCD, QG, PH, ST	"	"	"	"		
75	"	"	5,05	SCD, QG, ST, GMT	"	"	"	"		
75 b	"	"	"	SCD, QG, RDR, ST	"	"	"	"		
76	"	"	5,8	SCD, QG, JG, ST	"	"	"	"		
78	"	"	5,05	SCD, QG, ST	36.000		34	"	ca. 71	
79	"	"	"	SCD, QG, ST	"		"	"		
86	"	"	5,8	SCD, QG, JG, RDR, ST	"	21	"	"	1973	
88 D	"	"	5,05	SCD, QG, RDR, ST	"	"	"	" „Astrographic SST"	1973	xx
90	13 3/4		7,7	QG, CHR	19.800	17		Buren/Breitling-Eb.		(xx)
1225	12 1/4	28,0		SCD, RMA	18.000	17	36	AS-Ebauche (1298)	1948	xx
					"			„Autographic"		
1424 N	11 1/2	26,0	6,0	SCD, RMA	18.000	17	36	AS-Ebauche (1424)	1953	xx
1501	"	"		SCD, RMA	"	"	"	" „Powergraphic"	1956	

Zur Technik der automatischen Armbanduhr

Von der nichtautomatischen unterscheidet sich die automatische Armbanduhr im wesentlichen nur durch eine zusätzliche Selbstaufzugs-Vorrichtung. Diese ist meist als komplette Funktionseinheit mit zwei oder drei Schrauben auf das Basisuhrwerk montiert oder in diesem versenkt untergebracht, also integriert. In den fünfziger Jahren wurden die speziellen Montageschrauben zur besseren Kenntlichmachung gebläut.

Das *Basisuhrwerk* entspricht also dem Werk einer Handaufzugsuhr und besteht aus
dem Federhaus mit der Antriebsfeder,
dem Räderwerk,
der Hemmung
und dem Regulierorgan als dem eigentlichen Zeitgeber.

Das Räderwerk übersetzt die langsame, aber kraftvolle Umdrehung des Federhauses in eine schnelle, aber entsprechend schwache Umdrehung des Hemm- oder Ankerrades. Es setzt sich im allgemeinen aus vier Zahnrad-Trieb-Kombinationen, auch Zahnrad-Organe genannt, zusammen;
dem *Minuten- oder Großbodenrad,*
dem *Kleinbodenrad,*
dem *Sekundenrad*
und dem *Ankerrad* (siehe Abb. T 1).

In allen Qualitätsuhren findet man die Rubinanker-Hemmung Schweizer Bauart, wogegen bei Uhren der Niedrigpreis-Kategorie vorwiegend die Stiftanker-Hemmung verwendet wird.

Die *Hemmung* umfaßt funktionell das Ankerrad und den Anker, der mit seinen Rubinpaletten bzw. Stiften die Drehbewegung des Ankerrades intermittierend unterbricht und dabei gleichzeitig durch die Hin- und Herbewegung seiner Gabel das schwingende Regulierorgan anregt. Das aus ringförmiger Unruh und rückholender Spiralfeder bestehende Regulierorgan bestimmt wiederum den Zeittakt, mit dem der Anker das kontinuierliche Ablaufen des Räderwerks so definiert hemmt, daß sowohl das Minutenrad in einer Stunde als auch das Sekundenrad in einer Minute eine Umdrehung machen. Der Stundenzeiger wird über ein separates 1:12-Untersetzungsgetriebe unter dem Zifferblatt vom Minutenrad angetrieben.

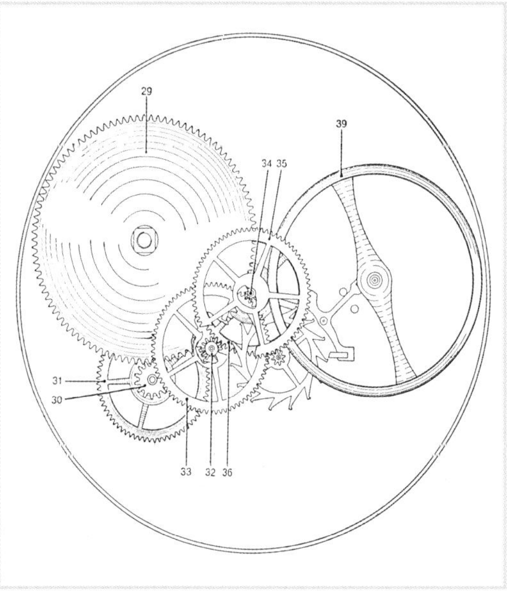

Zu T1: Modernes Basisuhrwerk
Drehmomentübertragung vom Federhaus 29 auf das Trieb 30 des außermittig verlagerten Großbodenrades 31, das Trieb 32 des Kleinbodenrades 33, auf das Trieb 34 des Zentralsekundenrades 35 (direkte Zentralsekunde), von dort auf das Trieb des Ankerrades, das mit dem Anker unter der Unruh 39 liegt. Indirekt angetriebener Minutenzeiger vom Trieb 32 des Kleinbodenrades über das Mitnehmerrad 36 (auf der Werksunterseite).

Zusatzgetriebe erlauben den Handaufzug der Antriebsfeder bei innerer Raststellung der Aufzugswelle über die Krone, dagegen in der äußeren Position das Verstellen der Zeiger (siehe Abb. T 2). Die Sekundenanzeige erfolgt bei den frühen Armbanduhren wie bei den Taschenuhren an einem Hilfszifferblatt über der 6.

Der kleine Sekundenzeiger steckt auf dem verlängerten Zapfen des Sekundenrades und liegt damit «direkt» im Kraftfluß der Getriebekette, die vom Federhaus bis zur Hemmung reicht. Der später zum Standard zählende große Zentralsekundenzeiger erlaubt jedoch eine bessere Ablesung und damit auch schnelle Kontrolle über den Betriebszustand der Uhr. Dazu wird unter Beibehaltung der bisherigen Getriebeanordnung auf dem nach oben verlängerten Zapfen des Kleinbodenrades ein weiteres Zahnrad befestigt, das in das Trieb der Zentralsekundenwelle eingreift. Der Sekundenzeiger liegt hier also nicht im Kraftfluß der Getriebekette, sondern wird kraftlos über ein Nebengetriebe geführt («indirekte» Zentralsekunde).

Im Gegensatz dazu wird bei der «direkten» Zentralsekunde die Kraft unverzweigt über das Kleinbodenrad auf die Zentralsekundenwelle und von dort auf das Ankerrad geleitet. Das bisherige exzentrisch liegende Sekundenrad kann dadurch entfallen. Die Lagerung der langen Zentralsekundenwelle innerhalb des durchbohrten Minutenrades ist nicht unkritisch und kann zu Problemen bei der gleichmäßigen Drehmoment-Übertragung führen.

Der Nachteil der «indirekten» Zentralsekunde besteht im irritierenden Zeigerflattern zwischen den Schrittbewegungen, verursacht durch die sogenannte Zahnluft des kraftlos arbeitenden Nebengetriebes. Abhilfe schafft eine blattförmige Friktionsfeder, die auf den oberen Zapfen der Sekundenwelle drückt und meistens gut sichtbar montiert ist.

Ein altes Uhrmacher-Zitat lautet: «Die Feinstellung der Uhr beginnt am *Federhaus*» und weist auf die Bedeutung der gleichförmigen Kraftabgabe während der 6 Umläufe zwischen Vollaufzug und Entspannung der Antriebsfeder hin. Durch deren spezielle

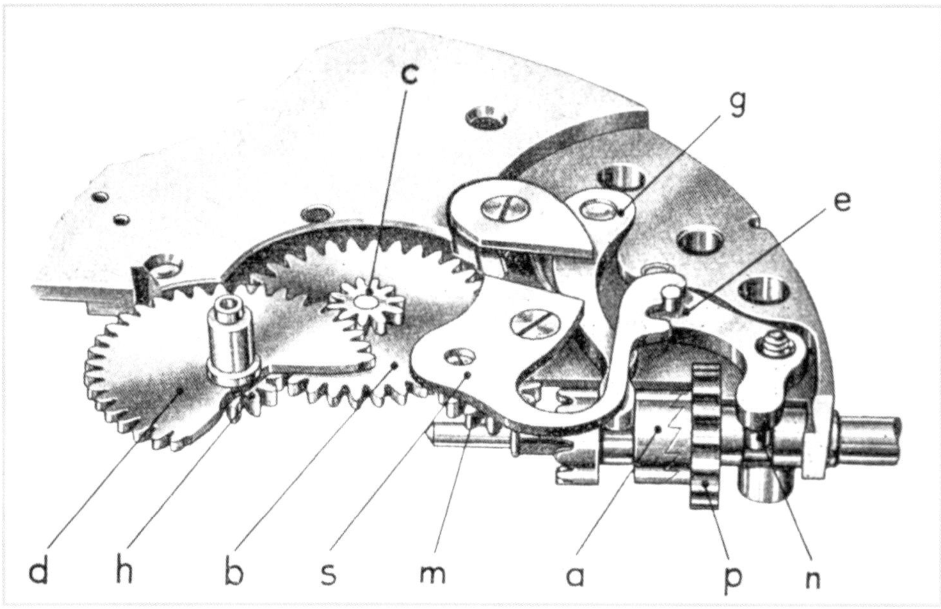

Zu T2:
Aufzugs- und Zeigerstellgetriebe an der Werksunterseite bei zentralgelagertem Minutenrad. Auf der Aufzugswelle sitzt das Schiebetrieb a, das über eine Breguetkupplung mit dem Transmissionsrad p verbunden ist, welches wiederum in das auf der anderen Werksseite (Oberseite!) liegende Kronrad eingreift (nicht eingezeichnet!). Beim Herausziehen der Aufzugswelle rastet der Winkel- oder Stellhebel n/e aus der Kerbe der Winkel- oder Stellhebelfeder s in die benachbarte ein und verschiebt gleichzeitig über die Wippe g (Wippen- oder Breguetfeder verdeckt!) das Schiebetrieb a in den Eingriff des Zeigerstellrades m, das über das Wechselrad b sowohl das Stundenrad d, auf dem der Stundenzeiger sitzt, wie auch das Minutenrohr h mit dem Minutenzeiger dreht.

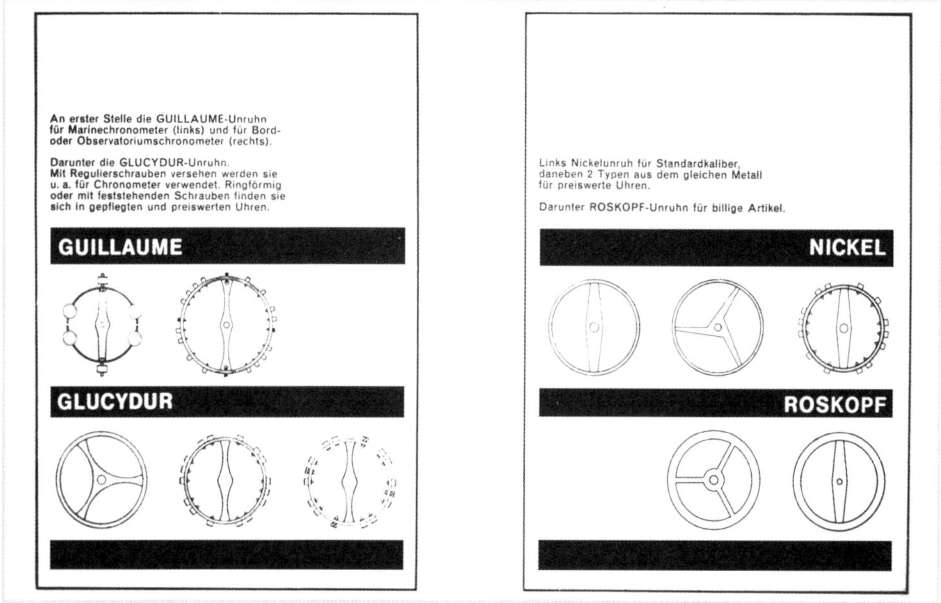

Zu T3. Unruh-Unterscheidungsmerkmale
Die Glucydur-Unruh, mit der alle höherwertigen Uhren ausgerüstet sind, ist an der taillierten Form ihrer Schenkel gut zu erkennen.

Vorprägung ist eine fast gleichbleibende Kraftentfaltung zwischen der 5. und der 1½fachen Umdrehung des ablaufenden Federhauses zu erreichen (vergleiche Abb. T15).

Gelingt es nun, ein im Durchmesser vergrößertes Federhaus im Werk unterzubringen, so läßt sich eine längere Feder einsetzen und damit nicht nur die Gangreserve von bisher 36 auf über 45 Stunden erhöhen, sondern auch der Bereich der Kraftkonstanz zugunsten einer besseren Gangleistung erweitern.

Das bisher im Zentrum gelagerte Minutenrad ist mit seinem Trieb dann aber im Wege und muß nach außen versetzt werden. Der Minutenzeiger wird somit indirekt über ein Zusatzgetriebe geführt (Zenith 1948).

Die Kombination von außermittig verlagertem Großbodenrad und direkt angetriebener Zentralsekunde ermöglicht also eine optimale Raumausnutzung zugunsten des Federhauses und der Unruh und gilt in den modernen Uhren als Standard (siehe Abb. T 1).

Die anfänglich mit Gewichtsschrauben versehene *Unruh* wird in den fünfziger Jahren durch die schraubenlose Ringunruh ersetzt, die komplett mit Spiralfeder als fertig justierte Einheit von Spezialfabriken bezogen werden kann. Neben der Unruh aus Glucydur findet man in Uhren der Standardklasse auch solche aus Nickel, die sich durch eine spezielle Formgebung voneinander unterscheiden (siehe Abb. T 3).

Bei gleichem Gewicht und Durchmesser besitzt die schraubenlose Ringunruh ein größeres Trägheitsmoment, schwingt also gleichmäßiger. Der vermehrte Luftwiderstand durch die Schrauben und die Abbremsungsgefahr durch zwischen ihnen hängenbleibende Fusseln und Späne entfällt.

Eine weitere Verbesserung der Gangleistung konnte man mit erhöhten *Schwingungszahlen* der Unruh erzielen (siehe Seite 23).

Diese sogenannten Schnellschwinger benötigen kein so großes Trägheitsmoment der Unruh, so daß diese leichter wird, und damit die Bruchgefahr der empfindlichen Unruhzapfen geringer ist.

Zu deren Schutz wurden anfänglich zahlreiche *Stoßsicherungssysteme* entwickelt, von denen sich aber nur wenige bewährten. Die am häufigsten anzutreffenden sind das Incabloc-System der Firma Le-Porte-Echappement Universel S. A., La Chaux-de-Fonds und die unterschiedlichen Kif-Systeme der Firma Parechoc S. A., Le Sentier.

Fast alle Kaliber sind mit einer *autokompensierenden Flachspirale* ausgerüstet, die z. B. von der Firma Nivarox S. A., St. Imier in den Temperaturkompensationsstufen I–V geliefert wird. Die aufgebogene oder Breguetspirale ist nur noch in wenigen Armbanduhren zu finden, verbessert sie doch nur unwesentlich die Gangleistung, erfordert aber mehr Bauhöhe (siehe bei IWC). Der *bewegliche Spiralklötzchenträger* wurde in den fünfziger Jahren eingeführt und ermöglicht die bequeme Symmetrierung der Unruhschwingung um den Ankergabel-Eingriff. Das bis dahin erforderliche Verdrehen des Spiralröllchens auf der Unruhwelle erübrigt sich. (Zur Erläuterung: Das Spiralröllchen ist der innere, das Spiralklötzchen der äußere Ansteckpunkt der Spiralfeder.)

Die auch heute noch geltenden technologischen Qualitätsstandards der einzelnen Uhren-Bauelemente sind in der Mehrzahl von Dr. Richard Straumann in seinem Waldenburger Forschungsinstitut zwischen 1933 und 1958 aufgestellt worden: sie betreffen die Antriebsfeder, die aus einer unzerbrechlichen, nichtrostenden Beryllium-Stahl-Legierung (Nivaflex) besteht und mit einer Dauer-Trockenschmierung (Nivaglide) versehen ist, die sehr dünnen Zahnräder aus Beryllium-Bronze, die sich gratlos ausstanzen lassen und mit ihrer Mikroverzahnung das Drehmoment viel gleichförmiger übertragen sowie die autokompensierende, also temperaturunabhängige und zusätzlich antimagnetische Kombination von Spiralfeder (Nivarox, Isoval) und Glucydur-Unruh, beide ebenfalls aus speziellen Beryllium-Legierungen.

Die Summe dieser Entwicklungen verbesserte die Zuverlässigkeit und die Gangleistung der Armbanduhr in so beeindruckender Weise, daß sogar in Fachkreisen von einer «Wunderlegierung» gesprochen wurde.

Parallel dazu wurde intensiv an der Qualitätssteigerung der Schmiermittel gearbeitet. Die besonderen Anforderungen an die Schmierung im Kleinuhrenbau sind von einem Nichtfachmann kaum nachvollziehbar. Sie sind u. a. abhängig von der Materialkombination der Lagerstelle (z. B. Stahl – Rubin), der Drehzahl (z. B. langsam umlaufendes Federhaus – schnelldrehende Unruh), den auftretenden Lagerkräften (z. B. hohe am Minutentrieb – niedrige am Ankerrad), den Beschleunigungskräften (z. B. stellt das ständige Abstoppen des Ankerrades, besonders beim Schnellschwinger, spezielle Anforderungen an die Haftfähigkeit des Schmiermittels an den Zähnen). Außerdem sollte das Öl neben einer temperaturunabhängigen Konsistenz auch unempfindlich gegen Lichteinfluß sein, sich außerdem nicht verflüchtigen und natürlich nicht die Lageroberflächen angreifen.

Es ist daher verständlich, daß ein ideales Universal-Uhrenöl nicht zu realisieren war. Eine Uhr sollte daher nach jeweils 3 bis

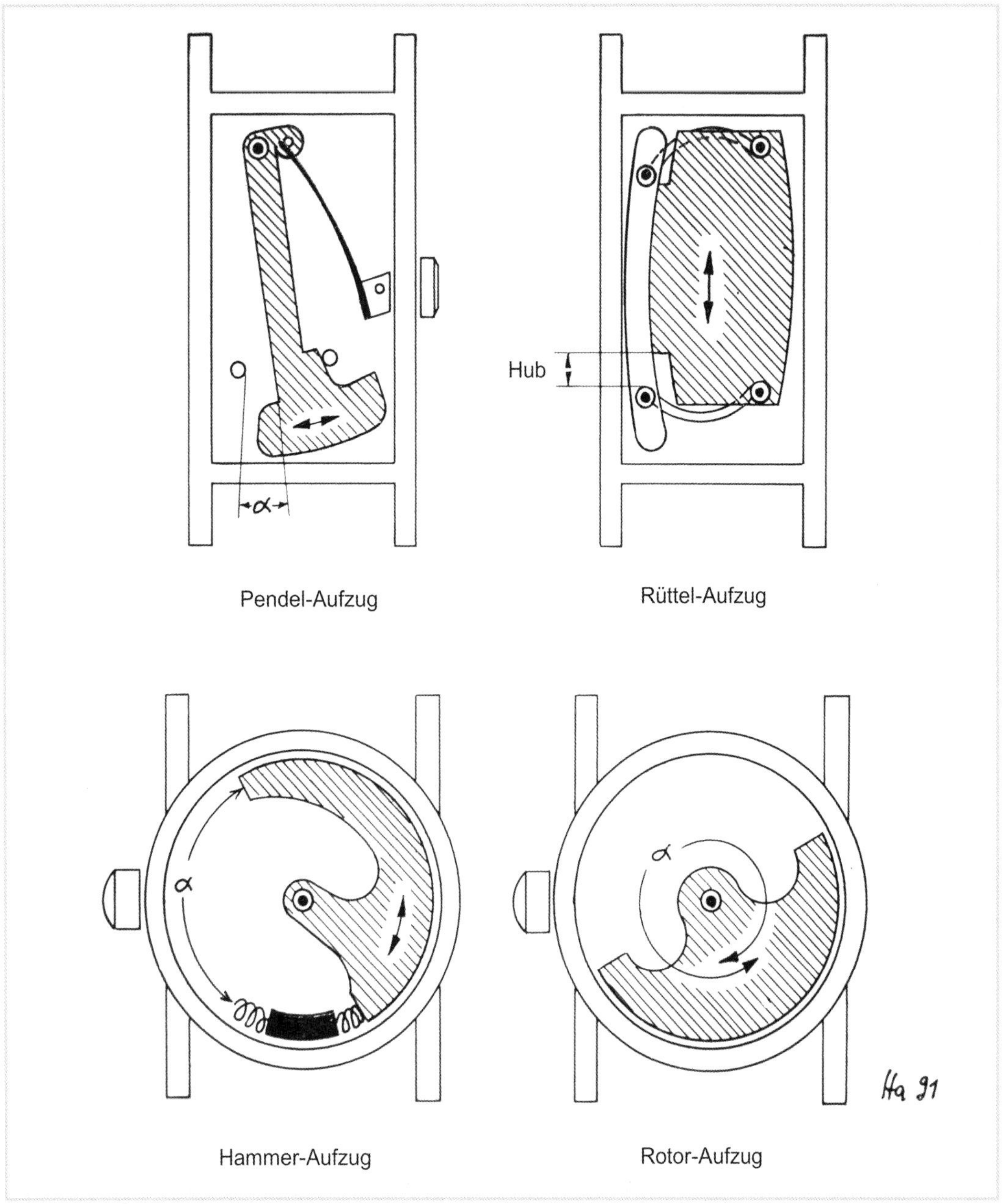

Zu T4: Aufzugsarten

Pendel-Aufzug: Der Drehpunkt seines langen Hebels liegt am Rand des Werks, sein Hubwinkel α *beträgt ungefähr 15 Grad.*

Rüttel-Aufzug: Das Rüttelgewicht bewegt sich geradlinig zwischen der 6- und der 12-Uhr-Position mit einem maximalen Hub von 3 mm.

Hammer-Aufzug: Die zentral gelagerte Hammer-Schwungmasse überstreicht einen Bewegungswinkel α *von maximal 130 Grad und wird beidseitig durch Prellfedern gestoppt.*

Rotor-Aufzug: Der Rotor dreht unbegrenzt.

höchstens 5 Jahren gründlich gereinigt und fachgerecht geölt werden, wenn sie zuverlässig, genau und ohne Schaden zu nehmen ihren Dienst versehen soll.

Der automatische Aufzug in der Armbanduhr kompliziert deren Aufbau nicht unbeträchtlich und erfordert neben dem entsprechenden Raumbedarf auch eine stabile Lagerbefestigung der Schwungmasse. Deren Masseschwerpunkt liegt außerhalb des Drehpunktes, z. B. beim Rotor, und bedeutet eine ungleichmäßige Lagerbelastung. Die durch die Armbewegung auf die Schwungmasse einwirkenden Kräfte setzen sich aus einer Schwerkraft- und einer Impulskomponente zusammen. Bei gleichförmiger Drehung der Uhr in senkrechter Zifferblattlage stellt sich die Schwungmasse immer auf den tiefsten Punkt ein – leistet also allein mit Hilfe der Schwerkraft Aufzugsarbeit. Wird dagegen die Uhr in horizontaler Lage, also z. B. mit dem Zifferblatt nach oben, heftig hin und her bewegt, wirken einzig die Impulskräfte.

Die Relativbewegung der Schwungmasse zum Werk wird von einem Reduktionsgetriebe optimal zum Aufzug der Antriebsfeder aufbereitet. Erfolgte in den frühen Automatics der Aufzug nur in einer Bewegungsrichtung der Schwungmasse, so wird später durch Einbau eines Drehsinnswandlers, kurz Wechsler genannt, auch die zweite Richtung genutzt. Zusätzliche Entkopplungselemente sorgen gleichzeitig für die Abschaltung des Handaufzugsgetriebes und reduzieren die Reibungsverluste. Um das Überspannen der Antriebsfeder durch den Selbstaufzug zu vermeiden, ist eine spezielle Sicherheitsvorrichtung, z. B. als Rutschkupplung oder als Rotor-Blockierungsmechanismus, vorgesehen.

Die komplette Automatik-Baugruppe umfaßt also die Funktionseinheiten:
Schwungmasse,
Wechsler,
Reduktionsgetriebe,
Überspannschutz
und als Zusatz die gegenseitigen Trennvorrichtungen zwischen dem Automatik- und dem Handaufzugsgetriebe sowie als Hilfseinrichtung die Anzeige der Gangreserve.

Der Rotor als erster Schwungmassentyp in einer selbstaufziehenden Taschenuhr (Perrelet d. Ä., 1770) mußte sich jedoch in der Armbanduhr erst gegen andere Aufnehmerarten wie die Pendel-, Hammer- und die Rüttel-Schwungmasse durchsetzen (siehe Abb. T4). Das charakteristische Konstruktionsmerkmal des *Pendels* ist der lange Hebel, an dessen Ende sich ein Gewicht befindet und das damit ein relativ großes Drehmoment für den Aufzug liefert. Der Ausschlag um den am anderen Hebelende liegenden Drehpunkt ist auf einen kleinen Kreisbogen beschränkt und erfolgt aufziehend unter Berücksichtigung der Trageposition am linken Arm immer nach der 3-Uhr-Position. Mit Hilfe einer Rückholfeder muß das Pendel wieder in seine Ausgangslage gebracht werden. Diese optimale Pendelanordnung bestimmt maßgeblich den übrigen Werksaufbau. Bei Armbewegungen in der Hebelrichtung, also zwischen der 6 und 12, ist keine Aufzugsarbeit zu erwarten, so daß diese Aufnehmerart als wenig effektiv einzustufen ist.

Die heftigen Pendelstöße gegen die Begrenzungsstifte wirken sich außerdem störend auf die Gleichförmigkeit der Unruhschwingung aus, verursachen ein lautes Geräusch und können sogar Schrauben im Uhrwerk lockern, mit allen daraus vorstellbaren Störungen. Diese Nachteile treten bei allen diskontinuierlich arbeitenden Schwungmassen, wie auch dem Hammer und dem Rüttelgewicht, auf.

Der Pendelaufzug ist in allen Taschenuhren mit Selbstaufzug, mit Ausnahme der von Perrelet, im Schrittzähler (Pedometer) und in einigen der frühen Automatics zu finden (Leroy, Perpetual, Bulova, Buren). Sogar im Automatic-Tourbillon der Firma Audemars Piguet aus dem Jahre 1986 greift man aus Platzgründen wieder auf diese Aufzugsart zurück.

Im Gegensatz dazu ist die *Hammer-Schwungmasse* zentral gelagert und wird in ihrer Bewegung durch Prellfedern auf einen maximalen Ausschlagswinkel von 130 Grad begrenzt. Zur Erhöhung der Aufzugsleistung ist der Hammer an seinem Umfang oft durch Bleieinlagen beschwert. Um das Hammerlager gegen Stoßbelastungen zu schützen, ist der Hammerschenkel meist federnd ausgeführt, z. B. bei einem Movado-Kaliber in S-Form.

Harwood ist der Erfinder dieser Aufzugsart, die von 1935 bis 1950 in den meisten Automatics zur Anwendung kommt. Die Ursache für diesen Erfolg ist weniger in ihrem Wirkungsgrad zu finden, sondern beruht auf der unproblematischen Lagerung des Hammers zwischen zwei Platinen und der einfachen Getriebeanordnung, die einen relativ flachen Werksaufbau ermöglicht. Ein Schwachpunkt sind dagegen die Prellfedern, die nicht selten abbrechen und dann entweder den Hammer oder das Uhrwerk blockieren.

Die Hammer-Automatic arbeitet vorwiegend mit einseitigem Aufzug. Ausnahmen bilden einige später entwickelte Kaliber, die beidseitig aufziehen, wie die von Revue, Lanco, Jaeger LeCoultre (Futurematic) und Baumgartner.

Unter dem *Rüttelgewicht* ist eine Schwungmasse zu verstehen, die sich geradlinig zwischen 6- und 12-Uhr-Position hin und her bewegt und deren Stoß gegen das Gehäuse z. T. durch Blattfedern abgefangen wird. Dazu werden unterschiedliche Anteile der Uhr als Energieaufnehmer herangezogen: z. B. das gesamte Werk mit Gehäuse, das sich an einer Parallelogramm-Aufhängung über einer Armband-Platine bewegt (Bucherer-Automatic nach einem Bulova-Patent); das gesamte Werk mit Zusatzgewicht, das im Gehäuse auf Kugeln gleitet (Rolls) oder an zwei Hebelarmen in einem Gehäuse-Rahmen rüttelt (Wig-Wag); sowie ein ins Werk hinein versenktes Gewicht, das an zwei Stangen geführt wird (Pierce). Der Rüttelhub beträgt nicht mehr als 3 mm und ist bei einseitiger Aufzugswirkung nur wenig effizient. Hinzu kommen die schon unter der Pendel-Schwungmasse angeführten Nachteile.

Der *Rotor* konnte sich erst Ende der vierziger Jahre als die optimale Form des Energieaufnehmers durchsetzen, nachdem sein Lagerungsproblem durch die Einführung des Miniatur-Kugellagers (Eterna) umfassend beherrscht werden konnte. Das Kugellager verbesserte gleich in mehrfacher Hinsicht die zentrale Lagerung des Rotors: Neben der verminderten Lagerreibung brachte auch das geringere Lagerspiel eine höhere Sicherheit gegen das Streifen des Rotorrandes an der Platine oder dem Gehäuseboden, und die Bruchgefahr konnte mit dem Wegfall der empfindlichen Lagerwelle ausgeschlossen werden; die Bauhöhe ließ sich weiter reduzieren.

Zu T5: Rotor-Anordnungen
Zentralrotor mit Gleitlagerung rechts (oben);
Auf Kugeln laufender, ins Werk versenkter, achsloser Ringrotor mit peripherer Getriebe-Ankopplung (rechts unten);
Vollständig ins Werk versenkter Mikrorotor, von Buren als «Planetenrotor» und von Universal als «Microtor» bezeichnet (links oben);
Außermittig verlagerter großer Rotor mit zentraler Getriebe-Ankopplung – bei Longines auch mit peripherer Ankopplung (links unten).

Dagegen bringt die durch Kugeln oder Rollen unterstützte periphere Rotorführung auch gewisse Nachteile: Die lauten Rollgeräusche werden oft als störend empfunden, und die peripher stärker ins Gewicht fallende Rollreibung vermindert den Wirkungsgrad des Aufzugs (FHF, Vacheron Constantin, Patek Philippe).

Die allgemeinen Fortschritte in der Getriebetechnik führten jedoch über eine Verminderung der erforderlichen Antriebsfederkraft bei gleichzeitig verbesserter Wirksamkeit des automatischen Aufzuges zu einer deutlichen Gewichtseinsparung des Rotors. Damit relativierten sich auch die Probleme seiner Lagerung, so daß nicht wenige Manufakturen die geräuscharme Gleitlagerung in Rubinen oder Sintermetallen bevorzugten (siehe bei Rolex). Zur Verhinderung des Zapfenbruchs bei Stoßbelastung wurden unterschiedliche Lösungen gefunden, wie z. B. die elastischen, S-förmigen Rotor-Schenkel bei Movado oder die federnden Rotor-Achsen bei IWC und Cyma.

Die Erhöhung der Rotor-Unwucht durch periphere Beschwerung verbesserte die Aufzugsleistung. Anfänglich wurde daher in randnahe Ausfräsungen Blei eingegossen, später der gesamte Rotor oder das periphere Segment aus Schwermetall gefertigt, z. B. aus hochkarätigem Gold (Eterna, Audemars Piguet, Piaget, Patek, Vacheron Constantin). Zur weiteren Verminderung der Werkshöhe wurde der Rotor in die verschiedensten Werksbereiche verlagert (siehe Abb. T5), wobei noch zusätzliche Varianten durch die Art der Getriebe-Ankopplung entstehen. Die periphere Ankopplung über einen Zahnkranz ist oft bei besonders flachen Kalibern zu finden, erfordert aber ein zusätzliches Reduktionsrad (siehe unter FHF, Longines).

Letztendlich hat sich der zentral auf Kugeln gelagerte Rotor mit Schwermetallreif und Getriebe-Ankopplung über ein Rotorritzel als die optimale Schwungmassen-Kombination bewährt.

Während zum Ausbau des Rotors mit Kugellager nur die Zentralschraube zu lösen ist, gibt es beim Rotor mit Gleitlagerung zahlreiche mehr oder weniger gut zu handhabende Verriegelungs-Vorrichtungen.

Bei der Achslagerung ist nach dem Lösen einer Schraube von oben ein Riegel zurückzuschieben oder abzuheben (siehe AS, Tissot) oder ein federnder Hebel aus einer Raststellung zu drücken (siehe Felsa, Certina). Dagegen ist der mit einer Welle laufende Rotor (Rubinlochstein oder Beryllium-Lagerbuchse in der Platine!) erst nach dem Abheben der gesamten Automatik-Baugruppe abtrennbar (siehe Rolex, Eta).

Bis zur Erstvorstellung der «Bidynator» durch die Firma Felsa im Jahre 1942 kannte man nur den einseitigen Aufzug der

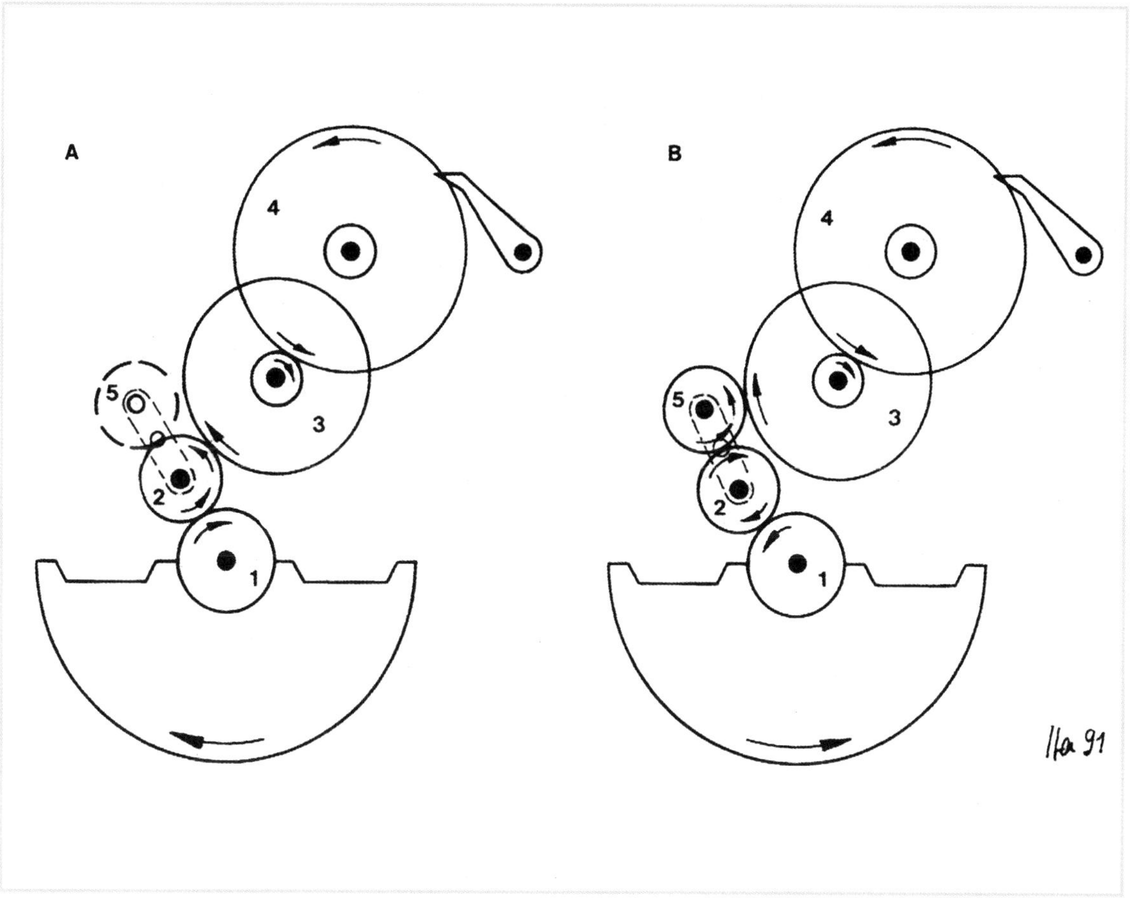

Zu T6: Wippen-Wechsler
A (Rotor dreht im Uhrzeigersinn): Drehmomentübertragung über Rotor-Ritzel 1, direktes Wippenrad 2 (indirektes 5 dreht frei mit), erstes Reduktionsrad 3 und zweites Reduktions- und Sperrad 4.
B (Rotor dreht gegen den Uhrzeigersinn): Drehmomentübertragung über Rotor-Ritzel 1, direktes Wippenrad 2, zwangsläufig durch Rotor-Drehung eingeschwenktes indirektes Wippenrad 5, erstes Reduktionsrad 3 und zweites Reduktions- und Sperrad 4.

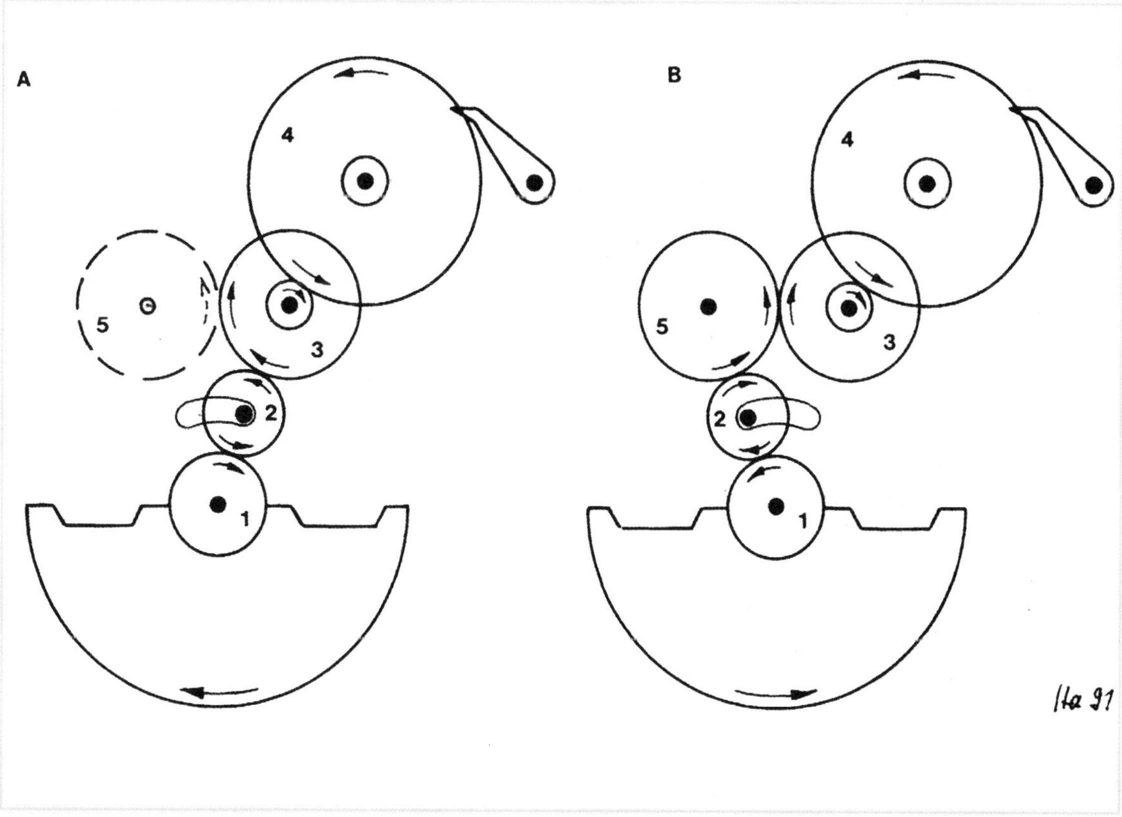

Zu T7: Gleitritzel-Wechsler
A (Rotor dreht im Uhrzeigersinn): Drehmomentübertragung über Rotor-Ritzel 1, Gleitritzel 2, erstes Reduktionsrad 3, zweites Reduktions- und Sperrad 4.
B (Rotor dreht gegen den Uhrzeigersinn): Drehmomentübertragung über Rotor-Ritzel 1, zwangsmäßig durch Rotor-Drehung verschobenes Gleitritzel 2, zusätzliches Spannrad 5, erstes Reduktionsrad 3, zweites Reduktions- und Sperrad 4.

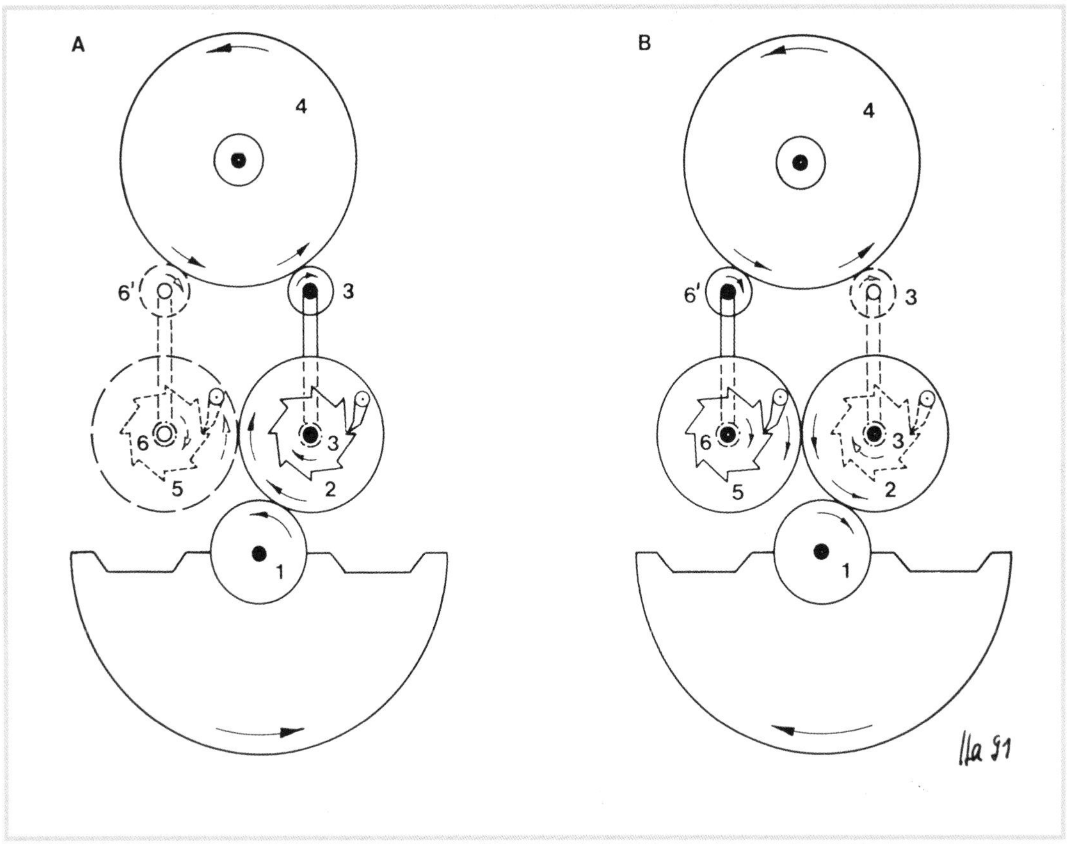

Zu T8: Klinkenrad-Wechsler mit identischen Rädern

A (Rotor dreht gegen den Uhrzeigersinn): Drehmomentübertragung über Rotor-Ritzel 1, direktes Klinkenrad 2/3 (Klinke auf dem Antriebsrad 2 nimmt das Klinkenritzel am Abtriebsrad 3 mit) aufs erste Reduktionsrad 4. Das indirekte Klinkenrad 5/6/6' dreht freilaufend mit, wobei das Klinkenritzel 6 rückwärtig über sein Abtriebsrad 6' vom Reduktionsrad 4 angetrieben wird und somit entgegengesetzt zu seinem Antriebsrad 5 dreht, dessen Klinke durchrutscht. Die Sperrfunktion gegen das ungewollte Entspannen der Antriebsfeder während eines Richtungswechsels wird jetzt von dieser Klinke (5) übernommen.

B (Rotor dreht mit dem Uhrzeigersinn): Drehmomentübertragung über Rotor-Ritzel 1, Antriebsrad 2 des direkten Klinkenrades, indirektes Klinkenrad 5/6/6' als Zusatzrad zur Umkehr der Getriebe-Drehrichtung (Klinke auf Antriebsrad 5 nimmt Klinkenritzel 6 am Abtriebsrad 6' mit) aufs erste Reduktionsrad 4. Das Klinkenritzel 3 wird rückwärtig über sein Abtriebsrad vom Reduktionsrad 4 angetrieben und dreht somit entgegengesetzt zu seinem Antriebsrad 2, dessen Klinke durchrutscht, aber gleichzeitig diesmal die Sperrfunktion gegen das ungewollte Entspannen der Antriebsfeder übernimmt.

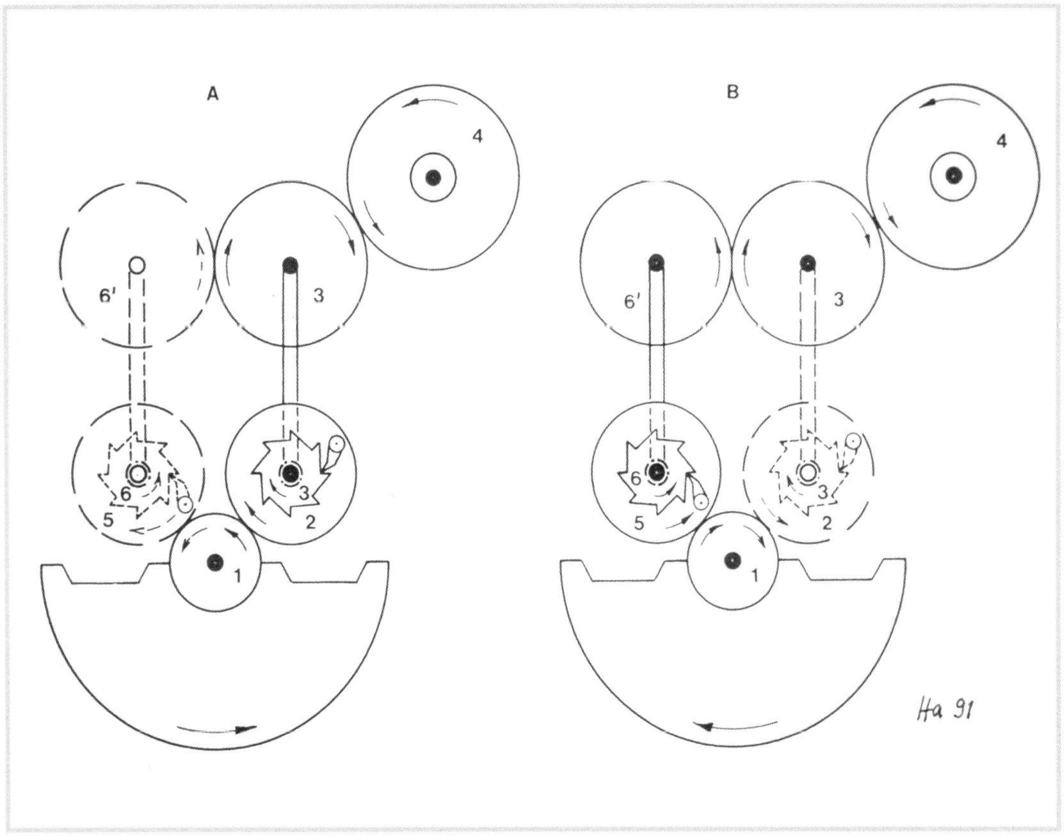

Zu T9: Klinkenrad-Wechsler mit ungleichen Rädern

A (Rotor dreht gegen den Uhrzeigersinn): Drehmomentübertragung über das Rotor-Ritzel 1, direktes Klinkenrad 2/3 (Klinke auf dem Antriebsrad 2 nimmt Klinkenritzel 3 am Abtriebsrad 3 mit) aufs erste Reduktionsrad 4. Das indirekte Klinkenrad 5/6/6' läuft hier frei mit, wobei das Klinkenritzel 6 rückwärtig über sein Abtriebsrad 6' vom direkten Klinkenrad 2/3 angetrieben wird und somit entgegengesetzt zu seinem Antriebsrad 5 dreht, dessen Klinke durchrutscht. Die Sperrfunktion gegen das ungewollte Entspannen der Antriebsfeder während eines Richtungswechsels wird jetzt von dieser Klinke (5) übernommen.

B (Rotor dreht im Uhrzeigersinn): Drehmomentübertragung über Rotor-Ritzel 1, indirektes Klinkenrad 5/6/6' als Zusatzrad zur Umkehr der Getriebe-Drehrichtung (Klinke auf Antriebsrad 5 nimmt Klinkenritzel 6 am Abtriebsrad 6' mit), Abtriebsrad 3 des direkten Klinkenrades aufs erste Reduktionsrad 4. Das Klinkenritzel 3 wird rückwärtig über sein Abtriebsrad vom indirekten Klinkenrad 5/6/6' angetrieben und dreht freilaufend, aber entgegengesetzt zu seinem Antriebsrad 2, dessen Klinke durchrutscht. Diesmal übernimmt diese Klinke (2) die Sperrfunktion gegen ein ungewolltes Entspannen der Antriebsfeder.

Zu T10: Exzenter-Wechsler

Rotor dreht im Uhrzeigersinn: Drehmomentübertragung über Rotor-Exzenter 1, Klinkenträgerwippe 2, die sich um den Drehpunkt M nach unten bewegt und dabei mit ihrem Klinkenhebel 2" das Klinkenrad 3 im Uhrzeigersinn dreht. Dreht der Rotor in dieser Richtung weiter, dann bewegt sich die Klinkenträgerwippe 2 zwangsmäßig durch die veränderte Exzenterlage nach oben und zieht jetzt über den Klinkenhebel 2' das Klinkenrad 3 in gleicher Richtung weiter auf. Während der eine Klinkenhebel aufzieht, übernimmt der andere die Sperrfunktion gegen das ungewollte Entspannen der Antriebsfeder bei Richtungswechsel des Rotors.
Rotor dreht gegen den Uhrzeigersinn: Der Aufzug erfolgt entsprechend, nur daß die Klinkenträgerwippe 2 bei dieser Position des Rotor-Exzenters 1 sich jetzt zuerst nach oben bewegt, und dabei das Klinkenrad 3 durch den Klinkenhebel 2' im Uhrzeigersinn weitergedreht wird.

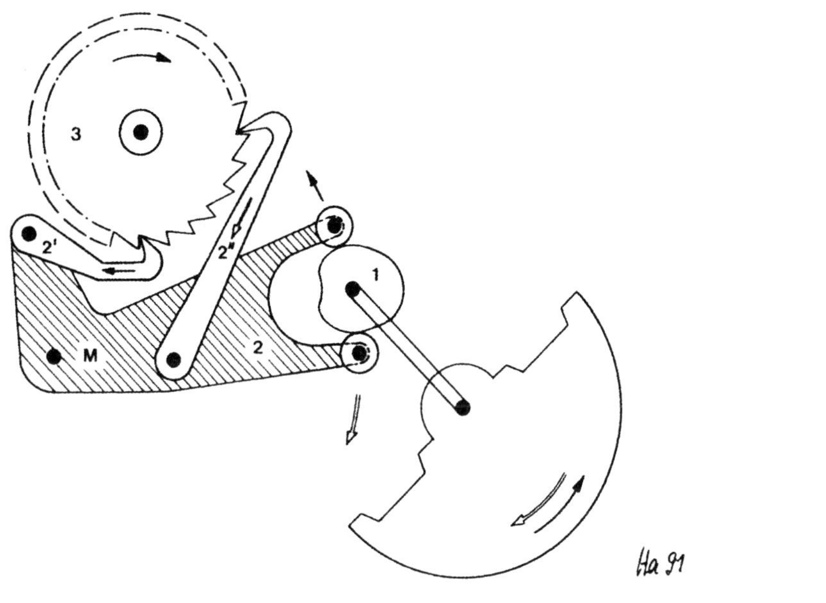

Schwungmasse. Für die Umwandlung der beiden Rotor-Drehrichtungen in nur eine Aufzugsrichtung zum Spannen der Antriebsfeder wurden zwei konstruktiv unterschiedliche Lösungswege beschritten: Es sind dies die kontinuierliche Gleichrichtung mit Zahnrad-Elementen wie z. B. den Wippenwechsler (AS) oder die Klinkenräder (Eta) und die diskontinuierliche mit dem *Exzenter-Wechsler* z.B. Longines (siehe Abb. T6 bis T10).

Bei der Mehrzahl der Rotor-Automatics findet man die kontinuierlich arbeitenden *Wechsler,* die alle ohne Ausnahme auf dem Prinzip der zwangsmäßigen Zwischenschaltung eines weiteren Rades beruhen, wenn sich die Drehrichtung des Rotors ändert. (Zur Erläuterung: Ein zusätzliches Zahnrad in einer Getriebekette dreht deren Drehrichtung am Ausgang um! Siehe Abb. T6 bis T9.)

Auf keinem Gebiet der Automatic-Entwicklung ist eine solche Vielfalt anzutreffen wie auf dem der Klinkenräder (siehe Abb. T11). Die Gründe hierfür lagen im Ehrgeiz der einzelnen Hersteller, durch immer raffiniertere Konstruktionen die verschiedenen bestehenden Patente zu umgehen.

In der Gruppe der kontinuierlich arbeitenden Wechsler ist noch eine weitere Unterscheidung zwischen den Konstruktionen mit verlagerbaren Zahnrädern, wie z. B. dem *Wippenwechsler* (siehe Abb. T6) oder dem *Schieberitzel* (siehe Abb. T7), und denen mit feststehender Lagerung, wie bei den *Klinkenrädern* oder den *Freiläufen* möglich (siehe Abb. T8 und T9).

Obwohl die Technik des beidseitigen Rotor-Aufzuges zu hoher Perfektion und Effizienz entwickelt werden konnte, verstummte nie die Diskussion um die wirksamste Aufzugsart – beidseitig oder einseitig? Der Rohwerke-Hersteller AS stellte dazu einen interessanten Versuch an:

Man baute ein ursprünglich beidseitig aufziehendes Rotor-Kaliber durch Entfernen des indirekten Klinkenrades so um, daß der Aufzug nur noch einseitig erfolgen konnte. Diese abgewandelte Automatic wurde mit einer zweiten, unveränderten desselben Kalibers verglichen, wozu beide nebeneinander am Arm einer Versuchsperson getragen wurden.

Das Ergebnis fiel zugunsten des einseitigen aus, der also die Uhr in kürzerer Zeit aufzog. Bei AS sprach man daher von einem Rotor mit «dynamischem Leerlauf», der den in Gegenrichtung stattfindenden Aufzug überproportional unterstützt. Daher findet man bei fast allen modernen Kaliber-Entwicklungen den einseitigen Aufzug (siehe unter Lasale, Longines, Patek Philippe, Fr. Piguet, Valjoux).

Die einzelnen Zahnräder des Automatic-Getriebes sind so zueinander geordnet, daß die Drehmomentübertragung von einem kleinen Rad, z. B. dem zentralen Rotor-Ritzel, auf ein großes Zahnrad erfolgt, welches sich entsprechend dem Verhältnis der Zähnezahl langsamer dreht. Es handelt sich also hier um ein *Reduktionsgetriebe,* das die schnellen Bewegungen der Schwungmasse je nach Trägheitsmoment in 110 bis 180 mal langsamere, aber entsprechend kräftigere Drehungen des Sperrades auf dem Federhaus untersetzt (siehe Abb. T12 und T13). Ein kleines Untersetzungsverhältnis bedeutet also einen schnellen Aufzug, erfordert aber eine entsprechend schwerere oder größere Schwungmasse.

Als Variante des Zahnrad-Untersetzungsgetriebes ist die *Klinkenträgerwippe* beim Hammer-Aufzug und beim exzentergesteuerten Rotor-Aufzug zu betrachten (siehe Abb. T10 und T14). Die Mehrzahl der in den vierziger Jahren entwickelten Hammer-Automatics arbeitet damit, während davor das einfache Reduktionsgetriebe mit der Aufzugsklinke am Hammer anzutreffen ist (z. B. Harwood, AS, Certina, Cyma; siehe Abb. T13).

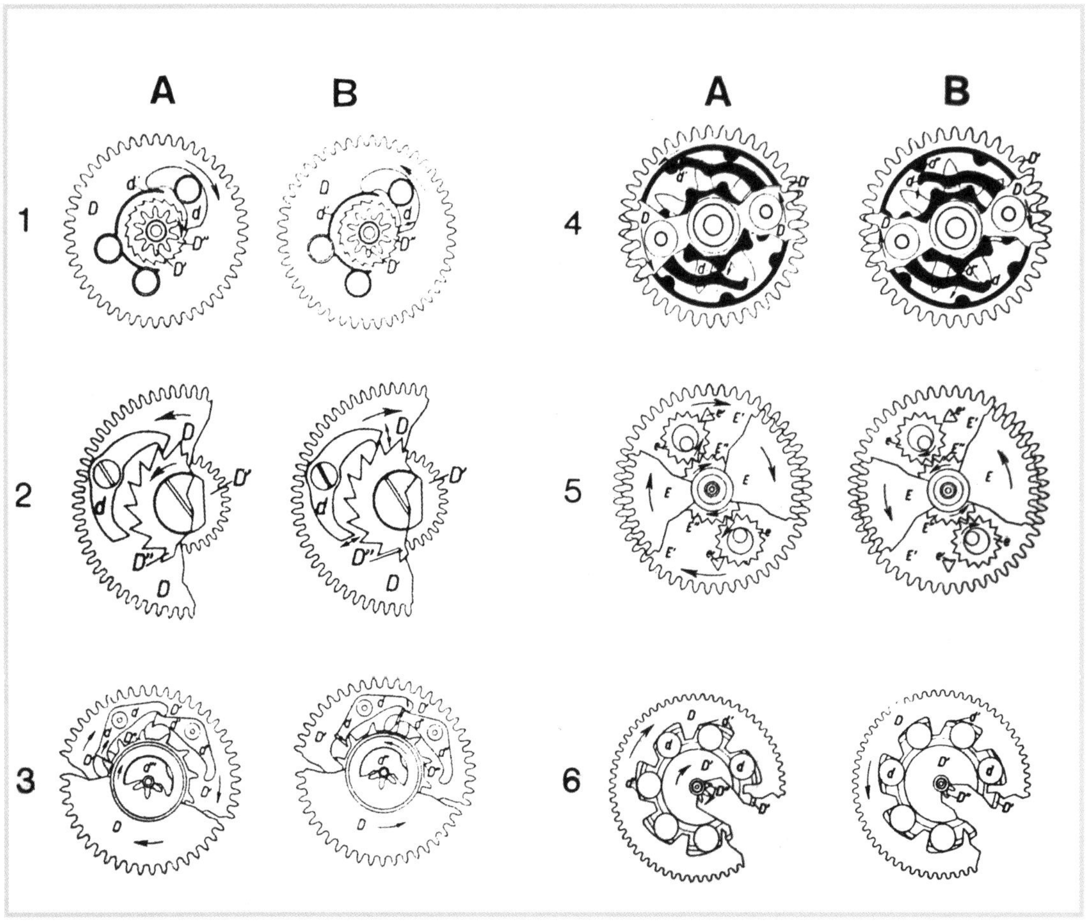

Zu T11: Klinkenrad-Typen (Auswahl)

(A in übertragender, B in freilaufender Funktion)

Typ 1 mit Federklinke (z. B. bei Buser, Roamer)

Typ 2 mit federloser Anker-Klinke (z. B. bei AS, Record)

Typ 3 mit federlosem Doppelanker (AS-Patent)

Typ 4 mit federloser Klinke (Eta-Patent)

Typ 5 mit Zahnrad-Richtgesperr (Longines-Patent)

Typ 6 mit Rollen- oder Kugel-Klemmgesperr, auch Freilauf genannt («Gyrotron»-Patent von Girard-Perregaux bzw. Roamer-Patent).

Aufzugsklinke am Hammer anzutreffen ist (z. B. Harwood, AS, Certina, Cyma; siehe Abb. T13).

Die Schutzvorrichtung gegen das Überspannen der Antriebsfeder beim automatischen Aufzug verhindert zu extreme Ausschläge der Unruh (über 270 Grad) und damit die Gefahr ihres Prellens mit der Folge erheblicher Gangabweichungen. Als einfache und zuverlässige Konstruktion hat sich die Rutschkupplung im Federhaus bewährt, die auf Adrien Philippe zurückgeht und von Roskopf ab 1860 in seine preiswerten Taschenuhren gegen die Federbruchgefahr beim Überspannen von Hand eingebaut wurde. Eine auf verschiedene Weise mit der äußeren Windung der Antriebsfeder in Verbindung stehender *Gleitzaum* sichert durch seine Vorspannung die Mitnahme des Federhauses bis zu einem bestimmten Aufzugsgrad über die Haftreibung (siehe Abb. T15). Bei weiterem Aufzug rutscht die Antriebsfeder mit dem Gleitzaum an der Federhaus-Wandung und begrenzt damit die maximale Antriebskraft.

Systematische Forschungsarbeiten von Dr. R. Straumann führten um 1960 zur Entwicklung des GL-Federhauses aus Aluminium mit einer Eloxal-Gleitfläche, das in Kombination mit der Nivaflex-Feder eine gleichbleibende Funktion über viele Gebrauchsjahre garantiert. Bis zu dieser Zeit war je nach Materialkombination und Schmiermittel oft schon nach ein bis zwei Jahren mit einer Fehlfunktion zu rechnen. Dabei fiel oft der Überspannschutz durch ein «Festfressen» des Gleitzaumes am Federhaus vollständig aus und führte über das gefürchtete Unruhprellen zum Vorgehen der Uhr. Aber auch das gegenteilige Versagen durch vorzeitiges Durchrutschen des Zaumes war nicht selten ein Grund für das Stehenbleiben der Uhr infolge der zu kleinen Gangreserve. Als maximale Gangreserve wird die Zeit in Stunden angegeben, die zwischen Vollaufzug, also dem Ansprechen des Überspannschutzes, und dem Stehenbleiben der Uhr vergeht, wenn das Nachspannen durch Hand- oder automatischen Aufzug unterbleibt. Wie schon besprochen, ist eine große Gangreserve eine wesentliche Voraussetzung für gute Gangleistungen, erhöht aber natürlich auch die Betriebssicherheit der Uhr. Die Mindest-Gangreserve liegt bei 36 Stunden, moderne Automatics erreichen 50 Stunden, wobei als Spitze 100 Stunden bei dem 2-Federhaus-Kaliber 11.50 von Fr. Piguet angegeben werden.

Alternativen zur Rutschkupplung im Federhaus stellen die Schwungmassen-Blockierung bei Vollaufzug und die Friktionskupplung außerhalb des Federhauses dar.

Die eleganteste, aber auch aufwendigste Lösung dieses Problems ist die über ein Federwellenschraub- bzw. Differentialgetriebe zur Anzeige der Gangreserve geregelte Arretierung des Hammers bei der «Futurematic» von Jaeger LeCoultre bzw. die des Rotors im «Inversator»-Kaliber von Felsa. Auch diese Grundidee geht auf A. L. Perrelet zurück, der in der ersten automatischen Taschenuhr die vom Aufzugsgrad abhängige Höhenlage der Kette auf der Schnecke zur Rotorblockierung ausnutzte, indem ein verschiebbarer Stift bei Vollaufzug in die Ausfräsungen am Rotor einrastet.

Zu T12: Reduktionsgetriebe beim Rotor-Aufzug
Automatik-Baugruppe des Omega-Kalibers 501 von unten mit abgeschraubter unterer Platine: Drehmomentübertragung über Rotor-Ritzel (unter der Rotor-Achsenplatte hervorragend), direktes Rad, indirektes Rad des Wippenwechslers, erstes Reduktions- und Sperrad (mit federnder Sperrklinke), zweites Reduktionsrad, dessen Trieb in das Sperrad des Federhauses im nicht abgebildeten Basisuhrwerk eingreift.

Zu T13: Reduktionsgetriebe beim einseitigen Hammer-Aufzug I (Harwood-Typ)
AS-Kaliber 1171 mit 3 abgenommenen Platinen: Drehmomentübertragung über Aufzugsklinke am Hammer, zentral gelagertes Aufzugsrad, erstes Reduktions- und Sperrad (mit federnder Sperrklinke im Vordergrund), zweites Reduktionsrad aufs Federhaus-Sperrad (Handaufzug nicht vorgesehen!).

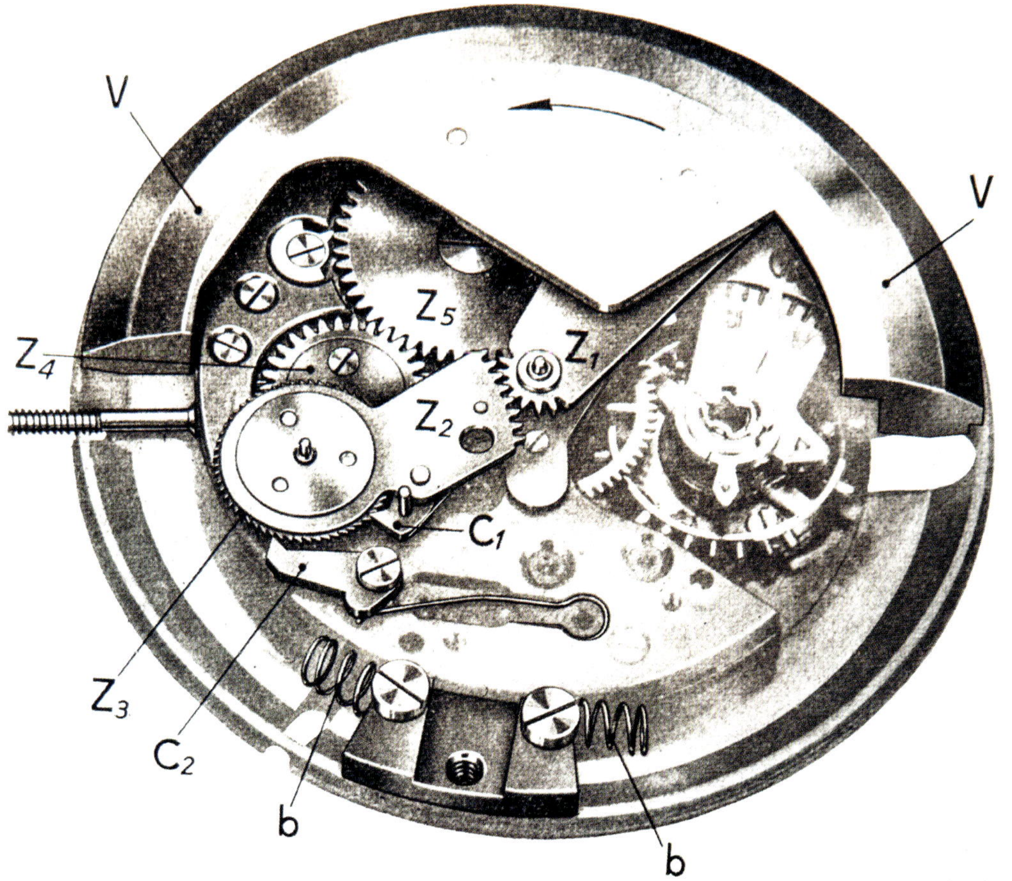

Zu T14: Reduktionsgetriebe beim einseitigen Hammeraufzug II

Omega-Kaliber 342 mit abgenommener oberer Automaten-Platine:
Drehmomentübertragung über Zahnsegment des Hammerschenkels Z1, Klinkenträger-Wippe Z2, die wie der Sektor eines doppelt so großen Rades untersetzt und die mit der Aufzugsklinke C1 das kombinierte Klinken- und Reduktionsrad Z3 im Uhrzeigersinn weiterstößt (Drehpunkt von Z2 und Z3 liegen zusammen!), aufs Kronrad Z4 und von dort aufs Federhaus-Sperrad Z5. Die auf die obere Platine des Basisuhrwerks geschraubte Sperrklinke C2 soll mit ihrer Drahtfeder ein Zurückdrehen des Klinkenrades Z3 während der Leerlaufdrehung des Hammers (im Uhrzeigersinn) verhindern.

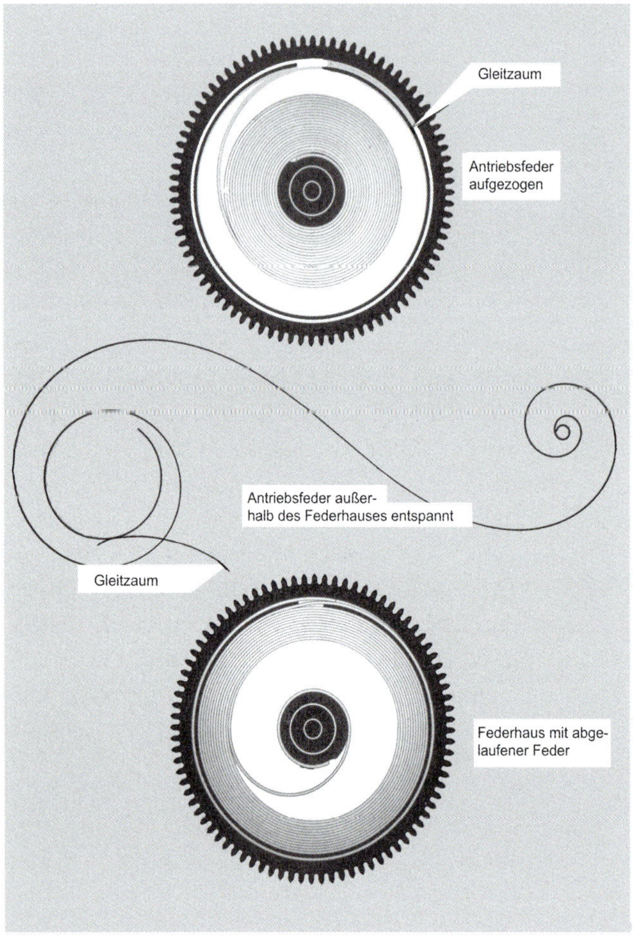

Zu T15: Gleitzaum

In den modernen Federhäusern befindet sich zwischen der äußeren und der nächsten Windung der Antriebsfeder ein an diese angeschweißter Gleitzaum. Er drückt die äußere Federwindung gegen die Federhauswandung und erhöht deren Haftreibung. Bei Vollaufzug der Antriebsfeder entsteht eine Überspannung, die die Haftreibung überwindet – die Feder gleitet direkt auf der inneren Fläche der Federhauswandung.

Bei den Reibungs-Kupplungen ist neben der in der Harwood-Automatic schon am Hammer plazierten besonders die «selbstregulierende Friktionskupplung» in der «Power-Glide»-Automatic der Firma Gruen zu erwähnen. Hierbei wird über eine verschiebbare Federkern-Mutter, deren Lage vom Aufzugsgrad abhängig ist, eine Kupplung im Reduktionsgetriebe geregelt, d. h., bei Vollaufzug erfolgt eine Unterbrechung des Kraftflusses zwischen Rotor und Federhaus.

In einigen Automatics der dreißiger Jahre findet sich erstmals eine *Trennkupplung* zwischen Reduktionsgetriebe und Sperrad (z.B. Rolex, AS). Ohne diese Einrichtung drehen sich bei Handaufzug die Zahnräder des jetzt in übersetzender Weise arbeitenden Automatic-Getriebes besonders rasant und verschleißen vorzeitig. Automatische Armbanduhren sollten daher sicherheitshalber nur langsam über die Krone aufgezogen werden.

Bei automatischem Aufzug erfolgt dagegen die Abtrennung des Handaufzugsmechanismus erst an der Breguetkupplung der Aufzugswelle (zwischen Transmissionsrad und Schiebetrieb, siehe Abb. T2) und erfordert eine feinabgestimmte Stellheberfeder. Das besonders energieverzehrende Mitdrehen der Aufzugskrone wird dadurch vermieden. Bei den frühen Automatics stellte sich dieses Problem erst gar nicht, da ein Handaufzug nicht vorgesehen war. Die Abschaltung des kompletten Handaufzugsgetriebes ist Mitte der dreißiger Jahre erstmalig von Bulova

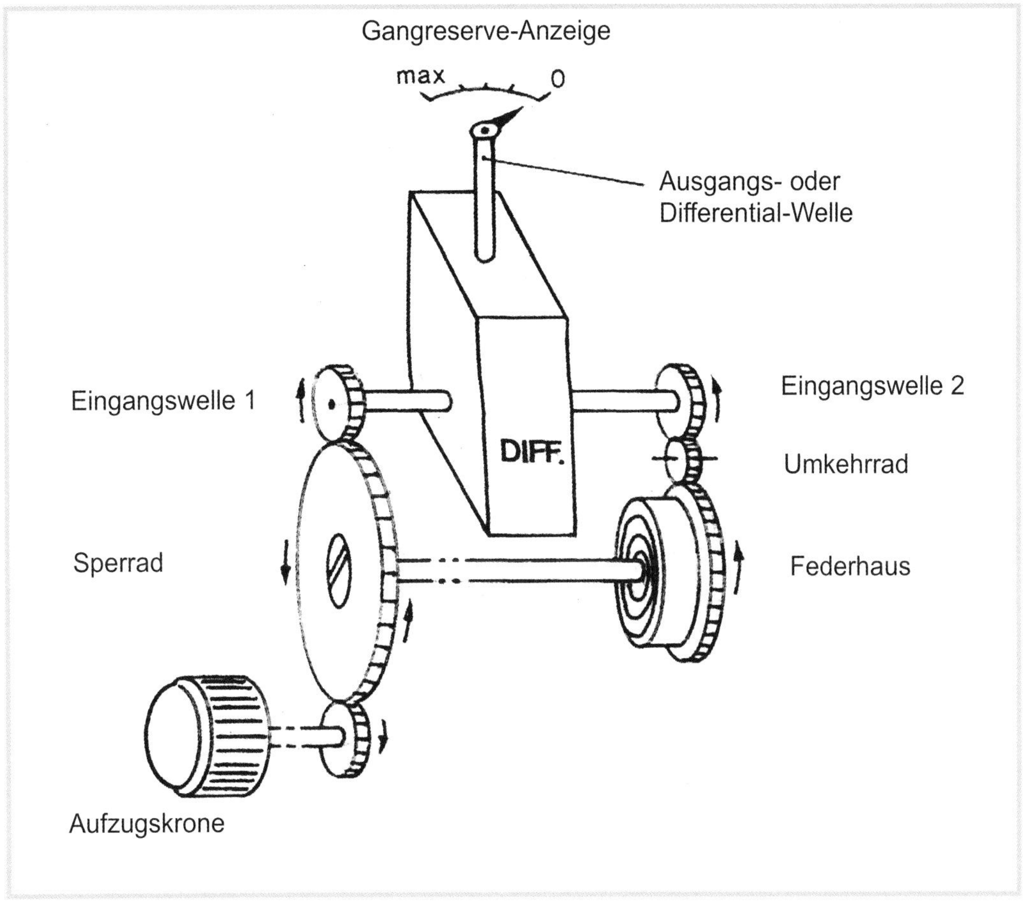

Zu T16: Gangreserveanzeige mit einem Differentialgetriebe

Vergleich der Stellungen von Sperrad und Federhaus zueinander über ein Differentialgetriebe, wobei die Differenz als noch verbleibende Federspannung zum Antrieb des Uhrwerks (Gangreserve in Stunden) zur Anzeige kommt.

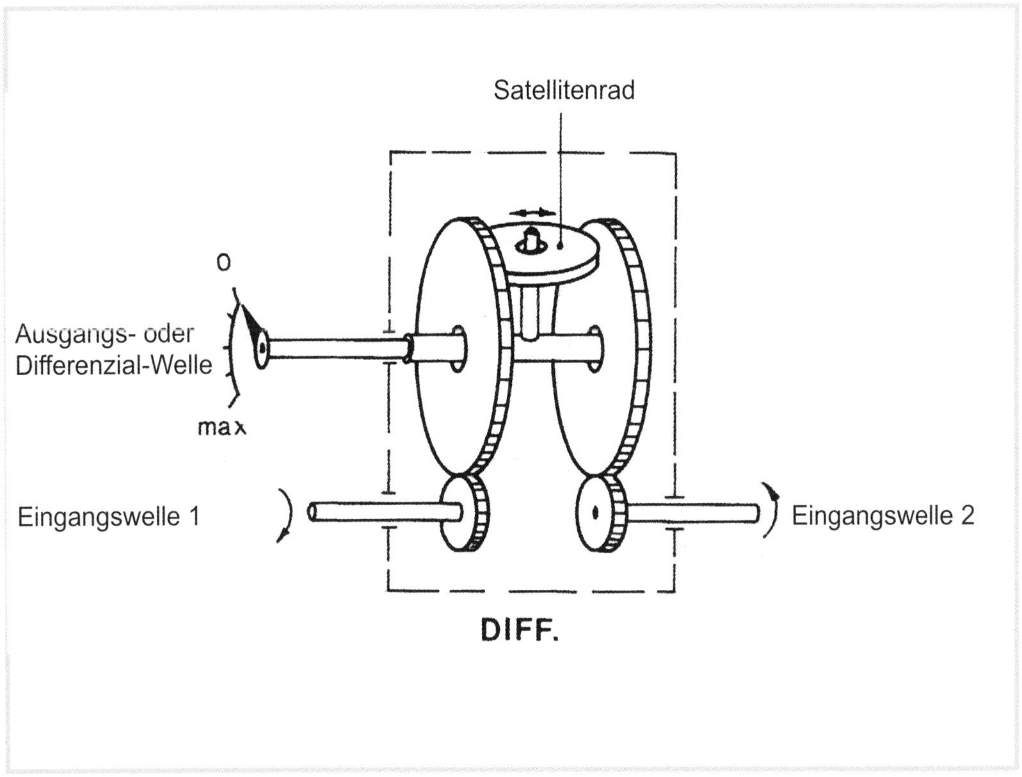

Zu T17: Differentialgetriebe

Die Ausgangs- oder Differentialwelle wird von einem sogenannten Planeten- oder Satellitenrad angetrieben, das im gleichzeitigen Eingriff mit den zwei großen sogenannten Sonnenrädern steht, die jeweils mit einer Eingangswelle verbunden sind. Das Planetenrad ist drehbar auf seiner Achse gelagert, die senkrecht und fest mit der Differentialwelle verbunden ist.

Drehen sich beide Sonnenräder gleich schnell, aber ent gegengerichtet, so dreht sich das Planetenrad, ohne seine Achsenposition verändern zu müssen, d. h., die Differentialwelle steht ebenfalls (Aufzug der Antriebsfeder und Abtrieb des Federhauses über das Uhrwerk erfolgen gleich schnell – die Gangreserve bleibt konstant). Bei schnellem Aufzug (Eingangswelle 1) zwingt das zugehörige Sonnenrad das Planetenrad zur Drehung, was jedoch nur durch dessen Abrollen auf dem stehenden Sonnenrad 2 möglich ist. Das Planetenrad läßt sich aber nur drehen, wenn es dabei gleichzeitig seine Achsenlage ändert – die Differentialwelle wird also in Richtung zunehmender Gangreserve gedreht.

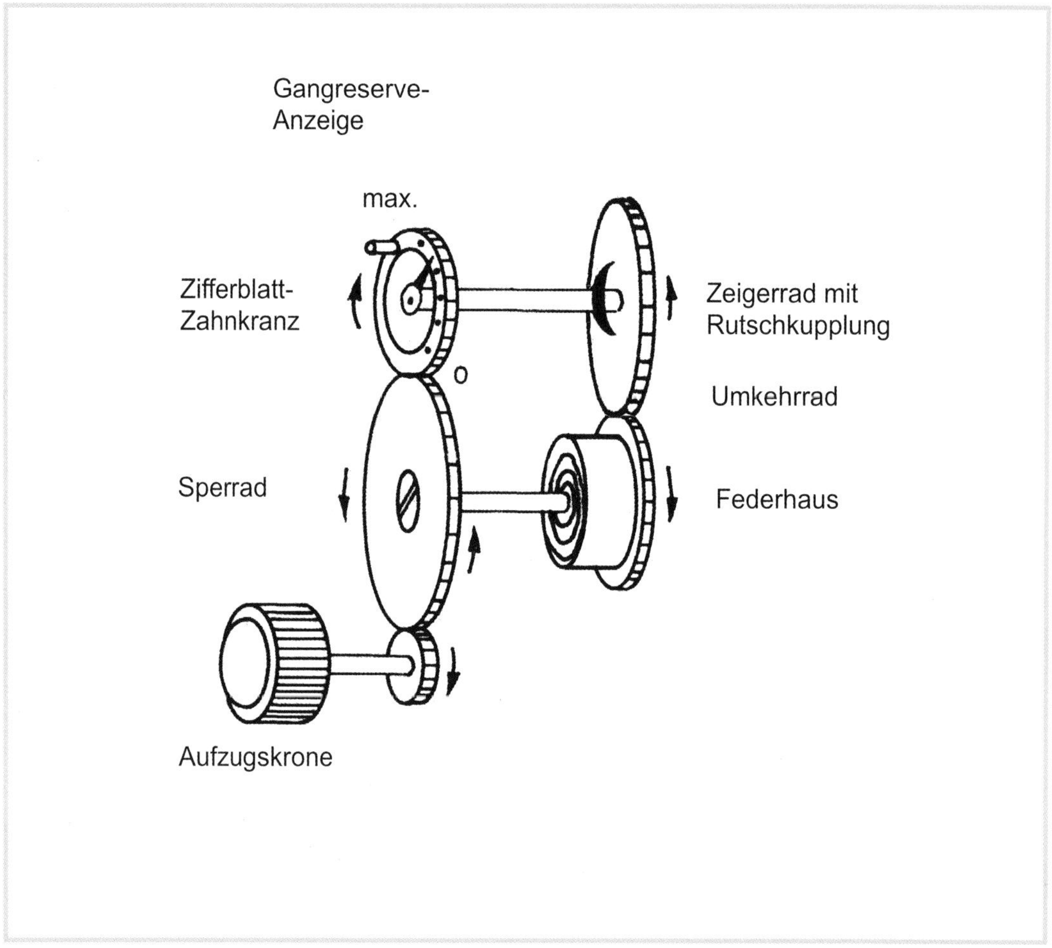

Zu T18: Gangreserveanzeige mit rotierender Skala
Die Stellung des Federhauses zu dem Sperrad wird hierbei direkt über einen Zeiger zur Anzeige gebracht, unter dem sich ein mit dem Sperrad verbundener Skalenring mit einer Stundenangabe dreht.
Erfolgen Aufzug der Antriebsfeder und Abtrieb des Federhauses über das Uhrwerk gleich schnell, drehen sich Zeiger und Skalenring synchron im Uhrzeigersinn – die Gangreserve bleibt gleich. Bei schnellem Aufzug bewegt sich der Skalenring unter dem stehenden Zeiger bis zur maximalen Gangreserve. Eine Rutschkupplung zwischen der Zeigerwelle und dem Zeiger-Antriebsrad ermöglicht die Mitnahme des Zeigers durch einen Skalenstift bei weiterem Aufzug über das Maximum hinaus, was einer automatischen Skaleneichung entspricht.

vorgenommen worden. Das auf einem federnden Hebel gelagerte Kronrad schwenkt bei automatischem Aufzug aus und unterbricht die Übertragungskette.

Dieses Trennprinzip ist auch in Kalibern mit großem Federhaus anzutreffen, da sich der größere Abstand zum Kronrad durch ein ausschwenkendes Zwischengetriebe überbrücken läßt. Eine weitere Entkopplungs-Einrichtung auf dem Federhaus, das sogenannte doppelte Sperrad, ist bei einigen Automatic-Kalibern so ausgebaut, daß darüber auch die gegensinnige Abtrennung des Reduktionsgetriebes bei Handaufzug erfolgen kann (schon 1931 bei Rolex).

Als Sonderausrüstung der Automatic ist die *Anzeige der Gangreserve* einzustufen. Diese ist entweder mit einem kleinen Zeiger auf einem Hilfszifferblatt oder auf einer Scheibe im Zifferblatt-Ausschnitt ablesbar. Realisieren läßt sich die Anzeige über zwei unterschiedliche Methoden. Am aufwendigsten ist der Einsatz eines *Differentialgetriebes,* das die Position des Federkerns, also des Sperrades, mit der des Federhauses vergleicht und die verbleibende Differenz zur Anzeige bringt.

Das Differentialgetriebe ist äußerlich wie ein Kasten («black box») mit zwei Eingangswellen und einer Ausgangs- oder Differentialwelle zu betrachten: Eingang 1 ist mit dem Sperrad, Eingang 2 über ein zusätzliches Umkehrrad mit dem Federhaus verbunden, der Zeiger ist an die Ausgangswelle gekoppelt (siehe Abb. T16 und T17). Bei fehlendem Aufzug steht die Eingangswelle 1, während sich die Eingangswelle 2 langsam mit dem Abtrieb des Federhauses an das Uhrwerk dreht – als negative Differenz bewegt sich daher auch die Ausgangswelle mit dem Zeiger in Richtung abnehmender Gangreserve.

Als weitere Möglichkeit zur Vermittlung der Gangreserve bietet sich die direkte Übertragung der Sperrad- und Federhaus-Position auf das Zifferblatt an. Ein verzahnter Skalenring mit aufgedruckten Gangreservezeiten (in Stunden!) dreht sich bei Aufzug mit dem Sperrad konzentrisch unter dem Zeiger, der über ein Umkehrrad mit dem Federhaus verbunden ist (siehe Abb. T18). Zeiger und Skalenring können sich nur im Uhrzeigersinn drehen, die Anzeige erfolgt also durch Relativbewegung zueinander: Der Nullpunkt rotiert.

Während diese einfache Ermittlung in einigen Automatics der fünfziger Jahre zu finden ist (z. B. bei Longines, der Rotowind von Buren und bei Record), ist die über das Differentialgetriebe schon 1933 von der Firma Breguet in einer einzelangefertigten, rechteckigen Platin-Automatic für Sir Percival David bekannt geworden, als Serienprodukt jedoch erst 1948 in der «Powerwind» von Jaeger LeCoultre und der «Autographic» von Zodiac zu finden.

Eigentlich ist die Information über die noch vorhandene Gangreserve für den Träger einer Handaufzuguhr viel wichtiger, da mit zunehmender Perfektionierung des Selbstaufzugs und gleichzeitig erweiterter Gangreserve die automatische Armbanduhr sicher ohne Nachspannen von Hand über Jahre zuverlässig ihren Dienst versieht.

Wie könnte also nach dem heutigen Stand der Kenntnisse der Steckbrief einer modernen Serien-Automatic lauten?

- *Automatik-Baugruppe* ins Basiswerk integriert. Kugelgelagerter Zentralrotor mit Schwermetallreif, Aufzug in eine Drehrichtung über federloses Aufzugs- und Sperrad, 2 Reduktionsräder aufs Sperrad des Federhauses. Trennkupplung zwischen Kron- und Sperrad.
- *Basisuhrwerk:* 3-schenklige schraubenlose Glucydur-Unruh, autokompensierende Flachspirale, 28.800 Halbschw./Std., Stoßsicherung, beweglicher Spiralklötzchenträger, Rücker-Feinstellung, direkte Zentralsekunde, indirekt geführter Minutenzeiger, Eloxal-Federhaus mit einer trockengeschmierten, unzerbrechlichen Antriebsfeder und einer Gangreserve von 48 Std.
- *Zusatzeinrichtung:* Anzeige des Datums mit augenblicklichem Wechsel und Schnellkorrektur.
- *Gehäuse:* Rundes, wasserdichtes Edelstahlgehäuse mit Schraubboden und kratzfestem Glas.

Die darüber hinausgehenden, heute zahlreich angebotenen Komplikationen sind mit Ausnahme der Weckeinrichtung als mehr oder weniger sinnvolle Spielereien einzustufen (Kalender, Chronograph, Repetition) und werden meist als Zusatzmodul in «Sandwich»-Bauweise mit dem Automatic-Kaliber kombiniert.

Die Damen-Automatic, auf die bisher nicht besonders eingegangen wurde, ist im Prinzip eine verkleinerte Ausgabe der Herren-Automatic. Die Verkleinerung der Bauteile bedingt jedoch erhebliche Einbußen, nicht nur in der Gangleistung, sondern auch beim Aufzug, da sich die systemimmanenten Reibungsverluste nicht entsprechend mitverringern, und außerdem die Aufzugsleistung des Rotors durch die Abhängigkeit in der 3. Potenz vom Trägheitsradius überproportional abnimmt.

Das führte auch zur Erstvorstellung des kugelgelagerten Rotors in einer Damen-Automatic durch Eterna, die ebenfalls in ihrer «Golden Heart» die Aufzugsleistung mit einem Rotor aus Gold erhöhte. Aber als eigenständige Sonderkonstruktionen sind nur die erste «Ladymatic» von Omega und die «Zenitissimo» von Zenith einzustufen.

Literaturnachweis

1 Allgemeine Schweizerische Uhrenindustrie (Hrsg.): *Das Herz der Uhr bloßgelegt.* ASUAG Biel, o. J.

2 Brunner, G.L.: *Armbanduhren.* Heyne-Verlag München, 1990.

3 Carle, Donald De: *Complicated Watches and Their Repair.* NAG Press Ltd., London, 1957 u. 1977.

4 Château des Monts, Musée d'Horlogerie (Hrsg.): *Horamatic-Montres à remontage automatique de 1770 à 1978.* Le Locle o. J.

5 Ebauches S.A. (Hrsg.): *Les Ebauches – Zwei Jahrhunderte Uhrenindustrie.* Neuchâtel, 1951.

6 Ebauches S.A. (Hrsg.): *Chronorama Expo 75.* Neuchâtel, 1963.

7 Ebauches S.A. (Hrsg.): *Die schweizerische automatische Uhr.* Technischer Dienst, Neuchâtel, 1963.

8 Ebauches S.A. (Hrsg.): *Technologisches Wörterbuch der Uhrenbestandteile.* Neuchâtel, 2. Auflage 1953

9 Ehrhardt, Sherry and Roy: *Wrist Watches Price Guide.* Bd. 1 (1984) bis Bd. 5 (1990), Heart of America Press, Kansas City.

10 Engelkemper, Carl (Hrsg.): *Automatic-Spiegel.* 1960.

11 Engelkemper, Carl (Hrsg.): *Werk-Spiegel mit Kaliberverzeichnis.* 2. Aufl. 1967 u. Bildbd. 1966.

12 Flume, Rudolf (Hrsg.): *Der Flume-Kleinuhrschlüssel K 1 (1958), K 2 (1962), K 3 (1972).* Berlin u. Essen.

13 Flume, Rudolf (Hrsg.): *Die Information (Fachliche Diskussion über die Uhr 1952-1958).* Selbstverlag 1958.

14 Huber, Martin; Banbery, Alan: *Patek Philippe Genève.* Verlag Ineichen, Zürich, 1982.

15 Huber, Martin; Banbery, Alan; zus. mit G.L. Brunner: *Patek Philippe – Die Armbanduhren.* Antiquorum Editions, Genf, 1988.

16 Humbert, B.: *Die Schweizer Uhr mit automatischem Aufzug.* Edition Scriptar, Lausanne, 1956.

17 Jendritzki, Hans: *Die Reparatur der Armbanduhr.* Verlag Wilhelm Knapp. Halle/Saale, 6.-7. Aufl. 1949.

18 Jendritzki, Hans: *Der moderne Uhrmacher.* Verlag Scriptar, Lausanne, 3. Aufl. 1978.*

19 Jobin, A.F. (Hrsg.): *Klassifikation der schweizerischen Uhrwerke und Uhrenfurnituren.* 3. Bd., Reliure, Genf, 1949.

20 Kahlert, H.; Mühe, R.; Brunner, G.L.: *Armbanduhren.* Verlag Callwey, München, 2. Aufl. 1984.

21 Kocher, Hans: *Automatische Uhren.* Verlag der Neuen Uhrmacher-Zeitung, Ulm, 1969.

22 Kocher, Hans: *Die Geschichte der Uhrmacherei in Büren.* Verlag Callwey, München, 1991.

23 Mercier, François: *Mechanische Uhren mit automatischem Aufzug.* In der Zeitschr. Alte Uhren H.1 u. H.2 (1985), Verlag Callwey, München.

24 Pipe, R.W.: *The Automatic Watch.* Verlag Heywood Co. London, 1952.

25 Rolex S.A. (Hrsg.): *Das Rolex Jubiläums Vademecum.* Bd. 1 bis 4, Genf, 1946.

26 Schweizer Uhrenfabrikanten (Hrsg.): *Die automatische Schweizer Uhr – Der Zeitmesser von morgen.* Edition Ebauches, Neuchâtel und FH, Biel, 1954.

27 Schweizer Uhrenfabrikanten (Hrsg.): *Offizieller Katalog der Ersatzteile der Schweizer Uhr.* M, Bd. 1 u. Bd. 2, 1949 mit Ergänzungen. Vogt-Schild S.A., Soleure.

28 Verschiedenes: *Furnituren- und Verkaufs-Kataloge sowie Service-Anleitungen div. Schweizer Manufakturen.*

29 Zeitschriften:

29a *Alte Uhren und moderne Zeitmessung.* Verlag Callwey, München (AU).

29b Die Uhr. (DU)

29c *Journal Suisse d'Horlogerie.* Lausanne. (JSH)

29d *Neue Uhrmacher-Zeitung.* Ulm. (NUZ)

29e *Schweizerische Uhrmacher-Zeitung.* Lausanne. (SUZ)

29f *Uhrmacher und Goldschmied.* Graz. (UG)

29g *Uhren-Juwelen.* Wien u. Graz. (UJ)

29h *Uhren-Magazin.* Bremen. (UM)

* komplette Neubearbeitung: Jendritzki, Horlbeck, Stern, Heydt: Die Armband- und Taschenuhr in der Reparatur; Berlin 2021, ISBN 978-3-939315-23-0

Namens- und Sachregister

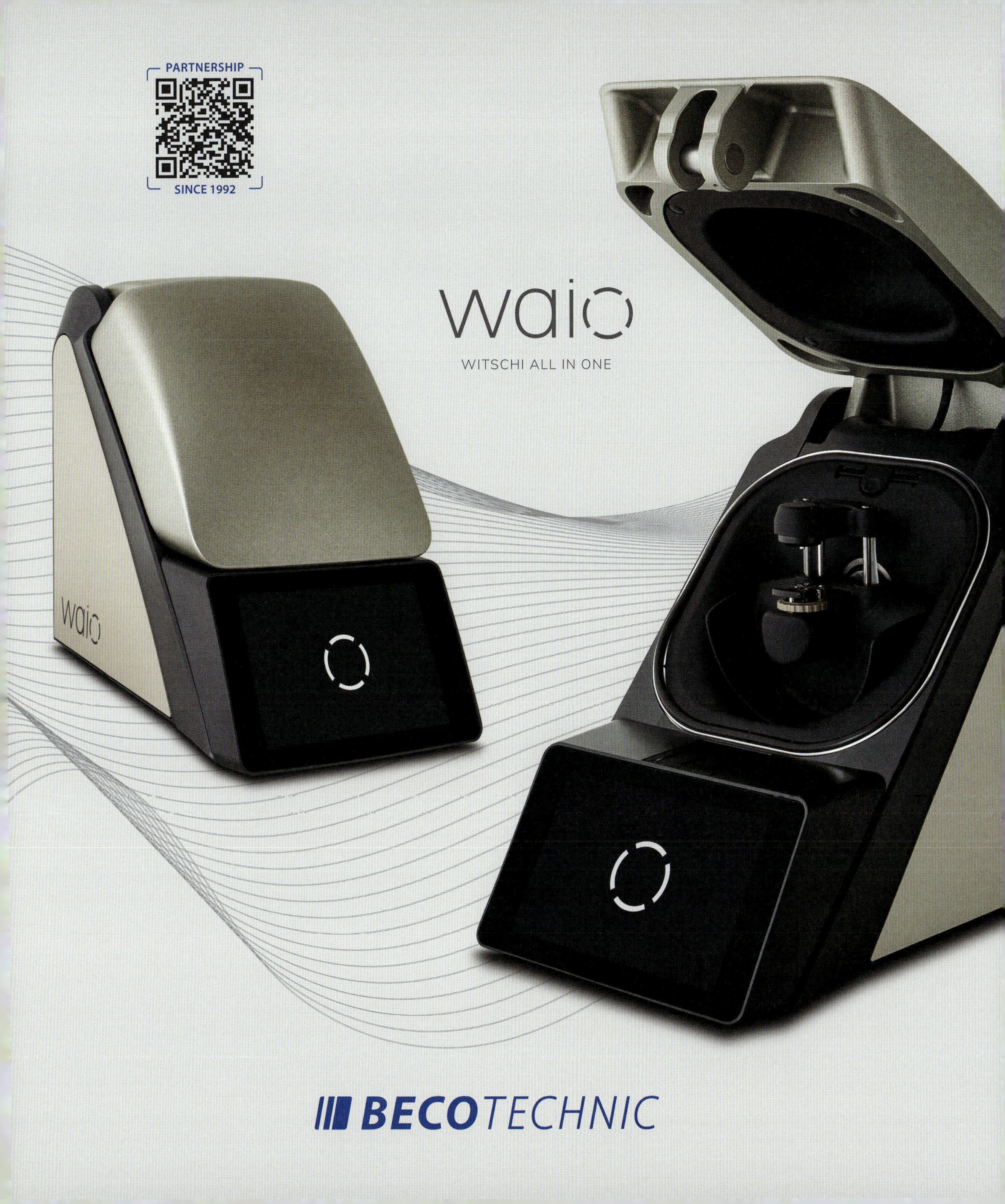
PARTNERSHIP
SINCE 1992
waio
WITSCHI ALL IN ONE
waio
BECOTECHNIC